浙江水利年鉴

2021

YEARBOOK OF ZHEJIANG WATER RESOURCES

《浙江水利年鉴》编纂委员会　编

中国水利水电出版社
www.waterpub.com.cn
·北京·

图书在版编目（CIP）数据

浙江水利年鉴. 2021 / 《浙江水利年鉴》编纂委员
会编. -- 北京：中国水利水电出版社，2021.12
ISBN 978-7-5226-0230-1

Ⅰ. ①浙… Ⅱ. ①浙… Ⅲ. ①水利建设－浙江－
2021－年鉴 Ⅳ. ①F426.9-54

中国版本图书馆CIP数据核字(2021)第228933号

书　　名	**浙江水利年鉴 2021** ZHEJIANG SHUILI NIANJIAN 2021
作　　者	《浙江水利年鉴》编纂委员会　编
出版发行	中国水利水电出版社 （北京市海淀区玉渊潭南路 1 号 D 座　100038） 网址：www. waterpub. com. cn E - mail：sales@waterpub. com. cn 电话：（010）68367658（营销中心）
经　　售	北京科水图书销售中心（零售） 电话：（010）88383994、63202643、68545874 全国各地新华书店和相关出版物销售网点
排　　版	中国水利水电出版社微机排版中心
印　　刷	北京印匠彩色印刷有限公司
规　　格	184mm×260mm　16 开本　26 印张　550 千字　8 插页
版　　次	2021 年 12 月第 1 版　2021 年 12 月第 1 次印刷
印　　数	001—800 册
定　　价	**280.00 元**（附光盘 1 张）

2020 年 7 月 3 日，省委书记车俊（左二）赴省水利厅考察，了解全省雨情信息监测和预报预警情况　　　　　　　　　（梁　臻　拍摄）

2020 年 6 月 24 日，省长袁家军（前排中）赴杭州市余杭区西险大塘检查指导防汛工作，察看防汛物资仓库　　　（余　勤　拍摄）

2020 年 7 月 31 日，省委副书记郑栅洁（前排右一）考察浙东大运河宁波段
（王　鹏　拍摄）

2020 年 11 月 17—18 日，水利部副部长陆桂华（左一）赴台州市检查指导水土保持等水利工作
（雒溢凡　拍摄）

2020 年 7 月 8 日，水利部副部长叶建春（左二）检查嘉兴市杭嘉湖南排工程南台头排涝泵站　　　　　　　　　（包潇玮　拍摄）

2020 年 6 月 10 日，副省长彭佳学（左三）赴兰溪市检查指导水安全工作　　　　　　　　　　　　　　　　（王　萍　拍摄）

2020 年 5 月 20 日，浙江省水利厅党组书记、厅长马林云（前排中）赴缙云县开展"三服务"工作 　　　　　　　　　　（姚锦萍　拍摄）

2020 年 8 月 27 日，全省农村饮用水达标提标行动决战决胜及清盘验收推进会在安吉县召开 　　　　　　　　　　（黄　佳　拍摄）

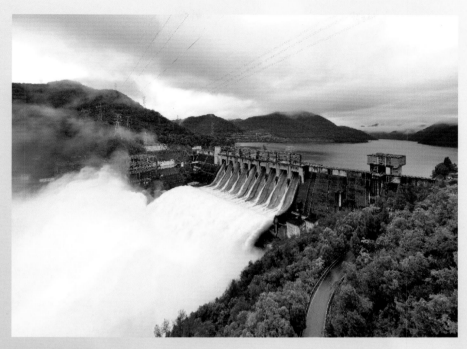

2020年7月8日上午9点，新安江水库建成以来首次9孔全开泄洪

（刘柏良　拍摄）

2020年8月4日凌晨3点30分，第4号台风"黑格比"在乐清市沿海登陆，图为乐清市白石水库在台风登陆后开闸泄洪

（钱钲静　拍摄）

2020 年 12 月 8 日，金华市婺城区"白沙溪三十六堰"成功申报成为世界灌溉工程遗产　　　　　　　　（金华市水利局　提供）

2020 年 11 月 10 日，浙江省德清县蠡山漾成为首个通过验收的全国示范河湖　　　　　　　　（德清县水利局　提供）

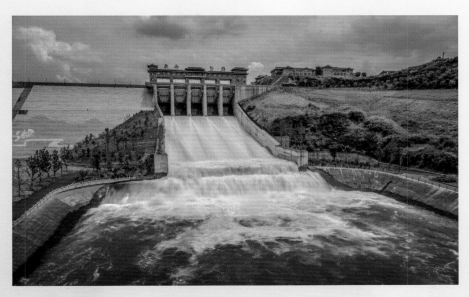

2020年6月19日，浙江省重大工程新昌县钦寸水库正式开闸向宁波通水 　　　　　　　　（浙江钦寸水库有限公司　提供）

2020年8月6日，浙江省重点建设项目松阳县黄南水库下闸蓄水
（潘　雄　拍摄）

2020 年 9 月 30 日，浙江省重点水利工程诸暨陈蔡水库加固改造工程开工
（郭亮辰　拍摄）

2020 年 12 月 23 日，国家 172 项重大水利工程环湖大堤（浙江段）后续工程开工
（朱　程　拍摄）

《浙江水利年鉴》编纂委员会

《浙江水利年鉴》编辑部

编　辑　说　明

一、《浙江水利年鉴》是由浙江省水利厅组织编写，反映浙江水利事业改革发展和记录浙江省年度水利工作情况、汇集水利统计资料的工具书。从2016年开始，逐年连续编辑出版，每年一卷。

二、《浙江水利年鉴2021》全面系统地记载了2020年度浙江省水利工作的基本情况，收录水利工作的政策法规文件、统计数据及相关信息。共设21个专栏：综述、大事记、特载、水文水资源、水旱灾害防御、水利规划计划、水利工程建设、农村水利水电和水土保持、水资源管理与节约保护、河湖管理与保护、水利工程运行管理、水利行业监督、水利科技、政策法规、能力建设、党建工作、学会活动、地方水利、厅直属单位、附录、索引。

三、专栏包含正文、条目和表格。标有【　】者为条目的题名。

四、正文中基本将"浙江省"略写成"省"。

五、《浙江水利年鉴2021》文稿实行文责自负。文稿的技术内容、文字、数据、保密等问题均经撰稿人所在单位和处室把关审定。

六、《浙江水利年鉴2021》采用中国法定计量单位。数字的用法遵从国家标准《出版物上数字用法》（GB/T 15835—2011）。技术术语、专业名词、符号等力求符合规范要求或约定俗成。

七、《浙江水利年鉴2021》编纂工作得到浙江省各市水利部门和省水利厅各处室、直属单位领导和特约撰稿人的大力支持，在此表示谢忱。为进一步提高年鉴质量，希望读者提出宝贵意见和建议。

目　录

水旱灾害防御

水利规划计划

水 利 工 程 建 设

目　录

农村水利水电和水土保持

水利工程运行管理

水利行业监督

水 利 科 技

政 策 法 规

能 力 建 设

党 建 工 作

学 会 活 动

地　方　水　利

厅　直　属　单　位

附　　录

索　　引

综　述

Overview

001～005 页

2020 年浙江水利发展综述

2020 年，全省水利系统坚持以习近平新时代中国特色社会主义思想为指导，积极践行"节水优先、空间均衡、系统治理、两手发力"的治水思路，按照省委、省政府决策部署，表格化清单式抓细抓实各项工作，牢牢守住水旱灾害防御、水利工程安全运行两条底线，水利建设投资强势"翻红"，两大民生实事提前超额完成年度目标，行业监管能力显著提升，上线运行一批数字化平台和应用，推进水利改革创新，各项工作喜报频传、屡获佳绩。

一、水旱灾害防御夺取重大胜利

各级水利部门坚持"主动履职、全力以赴、提升能力、确保安全"，始终把防汛防台作为水利的主责主业，着力构建起"一平台"（钱塘江流域防洪减灾数字化平台）牵引、"五体系"（领导组织体系、监测预报体系、方案预案体系、应急响应体系、协同联动体系）联动的"1＋5"工作体系。针对超标准洪水、水库失事、山洪灾害"三大风险"，完成钱塘江等 12 个重要流域及支流和 84 个县级以上城市超标洪水防御预案编制，组织开展水库提能保安专项行动，梳理确定 14584 个山洪灾害防御重要村落。超长梅汛和第 4 号台风"黑格比"暴雨期间，坚持全过程研判、全方位支撑、全天候测报、全流域联调，山洪灾害预警提前 24 小时，洪水预报提前 72 小时，

全省各大中型水库累计拦蓄水量为 102.32 亿 m³，沿海平原河网累计排水 54.49 亿 m³，确保汛情总体平稳可控。特别是超长梅汛期间，在钱塘江上游发生多轮强降雨后，果断实施新安江水库首次 9 孔泄洪，削峰率达 67％，减少下游受淹面积 123.8km²，减少受淹人口 45 万，实现水利工程防灾减灾效益最大化、暴雨洪水影响最小化，得到省委、省政府主要领导的高度肯定和水利部全国通报表扬。

二、水利投资建设取得新的突破

面对新冠肺炎疫情的严重冲击，全省水利系统进入全面防控状态，实行"一把手负责制、即收即办制、办后反馈制"，做到全厅系统"零感染"。根据防疫形势发展，出台水利稳发展"九项举措"、投资 16 项举措，2020 年 3 月底前推动全省 1458 项在建工程 100％复工，制定重大水利项目加快推进前期、加快开工、加快完工"三张清单"，水利投资强势"翻红"，切实做到"两手抓、两手都要硬"。至年底，平阳水头段防洪工程等 18 个重大项目完工见效，开化水库、环湖大堤后续工程等 16 个重大工程开工建设，温州市瓯江引水工程等 16 个项目可研获批，三门县海塘加固工程等 16 个项目初设获批，海塘安澜千亿工程新开工海塘 171km，403 个项目完成竣工验收，一大批重大水利项目加速落地见效。

全年水利建设完成投资 602.7 亿元、完成率为 120%。

三、水利民生实事圆满完成

坚持农饮水城乡同质、县级统管，农村饮用水达标提标三年行动圆满收官，全年新增农饮水达标人口 384 万，2018 年以来累计完成 1054 万人，同期改善农村居民饮水条件数量位居全国第一。有任务的 84 个县（市、区）全面落实县级统管，水费收缴率由 2018 年年底的不足 25% 上升到 99.4%，实现"村建村管、分散管理"向"县级统管、专业专管"转变。

全域推进美丽河湖建设，美丽河湖建设连续两年纳入省政府民生实事，"百江千河万溪水美"工程全域推进，率先开展幸福河指标体系与建设方案研究，谋划打造河湖治理"升级版"。全年建成美丽河湖 140 条（个），治理中小河流 718km，完成率 130%，德清、嘉善、景宁成功入选全国农村水系综合整治试点，松阳松阴溪、天台始丰溪被水利部授予"长江经济带美丽河流（湖泊）"称号，德清蠡山漾第一个通过全国示范河湖验收。河湖长制成效明显，连续两年得到国务院督查激励。

四、行业监管能力显著提升

省政府出台《浙江省节水行动实施方案》，全面推进"一项双控行动、六大节水工程、八项政策机制"的"168"节水体系建设。省人民代表大会常务委员会（以下简称省人大常委会）审议通过《浙江省水资源条例》，首次将"节水优先、空间均衡、系统治理、两手发力"的治水思路写入条文，条例自 2021 年 1 月 1 日起实施。

在国家最严格水资源管理制度考核中，浙江省连续 5 年获得优秀名次，位列全国第三。制定《浙江省水利监督规定》，加大省级综合督查和"四不两直"（不发通知、不打招呼、不听汇报、不用陪同接待、直奔基层、直插现场）暗访督查力度，累计检查各类项目 3975 个，发现问题 9192 个，并实施警示约谈 14 批次。综合运用多种手段规范涉水行为，全年完成 865 条河流划界任务，暗访检查河湖 550 条（个），无人机抽查河道 1100km，水域遥感监测 5000km^2，整改河湖"四乱"（乱占、乱采、乱堆、乱建）问题 400 个。率先完成长江经济带小水电清理整改，精准分类、一站一策，提前 3 个月全面完成 3083 座小水电整改任务，五项指标（资料填报、综合评估、一站一策、整改进度、退出进度）均为 100%，成为全国首个销号省份。

五、智慧水利赢得先发优势

结合水利部智慧水利先行先试，上线运行一批数字化平台和应用，驱动和支撑水利治理体系和治理能力现代化。其中，水管理平台基本建成，初步成为省市县三级统一工作平台，钱塘江流域防洪减灾数字化平台和山洪灾害预报预警平台在"长梅"大考中发挥实战效益，城乡供水管理平台实时接入 11112 座水厂及 9823 处水源地信息，农村水电站管理数字化应用实现生态流量在线监测。同时，不断深化互联网技术与水利工作相融合。"互联网＋政务服务"实现 63 个政务服务事项省市县三级同步上线，累计收件 3685 件，办结率为 100%，并做到零差评。"互联网＋监管"掌上执法率为 99.9%，双随机事项和监管行为主项覆盖率均达到 100%，并充分利用协同应用监管，建立行业信用监管体系，实现风险预警监管、投诉监管闭环处置。

六、水利改革创新走深走实

全面推广应用机关内部"最多跑一次"系统，15 个非涉密办事事项全部实现网上办和跑零次。水利政务服务 2.0 建设完成率为 100%，提前 1 个月完成省政府下达的目标任务。深化水利工程标准化管理，累计完成 1 万余处重要工程标准化管理创建，在此基础上，部署启动水利工程管理产权化、物业化、数字化改革三年行动，全省规模以上水利工程确权颁证率 28%，物业化覆盖率 27%。围绕"加强农田水利管护，加大农业节水力度"两大目标，全面完成农业水价综合改革 2018 万亩任务，湖州市南浔区成为全国第一个通过农业水价综合改革验收的县，南浔区、平湖市农业水价综合改革工作被水利部等 4 部委评为全国典型案例。

七、水利"十四五"发展蓝图初步绘就

高标准谋划"十四五"水利重大改革、重大项目、重大平台、重大政策。在深入调研、充分听取各方意见的基础上，组织编制水安全保障"十四五"规划，总结评估现状水平，系统分析形势需求，初步形成规划思路，并建立"十四五"重大水利项目库。把建设"浙江水网"作为浙江省水利顶层设计的框架，作为锻造长板、补齐短板的主要措施，全力构建防洪保安网、资源保障网、幸福河湖网和智慧水利网，更好地满足人民群众对防洪保安全、优质水资源、健康水生态、宜居水环境、先进水文化的需求，逐步形成工程和智能管理交相呼应的"浙江水网"，努力争当现代化大水网建设先行省。贯彻落实长三角一体化工作要求，会同太湖流域管理局及其他两省一市水行政主管部门出台协同治水行动方案，并对长三角区域一体化水安全保障规划开展专题研究，积极与水利部沟通协调，全力争取将浙江省"十四五"及今后一段时期重大水利工程列入国家级规划。

八、党建引领持续赋能发力

深入学习贯彻习近平总书记在浙江考察时的重要讲话精神和"节水优先、空间均衡、系统治理、两手发力"的治水思路。深化推进党支部标准化 2.0 建设，在"七一"期间召开大会表彰"两优一先"（优秀共产党员、优秀党务工作者和先进基层党组织），号召厅系统各级党组织和广大党员干部要践行初心担使命、争先创优当模范。深化"清廉水利"建设，创新构建"三联三建三提升"机制，党组成员联片、处室单位联线、党员干部联点，推动党建领先促工作领跑。连续三年组织警示教育月活动，杜绝"四风"现象反弹回潮，全力打造"忠诚

干净强政治，担当作为兴水利"的浙江水利队伍，并在全省党建会议上做经验交流。同时，把"三服务"（服务企业、服务群众、服务基层）作为全省水利系统改进作风、推动工作的总抓手，开展"百县千企万村"行动，明确 11 名厅级领导联系 11 个市、97 名处长联系百个市县、572 名干部联系 1341 家企业、2458 名干部联系 20902 个村，累计解决问题 2122 个，满意率 100%。

大 事 记

Memorabilia

2020 年 大 事 记

1月

7 日 副省长彭佳学到省水利厅听取水利工作汇报。省水利厅党组书记、厅长马林云回顾总结 2019 年浙江水利工作情况，汇报 2020 年水利工作思路。彭佳学强调，2020 年在抓好水利工作落实的同时，要进一步提高站位，按照高水平推进省域治理现代化的要求，准确把握水利在新时代的价值和功能，加强水利中长期工作思路研究谋划，完善配套政策和工作机制，合理界定省市县三级事权关系，以数字化转型等具体举措撬动水利全方位改革，不断提升水利队伍履职能力，争当高水平推进省域治理现代化排头兵。

8 日 《中国水利报》发表省水利厅党组书记、厅长马林云署名文章"构建'幸福大水网' 推进水治理现代化"。

9 日 全国水利工作会议在北京召开，厅党组书记、厅长马林云在大会上作题为"横向协同 上下联动 加快浙江水利数字化转型步伐"的典型发言。

全国水利工作会议对全国水利系统先进集体、先进工作者和劳动模范代表进行表彰。浙江省获得表彰的单位和个人数量全国领先，为历年之最。其中，浙江省水利厅水资源管理处（浙江省节约用水办公室）、杭州市农村水利管理服务总站、温州市珊溪水利枢纽管理中心、湖州市水利局、绍兴市曹娥江大闸运行管理中心、浙江省水文管理中心水情预报处等 6 个集体被授予"全国水利系统先进集体"称号，胡玲、郭明图、张中顺、吕志升、刘纪动、陈关水、钱继春、丁夏浦、俞发康、曹汉祥、胡国剑、杨成刚 12 人被授予"全国水利系统先进工作者"称号，汪勇被授予"全国水利系统劳动模范"称号。

14 日 水利部公布 2019 年水利行业节水机关名单，省水利厅作为水利行业首批节水机关创建单位，率先通过全国节水办考评验收。

19 日 全国水利党风廉政建设工作视频会议在北京召开。省水利厅党组书记、厅长马林云在浙江分会场参会并作题为"突出明责履责督责问责四个环节 推动全面从严治党主体责任落实落地"的典型发言。

20 日 省水利厅召开全省水利安全生产视频会议。厅党组书记、厅长马林云要求，全省各级水利部门要树立安全发展理念，加强领导、明确责任、落实措施，做好安全生产工作，推进全省水利安全生产形势持续稳定向好，力争实现"不死人、少伤人"的总目标，确保 2020 年在水利部和省政府安全生产考核中走在前列。

24 日 省水利厅成立新型冠状病毒感染肺炎疫情防控工作领导小组，并对疫情防控工作进行部署。

29 日 省水利厅召开厅党组扩大会

议,传达中共中央、国务院及省委省政府有关疫情防控工作部署精神,了解厅各处室单位当前防控工作情况,并对下一步疫情防控工作做出部署。厅党组书记、厅长马林云强调,要做好排查,提前落实预案,做好水利行业的社会防控工作,进一步完善联防联控的工作机制,在做好疫情防控工作的同时,统筹考虑好水利工程建设、两项民生实事实施等重点水利工作。

2 月

7 日　省水利厅下发《关于做好当前水利安全防范工作的通知》,强调要切实做好疫情期间安全风险防控工作,坚决防范水利生产安全事故,杜绝较大及以上生产安全事故,为坚决打赢疫情防控阻击战创造良好安全环境。

10 日　省水利厅党组书记、厅长马林云主持召开厅党组扩大会议,部署疫情防控工作,专题研究部署厅系统"三返"人员防控保障工作;省水利厅向全省水利系统发出紧急通知,就进一步加强疫情防控工作、农村供水安全保障和水利安全防范工作等,明确提出要求。

13 日　省水利厅、省发展和改革委员会(以下简称省发展改革委)联合发文,要求各级水利部门、发展改革部门要在做好疫情防控工作前提下,统筹力量有序推进重大水利工程复工和水利工程前期,最大限度降低疫情负面影响,发挥好重大水利工程有效投资对稳增长重要作用。

15 日　省水利厅印发《关于做好当前水利疫情防控服务稳企业稳经济稳发展九项举措的通知》,提出实施水利审批绿色通道、延缓企业费用收缴、加快推进水利重大项目建设等 9 项措施,逐步推进浙江 70 项在建水利重大工程有序复工,成立省水利厅复工复产工作组,指派 20 多人对复工项目开展蹲点指导服务,协调帮助解决复工与项目推进中的困难和问题。

28 日　全省水利局局长视频会议召开。省水利厅党组书记、厅长马林云出席会议并讲话,他强调,2020 年全省水利工作要完成好"356"任务,强化"三百一争"行动、强监管行动和"三服务"行动 3 项行动,抓好政治建设、作风建设、队伍建设、纪律建设和宣传文化建设 5 个保障,实现补短板、强监管、水旱灾害防御、民生实事、数字化和重大改革 6 个突破。会上宣读了 2019 年度全省市县水利工作综合考核优秀名单和安全生产目标责任制考核结果。

3 月

12 日　全省水利系统党风廉政建设工作视频会议召开。省水利厅党组书记、厅长马林云出席会议并讲话。会议强调,要坚持以习近平新时代中国特色社会主义思想为指导,全面贯彻落实中共中央、省委重大决策部署,坚持全面从严治党,加强全系统上下联动,深化推进"清廉水利"建设,为浙江水利高质量发展取得新突破,争当省域治理现代化和水利治理现代化排头兵提供坚强保障。

22 日　第 28 届"世界水日"、第 33 届"中国水周"宣传活动开启,省水利厅围绕"坚持节水优先　建设幸福河湖"

"防范流域大洪水"等主题，先后推出线上节水宣传、建言献策以及唱响幸福河《水韵》线上发布等活动。

杭州市"世界水日""中国水周"主题活动暨杭州市水利科普馆开馆仪式在三堡排涝工程现场举行。副省长彭佳学宣布科普馆正式开馆。活动以"坚持节水优先 建设幸福河湖"为主题，并开设线上互动环节。杭州水利科普馆是浙江省首家，也是全国鲜有的利用大型泵站工程实体布展的场馆。

26 日 省水利厅召开厅党组扩大会，学习贯彻中央《党委（党组）落实全面从严治党主体责任规定》，传达学习习近平总书记在中央政治局常委会会议上的重要讲话精神，以及省委常委会扩大会议、深化"最多跑一次"改革推进政府数字化转型第10次专题会议、全省复工复产安全生产工作视频会议等有关精神，并研究全省水利安全生产集中整治督查工作。

27 日 全省农村饮用水达标提标行动视频会议召开。省水利厅党组书记、厅长马林云出席会议并强调，全省水利系统要充分认识实现农村饮水安全是脱贫攻坚的重要内容，要抓好三年行动计划，建设城乡清洁供水数字化管理系统，实施古井水源保护工程，加大监督检查、问责力度，确保如期实现目标任务。

31 日 水利部公布 2019 年度生产建设项目国家水土保持生态文明工程名单，仙居抽水蓄能电站工程成功入选。

4 月

3 日 水利部召开山洪灾害防御工作视频会议，副部长叶建春出席会议并讲话。浙江省水利厅做交流发言时指出，近年来省水利厅坚持机构改革后水利防汛工作"只能加强、不能削弱""宁可抓重、不可抓漏"，持续完善山洪灾害群测群防体系，切实抓好山洪灾害监测预警，全力做好山洪灾害防御各项工作。

省水利厅召开厅党组扩大会议，传达学习习近平总书记在浙江考察时的重要讲话精神和省委常委会扩大会议精神。会议强调，在抓好疫情防控的前提下，落实好"三百一争"（年度中央水利投资计划、全省水利投资计划、"百项千亿"年度工作任务"三个百分百"全面完成，力争全省水利投资在完成 500 亿元目标基础上再增长 10%）行动、强监管行动和"三服务"行动，坚决守住水旱灾害防御的底线，为浙江"努力成为新时代全面展示中国特色社会主义制度优越性的重要窗口"贡献水利力量。

6—7 日 水利部副部长叶建春率队到浙江检查指导水旱灾害防御工作，座谈听取全省水旱灾害防御工作情况和水利数字化转型情况汇报。叶建春肯定了浙江省水旱灾害防御各项准备工作，强调要全力以赴抓好水旱灾害防御工作，最大程度减轻洪涝干旱灾害损失。

8 日 中国水利博物馆召开开馆 10周年座谈会，围绕"深入贯彻'节水优先、空间均衡、系统治理、两手发力'的治水思路，创新发展水文化传承保护"主题，重温习近平总书记重要指示精神，回顾总结水博建设成就，探讨水文化创新发展理念。

10 日 省水利厅召开全省水旱灾害防御工作视频会议，分析研判 2020 年全省汛期形势，安排部署 2020 年水旱灾害防御工作。厅党组书记、厅长马林云出席会议并强调，全省水利系统要以"努力成为新时代全面展示中国特色社会主义制度优越性的重要窗口"的使命和担当，贯彻落实中央领导对防汛工作的批示指示精神以及水利部、省委省政府的有关决策部署，坚持"主动履职，全力以赴，提升能力，确保安全"总要求，切实抓好 2020 年水旱灾害防御工作，为全面建成小康社会做出应有贡献。

13 日 省水利厅和省人力资源和社会保障厅（以下简称省人力社保厅）联合发布《关于表扬在实行最严格水资源管理制度工作中成绩突出集体和个人的通报》，对在 2018 年后全省实行最严格水资源管理制度工作中取得突出成绩的 41 个市县（集体）和 150 名个人，予以通报表扬。

15 日 浙江正式入汛。钱塘江流域防洪减灾数字化平台 V2.0 版于汛期首日正式上线运行。钱塘江流域防洪减灾数字化平台作为浙江省防范化解重大风险数字化转型的重大项目，由省水利厅牵头建设，省钱塘江流域中心牵头开发。平台 V2.0 版在 2019 年 V1.0 版本的基础上，按照"从钱塘江流域扩展为全省通用的水灾害防御模块"的要求，对原平台框架进行大幅度调整，6 大核心模块进行迭代升级，已初步实现省市县水灾害防御基础版功能应用。

16 日 省水利厅召开厅党组理论学习中心组扩大学习会，全面学习贯彻习近平总书记在浙江考察时的重要讲话精神。厅党组书记、厅长马林云主持会议并强调，深入学习贯彻习近平总书记重要讲话精神，对标对表"努力成为新时代全面展示中国特色社会主义制度优越性的重要窗口"新目标新定位，认真思考谋划水利工作，作水利贡献、出标志性成果，争当建设"重要窗口"排头兵。

19 日 2020 年网上公祭大禹陵典礼举行。结合疫情防控情况，活动以"典礼规格不降、影响力不降"为基本原则，突出网上公祭，多种渠道广泛告知海内外大禹后裔宗亲、华侨华人通过视频传输来祭拜大禹，通过"绍兴发布"公众号、"会稽山景区"公众号等进行祭祀，现场继续保留 9 项仪程。

24 日 省政府第 42 次常务会议审议通过《浙江省节水行动实施方案》。《浙江省节水行动实施方案》提出了浙江省到 2022 年、2025 年、2035 年三个阶段的用水总量和强度等主要节水目标，将通过实施"一项行动"、建设"五大工程"、完善"八项机制"，推动形成政府主导、市场发力、社会参与、全民行动的节水新局面；同时还明确了加强组织领导、强化科技支撑、保障资金投入、强化监督考核、提升节水意识等 5 个方面的保障措施。

27 日 水利部召开河湖管理工作视频会议，总结 2019 年河湖管理工作，分析当前形势任务，理清工作思路，安排部署 2020 年重点工作，统筹疫情防控和经济社会发展，在常态化疫情防控中加强河湖管理，加快推进河湖治理体系和治理能力现代化，建设造福人民的幸福河。水利部副部长魏山忠出席会议并讲话。省水利厅党组书记、厅长马林云在浙江分会场参会并作题为"强化河湖治理体系和治理能力建设　努力打造幸福河湖"的典型发言。

30 日　省水利厅召开厅党组扩大会，传达学习省委、省政府二季度工作动员部署会精神，并对下一步水利工作做出部署。厅党组书记、厅长马林云主持会议并强调，面对疫情的严峻考验，全省水利系统要坚持"两手硬、两战赢"，聚力聚焦水利重点工作，抓投资、抓民生、抓防汛、抓安全、抓改革。

省水文管理中心（以下简称省水文中心）召开干部大会，宣布主要领导任职决定。范波芹任省水利厅党组成员、省水文中心党委书记、主任。

5 月

8 日　省水利厅印发《2020 年浙江省水利数字化转型实施方案》，明确2020 年水利数字化转型工作的目标、举措，要求进一步加强水利数字化技术支撑体系建设。

9 日　全省水利"抓投资"推进视频会召开。省水利厅党组书记、厅长马林云强调，要抓好水利有效投资，实现年度水利投资、管理业投资"双增长 10％"的目标任务，确保中央投资计划完成 100％。

12 日　第 12 个全国防灾减灾日，省水利厅组织开展水利工程运行管理暨水库安全管理"三个责任人"视频培训，全省有 11000 多人参加。

14—18 日　水利部、财政部组织专家组对浙江省"十三五"农村水电增效扩容改造项目开展绩效评价复核工作。"十三五"期间，全省纳入增效扩容改造水电站 204 座，河流生态改造项目 148 项，总投资 8.9 亿元，申请中央奖励资金 2.3 亿元。专家组对全省农村水电增效扩容改造工作表示肯定。

18 日　省水利厅组织召开 2020 年全省取用水管理专项整治行动和用水统计调查制度实施宣贯视频会议，对取用水管理专项整治和用水统计调查等工作进行全面动员部署。该次专项整治行动从 5 月正式启动，计划 12 月底前完成，分为核查登记、问题整改、总结提升 3 个阶段。

26 日　副省长彭佳学听取省水利厅、杭州市政府关于水旱灾害重大风险防范工作汇报，研究部署下阶段工作。彭佳学强调，浙江是个洪涝台灾害易发、多发、重发的省份，超标准洪水、超标准风暴潮、水库失事、小流域山洪灾害都有发生，造成重大损失和人员伤亡。各级政府、各职能部门一定要切实增强风险意识，牢固树立底线思维，抓好水旱灾害重大风险防范各项措施落实。

26—27 日　湖州市南浔区农业水价综合改革验收工作会议召开。专家组一致同意验收。南浔区完成 41.27 万亩农田改革任务，节水率为 20％，成为全国首个通过农业水价综合改革验收工作的试点县。

29 日　浙江入梅。省水利厅召开梅雨防御会商会，分析近期梅雨防御形势，并部署防御应对措施。

省水利厅召开 2020 年后新任干部集体谈话会，对新任干部进行集体谈话和廉政提醒，并对加强厅系统干部队伍建设进行动员部署。厅党组书记、厅长马林云出席会议并强调，广大水利干部要对标"重要窗口"新目标新定位，对标浙江水利走前列，奋力推进浙江水利"在全国水利同行中走前列、在省级部门中做先进、在重大考验中打胜仗"。

省水利厅召开专题会议，传达贯彻全国两会精神。厅党组书记、厅长马林云主持会议。会议要求认真学习、深刻领会全国两会精神，自觉把思想和行动统一到习近平总书记重要讲话精神上来，把智慧和力量凝聚到落实中共中央和省委的各项决策部署上来，努力做到联系实际、融会贯通，以学习的实际成效推动会议精神的更好落实，为"重要窗口"建设贡献水利力量。

30 日 水利部网信办组织召开专家审查视频会议，对浙江省智慧水利先行先试总体方案进行评审。专家组一致认为，浙江开展先行先试试点工作，提出智慧化解决方案，技术方案合理可行，工作基础扎实，符合先行先试工作要求。

6 月

2 日 省水利厅党组书记、厅长马林云主持会商，部署应对强降雨工作，要求密切关注天气和雨情水情工情变化，及时发布预警信息，科学调度水利工程，加强山洪灾害防御，确保安全。

5 日 省水利厅联合省人民检察院、省生态环境厅、省美丽浙江建设领导小组"五水共治"（河长制）办公室共同召开守护"美丽河湖"专项行动部署电视电话会议，正式启动守护"美丽河湖"专项行动。

12 日 省水利厅召开党风廉政警示教育会议，进一步加强党风党纪教育和廉洁从政教育。厅党组书记、厅长马林云上"以案为鉴、以案明纪，不断提高拒腐防变和抵御风险能力"为题的廉政党课。

15 日 省水利厅印发《浙江省水利厅关于水利争先创优行动的实施意见》，要求全省水利系统实行协调联动专班干、压实责任实干、争先进位比拼干、奖优罚劣激励干，推动全省上下形成同频共振、比学赶超的氛围，奋力夺取疫情防控和实现水利年度目标的双胜利。

由省美丽浙江建设领导小组"五水共治"（河长制）办公室、省生态环境厅、省水利厅主办的"家乡水 美丽河"集中采访启动仪式在杭州举行。浙江省将启动全省 200 个乐水小镇和 1000 个水美乡村建设，持续释放治水红利。

17 日 钱塘江河口地区防汛工作会议在杭州召开，会议分析研判 2020 年钱塘江河口地区水雨情趋势、河口江道及洪水位变化、河口防汛薄弱环节和超标准洪潮影响情况，交流部署河口地区超标准洪潮防御和海塘安澜千亿工程建设行动。

19 日 根据中央气象台预报，西南东部至江南一带将有暴雨天气，19—20 日，浙江中部地区将有 100～180mm 降雨。李克强总理近日专门批示要求做好防范工作。水利部办公厅下发《关于做好西南江南等地暴雨防范工作的通知》，就防御该次暴雨防范工作做专门部署。省委书记车俊批示要求，精准指导，做好全省防汛防台工作。省长袁家军批示要求，全力做好防汛和地质灾害防范工作，确保人民群众生命财产安全。省水利厅党组书记、厅长马林云组织召开强降雨防御会商，针对性部署防御应对工作。

省水利厅召开厅党组扩大会议，专题传达学习省委十四届七次全体（扩大）会议精神，研究部署下一阶段传达贯彻工作。会议要求迅速传达学习全会精神，积极谋划水利标志性成果，统筹抓好疫情防控和水利年度重点工作。

钦寸水库新昌至宁波通水仪式在新昌县钦寸水库大坝枢纽举行。副省长彭佳学宣布成功通水。钦寸水库是一座以供水、防洪为主，兼顾灌溉和发电等综合利用功能的大（2）型水库，总库容为 2.44 亿 m^3，是浙江省水资源跨区域、跨流域优化配置的重大工程，也是浙江省水资源保障百亿工程的重要项目。水库于 2010 年 9 月开工建设，2017 年 3 月下闸蓄水。

24 日 省长袁家军赴杭州市余杭区西险大塘检查指导防汛工作。他强调，做好防汛工作事关经济社会发展大局和人民群众生命财产安全，各地各部门要深入贯彻习近平总书记关于防灾减灾救灾工作的重要论述，坚持人民至上、生命至上，立足防大汛、抗大灾、抢大险，充分运用数字化防控平台和体系化工作机制，切实做到科学预报、系统预防、有效防灾、精准减灾，确保安全平稳度汛，为全省发展大局筑牢安全保障，为建设"重要窗口"守牢安全底线。

7月

1 日 省水利厅召开 2018—2019 年度"两优一先"表彰大会暨"践行初心担使命 争先创优当模范"主题党日活动。厅党组书记、厅长马林云出席大会并讲话，厅领导为"两优一先"代表颁发荣誉证书。马林云强调，厅系统各级党组织和广大党员干部要践行初心担使命、争先创优当模范，以实际行动彰显共产党人的信仰和信念，多出水利标志性成果，为争当建设"重要窗口"排头兵做更大的贡献。

3 日 省委书记车俊调研防汛防台防灾工作，强调要全力决战梅汛、迎战台汛，奋力打好防汛防台防灾这场硬仗，为建设"重要窗口"提供安全保障。当前，全省有 25 座大中型水库超汛限，杭嘉湖地区水位持续超保，气象预报未来三天浙北地区雨量有 40～70mm，降雨落区与上一轮基本重叠，防汛形势严峻。省水利厅印发通知，部署做好相关工作。

水利部召开 2020 年水利系统节约用水工作视频会议，总结交流 2019 年以来节约用水工作情况，把握新形势、落实新要求，紧盯工作重点，部署推动当前和今后一个时期节约用水工作。会上，浙江省水利厅作题为"全面落实节水评价机制 切实强化水资源刚性约束"的典型发言。

5 日 副省长、省防指常务副指挥长彭佳学赴省水利厅会商部署防汛工作，听取气象预报、水雨情分析和防御工作开展等情况汇报，着重组织分析新安江水库和苕溪流域、太湖流域等防御形势，研究部署下一阶段梅雨防御工作。

6 日　受第 8 轮集中降雨影响，新安江水库水位迅速上升，至 6 日 17 时，新安江水库水位 106.61m，超过汛限水位。副省长、省防指常务副指挥长彭佳学主持召开专题会议，传达学习省委书记车俊、省长袁家军关于新安江水库泄洪的批示精神，就进一步做好新安江水库泄洪调度工作进行部署。

省水利厅党组书记、厅长、省防指副指挥长马林云赴建德市，指挥新安江水库防洪调度工作。综合协调、水文测报、山洪预警、防洪调度、工程技术、信息材料、宣传报道 7 个应急工作组全部进岗到位，开展工作。

19 时 30 分，省水利厅发布新安江水库 1 号调度令，决定从 7 月 7 日 10 时起，新安江水库开启 3 孔泄洪闸泄洪，泄洪闸泄洪流量 1500m³/s，发电流量 1200m³/s，总出库流量 2700m³/s。

7 日　11 时，省水利厅发布新安江水库 2 号调度令，决定从 7 日 12 时起，水库开启 5 孔泄洪闸泄洪，泄洪闸泄洪流量 2750m³/s，发电流量 1200m³/s，总出库流量 3950m³/s。

15 时，省水利厅发布新安江水库 3 号调度令，决定从 7 日 16 时起，水库开启 7 孔泄洪闸泄洪，泄洪闸泄洪流量 4500m³/s，发电流量 1200m³/s，总出库流量 5700m³/s。

16 时，省水利厅将水旱灾害防御应急响应提升至 Ⅰ 级。要求各地水利部门及时启动或调整应急响应等级，密切关注气象信息，加强监测预报预警，突出抓好水利工程调度、山洪灾害预警、防汛抗洪抢险技术支撑等工作，确保人民生命安全，最大限度减轻灾害损失。

8 日　6 时，新安江水库水位达 108.37m，并且持续上涨。7 时，省水利厅发布新安江水库 4 号调度令，决定从 9 时起，水库开启 9 孔泄洪闸泄洪，泄洪闸泄洪流量 6600m³/s，发电流量 1200m³/s，总出库流量 7800m³/s。9 时，水库开 9 孔泄洪，总出库流量 7700m³/s。

省委书记车俊赴省防指，指挥新安江流域防汛防洪工作。省委副书记、省长袁家军赴建德、桐庐、富阳、萧山、西湖等县（市、区）检查指挥防汛防洪工作。

水利部副部长叶建春率队检查嘉兴防汛工作，先后实地检查了南台头枢纽排涝泵站和长山河枢纽排涝泵站，并座谈听取了浙江省和嘉兴市的防汛工作情况汇报。他要求，新安江水库加大泄洪规模后，下游河道沿线要做好人员转移、安全防范等相关措施；要认真分析钱塘江流域和太湖流域河网可能存在的风险和隐患，切实做好堤防巡查防守和应急抢护等工作。同时浙江山区要严防小流域山洪灾害，加强监测预报和预警信息发布，确保山洪灾害不出现群死群伤事件。

9 日　副省长、省防指常务副指挥长彭佳学赴省水利厅召开专题会议，视频连线新安江水库和建德市，再次研究部署新安江水库防洪调度工作。会议分析认为，新安江水库水位已经从最高点折转回落，库水位持续降低。根据相关预案，可以实施关闸调度。会议明确，水库关闸调度要综合考虑水库大坝安全、沿线行洪和水库上下游及人员回流安全等因素，关闸调度梯次推进，尽量避免在夜间实施。要做好预警工作，切实加强水库下游两岸堤防巡查，落实相关安全措施，确保安全。

10 日 副省长、省防指常务副指挥长彭佳学在省水利厅主持召开会商会，听取气象、水利、应急管理、自然资源等部门的分析汇报，进一步研究部署新安江水库防洪调度工作。彭佳学指出，新安江水库泄洪抓住了有利的时间窗口，泄洪工作平稳有序。各地要加强监测预报预警，科学调度水利工程，确保关闸工作平稳有序。

13 日 省委常委会举行会议，传达学习习近平总书记防汛救灾重要指示精神，对全省进一步做好防汛防台救灾工作做出部署。省委书记车俊主持会议。会议强调，2020 年钱塘江流域遭遇史上最大梅汛，新安江水库水位创历史最高水位。全省上下同欲、勠力同心，防汛救灾工作取得阶段性成果。但防汛救灾工作面临形势依然严峻，各地各部门要全力做好各项应对准备工作。

13—14 日 副省长、省防指常务副指挥长彭佳学赴湖州、嘉兴检查防汛工作。彭佳学要求，气象、水利、应急部门要开展动态会商，分析防御形势，及时做出部署；继续组织科学调度，强化预排预泄；加强水利工程调度，尽快降低苕溪和杭嘉湖东部平原水位；加强堤防水库水闸的巡查检查，确保险情第一时间发现、上报、处置；继续统筹组织应急物资和抢险力量，时刻做好抢险救灾准备。

14 日 12 时，新安江水库水位 106.35m，已回落至汛限水位以下。根据气象预报，未来两天库区无集中较强降雨，库水位将持续回落。13 时，省水利厅发布新安江水库 9 号调度令，决定从 14 日 15 时起，水库关闭泄洪闸，维持满发电直至出梅。之后由新安江电厂根据调度原则自行调度。

16 日 省水利厅召开杭嘉湖地区防汛会商视频会议，厅党组书记、厅长马林云出席会议并讲话，并对杭嘉湖地区下一步防汛工作做出部署。他要求强化属地防汛责任，强化监测预报预警，强化全流域调度，强化堤防、水库等各类水利工程巡查检查，强化应急抢险各项准备，强化山区、小流域山洪防范，强化风险隐患排查研判和管控，强化信息报送。

17 日 省委书记车俊赴湖州检查防汛工作，走访长兴弁山村农户、察看防汛抗洪情况，检查了入湖河口防汛工作，后赴环湖大堤夹浦段，察看南太湖水位和人员值守情况。他强调，要深入贯彻习近平总书记关于进一步做好防汛救灾工作的重要指示精神，坚持人民至上、生命至上，牢固树立防大汛、抢大险、救大灾的思想，严格落实责任、严查安全隐患，做实做细各项防御应对工作，全力打赢太湖流域防汛防洪硬仗。

水利部副部长陆桂华一行赴湖州检查指导防汛工作。水利部太湖流域管理局局长吴文庆、省水利厅厅长马林云、总工程师施俊跃参加检查。陆桂华强调，要把太湖沿岸堤防防守作为防汛工作的首要任务，严格压实堤段防守责任，落实落细堤防巡查防守措施，确保重点堤防和重要保护目标安全。

全省召开小水电清理整改工作推进视频会议，会议传达了全省小水电清理整改联合工作组会议精神，通报了全省小水电清理整改进展情况。省自然资源厅、省生态环境厅相关职能处室负责人就生态红线调整、环评批复等政策进行指导。衢州、宁波、青田、黄岩等地做交流发言。

20 日 省水利厅召开厅党组理论学习中心组扩大学习会，传达贯彻习近平总书记防汛救灾重要指示及其在中央政治局第二十一次集体学习上的重要讲话精神以及省委相关会议精神。厅党组书记、厅长马林云主持会议并讲话。

浙西、浙西北地区以及新安江库区出现较强降雨，太湖水位涨至 4.78m，且居高不下，杭嘉湖东部平原主要代表站水位持续超警超保。晚，省水利厅党组书记、厅长马林云主持会商会，分析研判防汛形势，研究防御对策措施，要求继续维持Ⅲ级应急响应，强化太湖高水位应对，切实加强巡堤查险，严防小流域山洪灾害，继续密切关注新安江库区降雨监测和预报，加强面上水库山塘等水利工程安全管理。

22 日 全国实行最严格水资源管理制度考核工作组发布公告，在 2019 年度实行最严格水资源管理制度考核中，包括浙江在内的 8 个省（直辖市）获得优秀等级，浙江省排名全国第三。

省水利厅召开梅雨防御工作总结会。会议传达贯彻省委省政府主要领导对省水利厅工作重要批示和水利部通报表扬省水利厅精神，听取各应急工作小组及派驻新安江电厂调度专家组工作开展情况汇报，总结梅雨防御各项工作，分析防汛形势，并部署下阶段防汛防台工作。

24 日 长兴县泗安水库除险加固工程通过竣工验收，这是全省首个通过省级验收的水库除险加固 PPP 项目。泗安水库除险加固工程自 2017 年开工，2019 年完工并投入运行。

28 日 省水利厅召开水利工程运行管理系统暨水库安全运行管理大摸排视频培训会，各市县水利工程运行管理相关人员、水行政主管部门水管平台联系人及部分水管单位管理人员约 2700 多人在各地分会场参加培训会。

30—31 日 全省市级水利局长会议在杭州召开。会议传达学习省直单位厅局长工作交流会议精神，总结 2020 年上半年水利工作，分析当前形势任务，重点围绕打造水利标志性成果，部署下半年及水安全保障"十四五"规划编制工作。

8 月

2 日 8 时，第 4 号台风"黑格比"中心位于距离苍南县东南方向约 710km 的洋面上，中心最低气压 998hPa，中心附近最大风力 8 级。11 时 30 分，省水利厅启动水旱灾害防御（防台）Ⅳ级应急响应。

3 日 9 时 30 分，省气象台发布台风警报（强热带风暴级别），第 4 号台风"黑格比"以 25km/h 左右的速度向西北方向移动，强度还将继续加强。11 时，省水利厅将水旱灾害防御（防台）应急响应提升至Ⅲ级。

省水利厅党组书记、厅长马林云主持召开防台会商会，听取水雨情等情况汇报，分析研判防台形势，并对 2020 年第 4 号台风"黑格比"防御工作进行部署。会议要求，瓯江、鳌江、飞云江、椒江等流域大中型水库，要在确保下游安全的前提下，提前预泄，腾出库容；温州、丽水、台州等地要切实做好小流域山洪灾害监测预警工作，及时发布预警信息，确保预警信息全覆盖、无遗漏；同时要提请地方政府组织做好危险区域人员转移避险安置，切实保障人民群众生命安全；沿海地区要落实好低标准海塘内的安全措施，提前关闭海塘旱闸，封堵缺口，防止海水倒灌。

4 日　凌晨 3 点 30 分，第 4 号台风"黑格比"（台风级）中心在乐清市沿海登陆，登陆时中心附近最大风力 13 级（38m/s），中心最低气压为 970hPa。

6 日　松阳县黄南水库工程下闸蓄水。黄南水库是省、市重点建设项目，工程枢纽主要由大坝、溢洪道、输水建筑物、发电厂房和升压站等建筑物组成。水库大坝坝高 97m，输水隧洞总长 10.5km，配套坝后及输水隧洞出口电站 2 处，总装机 1.64 万 kW。水库集雨面积 207.8km²，总库容 9196 万 m³。

12 日　水利部普法办公室公布 2020 年度水法规知识大赛获奖名单。浙江省水利厅获水利部水法规知识大赛优秀组织奖。

19 日　省水利厅部署开展全省水利"质量月"活动暨文明标化工地示范工程推选工作。活动内容包括开展全省水利工程质量安全专项检查和水利文明标化工地示范工程推选工作。

27 日　全省农村饮用水达标提标行动决战决胜及清盘验收推进会在安吉县召开。副省长彭佳学强调，要坚持以人民为中心的发展思想，坚持城乡同质饮水目标不动摇，坚持共建共治共享，坚持求真务实、坚守质量，决战决胜打赢农村饮用水达标提标攻坚战。至 7 月底，全省三年行动计划 803 万人口目标已累计达标提标 791.3 万，任务完成率 98.5%，其中低收入农户完成率为 99.1%，形成农饮水工作的浙江样板。

9 月

3 日　《浙江省节水行动实施方案》解读新闻发布会在杭州召开，省水利厅党组成员、副厅长冯强介绍了《浙江省节水行动实施方案》的总体目标、重点任务及特色亮点、近期工作推进情况和下一步工作打算。

省水利厅召开厅党组理论学习中心组扩大学习会，以省市县水利部门党组（党委）联动学习的形式，深入学习贯彻习近平总书记关于治水重要论述精神，专题学习《习近平谈治国理政》第三卷。

4 日　浙江省水利标准化技术委员会成立大会暨第一次全体委员会议在杭州召开。会议审议并通过《浙江省水利标准化技术委员会章程》《浙江省水利标准化技术委员会秘书处工作细则》《浙江省水利标准化建设方案》和《浙江省水利标准化技术委员会工作规划（2020—

2024）》，对省水利标技委 2020 年度工作计划进行讨论。

8 日 2020 年度浙江省建设工程"钱江杯"奖（优质工程）获奖名单出炉，温州市瓯飞一期围垦工程（北片）、温州市鹿城区瓯江绕城高速至卧旗山段海塘工程Ⅰ、Ⅱ、Ⅲ区段（卧旗山—塔山段）和宁波市江北区孔浦闸站整治改造工程 3 项水利工程名列其中。

11 日 省水利厅召开厅党组扩大会议，传达学习省委书记袁家军在省委党校 2020 年秋季学期开学典礼上的讲话精神。

14 日 省委省政府健康浙江建设领导小组办公室公布 2019 年健康浙江建设考核优秀等次名单，省水利厅获 2019 年健康浙江建设考核优秀单位。

17 日 由省水利厅、丽水市水利局、松阳县人民政府共同主办的 2020 年山洪灾害防御应急演练在松阳县大东坝镇举行。演练模拟丽水市松阳县境内出现强降雨，引发小流域山洪，省市县水利部门指导、协调相关镇、村按预警信息、管控清单与应急预案开展巡查检查、人员转移安置、应急救援等工作。

21 日 姚江上游余姚西分项目瑶街弄调控枢纽工程通水。该工程是姚江流域防洪排涝"6＋1"工程之一，是解决姚江流域防洪排涝的控制性枢纽工程及民生实事工程。

24 日 《浙江省水资源条例》经省十三届人大常委会第二十四次会议审议通过，于 2021 年 1 月 1 日起实施。

30 日 省重点水利工程——诸暨陈蔡水库加固改造工程开工。工程总投资 9.93 亿元，主要内容包括加固改造主坝、副坝、泄洪闸、输水放空洞、非常溢洪道，以及机电设备更新、信息化自动化改造，新建输水隧洞及管理用房等，增加防洪库容 1500 万余 m^3。陈蔡水库总库容 1.164 亿 m^3，是一座以防洪、供水为主，结合灌溉等综合利用的大（2）型水库，供水人口近 80 万，占比诸暨全市总人口近 70％，年供水量 7000 万 m^3。

10 月

3—5 日 水利部副部长陆桂华赴金华市磐安县、武义县调研水利工作，省水利厅党组书记、厅长马林云陪同。陆桂华一行实地考察磐安县花溪水库及治理工程、流岸水库在建工程现场，武义县熟溪城区段、省级美丽河湖武义江履坦至坛头村段，听取相关工作情况汇报。

13—14 日 省发展改革委、省水利厅联合召开太嘉河工程、杭嘉湖地区环湖河道工程竣工验收会议。太嘉河、杭嘉湖地区环湖河道整治工程属于太湖流域水环境综合治理项目，是"百项千亿"防洪排涝工程，列入国家 172 项重点水利工程。两大工程总投资 38.9 亿元，2014 年 9 月相继开工建设，2016 年完成主体工程，2020 年已完成对幻漾、汤漾、罗漾、濮漾 4 条主要入湖漾港综合整治。

21 日 扩大杭嘉湖南排工程南台头排水泵站和长山河排水泵站通过机组启动验收。长山河排水泵站和南台头排水泵站工程是国家节水供水重大水利工程扩大杭嘉湖南排工程（嘉兴部分）的重要建设内容，分别位于杭州湾北岸海盐县长山河出口和南台头干河出口，概算投资 9.36 亿元，2017 年初动工建设，分别于 2020 年 6 月 15 日和 6 月 28 日投入试运行，在超长梅汛期间累计外排水量 1.69 亿 m³。

26 日　省水利厅召开水利形势分析会。会议传达学习省委省政府近期重要会议精神，回顾总结 2020 年水利重点工作进展情况，动员部署四季度冲刺决战，谋划水安全保障"十四五"规划编制及 2021 年水利工作。

28 日　绍兴市上虞区虞北平原崧北河综合治理工程开工建设。该工程是浙江省"十三五"期间规划实施的重点水利建设项目，也是省沿海平原骨干排涝工程和省"百项千亿"防洪排涝工程。工程主要建设内容为新建排涝水闸 1 座、增设二线节制闸 1 座；拓浚崧北河 7.22km、新开崧北河延伸段河道 3.12km；疏浚河道 5.20km，连通河道 0.59km，新（改）建桥梁 7 座；加固二线海塘 11.11km。2020 年计划投资 8000 万元，完成形象进度的 10% 以上，工程预计 2024 年 1 月完工。

11 月

10 日　德清县蠡山漾通过水利部太湖流域管理局组织的全国示范河湖建设验收，成为全国首个示范河湖，为全国河湖管理及河长制（湖长制）工作提供样板。蠡山漾由蠡山漾、刘家桥港、孙家漾、蠡山港、西施斗港共"两漾三河"五部分组成，水域总面积为 13.39hm²，"三河"总长为 4.1km。

10—11 日　由浙江省水利学会和杭州滨江区人民政府主办的浙江省水利学会 2020 学术年会暨科技治水峰会在杭州召开。会议设置"美丽河湖"建设向"幸福河湖"迭代升级主题论坛、"幸福河湖，科技助力"科技治水峰会、"浙江水利十四五高质量发展"专家沙龙、滨江区科技治水成效实地考察等环节。

13 日　全国水文化建设工作座谈会在丽水市召开，会议强调要深入学习贯彻党的十九届五中全会精神和习近平总书记关于"保护传承弘扬黄河文化"重要讲话精神，深化思想认识，积极主动作为，找准重点突破口，加强宣传教育，扎实推进水文化建设各项工作，为水利改革发展提供思想文化支撑。

17—18 日　水利部副部长陆桂华赴台州市检查指导水土保持等水利有关工作。陆桂华一行先后赴仙居县、椒江区，实地查看仙居抽水蓄能电站上水库及相关水土保持措施，并调研椒江河口综合治理情况。

19 日　全国绿色小水电示范电站评定现场会议在丽水市召开。会议总结回顾"十三五"以来的工作成效，交流各地的经验做法，并部署下一阶段示范创建工作。水利部总工程师刘伟平出席会议并讲话。

21 日　义乌市双江水利枢纽工程开工建设。该项目总投资 35.92 亿元，总工期 3 年，库区规划总面积 5.95km²，开挖水域面积 4.91km²，主要建设蓄水区工程、堤岸工程、拦河坝枢纽改造工程和管理维护区工程等四部分。项目建成后将形成正常库容 1733 万 m³，日均可提供工业用水 20 万 m³。

22 日　水利部网信办组织开展智慧水利先行先试工作中期检查评估，浙江省智慧水利先行先试中期评估结论获得优秀，同时，钱塘江流域防洪减灾数字化平台入选"智慧水利先行先试最佳实践"，浙江省水利工程建设管理数字化应用入选"智慧水利先行先试优秀案例"。

22—24 日　由共青团中央、中央文明办、民政部等七部委共同主办的第五届中国青年志愿服务项目大赛暨 2020 年志愿服务交流会在东莞落下帷幕。省钱塘江流域中心"同一条钱塘江"公众参与保护母亲河系列活动获全国金奖。

23 日　省水利厅召开厅党组理论学习中心组扩大学习会，专题学习贯彻党的十九届五中全会和省委十四届八次全会精神，认真学习习近平总书记在浦东开发开放 30 周年庆祝大会、全面推动长江经济带发展座谈会以及中央全面依法治国工作会议上的重要讲话精神。厅党组书记、厅长马林云主持会议并讲话。厅党组成员围绕深入学习贯彻中央和省委全会精神，结合工作实际作中心发言。

24 日　中国水利博物馆举行《淮水东流应到海——新中国治淮 70 年专题展》开展仪式。系统回顾 70 年来波澜壮阔的治淮历史，全面展现辉煌壮丽的治淮成就。

25 日　水利部公布第三批节水型社会建设达标县（市、区），浙江省淳安县等 15 个县（市、区）达到节水型社会评价标准。至此，全省共有 39 个县（市、区）通过水利部节水型社会建设达标验收，达标率 43.3%，超额完成国家下达任务，通过验收的县（市、区）数量和覆盖率均在全国名列前茅。

27 日　浙江水利形象宣传片《浙水安澜》正式发布。该片围绕"古韵·溯水之源""气韵·兴水之利"和"流韵·润水之泽"3 个篇章，展示了浙江悠久的治水历史、深厚的水文化底蕴、美丽的河湖生态和丰硕的水利改革发展成就，弘扬了"忠诚、干净、担当，科学、求实、创新"的新时代水利精神。

29 日　省水文中心、杭州市林水局联合大运河沿线 6 省市，共同发起创建"京杭大运河百年水文联盟"活动。在活动现场发布了《京杭大运河百年水文联盟杭州宣言》，联盟坚持以共同保护、共同传承、共同利用为宗旨，建立共识共保机制，弘扬新时代水文精神，努力使百年水文站成为展示大运河文化带建设的重要窗口。副省长彭佳学出席活动并宣布联盟成立。

《长三角生态绿色一体化发展示范区嘉善片区水利规划》通过省水利厅组织的专家评审。

30 日　《浙江通志·水利志》正式印刷出版，自 2012 年编纂工作启动，历时 9 年。《浙江通志》是文化强省建设的一项标志性工程。

12 月

4 日　《环湖大堤（浙江段）后续工程初步设计报告》通过省发展改革委联合省水利厅组织的技术审查。该项目主要建设内容包括堤防加固总长 12.24km、入湖河道综合整治总长

16.6km、新（改）建口门建筑物 95 座、太湖沿线湖滨带生态修复 22km 等；工程总投资约 24.2 亿元。

8 日　国际灌排委员会第 71 届执行理事会举办，会上公布了 2020 年（第七批）世界灌溉工程遗产名录。金华市婺城区白沙溪三十六堰申报成功，它是浙江省现存最古老的堰坝引水灌溉工程。

10—11 日　全省农业水价综合改革工作座谈会在余姚召开，会议贯彻落实全国、全省冬春农田水利暨高标准农田建设电视电话会议精神和国家有关部委对农业水价综合改革工作的部署要求，回顾总结近年全省农业水价综合改革工作，研究部署 2021 年持续深化农业水价综合改革任务。

15 日　省水利厅召开 2020 年县域节水型社会达标建设验收暨经验交流视频会议。会议总结交流县域节水型社会达标建设成效和经验，反馈和通报 2020 年县域节水型社会达标建设技术评估总体意见和验收结果，并对 2021 年全省节约用水工作进行部署。

16—17 日　全省水文化建设工作座谈会在宁波市奉化区召开。会议要求提高认识，把水文化工作摆在更加重要的位置；要完善顶层设计，构建日常工作机制；要全面摸清家底，开展重要水利遗产调查；要注重因地制宜，打造水文化标志性成果；要强化责任落实，抓实抓好年度工作任务。

18 日　温州市西向排洪工程通过竣工验收。该工程是省重点工程，位于温州市瓯海区及鹿城区境内，从瓯海仙门湖开始，汇集郭溪、瞿溪、雄溪"三溪"之水，并通过新建的卧旗水闸外排至瓯江。新开河道总长 6.25km，河宽 65m，设计流量 350m³/s。该工程控制着三溪片区 152.8m² 集雨面积的洪水排放，担负着温州市区西片 49.6% 集雨面积的防洪排涝重任。2004 年 10 月，梅屿隧洞标段先行开工建设，2014 年 3 月所有项目全部完工，是年 7 月通过通水验收。

21 日　省水利厅公布第二批浙江省节水宣传教育基地名单，建德市节水宣传教育基地、绍兴市柯桥区节水展览馆等 10 个基地、节水展馆入选。全省累计建成节水宣传教育基地 95 个，其中公布命名省级节水宣传教育基地 22 个。

22 日　省水利厅厅管干部学习贯彻党的十九届五中全会精神集中轮训在杭州开班。厅党组书记、厅长马林云做开班动员和主题报告，从深学、深挖、深谋、实干四个维度强调，厅系统各级党组织和党员干部职工要深入学习贯彻党的十九届五中全会和省委十四届八次全会精神，坚持系统观念、强化数字赋能，争创水利现代化先行省。

23 日　环湖大堤（浙江段）后续工程开工仪式在长兴县举行。环湖大堤（浙江段）后续工程总投资 24.2 亿元，工程内容包括环湖大堤达标加固工程、长兴平原入湖河道整治工程、湖滨生态修复工程。

25 日　中共浙江省钱塘江流域中心第一次代表大会在杭州召开。大会审议了中心党委工作报告、纪委工作报告以及党费收缴、使用和管理情况报告，选举产生第一届中心党委委员、纪委委员，审议通过关于党委工作报告的决议、关于纪委工作报告的决议。

28日 开化水库工程开工仪式在开化县马金镇石柱村举行。开化水库工程是《钱塘江流域综合规划》推荐实施的流域骨干调蓄工程，并被列入国家和省水利"十三五"规划。工程库容1.84亿 m³，批复估算总投资44.68亿元，是以防洪、供水和改善流域生态环境为主，结合灌溉，兼顾发电等综合利用的大（2）型水库。工程首次将流域生态修复纳入水库建设任务，是国内首个具备生态功能的水库工程。

省水利厅、省发展改革委、省财政厅、省生态环境厅、省能源局联合印发《关于进一步加强小水电管理工作的通知》，要通过建立生态调度运行机制、生态流量监管机制、监督问责机制、动态评价与优化退出机制、现代化运维机制五大机制，协同解决流域基本生态用水问题，进一步规范水电站运行管理，全力保障小水电长效管护。要通过强化组织保障，加强政策支撑，增强小水电绿色发展的内生动力，进一步提升绿色发展水平。要加强媒体宣传，拓展监督渠道，引导公众参与，为小水电健康发展营造良好氛围。

特　　载

Special Events

025～069 页

重 要 文 件

浙江省人民政府办公厅关于印发
《浙江省小型水库系统治理工作方案》的通知

（2020 年 11 月 6 日　浙政办发〔2020〕56 号）

各市、县（市、区）人民政府，省政府直属各单位：

《浙江省小型水库系统治理工作方案》已经省政府同意，现印发给你们，请认真贯彻实施。大中型水库、重要山塘、堤防海塘和规模以上水闸泵站等水利工程参照执行。

浙江省小型水库系统治理工作方案

为全面实施小型水库系统治理，加快推进水库治理体系和治理能力现代化，补齐水库运行管理短板，推进省域水库治理工作走在全国前列，制定本工作方案。

一、总体要求

（一）指导思想。以习近平新时代中国特色社会主义思想为指导，认真贯彻党的十九届五中全会精神，积极践行"节水优先、空间均衡、系统治理、两手发力"的治水思路，准确把握小型水库功能变化，坚持安全第一、分类施策、系统治理，着力推进水库治理体系和治理能力现代化，提升水库管理效能，为我省"重要窗口"建设作出积极贡献。

（二）基本原则

——政府主导，"两手发力"。强化政府主导地位，全面落实地方政府行政首长负责制。充分发挥市场作用，鼓励市场主体参与小型水库安全运行管理。

——问题导向，分类施策。对所有小型水库进行核查评估，明晰产权归属，核定功能需求，查清安全状况。按照轻重缓急、标本兼治的要求，逐库研究落实处置措施。

——依法依规，集约管理。严格按照法律法规规定，全面划定水库管理与保护范围，依法办理不动产登记，明确产权人和管护责任主体，推行县级统管和水利工程管理与工程维修养护分离（以下统称管养分离）。

——改革创新，提升效能。深化标准化管理，推行产权化、物业化、数字化改革，推动小型水库管理由粗放型向专业型和人工管向智能管转变。

（三）工作目标。到 2025 年，所有水库产权归属清晰，安全管理责任人及职责明确，均实现道路通、电力通、通信通和有人员、有资金、有制度、有预案、有物资、有监测设施、有放空设施、有管理房（以下统称"三通八有"）。安全鉴定和除险加固实现常态化。县级国有和无管理单位的小型水库全部纳入县级统管，符合不动产登记条件的水库登记率达到100%，物业管理覆盖率达到75%，水雨情自动监测率达到90%，视频图像监控率达到80%。基本构建功能定位适宜、产权归属清晰、责任主体明确、工程安全生态、管理智慧高效的小型水库治理体系，省域水库治理现代化走在全国前列。

二、主要任务

（一）开展核查评估。以县（市、区）为单位，由县级水利主管部门会同发展改革、财政、自然资源、生态环境等部门，组织对辖区内所有小型水库进行核查评估。市级小型水库，由市级水利主管部门会同有关部门核查评估。重点核查水库设计审批文件、功能定位依据、产权归属证据、工程安全状况、生态环境影响、经济社会效益和管理体制机制及管护机构、人员、经费等。统筹考虑经济社会发展、水库功能需求、生态环境影响、工程安全状况和加固改造可行性等因素，对核查水库进行综合评估，逐库提出"正常运行""整治提升"和"降等报废"三类评估意见，其中"整治提升"细分为"功能调整""加固改造"和"整改完善"。小型水库综合评估指导意见，由省水利厅会同省发展改革委、省财政厅、省自然资源厅、省生态环境厅另行制定。

（二）实行分类处置

1. 正常运行类。功能与需求匹配，生态环境和安全状况良好，产权归属清晰，有管理单位且机构、人员配置满足管护要求，日常管护工作和经费保障到位，可保证水库正常运行的，维持管理现状。

2. 整治提升类。水库需求发生变化、安全鉴定为病险水库或配套设施不齐全、管理体制机制不完善，不能正常运行的，开展整治提升。制定"一库一策"治理方案，并以县（市、区）为单位制定"一县一方案"，报同级政府批准后实施。

——功能调整类。实际需求与原设计功能不符的，如灌溉功能退化、发电功能丧失、新增为城乡供水水源地、下游防洪需求扩大、生态环境提质等，由县级或市级水利主管部门组织技术论证，并征求相关行业主管部门、水库管理单位和利害关系人意见后提出水库功能调整方案，报同级政府批准。水库功能调整后，按照水库大坝注册登记办法有关规定，办理变更手续。

——加固改造类。水库安全状况较差，安全鉴定为病险水库或配套设施未达到"三通八有"要求的，由水库业主或其主管部门（以下统称为产权人）提出加固改造提升方案，报县级或市级水利主管部门审查同意后由同级发展改革部门审批。经批准后，由产权人组织实施加固改造提升。

——整改完善类。产权归属不清、管理体制机制不顺，管护机构、人员、经费等保障不到位，未达到小型水库管理规程要求的，由产权人制定整改方案，限期整改、销号，并由县级水利主管部门负责监督落实。

3. 降等报废类。对规模减小或功能萎缩的水库，应按原设计等别降低一个或一个以上等别运行管理；对病险严重且除险加固技术上不可行或经济上不合理以及功能基本丧失的水库，应予以报废。水库降等或报废应委托具有相应资质的单位编制论证报告，由产权人报相关部门审批后组织实施。实施完成后，由产权人提出申请，报批准部门验收。验收通过后，按照水库大坝注册登记办法有关规定，办理水库大坝注册变更或者注销手续。

（三）强化责任落实。小型水库安全管理责任主体为地方政府、水利主管部门、水库产权人、水库管理单位和水库物业管理企业。

1. 地方政府责任。地方政府对本行政区域内的水库安全负总责，组织落实水库安全管理责任制，督促有关部门依法履行水库安全管理职责，协调解决水库安全管理工作中的重大问题，保障水库安全正常运行。

2. 水利主管部门责任。水利主管部门负责本行政区域内水库安全管理的监督管理，建立健全监督管理规章制度，组织开展水库大坝注册登记，对水库安全运行管理工作实施监督检查指导。

3. 水库产权人责任。水库产权人负责所属水库管理，明确管理单位及管护队伍，制定并落实水库管理制度，筹措管护经费，申请划定水库管理和保护范围，对所属水库大坝进行注册登记并依

法申请办理不动产登记，督促水库管理单位及管护人员履行职责。农村集体经济组织所属水库由当地乡镇（街道）履行主管部门职责。

4. 水库管理单位责任。水库管理单位对其管理的水库安全运行负直接责任，按照小型水库管理规程要求，建立健全水库安全运行管理制度，开展水库大坝巡查监测，做好水库日常安全运行和维修养护工作，报告水库大坝安全情况。

5. 水库物业管理企业责任。水库物业管理企业按照双方签订的水库物业管理合同约定，承担受委托的水库管理业务及责任。

（四）深化标准化管理。总结推广小型水库标准化管理经验，构建长效管理机制，全面推行小型水库产权化、物业化和数字化。

1. 推行产权化。在划定水库管理和保护范围的基础上，依据相关法律法规规定，组织对水库大坝等建筑物、构筑物所有权及其所依附的土地使用权进行不动产登记。小型水库不动产登记由产权人依法申请，水库大坝所在地的县级政府不动产登记机构办理。《不动产登记暂行条例实施细则》施行前，依法核发的水库不动产权属证书继续有效，权利未发生变更、转移的可以不更换不动产权属证书。积极推动水库资源化、资产化、资本化，吸引社会力量参与水库管理，多渠道筹集管护经费。依托现有县级水利工程管理单位，对县域内国有小型水库实行集中管理，无管理单位的小型水库可由产权人以协议方式委托县级

水利工程管理单位管理。县级水利主管部门按年度分配辖区内国有小型水库管护经费财政补助额度。

2. 推行物业化。水库产权人或县级水利工程管理单位管护能力不足的，应推行管养分离，以物业化管理方式将小型水库管护业务推向市场。鼓励现有的大中型水利工程管理单位、县级水利工程管理单位和水利工程设计、施工、咨询、监理等单位参与小型水库管护，提高专业化管理水平。建立健全水利工程物业管理市场监管体系，将水库物业管理纳入市场主体征信体系。

3. 推行数字化。充分发挥省数字经济优势，开展数字水库建设试点。加快"机器换人"，运用现代科技手段，建立完善水库水雨情和大坝沉降位移变形、渗漏、裂缝等工情感知体系。依托省水管理平台，将水库巡查检查、观测监测、控制运用、启闭操作、安全鉴定、维修养护和除险加固等事项纳入管理平台，动态分析研判水库安全管理状况，实现水库安全运行实时动态监管。

三、实施步骤

（一）启动阶段（2020 年）。系统分析小型水库存在的问题与短板，制定出台小型水库系统治理工作方案。

（二）核查评估阶段（2021 年）。制定小型水库综合评估指导意见，以县（市、区）为单位组织对小型水库进行核查评估，提出系统治理意见，制定"一库一策""一县一方案"。

（三）全面推进阶段（2022—2024 年）。以县（市、区）为单位，按照"一库一策""一县一方案"，制订"一年一计划"，并组织实施。

（四）验收提升阶段（2025 年底前）。以县（市、区）为单位，对小型水库系统治理工作进行验收。

四、保障措施

（一）加强组织领导。各地、各有关部门要把小型水库系统治理工作纳入重要议事日程，加强工作协调。进一步增强小型水库安全风险忧患意识，强化属地责任，建立完善工作方案，细化目标任务、重点工作、进度安排和措施，确保按期保质完成小型水库系统治理任务。

（二）加强要素保障。水利、发展改革、财政、自然资源、交通运输、农业农村、电力、通信管理等部门要密切协作，确保小型水库安全运行管理所必需的交通、电力、通信、土地、资金等要素到位。

（三）加强宣传引导。充分利用各类宣传载体，广泛宣传开展小型水库系统治理的重要意义，引导各方关心支持小型水库运行管理。及时总结经验，宣传典型，形成带动效应。

（四）强化监督考核。把小型水库系统治理工作纳入最严格水资源管理制度考核和水利"大禹杯"竞赛活动等内容。对任务重、进展慢、问题多的地方进行重点督查；对责任不落实、监管不到位或弄虚作假的，依法依纪依规进行处理。

浙江省水利厅印发关于进一步明确
浙江省有关水域管理职责的通知

(2020 年 4 月 10 日　浙水河湖〔2020〕6 号)

各市、县(市、区)人民政府,省政府直属有关单位:

《关于进一步明确浙江省有关水域管理职责的通知》已经省政府同意,现印发给你们,请遵照执行。

关于进一步明确浙江省有关水域管理职责的通知

经省政府同意,根据《浙江省河道管理条例》和《浙江省水域保护办法》有关规定,适应"放管服"和"最多跑一次"等改革要求,现就浙江省有关水域管理职责通知如下:

一、关于水域保护规划编制修改工作

水域保护规划原则上以县(市、区)行政区域为编制单元,由县(市、区)水行政主管部门组织编制,在编制过程中应加强与有关国土空间规划的衔接,经同级发展改革部门衔接审查,并分别征求设区市水行政主管部门和省水行政主管部门意见后,报县(市、区)人民政府批准并公布,经批准的水域保护规划纳入同级国土空间基础信息平台。其中,县(市、区)行政区域内涉及设区市直管水域、设区市经济技术开发区、高新技术园区、旅游度假区、工业园区等的,水域保护规划可由县(市、区)水行政主管部门统一组织编制或由设区市水行政主管部门协调组织编制。

编制或者修改城乡建设、交通设施、土地利用等专项规划,涉及水域的,应当与水域保护规划相衔接。确需调整水域的,应当编制水域调整方案,进行科学论证,报原组织编制水域保护规划的水行政主管部门审核同意。

二、关于区域水域调整方案编制工作

城市建成区改造和经济技术开发区、高新技术园区、旅游度假区、特色小镇、工业园区等建设,确需调整水域的,由其管理单位根据水域保护规划确定的控制指标与保护措施等要求,编制区域水域调整方案。

区域水域调整方案经区域所在县(市、区)水行政主管部门审核后,报县(市、区)人民政府批准并纳入同级国土空间基础信息平台。其中,涉及跨设区市多个县(市、区)的,经设区市水行政主管部门审核同意后,报设区市人民政府批准。

三、关于河道管理范围内建设项目工程建设方案审批工作

在河道管理范围内建设防洪工程、水电站和其他水工程以及跨河、穿河、穿堤、临河的桥梁、码头、道路、渡口、管道、缆线、取水、排水等建筑物或构筑物，建设单位应按以下规定报批工程建设方案：

（一）河道管理范围内建设项目属于下列情形之一的，报省水行政主管部门批准，省水行政主管部门批准前应征求项目所在地县级水行政主管部门初审意见（涉及设区市直管河道，征求市级水行政主管部门初审意见）：

1. 跨设区市行政区域的线性建设项目。

2. 省级河道、大型水库、跨设区市的中型水库、蓄滞洪区（南湖、北湖、高湖、大浸畈、湛头）、面积 $1km^2$（含）以上的湖泊上，跨水域部分总跨径 500m（含）以上的桥梁、穿水域部分 1000m（含）以上的管道以及缆线等基础设施项目。

3. 政府组织实施的能源、交通、水利等基础设施建设项目占用重要水域 $10000m^2$（含）以上。

4. 占用省直管江堤（海塘）的项目。

（二）河道管理范围内建设项目属于下列情形之一的，报市级水行政主管部门批准；属于下列第 2、3、4 种情形之一的，市级水行政主管部门批准前应征求项目所在地县级水行政主管部门初审意见：

1. 占用设区市直管水域。

2. 跨市所属县级行政区域的线性建设项目。

3. 省级河道、大型水库、跨设区市的中型水库、蓄滞洪区（南湖、北湖、高湖、大浸畈、湛头）、面积 $1km^2$（含）以上的湖泊上，跨水域部分总跨径 500m 以下的桥梁、穿水域部分 1000m 以下的管道以及缆线等基础设施项目。

面积 0.5（含）～ $1km^2$ 湖泊上，跨水域部分总跨径 500m（含）以上的桥梁、穿水域部分 1000m（含）以上的管道以及缆线等基础设施项目。

4. 政府组织实施的能源、交通、水利等基础设施建设项目占用重要水域面积 5000（含）～ $10000m^2$。

设区市人民政府根据《浙江省人民政府办公厅关于推广嘉兴试点经验推进市县行政审批层级一体化改革的指导意见》（浙政办发〔2015〕95 号）将第（二）项规定的有关内容下放至县（市、区）的，报县级水行政主管部门批准。

（三）河道管理范围内建设项目涉及其他水域的，报县级水行政主管部门批准。

（四）富春江水电站大坝以下干流和浦阳江临浦高田陈以下支流河道管理范围内涉河涉堤建设项目的建设方案审查，按《浙江省钱塘江管理条例》规定执行。

（五）水利项目在可行性研究或初步设计阶段进行占用水域论证，不单独办理河道管理范围内建设项目工程建设方案审批。

（六）建设项目占用水域的，建设单

位按照有关法律、法规规定办理工程建设方案审批时，应编制功能补救措施方案或者等效替代水域工程方案，由县级以上水行政主管部门按上述规定的审批权限进行水域占补平衡论证。

四、关于在河道管理范围内建设项目临时工程

在河道管理范围内从事工程建设活动，施工单位应当在开工前将施工方案报施工所在地县级水行政主管部门备案，涉及汛期施工的，应同时编制工程度汛方案。其中，因施工需要临时筑坝围堰、开挖堤坝、管道穿越堤坝、修建阻水便道便桥的，应当事先报所在地县级水行政主管部门批准。涉及设区市直管河道的，报市级水行政主管部门备案或批准。

对于不符合防洪度汛安全的，接到备案的水行政主管部门应当及时告知施工单位修改方案，并抄送该项目工程建设方案审批的水行政主管部门。

河道管理范围内建设临时工程许可时应明确许可期限，许可期限届满前应恢复河道原状；期限届满确需继续使用的，应在期限届满前30日内向水行政主管部门办理延期手续，延期最多可申请一次，延期不得超过两年。具体许可期限由各地市根据实际情况确定。

五、关于重要水域名录公布

重要水域名录由县级以上人民政府水行政主管部门会同生态环境等有关部门按照管理权限确定，报本级人民政府公布。

省级河道、大型水库、跨设区市的重要中型水库、面积1km²（含）以上的湖泊，由省水行政主管部门确定，报省人民政府公布。

市直管河道、市级河道、中型水库、跨县（市、区）的小（1）型小型水库、面积0.5（含）～1km²的湖泊、由市级直接管理的国家和省级风景名胜区核心景区及省级以上自然保护区内的水域，由市级水行政主管部会同有关部门确定，报市级人民政府公布。

其他重要水域名录由县级水行政主管部门会同生态环境等有关部门确定并报本级人民政府公布。

六、关于规划同意书签署

在河道管理范围内建设防洪工程、水电站和其他水工程，应当符合流域综合规划和防洪规划，按照《水法》《防洪法》的规定，签署规划同意书。建设上述工程，涉及省级河道的，由省水行政主管部门签署规划同意书；综合规划和防洪规划由市级人民政府批准的，可由同级水行政主管部门签署规划同意书。涉及市级河道的，由设区市水行政主管部门签署规划同意书。涉及县级、乡级河道的，由县级水行政主管部门签署规划同意书。跨行政区域建设上述工程的，由共同上一级水行政主管部门签署规划同意书。

涉及水利部太湖流域管理局签署的规划同意书，按太湖流域管理局有关规定执行。

七、本通知自印发之日实施，原《浙江省人民政府办公厅印发〈浙江省河道管理条例〉有关水行政主管部门管理权限规定的通知》（浙政办发〔2012〕27号）同时废止。

浙江省水利厅关于印发《浙江省水行政主管部门随机抽查事项清单》的通知

(2020 年 5 月 7 日 浙水监督〔2020〕5 号)

各市、县（市、区）水利（水电、水务）局：

为深入贯彻落实《国务院办公厅关于推广随机抽查规范事中事后监管的通知》（国办发〔2015〕58 号）、《浙江省人民政府办公厅关于全面推行"双随机"抽查监管的意见》（浙政办发〔2016〕93 号）、《国务院关于加强和规范事中事后监管的指导意见》（国发〔2019〕18 号）等文件精神，进一步规范我省水行政主管部门"双随机、一公开"抽查监管工作，我厅修订了《浙江省水行政主管部门随机抽查事项清单》。现印发给你们，请认真贯彻执行。本通知自 2020 年 6 月 15 日起施行。

浙江省水行政主管部门随机抽查事项清单

序号	抽查事项名称	抽查依据	抽查主体	抽查对象	抽查比例	抽查频次	抽查方式	抽查内容及要求	备注
1	水利工程质量检测单位监督检查	《水利工程质量检测管理规定》（水利部令第 36 号）第二十一条 县级以上人民政府水行政主管部门应当加强对检测单位及其质量检测活动的监督检查，主要检查下列内容：（一）是否符合资质等级标准；（二）是否有涂改、倒卖、出租、出借或者以其他形式非法转让《资质等级证书》的行为；（三）是否存在转包、违规分包；（四）是否按照有关标准和规定进行检测；（五）是否按照规定在质量检测报告上签字盖章，质量检测报告是否真实；（六）仪器设备的运行、检定和校准情况；（七）法律、法规规定的其他事项	省水行政主管部门	省内水利工程质量检测单位	20%	1～2次/年	现场检查	是否符合资质等级标准；是否有涂改、倒卖、出租、出借或者以其他形式非法转让《资质等级证书》的行为；是否存在转包、违规分包；是否按照有关标准和规定进行检测；是否按照规定在质量检测报告上签字盖章，质量检测报告是否真实；仪器设备的运行、检定和校准情况；法律、法规规定的其他事项	

序号	抽查事项名称	抽查依据	抽查主体	抽查对象	抽查比例	抽查频次	抽查方式	抽查内容及要求	备注
2	水资源管理和节约用水监督检查	1.《中华人民共和国水法》第十二条　县级以上地方人民政府水行政主管部门按照规定的权限，负责本行政区域内水资源的统一管理和监督工作。 2.《浙江省水资源管理条例》第四十一条　县级以上水行政主管部门应当建立水政巡查制度，加强对用水单位取水工程建设情况、取排水情况的检查；其中，对地下水取水工程施工应当进行现场监督。 3.《浙江省取水许可和水资源费征收管理办法》第三条　县级以上人民政府水行政主管部门负责取水许可制度的组织实施和监督管理。 4.《浙江省人民政府关于实行最严格水资源管理制度全面推进节水型社会建设的意见》（浙政发〔2012〕107号）全文	各级水行政主管部门	取水单位或个人	3%～10%	1～2次/年	现场检查	是否存在未经批准擅自取水；取水许可实施情况；计划用水执行情况；取水计量和监控设备安装和运行状况情况；是否按时足额缴纳水资源费	

浙江省水利厅关于印发《浙江省水利工程数据管理办法（试行）》的通知

（2020 年 5 月 19 日　浙水运管〔2020〕7 号）

各市、县（市、区）水利（水电、水务）局，厅属各单位：

为加强水利工程数据管理，规范水利工程数据的采集、加工、归集、维护等工作，我厅制定了《浙江省水利工程数据管理办法（试行）》，现印发你们，请遵照执行。

浙江省水利工程数据管理办法（试行）

第一条　为加强水利工程数据管理，规范水利工程数据的采集、加工、归集、维护等工作，依据《浙江省水利工程安全管理条例》《浙江省公共数据和电子政务管理办法》等，制定本办法。

第二条　本办法所称水利工程数据是指工程竣工或完工后所形成的和运行管理过程中所产生的各类非涉密数字化数据，包括工程特性数据和工程管理数据。

水利工程包括：水库（含山塘）、堤防（含海塘）、水闸（含涵闸）、泵站、水电站、渡槽、倒虹吸、输（供）水隧洞（管道）工程，以及灌区、圩区、蓄滞洪区、农村供水、引调水等由多类工程组成的水利工程。

第三条　水利工程数据的采集、加工、归集、维护等工作，适用本办法。

第四条　水利工程数据管理采取"统一平台，分级管理；一数一源，源头把控；业务融合，动态维护"的原则。

第五条　水利工程各相关责任主体对其水利工程数据质量负责，水利工程管理单位对其管理的工程负直接责任；水利工程主管单位或产权人对其有管理单位的工程负管理责任，对其无管理单位的工程负直接责任；水行政主管部门负行业管理责任。各级水行政主管部门按下列规定，对水利工程数据质量实施监督管理：

（一）大型水利工程、二级以上堤防、跨设区的市的中型水利工程，由省水利厅负责。

（二）设区的市行政区域内，跨县（市、区）和涉及全市供水安全、防洪安全的水利工程以及其他市本级水利工程，由设区的市水行政主管部门负责。

（三）前两项规定以外的水利工程，由县级水行政主管部门负责。

第六条　水利工程管理单位承担以下数据管理职责：

（一）负责工程数据采集、加工、归集、维护等工作。

（二）依托水管理平台组织开展工程管理活动及其数据管理工作。

（三）实施数据采集自动化系统建设。

（四）履行水行政主管部门规定的其他数据管理职责。

第七条 水利工程主管单位或产权人对其所属工程承担以下数据管理职责：

（一）组织工程管理单位做好数据采集、加工、归集、维护等工作。

（二）组织水利工程管理单位实施数据采集自动化系统建设。

（三）对所属水利工程的数据进行审核并督促整改。

（四）及时向水行政主管部门报送水利工程相关数据。

第八条 省、市、县三级水行政主管部门负责本行政区域内数据采集、加工、归集、维护等工作的组织实施和监督管理，承担以下数据管理职责：

（一）建立并维护水利工程名录。

（二）按照水利工程权属或管理关系，组织落实水利工程名录内各项工程的管理单位或责任主体。

（三）督促指导水利工程管理单位或责任主体做好数据管理工作。

（四）省水利厅负责制订水利工程数据字典。

（五）省水利厅负责开发建设水管理平台。

第九条 水利工程数据字典规定水利工程数据的采集范围、内容、格式及更新维护等要求，并实行版本化管理。

第十条 省水利厅统筹行业管理和工程管理需求，建立协同联动的水管理平台，提供基础性管理功能和标准化数据接口。

设区市、县（市、区）水行政主管部门和水利工程管理单位建设涉及工程管理的个性化平台，应遵循与上级平台兼容的原则，确保上下平台间业务功能融合互通、基础数据一数一源。

第十一条 水利工程管理单位要按照水管理平台、水利工程数据字典、数据接口标准等相关数据管理要求，开展数据采集、加工、归集、维护工作，要积极实施水利工程数字化建设，提高数据采集自动化程度。

第十二条 水利工程管理单位应建立数据更新机制，按规定时限及时更新维护水管理平台数据，针对数据应用部门或单位提出的数据异议，应及时组织核实，确保数据及时、准确、真实、完整。

第十三条 水利工程数据质量是衡量工程管理水平的重要指标，水管理平台对水利工程数据关键指标实施动态监测与评价，各级水行政主管部门、水利工程主管单位和水利工程管理单位应根据本办法完善相关管理制度，将数据管理工作纳入本单位考核内容。

第十四条 任何部门、机构与个人不得利用水利工程数据资源及其水管理平台从事危害国家安全、社会公共利益和他人合法权益的活动，违反本办法有关条款并造成损失的，依照有关规定追究责任单位和责任人的责任。

第十五条 本办法由浙江省水利厅负责解释。

第十六条 本办法自 2020 年 7 月 1 日起施行。

浙江省水利厅关于印发《浙江省水利监督规定（试行）》的通知

（2020 年 6 月 18 日 浙水监督〔2020〕7 号）

各市、县（市、区）水利（水电、水务）局，厅属各单位：

为强化我省水利行业监管，履行水利监督职责，规范水利监督行为，我厅制定了《浙江省水利监督规定（试行）》，现印发你们，请遵照执行。

浙江省水利监督规定（试行）

第一章 总 则

第一条 为强化我省水利行业监管，履行水利监督职责，规范水利监督行为，依据《中华人民共和国水法》等有关法律法规和水利部《水利监督规定（试行）》，制定本规定。

第二条 本规定所称水利监督是指县级以上水行政主管部门依照法定职责和程序，对本级及下级水行政主管部门、其他行使水行政管理职责的机构及其所属企事业单位履行职责、贯彻落实水利相关法律法规、规章、规范性文件和强制性标准等情况的监督。

前款所称"本级"包括内设机构和所属单位。

第三条 水利监督坚持统筹领导、分工协作，依法依规、客观公正，问题导向、注重实效，突出重点、分级负责的原则。

第四条 省水利厅统筹协调、组织指导全省水利监督工作。

各设区市和县级水行政主管部门按照法定职责和管理权限，负责本行政区域内的水利监督工作。

第二章 机 构 与 职 责

第五条 省水利厅成立省水利督查工作领导小组，对全省水利监督工作实施统一领导。省水利督查工作领导小组下设办公室（以下简称"督查办"），承担领导小组的日常工作。省水利厅各业务处室负责本业务领域的监督工作。厅属事业单位负责为监督工作提供技术支撑。

第六条 省水利督查工作领导小组职责：

（一）组织、指导、统筹、协调水利监督工作。

（二）组织监督类规章制度的制定、宣传和贯彻落实。

（三）审定年度监督检查工作计划。

（四）审定监督检查发现的重大问题。

（五）审定责任追究方式。

（六）其他监督职责。

第七条 督查办职责：

（一）组织制定综合监督规定。

（二）组织编制、统筹省水利厅年度监督检查工作计划。

（三）审核各处室监督检查方案。

（四）组织开展涉及多个业务领域的监督检查，并将监督检查发现问题反馈给相应的业务处室。

（五）审核各处室提出的对监督检查发现问题的责任追究建议。

（六）统计汇总各处室监督检查工作开展情况。

（七）组织对各处室完成年度重点工作任务、落实厅领导批示、水利部及水利厅督查发现问题整改等情况开展抽查。

（八）督查工作领导小组交办的其他事项。

第八条　各业务处室负责本业务领域的监督工作，具体职责：

（一）组织制定本业务领域监督标准或细则。

（二）提出本业务领域监督检查年度计划。

（三）编制本业务领域监督检查方案并组织实施。

（四）对监督检查发现的问题提出整改意见，并督促落实。

（五）提出责任追究建议。

（六）配合督查办开展多领域综合监督检查。

（七）督查工作领导小组交办的其他事项。

第九条　省水利厅所属事业单位，具体职责：

（一）参与监督检查工作。

（二）参与核查检查发现问题的整改情况。

（三）协助汇总分析专项检查成果，对重点工作、系统性问题提出整改意见建议。

（四）督查工作领导小组交办的其他事项。

第十条　各设区市和县级水行政主管部门参照设置机构，确定职能处（科）室，负责统筹协调、组织实施监督工作。

第十一条　按照省市县分级负责的原则，省级负责统筹开展涉及全省范围的督查检查并对市县"强监管"工作开展和问题整改落实情况进行抽查，市级负责日常监督和对县级问题整改情况的复查核实，县级负责日常监督和问题整改落实。

第十二条　水利监督与水政监察、水行政执法相互协调、分工合作。水利监督检查发现有关单位、个人等涉水活动主体违反水法律法规的，可根据具体情节联合开展调查取证工作，或移送水政监察、其他执法机构按照有关规定开展调查取证和查处工作。

第三章　范围与事项

第十三条　水利监督范围主要包括：水旱灾害防御，水资源管理，河湖管理，水土保持，水利工程建设与运行管理，水利资金使用，水利政务以及水利重大政策、决策部署的贯彻落实等。

第十四条　水利监督事项主要包括：

（一）江河湖泊综合规划、防洪规划。

（二）水资源开发、利用和保护。

（三）水资源管理和节约用水。

（四）河流、湖泊水域岸线保护和管理，河道采砂管理。

（五）水土保持和水生态修复。

（六）灌区、农村供水和农村水电管理。

（七）水旱灾害防御。

（八）水利工程建设、运行管理。

（九）水利安全生产管理。

（十）水利建设市场管理。

（十一）水利资金使用和投资计划执行。

（十二）水利信息化建设和应用。

（十三）水文站网、取水口等水利基础设施运行和管理。

（十四）水政监察与水行政执法。

（十五）其他水利监督事项。

第四章　程序与方式

第十五条　水利监督通过"查、认、改、罚"等环节开展工作，主要工作流程如下：

（一）按照年度计划，制定监督检查工作实施方案。

（二）组织开展监督检查。

（三）对监督检查发现的问题，经向被检查单位反馈、核实后，提出整改及责任追究意见建议。

（四）下发整改通知，督促问题整改及复查。

（五）实施责任追究。

上述检查发现违法违纪问题线索移交有关执纪执法机关。

对检查中发现的典型经验和做法等，及时予以宣传推广；对检查中发现

的普遍性问题，从机制法制方面加以完善。

第十六条　水利监督通过日常检查、稽察、飞检、考核评价等方式开展工作。

日常检查是指根据相关法律法规每年需开展的内容、形式固定的检查。

稽察是指对水利建设项目组织实施情况进行监督检查。

飞检是指针对某个专项问题开展突击检查。

考核评价是针对某个专项或综合性工作开展的年度或者阶段性考核工作。

第十七条　现场检查情况及发现问题等，应制作检查记录，并要求被检查对象在检查记录中签字确认检查结果；被检查对象拒绝签名的，检查人员应当在检查记录中注明。

第十八条　检查实施单位应对现场检查结果进行确认，并向被检查单位或其上级主管部门反馈意见，对检查发现的问题，按问题的性质进行分类、定性，下发整改通知。

第十九条　被检查单位是落实问题整改的责任主体，该单位的上级主管单位或行业主管部门是督促问题整改的责任单位。被检查单位应严格按照要求组织整改并上报。

被检查对象有异议的，可依法提出申诉。

第二十条　监督检查工作主要以"四不两直"方式实施，注重信息化手段的运用，可按照相关规定通过政府购买服务的方式开展。

"四不两直"是指：检查前不发通

知、不向被检查单位告知行动路线、不要求被检查单位陪同、不要求被检查单位汇报；直赴项目现场、直接接触一线工作人员。

第五章　权限与纪律

第二十一条　水利监督检查人员在工作现场实施监督检查，有权采取下列措施，被检查单位不得拒绝、阻挠和干涉：

（一）进入与被检查项目有关的场地、实验室、办公室等场所。

（二）调取、查看、记录或拷贝与被检查项目有关的档案、工作记录、会议记录或纪要、会计账簿、数码影像记录等。

（三）查验与项目有关的单位资质、个人资格等证件或证明。

（四）留存涉嫌造假的记录、企业资质、个人资格、验收报告等资料。

（五）留存涉嫌重大问题线索的相关档案资料。

（六）协调有关机构或部门参与调查、控制可能发生严重问题的现场。

（七）法律、法规和规章规定的其他措施。

第二十二条　水利监督实行回避制度，检查人员与被检查单位或检查项目存在利害关系的应主动申请回避。

第二十三条　水利监督检查人员应遵守工作纪律和廉政纪律，并接受社会监督。凡有监督检查人员违反相关工作和廉政纪律、检查问题定性不符合规定、监督检查工作有悖公允原则等情况，被检查单位人员和其他人员可向上级水行政主管部门或纪检监察部门投诉和举报。

第六章　责任追究

第二十四条　责任追究包括单位责任追究、个人责任追究和行政管理责任追究。按照相关法律法规和水利部有关文件规定实施责任追究。

第二十五条　对检查对象有以下情形之一的，由组织检查单位责令改正，并依据相关法规对责任单位和责任人进行责任追究：

（一）拒绝接受或者不配合检查工作的。

（二）拒绝、拖延提供与检查事项有关的资料，或者提供资料不真实、不完整的。

（三）拒不改正检查发现问题的。

（四）整改不力、屡查屡犯的。

（五）违反法律法规或相关规定的其他情形。

第二十六条　检查人员滥用职权、玩忽职守、徇私舞弊的，视情节轻重，给予行政处分，构成犯罪的由司法机关依法追究其刑事责任。

第七章　附　则

第二十七条　本规定由省水利厅负责解释。

第二十八条　本规定自 2020 年 8 月 1 日起施行。

浙江省水利厅关于印发《浙江省水利建设项目稽察办法》的通知

（2020 年 6 月 18 日　浙水监督〔2020〕8 号）

各市、县（市、区）水利（水电、水务）局，厅属各单位：

为加强水利建设项目稽察，规范水利工程建设行为，促进水利建设项目顺利实施，保证稽察工作客观、公正、高效开展，我厅制定了《浙江省水利建设项目稽察办法》，现印发你们，请遵照执行。

浙江省水利建设项目稽察办法

第一章　总　则

第一条　为加强水利建设项目稽察，规范水利工程建设行为，促进水利建设项目顺利实施，保证稽察工作客观、公正、高效开展，根据水利工程建设管理有关法律、法规和水利部《水利建设项目稽察办法》，结合本省实际，制定本办法。

第二条　本办法所称水利稽察，是指水行政主管部门依据有关法律、法规、规章、规范性文件和技术标准等，对水利建设项目组织实施情况进行监督检查和指导服务的活动。

第三条　本办法适用于省水利厅组织的水利稽察工作。各设区市及县级水行政主管部门可参照本办法开展水利稽察工作。

第四条　稽察工作遵循依法依规、实事求是、以查促改、廉洁高效的原则，实行分级组织、分工负责的工作机制，坚持监督检查与指导服务并重，坚持以问题为导向，实施清单式稽察和销号管理。

第五条　水利稽察工作可按照相关规定通过政府购买服务的方式开展，所需经费列入本级部门预算。

第二章　机 构 和 人 员

第六条　省水利厅负责全省重点水利建设项目和有省级及以上投资的其他水利建设项目稽察工作，其主要职责是：

（一）建立健全稽察制度和工作体系，指导、协调全省水利建设项目稽察工作。

（二）制订年度稽察工作计划，发布稽察信息。

（三）组织开展水利建设项目稽察和复查。

（四）根据稽察发现问题，实施责任追究。

（五）负责稽察人员的遴选、培训等管理工作。

（六）完成其他有关工作。

第七条　省水利厅根据需要派出稽察组具体承担项目稽察任务，稽察组由稽察特派员或组长（以下统称特派员）、专家和特派员助理等稽察人员组成。项目稽察组主要职责是：

（一）具体负责稽察项目的稽察工作。

（二）快速、真实、准确、公正地评价被稽察项目情况，并提出建议和稽察意见，按规定提交稽察报告。

（三）完成其他有关工作。

第八条　特派员由省水利厅聘任，聘期两年，可以连聘。特派员应具备以下条件：

（一）厅（局）级及相应职级人员，或具有正高级专业技术职称。

（二）坚持原则，公道正派，廉洁自律。

（三）身体健康，能承担现场稽察工作，年龄一般在65周岁以下。

（四）具有较强的组织协调和分析研判能力。

（五）具有较丰富的水利建设项目组织管理经验。

第九条　特派员对现场稽察工作负总责，其主要职责是：

（一）负责现场稽察工作。

（二）审核专家稽察意见。

（三）签署并提交稽察报告。

（四）提出有关意见建议。

（五）负责现场稽察人员管理。

（六）完成其他有关工作。

第十条　省水利厅通过设立稽察专家库的形式征集稽察专家，并实行动态管理。稽察专家一般包括前期与设计、建设管理、计划管理、财务管理、工程质量与安全以及其他相关专业技术人员，应具备以下条件：

（一）政治合格，勇于担当，坚持原则，认真负责，公道正派，廉洁自律，具有较好的团队协作精神。

（二）身体健康，能适应长时间出差，年龄在65周岁以下。

（三）熟悉与承担专业相关的法律、法规和技术标准等。

（四）从事专业技术工作或相关的管理工作10年以上。

（五）具有副高级以上专业技术职称或相关专业执业资格或者相当专业水平。

稽察专家应积极参加稽察活动，并协调好与所属单位的关系。

第十一条　稽察专家分工负责相应现场稽察工作，其主要职责是：

（一）查阅文件资料，检查项目现场。

（二）查清核实项目存在的问题。

（三）及时提交专家稽察意见。

（四）提出有关意见建议。

（五）完成其他有关工作。

第十二条　特派员助理协助特派员做好相关工作，应具有较强的沟通协调和公文写作能力，其主要职责是：

（一）负责稽察联络、协调和服务。

（二）起草稽察报告、起草整改意见通知并对其质量负责。

（三）完成其他有关工作。

第十三条　稽察人员执行稽察任务实行回避原则，不得稽察与其有利害关系的项目，或者因其他原因可能影响稽察公正性的项目。被稽察单位认为稽察人员应当回避的，可以书面向稽察组提出。

本办法所称被稽察单位，是指项目法人（建设单位）、项目代建、勘察、设计、监理、施工、材料及设备供应、检测、招标代理等单位。

第三章　稽 察 内 容

第十四条　水利稽察内容主要包括：监督检查（抽查）建设项目前期工作与设计、建设管理、计划下达与执行、资金使用与管理、工程质量与安全等方面实施情况，有关法律、法规、规章、技术标准和重大政策等贯彻执行情况。

对重点水利建设项目开展的水利稽察，可根据工程建设实际情况，对前款所列内容进行全面稽察或对某项内容进行专项稽察。

第十五条　对前期工作与设计的稽察，包括检查项目建议书、可行性研究报告、初步设计和概算编报、审查审批等情况；检查勘察设计深度和质量、强制性条文及审查意见执行、设计变更、现场设计服务等情况。

第十六条　对建设管理的稽察，包括检查项目法人责任制、招标投标制、建设监理制及合同管理制的执行，有关参建单位资质和人员资格，工程建设进度，工程建设管理体制等情况。

第十七条　对计划下达与执行的稽察，包括检查年度计划下达与执行，地方投资落实，投资控制与概预算执行，年度投资完成等情况。

第十八条　对资金使用与管理的稽察，包括检查资金筹措与到位，内部控制制度建立与执行，工程价款结算，会计核算，竣工财务决算、固定资产管理等情况。

第十九条　对工程质量的稽察，包括检查工程质量现状，各参建单位质量保证体系，质量制度建设与执行，原材料、中间产品及工程实体检测，实体质量控制、检验评定和工程验收等情况。

对工程安全的稽察，包括检查现场施工安全环境，施工现场安全管理，各参建单位安全责任体系，安全制度建设与执行，安全技术措施和专项施工方案，安全隐患排查与治理，危险源识别、评价与管控，安全宣教与培训，水利安全生产信息采集系统填报及安全生产台账管理等情况。

第四章　程 序 和 方 法

第二十条　省水利厅根据年度水利建设计划安排，结合工程规模、工程投资构成、工程重要性和工程建设情况等因素选定稽察项目，制定年度稽察工作计划，成立项目稽察组，组织特派员及专家实施稽察。

稽察采用书面通知形式，应当提前一个月下发稽察预通知，提前七天下发项目稽察通知。

第二十一条　稽察组开展稽察工作，可以采取下列方法：

（一）听取地方水行政主管部门或项目法人（建设单位）对被稽察项目的总体建设情况汇报，并对汇报中存在的疑问和发现的问题进行质询。

（二）查勘工程现场，检查建设工程实体质量和现场施工安全管理情况。

（三）查阅被稽察项目有关的文件、资料、合同、数据、账簿、凭证、报表。

（四）稽察组对发现的问题进行延伸调查、取证、核实，可要求项目相关参建单位和人员做出必要的说明，可合法取得或复制有关的文件、资料。

（五）现场稽察结束，稽察组就稽察发现问题向地方水行政主管部门、项目法人（建设单位）及其他参建单位反馈和交换意见，并提供指导服务。

（六）其他需要采取的措施。

第二十二条　稽察组应当客观完整地记录稽察重要事项、证据资料，编写专家稽察工作底稿，提出有关意见建议，经充分讨论，形成稽察报告。

第二十三条　稽察报告初稿形成之后应当书面征求被稽察单位的意见。被稽察单位应当在收到稽察报告初稿之日起10日内提交书面反馈意见，对被稽察单位提出的不同意见，稽察组应当进一步核实情况后形成正式稽察报告。

第二十四条　稽察组在工作中发现重大问题或遇到紧急情况时，应及时向省水利厅报告。

第五章　报告和整改

第二十五条　稽察组应于现场稽察结束后向省水利厅提交项目稽察报告。年度稽察工作结束后，及时提交年度稽察工作总报告。稽察报告应事实清楚、依据充分、定性准确、文字精练，主要内容包括：

（一）基本情况。

（二）稽察问题统计。

（三）存在的问题及原因分析。

（四）整改意见和建议。

（五）责任追究建议。

（六）其他需要报告的事项。

第二十六条　省水利厅根据稽察发现的问题，下达整改通知，提出整改要求，必要时可向有关地方人民政府通报相关情况。

第二十七条　项目法人（建设单位）对稽察发现问题的整改工作负总责，应根据整改通知要求，明确责任单位和责任人，制定整改措施，认真逐条整改，在规定期限内向本级水行政主管部门上报整改情况。整改回复报告应包括总体整改情况和具体问题整改情况并附整改佐证资料。

对被稽察项目有管辖权的水行政主管部门负责稽察发现问题的整改督办，应将稽察发现问题的整改工作作为强化管理的重要内容。设区市水行政主管部门经复查核实后，汇总稽察整改情况，并在规定期限内报省水利厅。稽察整改情况报告包括总体整改情况和具体问题整改清单。

第二十八条　稽察组应建立稽察发现问题整改台账，跟踪整改落实，及时报告相关整改情况。省水利厅组织稽察发现问题整改情况复查，实行销号闭环管理。

第六章　权利和义务

第二十九条　稽察人员开展稽察工作，有权采取以下措施：

（一）要求被稽察单位提供有关资料。

（二）进入施工现场查验工程建设

情况。

（三）询问被稽察单位及相关人员，要求就相关问题作出实事求是的说明。

（四）对有关问题进行调查、取证、核实。

第三十条 稽察人员开展稽察工作，应履行以下义务：

（一）严格执行法律法规和规章制度。

（二）客观公正地反映项目实施情况和存在的问题。

（三）遵守廉洁自律有关规定。

（四）保守国家秘密和被稽察单位的商业秘密。

（五）做好安全防护，客观评估身体状况，不得带病工作。

（六）遵守其他有关工作要求。

第三十一条 被稽察单位依法享有以下权利：

（一）对稽察提出的问题进行说明和申辩。

（二）对整改或处理意见有异议的，可向省水利厅提出申诉，申诉期间，仍执行原整改或处理意见。

（三）对稽察人员廉洁自律情况进行监督。

第三十二条 被稽察单位在被稽察时，应履行以下义务：

（一）积极配合、协助开展稽察工作，为稽察组提供必要的工作条件，相关单位和个人不得拒绝、阻碍、报复。

（二）按照要求提供有关会议记录、文件、合同、账簿、报表和影像等资料，对其真实性和准确性负责。

（三）对稽察人员提出的质询作出

解释说明。

第七章 责任追究

第三十三条 被稽察单位以及相关责任主体违反国家与省有关建设管理的法律、法规、规章规定的，省水利厅可根据稽察发现问题情节严重程度实施责任追究，并依法向有关部门提出纳入不良信用记录的建议。对整改不到位、虚假整改或拒不整改的，将严肃责任追究，并视情向同级人民政府通报。

责任追究标准依照水利部有关监督检查办法执行。

第三十四条 被稽察单位和人员有下列行为之一的，建议有关单位对责任人员给予纪律处分：

（一）拒绝、阻碍稽察人员开展工作或者打击报复稽察人员的。

（二）拒不提供稽察需要的文件、合同、账簿和有关资料的。

（三）隐匿、伪造有关资料或提供虚假数据材料的。

（四）具有其他可能影响稽察工作正常开展行为的。

第三十五条 稽察人员有下列行为之一的，建议有关单位给予纪律处分：

（一）对稽察发现的重大问题隐匿不报，严重失职的。

（二）与被稽察单位串通，编造虚假稽察报告的。

（三）违规干预插手被稽察单位和项目建设管理活动的。

（四）泄露国家秘密和被稽察单位商业秘密的。

（五）履行工作职责不到位，稽察成

果存在严重错误的。

（六）严重违反稽察工作纪律的。

（七）具有其他应当依法追究责任行为的。

第三十六条 对稽察过程中发现的重大违纪违法线索，移交有关纪检监察或司法机关进行调查处理。

第三十七条 责任追究的结果将作为水行政主管部门一定期限内评先评优、年度考核等重要依据。

第八章 附 则

第三十八条 本办法由浙江省水利厅负责解释。

第三十九条 本办法自 2020 年 8 月 1 日起施行。

浙江省财政厅　浙江省水利厅关于印发
《浙江省中央财政水利发展资金
管理办法实施细则》的通知

（2020 年 10 月 12 日　浙财农〔2020〕50 号）

各市、县（市、区）财政局、水利（水电、水务）局（宁波不发）：

为加强中央财政水利发展资金管理，根据财政部、水利部《水利发展资金管理办法》（财农〔2019〕54 号）精神和有关规定，结合我省实际，我们制定了《浙江省中央财政水利发展资金管理办法实施细则》。现予以印发，请遵照执行。

浙江省中央财政水利发展
资金管理办法实施细则

第一条　为加强中央财政水利发展资金管理，提高资金使用的规范性、安全性和有效性，促进水利改革发展，根据财政部、水利部《水利发展资金管理办法》（财农〔2019〕54 号）精神和有关规定，结合我省实际，制定本细则。

第二条　本细则所称水利发展资金，是指由中央财政预算安排我省用于支持有关水利建设和改革的转移支付资金。水利发展资金的分配、使用、管理和监督适用本细则。

水利发展资金管理遵循科学规范、公开透明；统筹兼顾、突出重点；绩效

管理、强化监督的原则。

水利发展资金有关政策实施至 2023 年，到期是否继续实施和延续期限按照财政部、水利部的规定执行。

第三条　省财政厅负责审核资金分配方案、下达资金预算、预算绩效管理总体工作，以及指导市县加强资金管理等相关工作。

省水利厅负责组织全省水利发展资金支持的相关规划或实施方案的编制和审核，本级项目审查筛选储备、项目组织实施和监督，研究提出任务清单分解方案和资金分配建议方案，做好预算绩效管理具体工作，指导市县加强项目资金管理等相关工作。

市县财政部门主要负责审核资金分配方案并拨付资金、资金使用监督检查以及本地区预算绩效管理总体工作等。

市县水行政主管部门主要负责本地区水利发展资金相关规划或实施方案编制、项目审查筛选储备、项目组织实施和监管等，研究提出任务清单分解方案和资金分配建议方案，做好预算绩效管理具体工作。

第四条　水利发展资金支出范围包括：

（一）中小河流治理，用于流域面积 $200\sim3000km^2$ 中小河流综合治理的防洪部分及中小河流重点县综合整治。

（二）小型水库建设及除险加固，用于新建小型水库及小型病险水库除险加固。

（三）中型灌区节水改造等，用于中型灌区建设和节水改造、小型水源建设。

（四）水土保持工程建设，用于水土流失综合治理。

（五）河湖水系连通，用于江河湖库水系连通工程建设及农村河塘整治等。

（六）水资源节约与保护，用于实施最严格水资源管理制度、节约用水和水资源保护。

（七）山洪灾害防治，用于山洪灾害非工程措施建设、重点山洪沟防洪治理等。

（八）水利工程设施标准化维修养护，用于非经营性水利工程设施、农村饮水工程维修养护，河湖管护及农业水价综合改革相关支出等。

水利发展资金不得用于征地移民、城市景观、财政补助单位人员经费和运转经费、交通工具和办公设备购置等与项目建设和维修养护无关的经常性支出以及楼堂馆所建设支出。不得在水利发展资金中列支勘测设计、工程监理、工程招标、工程验收等费用。

水利发展资金原则上不得用于中央基建投资已安排资金的水利项目，但按照涉农资金统筹整合有关规定执行的除外。

第五条　市县水行政主管部门应会同财政部门根据当地水利有关规划和水利发展资金支持范围，提前确定下一年度水利建设和改革任务，并在规定时间内报省水利厅、省财政厅。省水利厅在各地申报的基础上，编制水利发展资金各支持方向的下一年度实施计划。

第六条　省市县（市、区）水行政主管部门组织编制的有水利发展资金需求的相关规划、实施方案和年度任务计划，应充分征求同级财政部门意见。各级财政部门要主动调研、主动参与，根据轻重缓急和财力状况提出审核安排意见。

第七条　除财政部、水利部另有规定外，省级水利发展资金主要采取因素法分配。因素法分配因素及权重如下：

目标任务因素（权重 50%），根据财政部、水利部下达的任务清单，结合省水利厅编制的年度实施计划，按照分解下达的各项任务量、各项任务的全省平均投资额等情况综合确定。优先安排规划（或实施方案）内前期工作完善、方案成熟、推进较快的项目。

地区财力因素（权重 20%），以省财政专项转移支付分类分档系数为依据。

绩效因素（权重 30%），以最严格水资源管理制度考核结果（含农业水价综合改革工作绩效评价有关指标考核结果）、水利发展资金项目相关绩效评价结果、计划执行考核结果、项目资金检查情况等为依据。

因素法分配公式为

$$F_i=\left(\frac{A_i}{\sum A}\times50\%+\frac{B_i}{\sum B}\times20\%+\frac{C_i}{\sum C}\times30\%\right)\times F$$

式中　F_i——某县某支出方向因素法分配
　　　　到的水利发展资金额度；

　　　A——某支出方向的任务数；

　　　B——省对市县的转移支付
　　　　系数；

　　　C——上年绩效评价、考核等相
　　　　关结果；

　　　F——某支出方向全省的水利发
　　　　展资金额度（根据财政部
　　　　下达资金数、各支出方向
　　　　任务量、任务的全省平均
　　　　投资额等确定）。

第八条　水利发展资金采取"大专
项＋任务清单"的管理方式。收到财政
部下达的下一年水利发展资金预计数、
任务清单初步安排情况或正式预算、任
务清单后，省财政厅、省水利厅按照有
关规定，结合我省年度实施方案，及时
分解下达到市县。根据财政部、水利部
要求，省财政厅、省水利厅组织市县申
报本地区绩效目标、分支出方向资金安
排情况，并在规定时间内，将汇总形成
的全省绩效目标、分支出方向资金安排
情况报财政部、水利部，并抄送财政部
浙江监管局。

任务清单主要包括水利发展资金支
持的年度重点工作、支出方向、具体任
务指标等。

收到财政部批复的区域绩效目标
后，省财政厅、省水利厅及时分解下达
到各有关市县。批复的绩效目标将作为
绩效评价的重要依据。

第九条　收到省级下达的水利发展
资金预计数、任务清单初步安排情况或
正式预算、任务清单后，市县财政部门、

水行政主管部门要及时将资金和任务清
单分解、落实到具体项目。

各地要按照省财政厅、省水利厅的
要求，及时上报本地区绩效目标、分支
出方向资金安排情况。

第十条　市县水行政主管部门应当
会同同级财政部门采取竞争立项、建立
健全项目库等方式，择优筛选确定具体
项目。未设置绩效指标或绩效指标设置
不符合要求的项目，不得纳入项目库管
理。同时，督促项目单位提前做好项目
前期工作，加快项目实施和预算执行
进度。

第十一条　各地可结合当地实际情
况，采取先建后补、以奖代补、民办公
助等方式，加大对农户、村组集体、农
民专业合作组织等新型农业经营主体实
施项目的支持力度。鼓励采用政府和社
会资本合作（PPP）模式开展项目建设，
创新项目投资运营机制；遵循"先建机
制、后建工程"原则，坚持建管并重，
支持农业水价综合改革和水利工程建管
体制机制改革创新。

第十二条　各地应按照《国务院关
于探索建立涉农资金统筹整合长效机制
的意见》（国发〔2017〕54号）以及财
政部涉农资金统筹整合使用有关规定，
加强水利发展资金统筹整合，确保完成
上级下达任务清单中的各项任务，达到
水利发展资金绩效目标中各项指标。

第十三条　水利发展资金的支付按
照国库集中支付制度有关规定执行。属
于政府采购管理范围的，按照政府采购
有关法律法规规定执行。结转结余的资
金，按照《预算法》和其他有关结转结

余资金管理的相关规定处理。属于政府和社会资本合作项目的，按照国家有关规定执行。

第十四条　各级财政部门应当会同同级水行政主管部门按照财政部、水利部和省有关规定，加强水利发展资金预算绩效管理，建立健全"预算编制有目标、预算执行有监控、预算完成有评价、评价结果有应用"的全过程预算绩效管理机制，提高财政资金使用效益。

第十五条　省级应当将水利发展资金分配结果在预算下达文件形成后20日内向社会公开。水利发展资金使用管理应当全面落实预算信息公开有关要求。

第十六条　各级财政部门和水行政主管部门都应加强水利发展资金的监督。分配、管理、使用水利发展资金的部门、单位及个人，应当依法接受审计、纪检监察、财政部浙江监管局等部门监督，对发现的问题，应及时制定整改措施并落实。

第十七条　水利发展资金申报、使用管理中存在弄虚作假或挤占、挪用、滞留资金等财政违法行为的，对相关单位及个人，按照《预算法》和《财政违法行为处罚处分条例》等有关规定追究相应责任。

各级财政部门和水行政主管部门及其工作人员在水利发展资金分配、项目安排中，存在违反规定分配或使用资金，以及其他滥用职权、玩忽职守、徇私舞弊等违法违纪行为的，按照《中华人民共和国预算法》《中华人民共和国公务员法》《中华人民共和国监察法》以及《财政违法行为处罚处分条例》等有关规定追究相应责任。

第十八条　本实施细则自2020年11月15日起施行。《浙江省中央财政水利发展资金使用管理实施细则》（浙财农〔2017〕49号）同时废止。

浙江省财政厅 浙江省水利厅关于印发《浙江省水利建设与发展专项资金管理办法》的通知

（2020 年 10 月 26 日 浙财农〔2020〕51 号）

各市、县（市、区）财政局、水利（水电、水务）局（宁波不发）：

为加强省水利建设与发展专项资金管理，提高资金使用效益，现将《浙江省水利建设与发展专项资金管理办法》印发给你们，请遵照执行。

浙江省水利建设与发展专项资金管理办法

第一章 总 则

第一条 为加强和规范省级水利建设与发展专项资金（以下简称专项资金）管理，提高资金使用绩效，推动全省水利事业高质量发展，根据《中华人民共和国预算法》《中华人民共和国预算法实施条例》《浙江省人民政府关于建立健全涉农资金统筹整合长效机制的实施意见》（浙政发〔2019〕7 号）和《中共浙江省委 浙江省人民政府关于全面落实预算绩效管理的实施意见》等有关规定，结合工作实际，制定本办法。

第二条 本办法所称专项资金是指省级财政预算安排用于支持全省水利建设与发展的专项转移支付资金。

第三条 专项资金政策实施期限原则上为三年，到期后省水利厅对实施总体情况开展绩效评价，省财政厅视情开展重点绩效评价，并根据评价结果确定专项资金支持政策保留或调整。在新的管理办法出台前，专项资金仍按本办法执行。

第四条 专项资金分配使用遵循科学规范、突出重点、注重绩效、公开透明的原则。

第五条 省财政厅负责专项资金预算安排，审核资金分配建议方案，下达资金预算，加强资金绩效管理，指导市、县（市、区）（以下简称市县）做好资金使用管理等。省水利厅负责组织相关规划（或方案）编制，审查汇总年度任务清单并组织申报专项资金预算，研究提出专项资金分配建议、绩效目标等，做好专项资金全过程预算绩效管理，指导检查市县做好项目实施和资金使用管理等。

各市县财政、水利部门根据本办法全面负责专项资金的项目储备、任务申报、分解下达、项目实施、资金使用、监督检查、绩效管理和信息公开等工作，建立健全相应的工作机制和管理制度，确保项目资金管理有章可循。

省、市县水利部门组织编制的有专项资金需求的相关规划、实施方案和年度任务计划，应充分征求同级财政部门意见。各级财政部门要主动参与，根据轻重缓急和财力状况提出审核安排意见。

第二章　支持对象和适用范围

第六条　专项资金重点支持水利重大专项行动、重大水利项目、一般水利项目和水利管理任务等。

水利重大专项行动是省委、省政府决定在一定时期内实施的事关经济社会可持续发展和人民群众安全的全省性专项水利建设行动。如海塘安澜建设工程等，另行制定管理支持政策。

重大水利项目是指对流域、区域的防洪排涝、水资源保障有较大影响的重大单体政府投资项目。主要包括骨干排涝工程、主要江河干堤加固、新（扩）建大中型水库工程；大中型水库水闸（泵站）加固改造、大型灌区加固改造和大中型区域引调水工程、重大水生态修复与治理工程；省委、省政府确定的其他重点水利建设项目。

一般水利项目是指中小型水利工程建设、加固改造等其他水利项目。主要包括小型水库水闸（泵站）建设和改造、中型灌区建设和改造、中小流域综合治理、农村河道整治、圩区整治、水土流失治理、重要山塘整治、水电生态治理、重点水文站网等。

水利管理任务主要包括水利工程标准化、水资源节约与保护、农业水价综合改革、幸福（美丽）河湖建设示范、

水旱灾害防御体系、农村饮用水工程管护、水利科技推广、水土保持监管、水文业务、水利信息化、省级以上改革试点及跨区域流域的水利规划与重大项目前期经费等。

第三章　支持方式和补助标准

第七条　市县为重大、一般水利项目的实施主体和责任主体。专项资金主要采用项目补助、因素法分配和以奖代补等方式予以支持。其中重大水利项目根据年度实施计划按核定投资（核定资本金）的一定比例补助；一般水利项目按定额标准采用因素法分配；水利管理任务按完成工作业绩考评，实行以奖代补。

中央补助项目，按中央有关规定执行。

第八条　骨干排涝重大项目按核定投资的30％补助；新（扩）建大中型水库、大中型引调水等重大项目按核定资本金的30％补助，其中加快发展县的新（扩）建大中型水库项目，按核定资本金的50％乘以省财政专项转移支付分类分档系数补助；其他重大项目按核定投资的50％乘以分类分档系数补助。

对获中央补助的重大项目，中央补助加省级补助一般不超过该类项目核定投资（核定资本金）的70％。

第九条　一般水利项目原则上按定额标准乘以任务量、分类分档系数和上年绩效等因素计算补助金额。

定额标准为：中小流域综合治理按河道长度每公里300万元；小型水库除险加固小（1）型、小（2）型分别按每

座 600 万元、200 万元；水土流失治理按每平方公里 50 万元；新建小水库、重点水文站点、水电生态治理按项目核定投资（或资本金）的 50%；重要山塘整治按每座山塘 50 万元。

其他标准为：中型灌区续建配套与节水改造根据面积和中央标准按 1:1 安排省级补助；一类、二类、三类圩区整治根据面积分别按每亩 1400 元、700 元、300 元结合绩效因素补助；农村河道整治以乡镇为单元开展片区治理试点，对治理成效特别优秀的乡镇，按所在县财力状况分 500 万元、300 万元两档安排奖补资金。

公益性骨干工程维护由省财政厅会同省水利厅核定年度运行经费。

第十条 对水利管理任务，通过按类别、工作业绩、绩效评价结果等，实行结构化赋分，根据综合分值和财力状况安排以奖代补资金。考评挂钩办法另行制定。

第四章 项目申报和审核管理

第十一条 专项资金实行项目库动态管理，省级负责建立项目库管理系统，市县负责做好项目储备和入库工作。市县应提前做好项目储备工作，其中重大水利项目要有省级及以上规划（或方案）依据，一般水利项目要完成初步设计或实施方案批复。未纳入储备库的项目，不得作为省级财政资金申报和分配的对象。

第十二条 申请专项资金支持的重大水利项目，市县在向省级及以上发展改革委报送可行性研究报告的同时，向省财政厅报送资金补助申请，说明项目概况、投资成本测算和资金筹集方案，涉及有关政策处理的事项需要详细说明理由。省财政厅应及时了解研判项目类别、投资成本收益和资金筹集方案的可行性，必要时组织专业人员审核论证，向省级及以上发展改革委出具财政意见。省水利厅根据发展改革委批复可行性研究报告或初步设计后核定项目投资（或资本金）。

对延续支持的重大水利项目，市县应根据项目进度提供资金到位、资金支付及项目投资完成情况，并提供下一年度投资安排计划和地方自筹资金落实情况。对于省级投资计划已下达 80% 以上的重大水利项目，市县应提供下一年度预计资金支付的证明材料。

第十三条 每年 8 月底前，市县水利部门会同财政部门从项目库中择优选定一般水利项目，报送一般水利项目建设任务和资金安排计划。市县级资金安排情况作为省级补助资金分配的重要因素。

县（市、区）上报计划应同时抄送设区市水利局、财政局，并对申报的各类指标任务的真实性、合规性负责。

第十四条 省水利厅负责以奖代补绩效考评事项的组织实施，依据对市县的绩效考评结果提出奖补资金分配建议报省财政厅审核。

第十五条 对延续支持的重大水利项目，省水利厅、省财政厅可组织开展抽查或中期检查，对预算执行进度或资金管理存在严重问题的项目暂停或减缓资金安排，对投资计划超一年以上未完成的重大水利项目暂停安排后续省级补助资金。市县整改完成后重新提出资金申请。

第五章　资金下达和支付使用

第十六条　省水利厅根据前述项目申报类型，审核汇总提出资金安排初步建议。省财政厅根据年度专项资金规模、重大项目年度投资计划、绩效考评情况等，会同省水利厅确定重大水利项目、一般水利项目和以奖代补项目年度预算资金。省水利厅会同省财政厅根据项目进展情况下达重大水利项目年度实施计划。每年 10 月底前，省财政厅、省水利厅按不低于专项资金规模的 70% 和相应的任务清单提前预告市县；在省人代会批准预算后 60 日内，将专项资金预算下达到市县，同时下达任务清单和绩效目标。

第十七条　市县在收到省级正式下达资金、任务清单和绩效目标 60 日内应将资金、任务分解落实到具体项目，并抄送省财政厅、省水利厅。

第十八条　重大水利项目的省级补助资金主要用于土建、材料、设备与安装、相关政策处理等项目批准概算内的内容。一般水利项目省级补助资金和以奖代补资金原则上用于省级下达的各项任务，在完成既定任务的前提下，市县可按照集中财力办大事的原则，在专项资金支持范围内自主分配使用，推进涉农资金统筹整合。

第十九条　省级补助资金不得用于与水利项目建设管理工作无关的支出，如城市景观、行政事业单位人员经费和公用经费、交通工具和办公设备购置租赁、楼堂馆所建设等，确保专款专用。

第二十条　市县应加强专项资金使用管理，资金支付按照国库集中支付制度有关规定执行。涉及政府采购的按政府采购有关规定执行。涉及省以上财政补助资金的建设项目，按批复的预算方案执行。专项结余结转资金按照中央和省有关规定安排使用。

第二十一条　市县要加强项目建设和财务管理，明确责任主体，严格建设程序，按照批准的建设内容、规模和标准组织项目实施，确保规范安全，加快项目推进和资金拨付进度。重大设计变更和概算调整应按规定履行报批手续。

第二十二条　专项资金分配政策和结果应按信息公开有关规定向社会公布。省财政厅、省水利厅在浙江省政务服务网等平台上公开专项资金分配政策、分配结果等情况；市县财政、水利部门要加强对项目的储备、资金安排和使用情况的公开公示。

第六章　绩效评价和监督检查

第二十三条　省水利厅加强专项资金预算绩效管理和绩效指标体系建设，完善绩效目标管理，做好绩效运行监控，组织开展专项资金绩效评价。省财政厅视情开展抽评，绩效评价结果作为完善政策、改进管理及下一年度预算安排的重要依据。市县组织绩效目标申报、绩效监控和绩效自评等，确保绩效目标完成，提高财政资金使用效益。

第二十四条　省财政厅、省水利厅应加强对专项资金使用监管。对重大水利项目，省水利厅加强项目稽察，省财政厅视情组织抽查；对一般水利项目和管理任务，省水利厅会同省财政厅组织开展核查；市县财政、水利部门应建立健全日常监管工作机制，加强对资金申报、使用和项目管理情况的监督检查，发现问题及时整改。

第二十五条 专项资金使用管理接受审计、纪检监察等部门的监督检查。各级财政、水利部门及其工作人员和项目主体、承建单位及相关责任人员，存在违反规定分配、拨付、使用资金或出现截留、挤占、挪用、骗取专项资金，以及其他滥用职权、玩忽职守、徇私舞弊等违法违纪行为的，按照《中华人民共和国预算法》《中华人民共和国公务员法》《中华人民共和国监察法》《财政违法行为处罚处分条例》等有关规定追究相应责任；涉嫌犯罪的，依法移送司法机关处理。

第二十六条 本办法自 2020 年 11 月 15 日起施行。《浙江省财政厅 浙江省水利厅关于印发浙江省水利建设与发展专项资金管理办法（试行）的通知》（浙财农〔2015〕37 号）、《浙江省财政厅 浙江省水利厅关于修订浙江省水利建设与发展专项资金管理办法（试行）若干条款的通知》（浙财农〔2017〕19 号）、《浙江省财政厅 浙江省水利厅关于印发浙江省滩涂围垦专项资金管理办法的通知》（浙财农〔2010〕254 号）、《浙江省财政厅 浙江省水利厅关于修改〈浙江省滩涂围垦专项资金管理办法〉有关条文的通知》（浙财农〔2012〕265 号），以及《浙江省财政厅 浙江省国土资源厅 浙江省水利厅 浙江省农业厅关于印发浙江省省级造地改田专项资金管理办法（试行）的通知》（浙财农〔2015〕52 号）中涉及滩涂围垦的内容同时废止。

浙江省水利厅关于印发《浙江省水利建设市场主体信用信息管理办法（试行）》《浙江省水利建设市场主体信用评价管理办法（试行）》的通知

（2020 年 11 月 26 日　浙水建〔2020〕7 号）

各市、县（市、区）水利（水电、水务）局，各有关单位：

　　为建立健全以信用为基础的市场监管体制机制，促进水利建设市场健康有序发展，我厅制定了《浙江省水利建设市场主体信用信息管理办法（试行）》《浙江省水利建设市场主体信用评价管理办法（试行）》，现印发你们，请遵照执行。

浙江省水利建设市场主体信用信息管理办法（试行）

第一章　总　　则

　　第一条　为建立健全以信用为基础的新型水利建设市场监管体制机制，促进水利建设市场健康有序发展，根据《社会信用体系建设规划纲要（2014—2020 年）》（国发〔2014〕21 号）、《国务院办公厅关于加快推进社会信用体系建设构建以信用为基础的新型监管机制的指导意见》（国办发〔2019〕35 号）、《水利建设市场主体信用信息管理办法》（水建设〔2019〕306 号）、《浙江省公共信用信息管理条例》和《浙江省公共信用修复管理暂行办法》（浙发改财金〔2018〕671 号），结合我省水利建设市场实际，制定本办法。

　　第二条　本办法适用于浙江省水利建设市场主体信用信息采集、认定、共享、公开、修复、使用及监督管理。

　　第三条　本办法所称水利建设市场主体，是指参与水利建设活动和生产建设项目水土保持活动的建设、勘察、设计、施工、监理、监测、咨询、招标代理、质量检测、机械制造等单位和相关人员。

　　第四条　本办法所称信用信息，是指水利建设市场主体在水利建设活动和生产建设项目水土保持活动中形成的能够反映其信用状况的记录和资料。

　　第五条　水利建设市场主体信用信息管理遵循依法、公开、公正、真实、及时的原则。

第二章　采集、公开和使用

　　第六条　浙江省水利工程建设管理数字化应用是浙江省水利建设市场主体信用信息的行业管理统一平台（以下简称统一平台），向"信用浙江"等网站推送信用信息，并实现与全国水利建设市场监管服务平台的系统对接和数据同步。

第七条　水利建设市场主体信用信息分为基本信息、良好行为记录信息和不良行为记录信息。

本办法所称基本信息，是指反映水利建设市场主体基本情况的客观性信息，主要指注册登记信息、资质信息、人员信息、业绩信息等。

本办法所称良好行为记录信息，是指对水利建设市场主体信用状况判断产生积极影响的信息。主要指水利建设市场主体模范遵守有关法律、法规、规章或强制性标准、行为规范，自觉维护水利建设市场秩序，业绩突出，受到县级以上人民政府、各级水行政主管部门或发展改革、财政、住房城乡建设、人力资源社会保障、市场监管、安全监管等部门，以及有关社会团体的奖励和表彰等。

本办法所称不良行为记录信息，是指对水利建设市场主体信用状况判断产生负面影响的信息。主要指水利建设市场主体违反有关法律、法规和规章相关规定，受到司法判决和县级以上人民政府、各级水行政主管部门或发展改革、财政、住房城乡建设、人力资源社会保障、市场监管、安全监管等部门的行政处罚等。主要包括：

（一）以欺骗、贿赂等不正当手段取得行政许可、行政确认、行政给付、行政奖励的信息。

（二）在法定期限内未提起行政复议、行政诉讼，或者经行政复议、行政诉讼最终维持原决定的行政处罚，但适用简易程序作出的除外。

（三）经司法生效判决认定构成犯罪的信息。

（四）不履行行政决定而被依法行政强制执行的信息。

（五）不履行判决、裁定等生效法律文书的信息。

（六）因违反《建设工程质量管理条例》《水利工程质量检测管理规定》《水利工程建设安全生产管理规定》《水利工程质量事故处理暂行规定》《水利基本建设项目稽察暂行办法》《水利工程质量管理规定》等规定，受到责令改正（含责令立即排除隐患、责令立即整改等）、建议批准暂停施工、责令暂停施工、通报批评的信息。

（七）经依法认定的违反法律、法规和规章规定的其他不良信息。

第八条　不良行为记录信息分为一般不良行为记录信息、较重不良行为记录信息和严重不良行为记录信息。

本办法所称一般不良行为记录信息，是指水利建设市场主体被本办法第七条中所指的部门和单位作出责令改正（含责令立即排除隐患、责令立即整改等）、建议批准暂停施工、责令暂停施工、通报批评的信息。

本办法所称较重不良行为记录信息，是指水利建设市场主体发生了对人民群众身体健康、生命安全和工程质量危害较大、对市场公平竞争秩序和社会正常秩序破坏较大、拒不履行法定义务，对司法机关、行政机关公信力影响较大的不良行为，被本办法第七条中所指的单位和部门作出的行政处罚，主要包括警告、罚款、没收违法所得、没收非法财物。

本办法所称严重不良行为记录信

息，是指水利建设市场主体发生了严重危害人民群众身体健康、生命安全和工程质量、严重破坏市场公平竞争秩序和社会正常秩序、拒不履行法定义务，严重影响司法机关、行政机关公信力的不良行为，被本办法第七条中所指的单位和部门作出的行政处罚和司法判决，其中行政处罚主要包括责令停产停业、暂扣或吊销许可证、暂扣或吊销执照。

第九条　浙江省水利建设市场主体应依法依规在统一平台填报基本信息和良好行为记录信息，并对信息的真实性、准确性、及时性和完整性负责。其中，用于资质申请及招投标等活动的人员、工程业绩应提前在统一平台公示。

县级以上水行政主管部门应及时将本单位和同级相关部门抄送的市场主体不良行为记录信息报送至省级水行政主管部门，其中本单位作出的不良行为记录信息自认定之日起7个工作日内报送。

第十条　水利建设市场主体信用信息原则上应予以公开，信息公开不得危及国家安全、公共安全、经济安全和社会稳定，不得泄露国家秘密以及会对第三方合法权益造成损害的商业秘密和个人隐私。水利建设市场相关人员的信用信息，通过政务共享和查询的方式披露，除法律、法规有明确规定外，不予公开。

第十一条　良好行为记录信息公开的基本内容：单位名称、良好行为、级别、认定时间和认定单位等。不良行为记录信息公开的基本内容：单位名称、违法（违规）行为、处理依据、处理决定、处理时间和处理机关等。

第十二条　水利建设市场主体基本

信息长期公开；良好行为记录信息公开期限为1年；不良行为记录信息公开期限为5年。

公开期满后，不良行为记录信息转入后台长期保存，确保信息可查、可核、可溯。

行政处理在申诉、复议或诉讼期间，不停止对不良行为记录信息的公开。申诉处理机关、行政复议机关或者人民法院决定停止执行的除外。

第十三条　出现一般不良行为记录信息和较重不良行为记录信息的水利建设市场主体，可申请信用修复。

一般不良行为记录信息自公开之日起3个月后，较重不良行为记录信息自公开之日起6个月后，水利建设市场主体可向认定单位申请信用修复，认定单位审核通过后及时撤销不良行为记录信息，并于7个工作日内将撤销决定报送至省级水行政主管部门，省级水行政主管部门应自收到撤销决定之日起取消对相关信息的公开。

出现严重不良行为记录信息的水利建设市场主体不得申请信用修复。

第十四条　县级以上水行政主管部门和有关单位及社会团体应依据国家有关法律、法规和规章，按照守信激励和失信惩戒的原则，建立健全信用奖惩机制，在行政许可、市场准入、招标投标、资质管理、工程担保与保险、表彰评优、信用评价等工作中，积极使用信用信息。

第三章　监 督 管 理

第十五条　省级水行政主管部门应加强信用信息安全基础设施和安全防护

能力建设，保障信息安全。

第十六条　县级以上水行政主管部门应加强对水利建设市场主体信用信息管理工作的监督检查，保证信用信息公示、公开和推送及时准确。

第十七条　各级水行政主管部门应对水利建设市场主体信用信息管理情况开展随机抽查，针对重点问题进行专项检查。抽查和检查可采取赴现场调查、审核阶段性工作总结报告、运用统一平台统计分析等多种方式开展。

第十八条　水利建设市场主体对信用信息存在异议的，可通过统一平台提出申诉，并提交相关证明材料。水行政主管部门应对异议信息进行核实，经核实有误的，应在 5 个工作日内更新发布核实结果。

第十九条　水利建设市场主体信用信息接受社会监督。任何单位或个人发现水利建设市场主体信用信息虚假的，可通过统一平台举报。有关水行政主管部门应在收到举报材料之日起 15 个工作日内完成核查并予以处理。对于实名举报的，应及时将处理情况予以回复。

第二十条　从事水利建设市场主体信用信息管理的工作人员，在水利建设市场主体信用信息管理工作中应依法履职、实事求是、客观公正、廉洁高效。违反本办法规定的，责令改正；在工作中玩忽职守、弄虚作假、滥用职权、徇私舞弊的，依法依纪给予处理；涉嫌犯罪的，移送司法机关依法追究刑事责任。

第四章　附　　则

第二十一条　本办法自 2020 年 12

月 26 日起试行。原《浙江省水利建设市场信息登记和发布管理办法（暂行）》（浙水建〔2013〕31 号）同时废止。

浙江省水利建设市场主体信用评价管理办法（试行）

第一章　总　　则

第一条　为深入推进省政府信用建设"531X"工程，建立健全以信用为基础的新型市场监管体制机制，促进水利建设市场健康有序发展，根据国务院办公厅《关于加快推进社会信用体系建设构建以信用为基础的新型监管机制的指导意见》（国办发〔2019〕35 号）、《水利建设市场主体信用信息管理办法》（水建设〔2019〕306 号，以下简称《信息办法》）、《水利建设市场主体信用评价管理办法》（水建设〔2019〕307 号）、《浙江省公共信用信息管理条例》（以下简称《条例》）和《浙江省行业信用监管责任体系构建工作方案》（浙发改信用〔2019〕313 号），结合我省水利建设市场实际，制定本办法。

第二条　凡在浙江省行政区域内从事水利工程建设活动（含招投标活动）和生产建设项目水土保持活动的所有水利建设市场主体信用评价管理适用本办法。

本办法所称水利建设市场主体，是指参与水利建设活动和生产建设项目水土保持活动的勘察、设计、施工、监理、监测、咨询、招标代理、质量检测、机械制造等单位。

第三条　水利建设市场主体信用评

价遵循政府组织、统一评价、信息共享、社会监督的原则，维护水利建设市场主体合法权益，保守国家秘密，保护商业秘密和个人隐私。

第四条 浙江省水利工程建设管理数字化应用是浙江省水利建设市场主体信用评价的行业管理统一平台（以下简称统一平台）。

第五条 省级水行政主管部门负责组织制定统一的水利建设市场主体信用评价标准。评价标准应遵循科学、合理、公开、公平、公正的原则，并根据水利建设市场实际情况，结合信用评价成效，以各类市场主体评价指引的方式逐步完善、更新发布。

省级水行政主管部门负责在统一平台构建行业信用监管评价模型，开展水利建设市场主体动态信用评价。市县水行政主管部门依照管理权限，负责监督管理水利建设市场主体信用评价结果的应用工作。

第二章 评价方法

第六条 本办法所称信用评价以建设活动过程监管数据信息归集和我省水利工程建设合同履约情况为基础，根据评价标准，通过建模计算进行动态评价。

第七条 行业信用档案是水利建设市场主体信用评价的信息来源，下列信息作为信用评价的数据源并记入行业信用档案：

（一）从业单位和人员基本情况。

（二）从全国水利建设市场监管服务平台和浙江省公共数据平台等共享的奖励表彰、行政处理（含行政处罚等）、

司法判决等从业单位相关信用记录。

（三）各级水行政主管部门及其质量监督机构开展各类监督检查作出的责令改正（含责令立即排除隐患、责令立即整改等）、建议批准暂停施工、责令暂停施工、通报批评等。

（四）经依法认定的违反法律、法规和规章规定的其他信用信息。

第八条 水利建设市场主体信用评价采用 1000 分制，评价结果等级分为 A、B、C、D、E 五级，各等级对应的综合得分 X 分别为：

A 级：850 分 ≤ X ≤ 1000 分，优秀。

B 级：800 分 ≤ X < 850 分，良好。

C 级：750 分 ≤ X < 800 分，中等。

D 级：700 分 ≤ X < 750 分，较差。

E 级：X < 700 分，差。

市场主体在近一年内发生过较大安全事故、一般安全事故，或在统一平台填报信息过程中隐瞒真实情况、弄虚作假，虚假承诺，谋取不正当利益的，评价结果等级降一级。

第九条 评价指标包括正向指标和负向指标。正向指标项逐条加分，最高分为该指标项权重分；负向指标项以该指标项权重分为基数，逐条减分，该指标项最低得分为零。不良行为记录信息经信用修复后停止公示的，不再作为扣分依据。

第十条 评价结果在统一平台每周公开发布一次。

第十一条 未获得浙江省水利建设市场信用评分或首次进入我省水利建设市场的市场主体，参与水利部信用评价并取得 AA 级及以上等级的，初始信用

分按 800 分计；没有参与水利部信用评价的，初始信用分按上一个评价周期同等资质市场主体信用分的中位数计；最后一次合同履约评价完成后 3 年内在我省水利建设市场无项目的，视同首次进入我省水利建设市场。

第十二条　对信用评价结果有异议的水利建设市场主体、单位或个人，应以书面形式向省级水行政主管部门提出复核申请，说明理由并提供相关证明材料，省级水行政主管部门应在 15 个工作日内完成复核并予以回复。

第三章　"重点关注名单"管理

第十三条　符合以下情形之一的水利建设市场主体，列入"重点关注名单"：

（一）浙江省水利建设市场主体信用评价等级为 E 级的。

（二）其他违反法律法规，造成严重后果或严重社会不良影响的，或被人力资源社会保障、生态环境、市场监管、安全监管等部门列入重点关注名单的。

第十四条　县级以上水行政主管部门负责全省水利建设市场主体"重点关注名单"对象的认定，水利建设市场主体被认定为"重点关注名单"对象的，应将列入"重点关注名单"的理由和依据予以告知。

第十五条　"重点关注名单"自认定之日起在统一平台上公开。"重点关注名单"公开的基本内容：单位名称、统一社会信用代码、列入依据、列入部门、列入日期、公开期限和信用评价结果等。公开期限为本办法第十三条相应认定情形的有效期限。

第十六条　"重点关注名单"公开期限结束，水利建设市场主体在公开期限内未再次发生符合"重点关注名单"认定标准行为的，移出"重点关注名单"；水利建设市场主体在公开期限内再次发生符合"重点关注名单"认定标准行为的，公开期限延长一年。

第四章　"黑名单"管理

第十七条　符合以下情形之一的水利建设市场主体，列入"黑名单"：

（一）按《条例》第二十四条，应列入严重失信名单的。

（二）存在法律、法规和规章规定的其他应列入"黑名单"的情形的。

第十八条　县级以上水行政主管部门负责全省水利建设市场主体"黑名单"对象的认定，市场主体被认定"黑名单"的，应将列入"黑名单"的理由、依据、救济途径、惩戒措施及其解除条件予以告知。被列入"黑名单"的市场主体有权进行陈述和申辩。

第十九条　"黑名单"自认定之日起在统一平台上公开。"黑名单"公开的基本内容：单位名称、统一社会信用代码、个人姓名、资格证号、列入依据、列入部门、列入日期、公开期限等。公开期限为本办法第十七条相应认定情形的有效期限。

第二十条　"黑名单"公开期限为自被认定之日起 1 年。在公开期限内再次出现严重不良行为记录信息的，公开期限再延长 2 年。

第二十一条　"黑名单"公开期限结束，水利建设市场主体在公开期限内未再次发生符合列入"黑名单"情形行为的，移出"黑名单"。水利建设市场主体被移出"黑名单"后，相关部门联合惩戒措施即行终止。

第五章　评价结果应用

第二十二条　各级水行政主管部门应依据国家有关法律、法规和规章，按照守信激励和失信惩戒的原则，实行市场主体信用分级分类监管，对信用状况好的市场主体，实施降低检查频次等监管措施，对信用状况差的市场主体，实施提高检查频次等监管措施。

第二十三条　各级水行政主管部门应在行政许可、市场准入、政府采购、资质管理、工程担保与保险、表彰评优、日常监管等工作中，将信用评价结果作为重要基础。

第二十四条　各级水行政主管部门可根据当地水利建设市场实际情况，制定信用评价成果应用实施细则，并联合当地建设项目招投标主管部门，加强信用评价成果在招投标领域的应用。

第二十五条　对评价等级为优秀，且连续 3 年未被列入"黑名单"的水利建设市场主体，可享受一项或多项激励或褒扬措施，具体措施执行《信息办法》第三十三条之规定。

第二十六条　对列入"重点关注名单"的水利建设市场主体，在公开期限内，采取严格监管措施，具体措施执行《信息办法》第三十四条之规定。

第二十七条　对列入"黑名单"的水利建设市场主体，在公开期限内，信用评价等级统一降为 E 级，并采取惩戒措施，具体措施执行《条例》第二十六条、《信息办法》第三十五条之规定。

第二十八条　对列入"黑名单"的水利建设市场主体，在公开期限内按照联合惩戒备忘录的惩戒措施，实施失信联合惩戒。

第六章　监 督 管 理

第二十九条　信用评价工作接受社会监督，任何单位和个人对信用评价中的违法违规行为有权向省级水行政主管部门举报和投诉。省级水行政主管部门直接或委托有关地方水行政主管部门开展调查、认定和处理工作。

第三十条　省级水行政主管部门应建立评价资料电子台账，台账应保存评价原始资料、评价结果、异议处理结果等内容。

第三十一条　水利工程建设合同履约评价由项目法人负责实施。项目法人应根据合同履约方实际履约情况，客观公正、实事求是地开展评价工作。各级水行政主管部门应加强对项目法人履约评价工作督导、检查，发现问题及时调处。

第三十二条　项目法人在合同履约评价过程中徇私舞弊、隐瞒实际履约情况、失职渎职的，经水行政主管部门核实后，给予约谈或通报批评，在水利工程建设单位信用评价中予以相应扣分或降等，并将结果推送给个人信用监管相关部门。

第七章　附　　则

第三十三条　本办法自 2020 年 12 月 26 日起试行。

浙江省水利厅　浙江省文物局关于
加强古井水源保护管理的通知

（2020 年 12 月 14 日　浙水农电〔2020〕22 号）

各市、县（市、区）水利（水电、水务）局、文化和旅游局（文物局），杭州市园林文物局：

　　古井是先民聚居生息的见证者和地方历史人文及乡愁的重要载体，维系着城镇、乡土文明的根脉；部分古井水源在山区乡村至今仍作为生活水源的必要补充，承载着先辈日常的生活记忆。实施古井水源保护工程是重要民生实事，对充分发挥古井文化价值、民生价值、使用价值，助推新时代美丽乡村建设、诗路文化带建设、历史文化名城名镇名村保护等工作有着重要意义。为进一步加强古井水源保护管理，发挥古井综合效益，现将有关事项通知如下：

　　一、实施古井名录管理。全省各地摸排上报现存古井 5958 处（名单详见附件 1），承担历史文化研究、生活洗涤、灌溉、景观等主要功能。参考《水利对象分类与编码总则》有关规定，结合我省水利工程实际，新增古井实体类代码 022，以县水行政主管部门为主体，统一赋码规则、统一纳入水利数据仓（具体编码规则详见附件 2）。2020 年调查摸排的 5958 处古井，要求于 2021 年 3 月底前登记入库，登记信息包括：古井编码、名称、经纬度、建造年代、文保级别、地理位置、使用状态、主要作用、管理单位、产权归属、全貌照片等必要信息。建立动态更新机制，根据水利数据仓维护规则，常态化开展古井水源信息登记，每年根据古井状态进行动态更新。

　　二、明确古井管理主体。各级水行政、文物主管部门要充分重视古井价值和使用功能，纳入水利工程和文物保护名录管理，加强工程修缮、维护监督和指导。对于已经核定公布为文物保护单位或文物保护点的古井，依照文物法律法规明确管理主体。其余尚未公布为文物保护单位或文物保护点的古井，由县级水行政、文物主管部门商请属地乡镇（街道）或产权主体，共同确立古井管理主体；对产权不清、管理存在盲点的，原则上由乡镇（街道）或村作为管理主体，负责古井保护管理。古井管理主体应根据古井保护级别、使用状态、承担功能等，采取相应措施，实行分类保护举措。明确管理主体、纳入名录管理的古井实体，由水行政、文物主管部门共同设立标识牌，标示该古井的名称、基本信息、树标机关以及树立日期等；标识牌可采用石材、银牌、铜牌等坚固耐久材料，颜色庄重朴素，显眼协调（参考样式见附件 3）。核定公布为文物保护单位和文物保护点的古井，已树立标志说明牌的，可不再重复设置。

三、落实古井保护举措。已核定公布为文物保护单位或文物保护点的古井，其保护范围划定、档案建立、管理职责落实及其修缮保护工程的实施，要严格遵照《中华人民共和国文物保护法》等法律法规和有关规定。尚未核定公布为文物保护单位或文物保护点的古井，根据古井水源保护需要，综合考虑古井水源的规模、作用及周围环境的历史和现实情况，可以留出一定的保护空间，确保古井本体安全和完整，保护空间划定应当征求相邻利害关系人的意见。突出古井保存保护，纳入名录管理的古井水源，不得随意废弃、破坏、占用等。

四、加强古井本体修缮及周边环境治理。古井修缮保护工作贯彻保护为主、抢救第一、合理利用、加强管理的原则。要督促指导管理主体强化古井本体修缮保护，严禁擅自迁移、拆除、填埋古井。要将古井修缮保护与村镇规划、历史文化名城（街区、名镇、名村）保护、古村落保护、美丽乡村建设等相结合，加强古井本体修缮及周边环境治理。推动古井本体及周边环境的日常保护管理纳入村（社区）网格化管理实践，避免古井保护管理的日常缺位，确保古井安全。已核定公布为文物保护单位的古井的修缮和保护方案，应依据相关规定，报请有关文物主管部门审批。在古井的周边环境内，不得建设污染古井水源及其环境的设施，不得进行可能影响

古井安全及其环境的活动。对已污染古井及其环境的设施，应当制定"一井一策"，加大抢救和整治力度。

五、加强古井水利功能修复。居民饮用补充、生活洗涤、灌溉等仍是古井的主要使用功能之一。古井产权人、管理主体要根据实际功能需求，加大古井换水、淤塞清淤、内壁清洗、必要的周边水系沟通等工程性管护。特别是承担（应急）饮用功能的古井，确属饮用水水源地的，应严格按照相关法规，按等级划定或明确保护范围，强化日常监督管理，加强水源监测，确保供水安全。涉及经常性水利功能维护的古井，经产权人、管理主体申请，在当地年度水利工程维养计划中予以适当考虑。

六、强化古井管理保护工作保障。古井产权人、管理主体是全面落实古井管理保护的第一责任人。水行政、文物主管部门履行相应监管职责，做好统筹协调，推动古井修缮管理，促进古井可持续保护。加大古井水源保护利用的宣传和舆论引导，提高古井水源保护意识，营造全社会关心支持古井水源保护的良好氛围。

七、本通知自 2021 年 1 月 14 日起施行。

附件（略）：

1. 浙江省古井名录（2020 年）

2. 古井编码规则

3. 古井标识牌参考样式

重 要 文 章

构建"幸福大水网" 推进水治理现代化*

浙江省水利厅党组书记、厅长 马林云

2019 年，浙江水利积极践行新时代治水思路，按照"水利工程补短板，水利行业强监管"的总基调，提出"补短板、强监管、走前列，推进水利高质量发展"的水利改革发展总要求，全力打好防洪排涝等"六大攻坚战"，全面推进水利改革创新等"八方面重点工作"。截至 2019 年 11 月底，全省水利建设完成投资 514.3 亿元，完成年度任务目标的 103%；成功防御多轮强降雨和"利奇马"等台风正面侵袭；新增 522 万人城乡同质饮水，全省率先实现农饮水县级统管；新增 146 条（个）美丽河湖；整改清理全省总量 1/4 的水电站；完成农业水价综合改革面积 1269 万亩；"钱塘江流域防洪减灾数字化平台"初步建成上线；所有行政审批事项实现网上办事，为推进"两个高水平"建设提供了坚实的水利保障。

2020 年是全面建成小康社会和"十三五"规划收官之年。浙江水利将高举习近平新时代中国特色社会主义思想伟大旗帜，全面贯彻党的十九届四中全会和省委十四届六次全会精神，聚焦水灾害、水资源、水生态、水环境，强改革、强攻坚、强基础、强约束、强谋划，着手推进水利重大改革、重大项目、重大平台、重大政策、"十四五"重大课题等"五个重大"内容，着力构建现代化"幸福大水网"，高水平推进水治理现代化，确保如期达到水利"十三五"发展目标，为全面建成小康社会收官作出贡献。

一是研究提出"十四五"水利改革发展基本思路，着力构建现代化"幸福大水网"。落实新发展理念，对标水利部和省委、省政府决策部署，以全面提升水安全保障能力和推动高质量发展为主线，研究提出"十四五"及今后一个时期水利改革发展基本思路、主要目标和重大举措，着力构建现代化"幸福大水网"。

二是启动实施海塘安澜千亿工程，加快补齐水利基础设施短板。新开工海塘建设 150 公里，着力构建沿海 2000 多公里的生命线、风景线、幸福线。完成 100 座病险水库和 100 公里干堤加固、500 座山塘和 20 万亩圩区综合整治，创建新时代安康水库 200 座、安康堤塘

---

* 本文发表于《中国水利报》2020 年 1 月 8 日专号版。

500 公里。全年力争完成 500 亿元以上水利投资。

三是制定出台《浙江省节水行动实施方案》，推进全民节水减排。2020 年用水总量控制在 180 亿立方米以内，万元 GDP 用水量、万元工业增加值用水量控制在 28.2 立方米、17.4 立方米以内，较 2015 年分别降低 35%、42%，2/3 以上县（市、区）完成节水型社会达标任务。

四是全力办好两件民生实事，率先实现城乡居民同质饮水。彻底完成 803 万农村人口饮用水达标提标任务，率先实现"城乡同质标准，县级统管责任"；以打造"幸福河"为目标，新增 100 条（个）美丽河湖，建设 200 个乐水小镇、1000 个水美乡村，完成 500 公里中小河流治理。全面完成长江经济带小水电清理整改任务。

五是撬动深化水利重大改革，打造"全国最优水利政务服务省份"。完善"浙江省水管理平台"，全面上线"钱塘江流域防洪减灾数字化平台"，强化"互联网＋政务""互联网＋监管"，材料电子化比率、网办率、跑零次率、掌办率均可达到 100%。全面完成 1 万个重要水利工程标准化管理创建与验收，继续深化水利投融资改革，全省域率先完成农业水价综合改革国家试点。

大干实干　提速创优
谱写浙江水利改革发展新篇章[*]

浙江省水利厅党组书记、厅长　马林云

全国水利工作会议对坚持和深化水利改革发展总基调提出明确要求，具有很强的针对性和指导性。浙江水利系统将深入学习贯彻，认真抓好落实，迅速把思想和行动统一到会议部署上来，坚定不移践行总基调，聚焦"大干实干、重点突破、能力提升"，体现大担当，展现大作为，实现大争先，全面掀起大干水利、提速创优热潮，奋力谱写浙江水利改革发展新篇章。

加快补齐水利基础设施短板。着力推进重大项目建设，全面启动防汛抗旱水利提升工程，实施海塘安澜千亿工程，加速推进一批控制性、关键性、标志性水利工程落地见效；全力攻坚农村饮用水达标提标和美丽河湖建设两项民生实事，探索建设"幸福河"大平台，率先基本实现城乡居民同质饮水的目标；构建完善山洪灾害防御工作机制，推进水文"5＋1"工程，新建1000个水文测站，加快提升监测预报预警能力，让全面小康的水利成色更足。

奋力推进水利行业强监管再上新台阶。出台重大政策，强监管、抓双控，启动实施浙江省节水行动。推行重大改革，增动能、促发展，推进强监管综合改革，强化"四不两直"暗访督查，加快"互联网＋监管"平台应用，全面推进水利工程管理"产权化、物业化、数字化"改革。研究重大课题，强统筹、提能力，全面编制"十四五"水利规划，全面谋划浙江"幸福大水网"，守牢安全底线，夯实生态底色。

---

[*]　本文发表于《中国水利报》2020年2月21日新闻版。

健全完善制度体系　筑牢安全生产防线 *

浙江省水利厅党组书记、厅长　马林云

在统筹推进疫情防控和复工复产的关键时刻，习近平总书记就安全生产作出重要指示，强调要强化企业主体责任落实，牢牢守住安全生产底线，切实维护人民群众生命财产安全。这为我们抓好当前乃至今后水利安全生产指明了方向，提供了遵循。

浙江水利突出"五个重点"，完善"五个体系"，着力推进"三个转变"，实现"三个确保"。即健全完善以企业实际控制人和高危岗位人员为重点的安全生产教育培训体系、以落实企业主要负责人安全责任为重点的企业安全生产主体责任体系、以建立企业技术和管理团队为重点的规范化安全生产制度体系、以风险分级管控和隐患排查治理为重点的安全预防控制体系、以引入专业化支撑机构为重点的企业安全生产社会化服务体系，着力推进水利安全生产由企业被动接受监管向主动加强管理转变、安全风险管控由水行政主管部门推动为主向企业自主开展转变、隐患排查治理由行政执法检查为主向企业日常自查自纠转变，确保本质安全水平不断提升、重大安全风险有效化解、重特大事故坚决遏制，确保从业人员生命安全和身体健康，确保水利高质量发展、安全发展。

健全完善安全生产常态化教育培训体系。水行政主管部门层面，通过持续的学习宣传、教育培训，帮助水利企业负责人和实际控制人学会算整体账、明白账、长远账，正确处理安全与发展的关系。企业层面，加强企业安全文化建设，高危岗位严格落实以师带徒制度，确保安全。

健全完善安全生产法制化主体责任体系。全面完善企业安全生产责任制，督促全省所有水利企业健全覆盖全体员工的安全生产责任制，并建立自我约束、持续改进的考核和责任追究等内控机制，推动责任落实。严格落实企业第一责任人责任，做到安全责任、安全管理、安全投入、安全培训、应急救援"五到位"，并在关键时间节点到岗履职，盯守现场。细化落实全员安全生产责任，形成"层层负责、人人有责、各负其责"的安全生产工作体系。

健全完善安全生产规范化管理制度体系。强化安全生产管理团队，强化依法持证上岗，强化"双重预防机制"建设，强化安全生产标准化创建，强化安全生产资金投入。

健全完善安全生产信息化预防控制体系。一方面，依托科技提升本质安全

---

* 本文发表于《中国水利报》2020 年 6 月 23 日建设与管理导刊版。

水平。淘汰各类落后工艺设备，推广应用高危工艺智能化控制和在线监测监控。另一方面，推进企业安全生产智能化管控。督促企业大力推进隐患排查治理"一张网"信息化管理系统和监测预警体系建设，数据纳入相关信息平台，构建安全生产智能化管控平台。

健全完善安全生产社会化服务保障体系。着力完善法规规章、标准规范，完善安全生产承诺、诚信制度。要求企业主要负责人向社会和全体员工公开落实主体责任、健全管理体系、加大安全投入、严格风险管控、强化隐患治理等情况，探索推行生产安全事故企业公开道歉制度。着力提升专业技术服务水平。依托院校，实现水利企业重点岗位人员"变招工为招生"；推进安全生产社会化服务，扶持一批专业化安全技术服务机构，支持做大做强。

水 文 水 资 源

Hydrology and Water Resources

071～078 页

雨　情

【概况】　2020年，浙江省年平均降水量1701.0mm，较2019年平均降水量偏少12.6％，较多年平均年降水量偏多4.8％，时空分布不均匀。空间分布上看，衢州市年降水量最大，为2207.2mm；台州市年降水量最小，为1377.5mm。时间分布上看，1月、2月、3月、5月、6月、7月、9月降水量较多年平均偏多1.1％～105.1％，1月为偏多最大月；其他月份偏少21.2％～67.5％，10月为偏少最大月。

【年降水量】　2020年，根据水文年鉴刊印站点统计，浙江省全省平均降水量1701.0mm，较多年平均偏多4.8％。地区分布不平衡，衢州市最大，2207.2mm，台州市最小，1377.5mm，最大值是最小值的1.6倍。各行政区2020年平均降水量与多年平均年降水量对比情况见表1。其中，湖州、杭州两市分别偏多34.3％、30.3％，嘉兴、衢州、绍兴、金华和舟山5市偏多10.9％～24.1％，宁波市偏少1.2％，温州、台州和丽水3市偏少8.4％～22.7％。从时间分布上看，1月、2月、3月、5月、6月、7月、9月分别较多年平均偏多105.1％、10.8％、23.7％、1.1％、34.3％、53.3％、13.0％；4月、8月、10月、11月、12月分别较多年平均偏少60.5％、21.2％、67.5％、44.7％、27.4％。

表1　各行政区2020年平均降水量与多年平均年降水量

单位：mm

行政区	2020年平均降水量	多年平均年降水量
杭州市	2041.9	1567.5
宁波市	1507.3	1525.9
温州市	1428.3	1846.2
湖州市	1723.2	1388.2
嘉兴市	1640.7	1222.6
绍兴市	1687.6	1470.0
金华市	1699.1	1527.8
衢州市	2207.2	1838.0
舟山市	1438.7	1296.3
台州市	1377.5	1663.6
丽水市	1629.0	1777.9
全省	1701.0	1622.5

【汛期降水量】　2020年梅雨期，全省平均降水量546mm，较常年平均梅雨量（254mm）偏多115％，列历史第2位，仅次于1954年。部分地区短时降雨强度强，常山县西岭水库6月29日12小时降雨达263.5mm；杨家6月30日6小时降雨达164.5mm；临海市后岭水库7月4日15时1小时降雨达99.5mm。汛期，浙江省浙南温台丽地区降水量偏少，其他大部分地区偏多。钱塘江水系部分地区降水量在1800mm以上，飞云江、瓯江和鳌江水系的部分地区以及海岛和部分沿海地区的降水量不足800mm，其他大部分地区的降水量为800～1800mm。八大水系汛期降水量分布见表2，各行政区汛期降水量分布见表3。八大水系中，

杭嘉湖东部平原（运河）偏多43.7%，钱塘江、苕溪分别偏多27.6%、20.3%，甬江略偏多（1.4%），瓯江、椒江分别偏少12.3%、14.4%，鳌江、飞云江分别偏少28.8%、31.5%；各行政区中，嘉兴偏多42.1%，衢州、湖州、杭州偏多30.2%～35.0%，舟山、金华和绍兴偏多12.6%～18.4%，宁波、丽水分别偏少2.8%、9.8%，台州、温州分别偏少18.5%、24.2%。

表2　2020年八大水系汛期降水量

水系	汛期降水量/mm
钱塘江	1000～2100
瓯江	700～1400
椒江	800～1500
苕溪	1000～1500
甬江	900～1400
飞云江	600～1300
鳌江	600～1400
杭嘉湖东部平原（运河）	900～1500

表3　2020年各行政区汛期降水量

行政区	汛期降水量/mm
杭州市	1000～2100
宁波市	500～1400
温州市	600～1400
湖州市	1000～1500
嘉兴市	900～1500
绍兴市	1000～1400
金华市	1000～1500
衢州市	1000～2000
舟山市	600～1100
台州市	500～1500
丽水市	700～1800

【台风带来的降水量】　2020年，有3个台风登陆或影响浙江，分别是第4号台风"黑格比"、第8号台风"巴威"和第9号台风"美莎克"。其中，第4号台风"黑格比"登陆温州乐清并纵穿浙江，受其影响，温州中北部、台州西南部、丽水东部、金华东南部、绍兴东部、宁波西部和嘉兴东部等地区普降暴雨到大暴雨、局部特大暴雨，温州、台州和嘉兴市过程面雨量达到100mm以上，平湖市、乐清市和温州市龙湾区过程面雨量达到250mm以上。平湖市24小时面雨量278.6mm，接近50年一遇；温州市龙湾区24小时面雨量274mm，约20年一遇；乐清市24小时面雨量275mm，约10年一遇；缙云县24小时面雨量203mm，约50年一遇；永康市24小时面雨量174mm，超100年一遇。单站24小时最大雨量为砩头站483.5mm。平湖站1日最大雨量316.5mm，破该站日雨量最大观测记录。第8号台风"巴威"、第9号台风"美莎克"均仅进入24小时警戒线，引起浙江沿海大风天气，对浙江陆地区域降水影响较小。

（闵惠学）

水　情

【概况】　2020年，受超长梅雨和第4号台风"黑格比"期间较强降雨等影响，苕溪、杭嘉湖东部平原（运河）、钱塘江、甬江、椒江、瓯江支流楠溪江等主要江河（或平原河网）控制站年最高水位超过警戒（或保证）水位，其中，钱塘江上游衢江衢州站出现 1998 年后最大流量，分水江水文站出现 2003 年迁站后实测第二高水位，下游之江水文站出现 2008 年建站后实测第二大流量，钱塘江来水量比常年同期明显偏多；受第 9 号台风"美莎克"和天文大潮等因素影响，河口沿海主要水位站年最高水位大多超过警戒水位。

【江河水情】　2020 年汛期，浙江省主要江河共发生 9 场编号洪水，其中苕溪 1 场、杭嘉湖东部平原（运河）2 场、钱塘江干流 2 场、浦阳江 2 场、甬江 1 场、椒江 1 场。全省有 289 站次出现超警，其中 103 站次超保。

50 天超长梅雨期间，6 月 2—7 日，第 2 轮降雨致钱塘江和杭嘉湖东部平原（运河）部分站水位超警，但未形成编号洪水。6 月 18—21 日，第 4 轮降雨致钱塘江支流浦阳江和甬江分别发生 2020 年第 1 号洪水（0620、0621），其中甬江余姚站最高水位列历史实测第六位。6 月 29 日至 7 月 1 日，第 6 轮降雨致钱塘江干流发生 2020 年第 1 号洪水（0630），兰溪站水位超警 2.03m。7 月 2—3 日，第 7 轮降雨致杭嘉湖东部平原（运河）发生 2020 年第 1 号洪水（0703），嘉兴站水位达到 2.19m，超保 0.33m。7 月 4—10 日，第 8 轮降雨致苕溪发生 2020 年第 1 号洪水（0705），开启北湖分洪后，瓶窑站水位仍列历史实测第七；7 月 7 日，新安江水库最大入库流量 23000m³/s，仅次于 1969 年的 23400m³/s，列有记录以来第 2 位；7 月 8 日 9 时，新安江水库建库 61 年来首次开启 9 孔泄洪，当时水位达到 108.39m，超过 1999 年 6 月 29 日高位 108.37m，创历史极

值；钱塘江干流和支流浦阳江分别发生 2020 年第 2 号洪水（0708），衢州站 7 月 9 日 13 时 30 分迎来洪峰，洪峰水位 63.54m，超警戒水位 2.34m，接近保证水位（63.7m），流量 6600m³/s，为 1998 年后实测最大流量。7 月 15—16 日，第 9 轮降雨致杭嘉湖东部平原（运河）发生 2020 年第 2 号洪水（0716），嘉兴站水位达到 2.27m，超保 0.41m，列历史实测第九。太湖流域发生超标准洪水，太湖最高水位 4.79m（镇江吴淞），超警 0.99m，列历史实测第三。

台汛期间，8 月 3—5 日，受第 4 号台风"黑格比"影响，椒江发生 2020 年第 1 号洪水（0804）。9 月 18—19 日，受暖湿气流和弱冷空气共同影响，杭嘉湖东部平原（运河）和甬江部分站水位超警，但未形成编号洪水。

【钱塘江来水量】　2020 年，钱塘江（富春江坝址以上）来水量 383.1807 亿 m³，比常年同期偏多 36.9%。各月来水量与常年同期比较，1 月、3 月、6 月、7 月、8 月、9 月来水量偏多，其中 7 月偏多 244.4%，其余各月均偏少。各月来水量情况见表 4。

表 4　2020 年钱塘江各月来水量情况

月份	来水量/亿 m³	距平/%
1	20.6220	偏多 38.6
2	15.7524	偏少 2.0
3	30.5528	偏多 7.3
4	28.2606	偏少 10.2
5	29.9316	偏少 14.5
6	74.6012	偏多 51.8
7	104.3228	偏多 244.4

续表4

月份	来水量/亿 m³	距平/%
8	23.4135	偏多 19.9
9	23.9216	偏多 51.7
10	11.3340	偏少 9.9
11	7.0174	偏少 45.6
12	13.4508	偏少 2.2

【河口沿海水位】　2020 年，受第 9 号台风"美莎克"和天文大潮等影响，浙江省河口沿海主要水位站年最高水位大多超过警戒水位，超警幅度为 0.06～0.55m。其中，甬江口镇海站出现年最高水位 2.85m，超警 0.55m。各主要水位站具体情况见表 5。

表 5　2020 年各主要河口及沿海水位站年最高水位情况

水位站名	年最高水位出现时间	年最高水位/m	超过警戒水位/m
鳌江口鳌江站	10 月 17 日 9 时 35 分	3.99	0.14
钱塘江口澉浦站	9 月 3 日 1 时 30 分	5.59	0.39
杭州湾乍浦站	9 月 3 日 1 时 00 分	4.61	0.16
甬江口镇海站	9 月 1 日 23 时 20 分	2.85	0.55
椒江口海门站	9 月 2 日 21 时 15 分	3.67	—
飞云江口瑞安站	10 月 18 日 10 时 00 分	3.96	0.11
三门湾健跳站	9 月 18 日 21 时 40 分	3.84	—
舟山岛定海站	9 月 1 日 22 时 30 分	2.50	0.30
瓯江口温州站	9 月 19 日 23 时 25 分	4.50	0.50
钱塘江口盐官站	9 月 20 日 2 时 35 分	6.26	0.06

（闵惠学）

预 警 预 报

【概况】　2020 年，全力做好水情预警预报工作。特别在梅雨期 9 轮强降雨和台风影响期间，根据省水利厅统一部署，及时启动相应防汛防台等水文测报应急响应，全省共完成预报 3012 站次，其中日常化预报 1464 站次，梅雨期关键预报 1063 站次，台风期间水情预报服务 485 站次。全省发布洪水预警 89 期，山

洪预警 40 期，短信预警 229 万余条。

【水情预警】　2020 年，梅雨、台风和局地短时强降雨等影响期间，省水文中心及时做好水情预警等相关工作。通过浙江省水情中心短信平台，全年共发送短信预警 229 万余条；通过浙江省水雨情信息展示系统，对于超过规定阈值的雨情、水情站进行及时预警；根据《浙江省洪水预警发布管理办法（试行）》，省水文中心全年发布洪水预警 40 期，指导各设区市发布洪水预警 49 期，发布山

洪预警 40 期，为各级防汛指挥部门及时掌握汛情提供可靠依据。

【水文预报】　2020 年，全省共完成水文预报（包括滚动预报、预估预报、退水估报和风暴潮预报等）3012 站次。省水文中心共完成水文预报 2376 站次，其中日常化预报（汛期每天 8 时做的预报）1464 站次，梅雨期关键预报（梅雨期、洪水期做的加密、精准预报）726 站次，台风期间水情预报服务 186 站次。市县水文机构和水库管理机构共发布水文预报 636 站次。

【梅雨期水文预报】　2020 年梅雨期间，省水文中心与相关市县等水文部门，密切关注水雨情变化，提前 3 天启动估报、预报分析和会商，为水利工程调度和河网预排预泄提供参考。初步统计，2020 年梅雨期共计完成重要水情站关键洪水作业预报 1063 站次，其中省水文中心预报 726 站次，市县水文机构 288 站次，水库 49 站次。在新安江水库发生 4 个"历史最高"（库区降水量、入库洪量、9 孔闸门全开、库水位）的汛情紧张期间，从 7 月 2 日起持续 8 天 7 夜开启 1 小时一更新的连续预报模式，动态预报 73 期 171 种开关闸方案，为科学调度新安江、分水江、富春江三大水库、人员转移避险和指挥决策提供水文预报支撑。

【台风期间水文预报】　2020 年，全省共完成台风期间水情预报服务 485 站次。其中，省水文中心根据台风发展形势，分别对 10 个沿海河口重要潮位站、7 大水系 12 个干流重要控制站和五大平原代表站进行了 9 期 186 站次滚动水文预报，第 4 号台风"黑格比"影响期间，台风编号后动态关注台风动向，研判分析大中型水库可纳雨能力、重要平原河网水位和沿海河口水位预报，为水库和河网提前预泄预排迎洪及海塘风险分析提供水文预报支撑。

（王浩）

水资源开发利用

【概况】　2020 年，全省水资源总量 1026.60 亿 m^3，产水系数 0.58，产水模数 98.0 万 m^3/km^2。全省年总供水量 163.94 亿 m^3，年总用水量 163.94 亿 m^3，年总耗水量 92.38 亿 m^3，日退水量 1105.86 万 t。

【水资源量】　2020 年，全省地表水资源量 1008.79 亿 m^3，较 2019 年地表水资源量偏少 23.2%，较多年平均地表水资源量偏多 5.1%。全省入境水量 275.74 亿 m^3，出境水量 269.84 亿 m^3，入海水量 933.89 亿 m^3。

全省水资源总量 1026.60 亿 m^3，较 2019 年水资源总量偏少 23.0%，较多年平均水资源总量偏多 5.2%，产水系数 0.58，产水模数 98.0 万 m^3/km^2。

2020 年，全省 192 座大中型水库，年底蓄水总量 225.10 亿 m^3，较 2019 年底减少 10.62 亿 m^3。其中大型水库 34 座，年底蓄水量 206.71 亿 m^3，较 2019 年底减少 8.15 亿 m^3；中型水库 158 座，年底蓄水量 18.39 亿 m^3，较 2019 年底减少 2.47 亿 m^3。

【供水量】 2020 年，全省年总供水量 163.94 亿 m³，较 2019 年减少 1.85 亿 m³。其中地表水源供水量 159.67 亿 m³，占 97.4％；地下水源供水量 0.32 亿 m³，占 0.2％；其他水源供水量 3.96 亿 m³，占 2.4％。在地表水源供水量中：蓄水工程供水量 67.16 亿 m³，占 42.1％；引水工程供水量 28.73 亿 m³，占 18.0％；提水工程供水量 57.60 亿 m³，占 36.1％；调水工程供水量 6.17 亿 m³，占 3.9％。

【用水量】 2020 年，全省年总用水量 163.94 亿 m³，其中农田灌溉用水量 64.16 亿 m³，占 39.1％；林牧渔畜用水量 9.69 亿 m³，占 5.9％；工业用水量 35.73 亿 m³，占 21.8％；城镇公共用水量 17.87 亿 m³，占 10.9％；居民生活用水量 29.51 亿 m³，占 18.0％；生态环境用水量 6.98 亿 m³，占 4.3％。

【耗水量】 2020 年，全省年总耗水量 92.38 亿 m³，平均耗水率 56.4％。其中农田灌溉耗水量 45.56 亿 m³，占 49.3％；林牧渔畜耗水量 7.51 亿 m³，占 8.1％；工业耗水量 12.73 亿 m³，占 13.8％；城镇公共耗水量 7.63 亿 m³，占 8.3％；居民生活耗水量 12.68 亿 m³，占 13.7％；生态环境耗水量 6.27 亿 m³，占 6.8％。

【退水量】 2020 年，全省日退水量 1105.86 万 t，其中城镇居民生活、第二产业、第三产业退水量分别为 330.29 万 t、539.49 万 t 和 236.07 万 t，年退水总量 40.36 亿 t。

【用水指标】 2020 年，全省平均水资源利用率达到 16.0％。农田灌溉亩均用水量 329m³，其中水田灌溉亩均用水量 391m³，农田灌溉水有效利用系数 0.602。万元国内生产总值用水量（当年价）25.4m³。

（王贝）

水质监测工作

【概况】 2020 年，省水文中心指导全省水质监测业务工作，组织实施全省江河湖库地表水和地下水水质监测，开展水生态监测和农饮水水质抽检，全年获取监测数据 10 万余条。

【水质监测】 2020 年，对全省 67 个地表水国家重点水质站及其他 189 个地表水水质站进行每月一次的常规水质监测，对 156 个国家地下水监测工程水质站进行一次水质监测，对 450 个农村饮用水达标提标工程进行水质抽检，全年获取监测数据 10 万余条，并向水利部、水利部长江水利委员会、太湖流域管理局和省水利厅上报监测成果。编制《浙江省地表水资源质量年报》《浙江省国家地下水水质监测评价报告》。

【水生态监测】 2020 年，对全省 20 个典型供水水库及重要湖泊进行每月一次的浮游植物监测和每季度一次的浮游动物监测，全年开展一次浮游植物普查，2020 年总监测指标约 3000 项次。编制《浙江省重点湖库浮游植物监测分析报告》。

【水资源监测管理】　2020 年，省水文中心开展全国水利系统创新的检测流程视频录制工作。配合"护航全省水利复工复产安全生产攻坚行动专项督查"，组织进行全省水质监测安全生产大检查，做好库存危化品处置工作，完成水质监测安全制度修订和制度上墙工作，建立《水利安全生产监管责任清单》，编制完成《安全生产专项整治三年行动实施方案》，印发《关于开展〈水质监测安全管理制度〉修订工作的通知》《关于加强危化品储存使用等安全防范的通知》，制作水质监测安全知识宣传画、安全知识小视频分发各设区市。完成水质监测 LIMS 系统试运行和项目验收工作。举办全省水质监测安全生产培训班、水生态监测与评价培训班和《检验检测机构资质认定能力评价 检验检测机构通用要求》培训班。组织参加国家市场监督管理总局的能力验证考核和太湖流域水文水资源监测中心组织的质量控制考核，组织对各设区市检测人员进行标准样品操作考核。全年编制 35 份检测报告，并按国家市场监督管理总局的要求，分季度完成检测报告清单的报送工作。

【江河湖库水质】　2020 年，全省江河湖库总体水质优良，总体合格率为 95.0%。

（曹樱樱）

水 旱 灾 害 防 御

Flood And Drought Disaster Prevention

079～089 页

水旱灾情

【概况】　2020 年，全省平均降水量 1701.0mm，较多年平均年降水量偏多 4.8%。汛期（4 月 15 日至 10 月 15 日）全省面雨量 1104.0mm，与常年同期持平，空间分布不均明显，自西向东递减。梅雨期（5 月 29 日至 7 月 18 日）全省平均梅雨量 546mm，共发生 9 次较大范围的集中降雨过程，多流域发生洪水。全年有 3 个台风登陆或影响浙江省，其中第 4 号台风"黑格比"是 2020 年登陆中国的最强台风，登陆强度 13 级，台风正面袭击浙江，降雨强度大。汛期后，浙江持续高温少雨，10 月 16 日至 12 月 31 日全省平均降水量 55mm，比常年同期偏少 53%。据杭州、温州、金华、衢州、台州、舟山、丽水等 7 市统计，至 12 月 28 日，尚有 21 个县（市、区）、1035 个村，78.53 万农村居民供水趋紧，其中 8.43 万农村居民供水困难。

【梅雨特征】　2020 年，浙江省入梅早出梅迟，梅雨总量大。5 月 29 日入梅，7 月 18 日出梅，梅雨期 50 天，在 2000 年后的梅雨期中排第 2 位，1951 年后的梅雨期中排第 6 位。据水文监测，梅雨期全省平均降水量 546mm，较常年平均梅雨量（254mm）偏多 115%，列历史第 2 位，仅次于 1954 年。暴雨过程多，强度强。梅雨期共发生 9 次较大范围的集中降雨过程。强降雨区域基本重叠，主要集中在浙西、浙中北一带。水位高流量大，超警超保站次多。全省钱塘江、

苕溪、杭嘉湖区、甬江等水系 203 站次出现超警以上洪水（其中 66 站次超保）。

【台风特征】　2020 年，先后有第 4 号台风"黑格比"、第 8 号台风"巴威"、第 9 号台风"美莎克"登陆或影响浙江，其中第 4 号台风"黑格比"是 2020 年登陆中国的最强台风，登陆强度 13 级，台风正面袭击浙江，降雨强度大，山区溪流洪水暴涨，局地引发山洪。

第 4 号台风"黑格比"近海生成后，42 小时内从热带风暴连跳两级加强为台风级。8 月 4 日 3 时 30 分左右登陆后，强度减弱慢，以台风级继续维持 4～5 小时。在浙江境内停留时间长达 16 个小时，其中台风和强热带风暴级以上达 12 个小时。受其影响，温州中北部、台州西南部、丽水东部、金华东南部、绍兴东部、宁波西部和嘉兴东部等地区普降暴雨到大暴雨、局部特大暴雨，全省有 31 个大中型水库水位超警，25 个主要河道站水位超警戒以上，其中 10 个超保证水位。

【干旱特征】　2020 年 7 月 18 日至 10 月 15 日，全省平均降水量 367mm，较常年同期偏少 23%，其中宁波市、舟山市、台州市和温州市均偏少 3 成以上。9 月 30 日至 12 月 28 日，全省面平均降水量 80mm，较常年同期偏少 56.3%，各设区市除湖州外平均降水量普遍较常年同期偏少 4 成以上，其中温州市 49.4mm、台州市 57.5mm、丽水市 66.6mm，较常年同期分别偏少 74.3%、70.1% 和 60.8%。

【灾情损失】 2020年，全省杭州、衢州、湖州、金华、丽水、嘉兴6市24个县（市、区）受梅雨洪涝影响，损坏堤防3968处、护岸2257处、水闸34座、塘坝535处、灌溉设施896处、机电泵站223个，水利工程设施直接经济损失约9.12亿元。受第4号台风"黑格比"强降雨影响，金华、温州、台州、丽水等地13个县（市、区）损坏堤防958处、护岸391处、水闸35座、塘坝121处、灌溉设施25处、机电泵站10个，水利工程设施直接经济损失约8.46亿元。干旱致温岭、玉环、三门、象山等地不同程度出现水源断流、山塘见底、城市管网低压供水等供水紧张情况，温州、浙北临安、浙西常山、浙中缙云和磐安的山区农村居民存在饮水困难。至12月28日，杭州、温州、金华、衢州、台州、舟山和丽水等7市21个县（市、区）、1035个村，约78.53万农村居民出现供水紧张情况、约8.43万农村居民出现供水困难情况。

水旱灾害防御基础工作

【概况】 2020年，全省水利部门紧紧围绕"主动履职、全力以赴、提升能力、确保安全"的总体要求，提前研判，动态部署，全力做好水情监测预警、水工程调度、抢险技术支持等工作，确保主要江河、湖库、山塘及涉水工程以及防洪保护区内人民生命财产及工农业生产的防洪安全，全省水库无一垮坝，重要堤防、海塘无一决口。省级发布洪水预报2000站次、洪水预警90期、水情分析433期，向公众发布水雨情信息5000万余条；防御梅雨和台风期间，调度大中型水库拦蓄水102.32亿 m^3，沿海平原河网排水54.49亿 m^3。实施新安江水库9孔泄洪调度，得到水利部通报表扬，获省委、省政府主要领导批示肯定。

【制度建设】 2020年3月20日，省水利厅制定印发《浙江省水旱灾害防御信息报送规定（试行）》，进一步加强和规范全省水旱灾害防御信息报送管理，明确报送制度和工作责任制，理顺报告机制，畅通报送渠道，确保信息报送及时、全面、准确。3月23日，制定印发《浙江省水利厅水旱灾害防御应急工作预案》，规范省水利厅水旱灾害防御应急响应工作程序和应急响应行动，明确省水利厅作为省防汛防台抗旱指挥部（以下简称省防指）成员单位，在水旱灾害防御组织机构及职责、防汛应急响应、抗旱应急响应、应急保障等方面的履职要求。是月，修订《浙江省水利厅水旱灾害防御工作规则（试行）》，补充细化防汛抗旱应急响应，完善组织领导、汛前检查、防汛值班、会商预警、应急响应、洪水调度、物资调用等工作要求，进一步规范水旱灾害防范与应急处置工作行为。

【组织领导】 2020年，水利部部长鄂竟平多次部署水旱灾害防御工作，对防范超标洪水、水库安全、山洪灾害等风险提出明确要求。水利部副部长陆桂华、叶建春先后赴浙江省检查指导防汛工作。副省长彭佳学多次主持研究超标准洪水、超标准风暴潮防御、水库安全管理、山洪灾害防御能力提升等工作。针对前所未有的新安江水库汛情和调度压力，省委书记车俊、省长袁家军直接领导、直接指挥。常务副省长冯飞、副省长彭佳学分别坐镇省防指、省水利厅，全程指挥新安江防洪调度工作。7月6日，新安江泄洪前一天，水利部连夜赶赴现场指导。省水利厅厅长、省防指副指挥马林云，省水利厅副厅长杨炯先后进驻新安江电厂，分别连续5天4夜、4天3夜在现场指挥泄洪调度。

【责任落实】 2020年，全省水利系统组织编制（修编）钱塘江等12个流域、重要支流（河流）和84个县级以上城市超标洪水防御预案，做好2020年度水库水闸泵站控制运用计划编制和报批工作，各大型水库（含安华水库）和杭嘉湖南排工程、曹娥江大闸等重点工程控制运用计划，均在4月15日前完成核准。推进杭州江北主城区、椒北平原等片区洪水风险图编制，完成61.6km²洪水风险图编制成果省级平台汇总工作。启动实施水库"提能保安"专项行动，全面提升水库安全管理能力，确保大中型水库不垮坝；小型水库在设计标准内安全度汛，遇超标准洪水有应对措施，确保不发生重大责任事故。落实并公布全省4295座水库安全度汛行政、技术、巡查"三个责任人"，通过视频培训11000人，增强责任人履职意识和能力。开展水利工程安全运行"三服务"主题活动，组织省水利厅系统140人对全省112个水利工程开展监督检查。强化物资队伍保障，采用自行储备、委托储备、

社会号料等方式，及时调储编织袋871万条、土工布46万m²、救生衣（圈）6万件、舟艇899艘等防汛抢险物资，总价值约2.35亿元。选聘96名防洪调度和防汛抢险专家，组建112支3100多人的水利抢险队。

加强监测预警，梅雨强降雨和台风暴雨期间，省级发布洪水预报2000站次、洪水预警90期、水情分析433期，向公众发布水雨情信息5000万余条。新安江防洪调度过程中，加强与气象部门的深度合作。新安江水库泄洪闸开启9孔期间，省水文中心利用无人机搭载平板式雷达流速仪，沿下游长达50km的江段开展46次流量实测，为调度决策提供技术支撑。省级发布山洪灾害气象预警单40期，向451个县次发送预报预警。各地通过山洪灾害预警平台发送预警短信229万条。组织或参与省防指会商90多次，建议启动或调整应急响应10次，最高响应等级Ⅰ级。科学调度工程，防御梅雨和台风期间，统筹调度大中型水库拦蓄水量102.32亿m³，沿海平原河网排水54.49亿m³。实施新安江水库9孔泄洪调度，新安江河段削峰率达67%，减少下游受淹面积123.8km²、受淹人口45万。新安江水库成功调度，得到水利部通报表扬，省委、省政府主要领导批示肯定。积极应对太湖高水位，协调相关闸（泵）站开闸分洪、全力抢排，缓解防洪压力。全省水利部门全年共派出1879个工作组、8016人次，为各地应急、抢险提供技术支撑，省级组织19组次70多人次，赴一线协助指导抢险。督促市县及时掌握旱情态势，做

好用水计划和水工程调度。

【能力建设】　2020年，浙江省着力构建水旱灾害防御"1+5"工作体系。省水利厅党组多次召开专题会议，研究水旱灾害防御工作。4月17日，省水利厅下发《关于加强水旱灾害防御工作体系建设的通知》，提出按照"主动履职、全力以赴、提升能力、确保安全"的要求，加快建设水利系统水旱灾害防御"一平台"牵引、"五体系"联动的"1+5"工作体系，形成组织有序、制度有效、支撑有力的水旱灾害防御新格局。钱塘江流域防洪减灾数字化平台中监测、预报、研判、预警、调度、抢险6大核心模块完成迭代升级，平台V2.0版上线运行，基本实现监测预警、形势研判、预报调度一体化等应用场景的构建，初步实现流域等防洪业务一站式作业，省市县业务贯通率100%。全省11个设区市、87个县（市、区）水旱灾害防御工作领导小组组建完成，成员总计2730人。全省域及周边省份（含上海市、江苏省、安徽省）8000多个水文测站，实现每5分钟实时采集、每15分钟动态报送，形成"实时监测—通信传输—数据处理—分析研判—预报预警"的水文体系。省、市两级水旱灾害防御应急工作预案、水旱灾害防御工作规则全部制定完成。

提升山洪灾害防御能力。省水利厅成立由分管厅领导任组长的工作专班，牵头负责小流域山洪灾害防御能力提升工作。统筹厅直属单位技术力量，按照范围全域化、对象清单化、预报精准化、工作规范化的总体要求，制定工作方案，开展山洪灾害防御区域评价，编制防御对象"一张单"，绘制山洪灾害风险"一张图"，开发预报预警"一平台"。2020年4月15日，山洪灾害预报预警平台上线运行，实现省对县未来24小时预报预警、县对村未来3小时和6小时短临预警功能，并确定对应的指导性预警阈值，山洪灾害预报预警平台在防御2020年梅雨强降水和第4号台风"黑格比"过程中发挥重要作用。5月7日，联合省防指办印发《关于加强山洪灾害防御工作的意见》，部署完善防御工作体系、夯实防御基础、强化风险防控、加强工作保障等工作。编制完成《山洪灾害应急工作指南》，明确山洪灾害防御工作流程和要求。开展山丘区全覆盖的山洪灾害风险区调查评价，确定山洪灾害防御重点村落14005个，完成摸排赋码重点威胁人员37.8万人，建立防御重点村落、需转移人员、转移责任人清单。山洪灾害防御责任从省、市、县延伸落实到乡镇（街道）、村（社区），有效破解"最后一公里"问题。组织编制《山洪灾害防御常识漫画手册》，扩大宣传，增强公众防灾减灾意识。

推进防洪排涝重大工程建设。2020年，缙云县潜明水库一期通过大坝蓄水安全鉴定，松阳县黄南水库通过蓄水验收；长山河泵站、南台头泵站、大治河泵站、梁湖枢纽等完工见效，新增强排能力735m^3/s。《浙江省海塘安澜千亿工程建设规划》编制完成，重点推进突出问题隐患整治和具备条件的塘段建设，计划"十四五"期间建成高标准海塘1000km。

【隐患排查】 2020 年 2 月中旬开始，全省水利部门采取工程单位自查、县级检查、市级抽查、省级督查的方式，出动 5.75 万人次，检查工程 4.15 万处（点），发现风险隐患 1128 处。对检查中发现的问题，按照属地为主、分级负责原则，实行清单式管理，跟踪督办，于汛前全部完成整改或落实安全度汛措施。加快水毁工程修复，制定水毁工程修复工作专项督查计划，派出 11 个督查组，加强督促指导，确保各地按要求完成修复任务。

【培训演练】 2020 年，全省各地组织 2.76 万人（次）参加各类水旱灾害防御业务培训 308 班（次），开展应急演练 264 次。6 月 9 日，在钱塘江杭州闻家堰河段举行超标准洪水水文应急测报演练，演练设降雨量测报、走航式 ADCP 测流、无人机测流、雷达枪测流、非接触式（雷达）水位测报、超标准洪水水位人工测报等 6 个科目。9 月 17 日，在松阳县组织全省山洪灾害防御演练，演练模拟丽水市松阳县境内出现强降雨，引发小流域山洪，省市县水利部门通过山洪灾害监测与预报预警系统，按照山洪灾害防御应急指南，层层发布山洪灾害风险预警，指导、协调相关镇、村按预警信息、管控清单与应急预案开展巡查检查、人员转移安置、应急救援等工作。11 月 24—25 日，在杭州举办全省水旱灾害防御业务知识培训班，各市、县（市、区）水利部门分管领导和业务人员 237 人参加培训，省水利厅防御处、省水文中心、省钱塘江流域中心相关负责人及专家分别就超标洪水预案编制、水文测报能力提升、山洪灾害防御体系建设、钱塘江流域防洪减灾数字化平台应用等工作进行解读。

【部门协作】 2020 年，省水利厅与省应急管理厅、省自然资源厅协同机制进一步完善。配合开展《浙江省防汛防台抗旱指挥部工作规则》《浙江省防汛防台应急工作指南》制定和《浙江省防汛防台抗旱条例》《浙江省防汛防台抗旱应急预案》《浙江省海洋灾害应急预案》修编等工作，梳理水利部门在地质灾害、地震、气象、海洋等灾害防治中履行的职能和任务清单，参加省应急管理厅、省自然资源厅、省住房和城乡建设厅（以下简称省建设厅）、省人民防空办公室、省地震局等部门组织的应急会商、隐患治理督查、宣传演练等。

防御梅雨强降雨

【概况】 2020 年，浙江省入梅早出梅迟，梅雨总量大。省水利厅根据汛情发展和气象预报，加强监测，细化调度，加密巡查，通力协作，正面宣传，全程管控。梅雨期间，共发布省级洪水预报 639 站次、洪水预警 34 期、水情分析 231 期，向公众发布水雨情信息 960 万余条。全省各大中型水库累计拦蓄水量 97.16 亿 m^3，沿海平原河网累计排水 48.76 亿 m^3。6 月 19 日至 7 月 14 日，根据新安江水库因强降雨水位持续上升以致超警的汛情，从协调新安江电厂满发泄流，到 24 小时内调度新安江水库泄洪孔数从 3 孔递次增开到 9 孔，出库流量从 2930m³/s 增加到 7700m³/s。有效保障全省汛情总体平稳，水利工程防洪减灾效益明显。

【动员部署】 2020 年入梅前，省水利厅加强与气象等部门对接，会商研判，分析情势，提高警惕，及早准备。根据雨情、水情监测和预报成果，按照《浙江省水利厅水旱灾害防御应急工作预案》，先后 7 次启动水旱灾害防御应急响应。新安江水库防洪严峻形势下，省水利厅启动水旱灾害防御Ⅰ级应急响应，省水利厅领导每天主持分析防御情势，研究对策措施，动态部署防御工作；全系统动员，启动综合协调、水文测报、工程技术等 7 个应急工作组，有 660 多人参与，包括 3 名进驻新安江专家组成员、5 名参与省防指工作组专家、3 名受桐庐县政府邀请研判风险专家、30 多名进驻省水利厅防洪调度和工程抢险专家。梅雨期间，省水利厅防御办组织会商 40 多次，参与省防指办在线会商 31 次。制定转发文件 55 份，针对性部署防御工作，反复强调思想紧绷不放松，监测预警、巡查检查、工程调度、山洪防范等工作不懈怠，确保人员安全、工程安全。

【监测预报】 省水利系统严格执行 24 小时值班值守，省、市、县三级联动，密切监视雨情、水情、工情，动态分析，滚动研判。全省域及周边省、直辖市（含上海市、江苏省、安徽省）8000 多个水雨情测站每 5 分钟实时采集、每 15 分钟动态报送。依托严密可靠的水文测报网络，在新安江防洪调度过程中，第一时间汇集海量数据，并在水情紧急时刻依托新设备开展应急加密监测。新安江水库泄洪闸开启 7 孔时，省水文中心利用无人机搭载平板式雷达流速仪开展测流，泄洪闸开启 9 孔时，在下游 50km 长的江段开展 46 次流量实测，测得最大洪峰流量 16000m³/s，为调度提供重要参考。同时，加强与气象部门的深度合作，无缝衔接五大类 14 种气象数据，预报时效提前到 72 小时，实现连续多天 24 小时不间断滚动预报，实时迭代洪水演进，为调度决策提供技术支撑。梅雨期间，共发布省级洪水预报 639 站次、洪水预警 34 期、水情分析 231 期，向公众发布水雨情信息 960 万余条。发布山洪灾害气象预警单 30 期，向 303 个县次发送预报预警，发送预警短信 74.4 万条，有效延长山洪灾害预见期，提升风险防范能力。

【防御调度】 2020 年 6 月 19 日，在新安江水库水位 101.5m 时，积极协调国家电网华东电力调控分中心，新安江电厂按满发流量 1200m³/s 下泄；7 月 2 日以后，新安江水库出现较强降雨，库水位持续攀升，根据省防指决策，调度新安江水库于 7 月 7 日 10 时开 3 孔泄洪闸泄洪；泄洪当天，库区出现强降雨，库水位骤涨，24 小时之内建议新安江水库泄洪孔数从 3 孔递次增开到 9 孔（7 月 8 日 9 时），出库流量从 2930m³/s 增加到 7700m³/s。在库水位持续回落、气象预报短期不会出现系统性降雨、反复论证风险可控的前提下，逐步减少泄洪孔数量，减轻下游行洪压力，7 月 14 日 15

时关闭泄洪闸。在防御太湖超标洪水期间，沿杭州湾各闸和泵站全力外排，及时开启东导流东岸口门和太浦河南岸口门参与分洪。6 月 28 日太湖高水位以来，杭嘉湖南排各闸及强排泵站全力抢抓时机畅泄、抢排，至出梅，累计排水 10.45 亿 m^3，有效缓解太湖流域的防洪压力。梅雨期间，全省各大中型水库累计拦蓄水量 97.16 亿 m^3，沿海平原河网累计排水 48.76 亿 m^3。

【巡查检查】 2020 年防御梅雨期间，省水利厅领导带队的工作组 12 组次，处室负责人带队的工作组 17 组次 60 多人次，赴受强降雨影响地区协助指导工作。各地加密关键部位、重要堤段、薄弱环节巡查频次，确保早发现、早处置。6 月 5 日、6 月 11 日常山大坞水库、萧山浦阳江江堤先后发生险情，巡查人员履职尽责，第一时间发现并报告，省水利厅第一时间派出指导组、专家组赶赴现场，会商分析，研究抢险措施，全力提供技术支撑。按照省委、省政府领导"举一反三，开展全省防汛水利设施隐患排查，坚决消除隐患，确保安全"的批示要求，组织全省水利系统检查工程 4.06 万处（点），发现风险隐患 600 多处，全部完成整改或落实安全措施。西险大塘、南北湖围堤、环湖大堤湖州段按规定实行百米 1 人巡查，确保工程安全。

【防御协调】 各级水利部门牢固树立大局意识，团结协作，合力防御梅雨洪涝。为确保新安江水库防洪调度安全，上游金华江、衢江各大中型水库按省水利厅要求暂停泄洪发电，减少兰溪站流量约 1000 m^3/s；下游富春江电站提前泄洪腾库，水位控制在 21.8m（正常水位 23m）；支流分水江水库提前预泄至接近死水位 38.5m，后又及时全关拦洪 24 小时，减少下泄流量 800 m^3/s。新安江水库开闸泄洪前，根据省防指调令，紧急装运麻袋 23 万条、救生衣 3500 件、铁锹 600 把、水泵 230 台、移动泵车 3 辆、水带 10 卷等价值 350 万元的物资设备，赴建德、富阳、桐庐、江干等地，做好新安江水库泄洪应对准备。为减轻杭嘉湖东部平原的防洪压力，湖州市调度导流港德清大闸等沿线各闸长时间关闸运行，引导东苕溪洪水泄入太湖，杭州市长时间启动杭州三堡、七堡泵站全力强排。太湖水位超保后，7 月 17 日 8 时，德清大闸开闸向杭嘉湖东部平原分洪；7 月 18 日 15 时，嘉善县太浦河沿线南岸口门开闸分洪。

【宣传引导】 加强正面宣传和舆论引导，利用"浙江水利"网站、微信和微博等平台，开设"防汛防台动态""决战长梅"等宣传专题，发布 300 多篇网站新闻、40 篇微信文章、104 条微博。召开新闻发布会、通气会 5 场，采编发布防汛信息 819 条。先后邀约、接待中央和省级主流媒体采访 80 多批次，发布各类稿件 187 篇，协调浙江水利人频频亮相央视等各大媒体，聚焦宣传水旱灾害防御一线涌现出来的典型事迹和人物，取得良好反响。强化舆论应对，24 小时监测网络舆情信息，对监测到的 8 万余条舆情进行抽样统计分析和观点提炼，推出 4 期舆情专报，及时掌握舆情关注重点和走势。面对媒体的解读诉求，派出调度专家主动回应热点问题，在《浙江日报》推出整版深度报道《钱塘江洪水"过关"的背后》等。

防御台风洪涝

【概况】 2020 年，先后有 3 个台风登陆或影响浙江，其中第 4 号台风"黑格比"是全年登陆中国的最强台风，登陆强度 13 级，正面袭击浙江。省委、省政府和水利部高度重视，省领导在省防指彻夜指挥调度，水利部门加强与气象、自然资源、应急管理等部门的通力协作，提前研判，动态部署，迅速行动，全力投入防台工作。各地守住"不死人、少伤人、少损失"的目标。防御第 4 号台风"黑格比"期间，省级发布水情分析 24 期、洪水预警 3 期、山洪灾害预警 4 期，全省大中型水库累计预泄水量 1.54 亿 m³、拦蓄水量 5.16 亿 m³，全省山洪灾害转移人员 23299 人，投入巡查人员 5.58 万人次，检查水利工程 3.33 万处。

【防御第 4 号台风"黑格比"】 2020 年 8 月 4 日，第 4 号台风"黑格比"在浙江乐清登陆，正面袭击浙江，台风带来的降雨强度大、滞留时间长、影响范围广，对温州、台州、丽水、金华、宁波、嘉兴等地造成较大影响。

动员部署。省委、省政府和水利部高度重视第 4 号台风"黑格比"防御工作。省委书记车俊强调，要深入贯彻习近平总书记防汛救灾重要指示精神，坚持人民至上、生命至上，为建设"重要窗口"提供安全保障。省长袁家军要求加强预报预警，围绕小流域山洪等重点风险领域，落实网格化闭环管控。8 月 3 日晚，常务副省长冯飞、副省长彭佳学等省领导在省防指夜指挥调度；4 日早晨，彭佳学到省水利厅检查指导台风防御。水利部太湖局派出工作组到嘉兴、湖州等地检查指导台风防御。省水利厅厅长马林云多次主持召开台风防御会商，听取水雨情变化情况汇报，分析形势，梳理风险点，对台风防御工作进行动态部署。气象发布台风警报后，省水利厅提升水旱灾害防御（防台）应急响应至Ⅱ级，各应急工作组按照预案有序投入运转。及时向有关地区水行政主管部门、有关单位发出防御工作通知，要求高度重视台风影响，做好相应的汛情预测预报预警、水利工程调度、山洪灾害防御、堤防巡查和抢险技术支撑等工作。先后派出 4 个工作组赴温州、台州、丽水、金华等地开展防御指导和灾害调查工作。

监测预警。省水文中心加强值班值守力量，密切监视水雨情、工情，加密制作洪水预报、山洪预报产品，及时发布预警信息，省级发布水情分析 24 期、洪水预警 3 期、山洪灾害预警 4 期（其中山洪蓝色预警 25 县次、黄色预警 26 县次、橙色预警 6 县次、红色预警 8 县次）。各级水利部门根据气象短临预报情况，结合多年实践经验，提前向可能出现强降雨区域的基层政府发布山洪灾害预警，指导做好强降雨可能引发的小流域山洪防御工作，并提醒做好人员转移。全省各地通过山洪灾害预警平台发送台风预警短信 65.6 万条。

水工程调度。台风影响前，协调各地开展预泄预排，温州、宁波、绍虞平原河网累计预排水量 0.75 亿 m³，全省大中型水库累计预泄水量 1.54 亿 m³。台风影响期间，调度水库实行拦洪错峰，平原口门全力外排，温州、宁波、绍虞、温黄平原河网累计排水 4.51 亿 m³，绍兴曹娥江大闸累计排水 1.22 亿 m³，全省大中型水库累计拦蓄水量 5.16 亿 m³。

安全风险研判与人员转移。结合气象、水文、自然资源部门预报结果，对比椒江流域、鳌江流域重点堤段和沿海海塘现状工况，提出薄弱堤段清单，并及时提交省防指办，为其下发风险提示单提供专业支撑。省水文中心制作山洪灾害风险提示单 4 期，向 38 个县（市、区）发出风险预警，并向相关市县动态下发风险涉及人员数量。落实专人，每隔两小时统计各地应转移人数和已转移人数，据各地水利部门统计上报，全省山洪灾害转移人员 23299 人。

隐患排查。8 月 3 日，省水库管理中心（以下简称省水库中心）组织力量，电话随机抽查温州、丽水、台州 3 个市 22 个县（市、区）68 座小型水库巡查责任人防汛工作落实情况，整体情况良好。台风防御期间，全省各地切实加强抗洪抢险技术支撑，共派出专家组 146 组次，技术人员 722 人，到一线检查指导。各级水利部门及工程管理单位共投入巡查人员 5.58 万人次，检查水利工程 3.33 万处，发现隐患及时处置。如温州指导组在现场检查永嘉县瓯北三江塘标准堤在建工程时，发现闸门施工导水洞没有及时堵塞，当场责令并全程监督施工单位完成整改，消除隐患点。

水 利 抗 旱

【概况】　2020 年，全省台汛期降水偏少，干旱防御形势日趋严峻，全省各地立足"抗长旱"。省水利厅提前谋划，及早部署，积极协调有关市、县（市、区），做好跨流域调水的各项准备。12 月 28 日，全省大中型水库蓄水总量 226.2 亿 m³，基本能保证 3 个月以上正常供水需求。全年未出现主要城市供水紧张和农业大面积连片干旱。

【抗旱决策部署】　2020 年汛期结束后，温岭、象山、玉环、三门等浙江东部沿海地区县（市、区）先后启动抗旱，局部山区小型水库和山塘蓄水率偏低，全省干旱防御形势日趋严峻。11 月 15 日，省水利厅组织技术力量对全省供水和旱情情况进行分析。11 月 18 日，省水利厅发出《关于做好当前干旱防御准备工作的通知》，要求各地立足"抗长旱"，根据当前水利工程供水能力和供水对象用水状况，做好中长期水量供需平衡分析，组织编制（修编）抗旱应急供水方案；按照"先生活、后生产，先节水、后调水，先河道、后水库"的原则，做好用水计划和水工程调度，协调好上下游、左右岸用水和跨流域、跨区域引调水,合理分配水量;加强防旱抗旱、节约用水宣传引导,增强公众节水意识;积极协助相关职能部门做好饮用水水源地污染源管控,严格执行饮用水水源保护制度等,进一步要求出现旱情和供水紧张状况地区的县(市、区)水利部门把确保群众饮用水安全放在抗旱工作的首位。12月1日,省水利厅组织会商干旱防御工作,明确提出下一步工作要求,全省水利部门发挥技术优势,密切关注供水水库、山塘蓄水情况,科学研判旱情及发展趋势;出现旱情和供水紧张状况地区的县(市、区)水利部门把确保群众饮用水安全放在抗旱工作的首位,根据当前水利工程供水能力和供水对象用水状况,做好中长期水量供需平衡分析,落实做好抗旱应急供水方案。12月10日、12月16日省水利厅分别再次组织会商,研究前期降雨及当前蓄水情况、分区域旱情、工作措施等。

【抗旱措施】 2020年7月,出梅后台州、温州、宁波、舟山、丽水等山丘及海岛地区陆续出现旱情,各级水利部门密切监视水库河网蓄水情况,及时分析蓄水量、供水量、需水量,落实抗旱应急供水措施,确保全省抗旱用水安全。省水利厅提前谋划,及早部署,积极协调有关市、县(市、区),做好跨流域调水的各项准备。乌溪江引水工程从7月23日开始,由衢州向金华开展5轮集中供水,两地团结协作,至12月28日已引供水1.39亿 m³,其中向龙游县供水1600万 m³,向金华市境内灌区供水1500万 m³。浙东引水工程萧山枢纽全年累计向杭州、绍兴、宁波、舟山等市供水6.3亿 m³。至12月28日,全省大中型水库蓄水总量226.2亿 m³,较常年同期多蓄3.5亿 m³。其中,新安江水库138.7亿 m³,较常年同期多蓄10.8亿 m³;但温州、宁波、丽水地区蓄水量分别较常年同期偏少26.3%、23.4%、20%;湖州市因赋石、老石坎水库引水取水口围堰施工,汛后降低水位致蓄水较常年同期偏少17.5%;台州市大中型水库蓄水量与常年同期持平。全省大中型水库蓄水量基本能保证三个月以上正常供水需求,通过科学调度,全年未出现主要城市供水紧张和农业大面积连片干旱。

(胡明华)

水 利 规 划 计 划

Water Conservancy Planning

091～101 页

水 利 规 划

【概况】 2020年，省水利厅完成省水安全保障"十四五"规划初稿。印发《浙江省水利工程加快补短板行动方案》，部署地方开展重点规划编制。推动长三角一体化发展，完成长三角生态绿色一体化发展示范区水利规划（浙江片区）专题研究。完成全省水利基础设施空间布局规划阶段性成果，迭代水管理平台水发展规划应用。完成浙江省省际边界河流水安全技术分析、浙江省大中型水库联网联调方案等重点专题研究。

【水利规划编制】 2020年4月，省水利厅组织编制《浙江省水利基础设施空间布局规划》，完成长江经济带和国土空间规划相关专题研究，配合国土空间规划编制。9月，省水利厅印发《浙江省水利工程加快补短板行动方案》，摸排防洪排涝突出薄弱环节，加快推动一批重大水利工程项目建设和前期工作，重点实施海塘安澜千亿、水库提能保安、平原高速水路、幸福河湖和水资源优化联调等五大工程，协同推进水利数字化，全面提升流域区域水安全保障水平。11月，完成长三角生态绿色一体化发展示范区水利规划（浙江片区）专题研究，提出嘉善片区防洪除涝工程布局、水源地安全保障综合措施及河湖空间恢复方案；11月，完成《长三角生态绿色一体化发展示范区嘉善片区水利规划》省级审查，将中心河拓浚及河湖连

通工程、嘉善湖荡群及连通河道综合整治、祥符荡生态绿谷水系整治等一批重大水利工程申报列入长三角区域一体化水安全保障规划。12月，印发《浙江省水安全保障"十四五"规划思路》，明确浙江省水安全保障"十四五"规划需遵循的指导思想、基本原则、总体思路，提出"十四五"期间水安全保障"866"任务，完成浙江省水利发展"十三五"规划实施评估、浙江省水安全战略保障专题调研、浙江省水利工程重大项目布局与要素保障专题研究，配合全国"十四五"水安全保障规划编制，完成"十四五"规划初稿。12月，编制完成《浙江省重要水利规划实施监测评估（2020年度）》，系统梳理钱塘江流域、瓯江流域和杭嘉湖区域近年来的洪涝灾害情况、规划建设任务实施情况、岸线利用保护情况和水利管理现状，重点分析存在的防洪薄弱环节、水资源保护与利用问题、流域管理改进措施等，为流域综合规划的后续开展提供支撑。组织《浙江省海塘安澜千亿工程建设规划》《浙江省水资源节约保护和开发利用总体规划》《钱塘江河口水资源配置规划》《杭嘉湖区域防洪规划》《钱塘江河口治理规划》编制工作，完成钱塘江河口水资源利用对钱塘江下游咸水上溯影响专题、钱塘江河口水资源利用对环杭州湾地区供水安全保障专题研究工作。推进水发展规划数字化建设，整合数字化规划、计划管理和预算管理模块，统一入口，省市县三级共用。

【重点专题研究】 2020年11月，省水利厅编制完成《浙江省省际边界河

流水安全技术分析》重点专题，基本摸清浙江省主要省际边界河流在安全、水资源、水生态以及跨省水事协调过程中的问题，从流域水安全等方面出发，提出相应的评估意见，为跨省水事协调提供参考建议。是月，完成浙江省大中型水库联网联调方案重点专题研究，以大中型水库为依托，构建跨流域跨区域的互联互通、共建共享的水资源"网络化"配置体系，提出一批大中型水库联网联调工程和水库功能调整对策措施，为完善全省供水保障网奠定基础。

重大水利项目前期工作

【概况】 2020年，全省推进50项海塘安澜等重大水利项目前期工作，完成可行性研究批复15项，投资规模206.4亿元；完成可行性研究调整批复2项，投资规模50.9亿元；出具可行性研究行业审查意见12项，投资规模232.2亿元；出具项目建议书行业审查意见4项，投资规模84.0亿元。2020年海塘安澜等重大水利项目前期完成情况见表1。

表1　2020年海塘安澜等重大水利项目前期完成情况

序号	项目名称	行政区	前期工作阶段	总投资/亿元	审查意见（上报文件、日期）	批复文号、日期
1	浙江省开化水库工程	衢州	可行性研究	44.68	水规计〔2019〕271号、2019年10月9日	发改农经〔2020〕1896号、2020年12月15日
2	鳌江南港流域江西垟平原排涝工程（二期）	温州	可行性研究	4.59	温水政函〔2018〕53号、2018年8月8日	浙发改农经〔2020〕9号、2020年1月19日
3	云和县龙泉溪治理二期工程	丽水	可行性研究	0.93	浙水函〔2018〕685号、2018年11月21日	浙发改项字〔2020〕43号、2020年3月27日
4	义乌市双江水利枢纽工程	金华	可行性研究	36.01	浙水函〔2019〕688号、2019年12月5日	浙发改项字〔2020〕75号、2020年5月25日
5	诸暨市陈蔡水库加固改造工程	绍兴	可行性研究	9.93	浙水函〔2019〕729号、2019年12月24日	浙发改项字〔2020〕86号、2020年5月25日
6	温州市瓯江引水工程	温州	可行性研究	55.03	浙水函〔2020〕158号、2020年3月30日	浙发改项字〔2020〕103号、2020年6月16日
7	绍兴市上虞区虞北平原崧北河综合治理工程	绍兴	可行性研究	6.98	浙水函〔2020〕176号、2020年4月2日	浙发改项字〔2020〕109号、2020年6月22日

续表1

序号	项目名称	行政区	前期工作阶段	总投资/亿元	审查意见（上报文件、日期）	批　复文　号、日期
8	温州市鹿城区戍浦江河道（藤桥至河口段）整治工程	温州	可行性研究调整	11.43	浙水函〔2020〕167号、2020年3月31日	浙发改项字〔2020〕197号、2020年10月9日
9	台州市永宁江闸强排工程（一期）	台州	可行性研究	1.78	浙水函〔2020〕407号、2020年7月27日	浙发改项字〔2020〕199号、2020年10月12日
10	环湖大堤（浙江段）后续工程	湖州	可行性研究	24.24	办规计函〔2019〕40号、2019年1月8日	浙发改项字〔2020〕201号、2020年10月12日
11	钱塘江北岸秧田庙至塔山坝段海塘工程（堤脚部分）	省本级	可行性研究	5.89	浙水函〔2019〕684号、2019年12月3日	浙发改项字〔2020〕202号、2020年10月12日
12	玉环市漩门湾拓浚扩排工程	台州	可行性研究	11.56	浙水函〔2019〕720号、2019年12月19日	浙发改农经〔2020〕211号、2020年6月22日
13	温州市龙湾区瓯江标准海塘提升改造工程（南口大桥至海滨围垦段）	温州	可行性研究	2.52	浙水函〔2020〕124号、2020年3月18日	浙发改项字〔2020〕219号、2020年10月30日
14	温岭市南排工程	台州	可行性研究调整	39.42	浙水函〔2020〕531号、2020年9月15日	浙发改项字〔2020〕231号、2020年11月12日
15	瑞安市飞云江治理二期工程（桐田段）	温州	可行性研究	1.15	浙水函〔2020〕551号、2020年9月22日	浙发改项字〔2020〕287号、2020年12月31日
16	金华市金兰水库除险加固工程	金华	可行性研究	0.34	—	金发改审批〔2020〕22号、2020年5月1日
17	台州市黄岩区佛岭水库除险加固工程	台州	可行性研究	0.82	—	黄发改投资〔2020〕6号、2020年1月9日

序号	项目名称	行政区	前期工作阶段	总投资/亿元	审查意见（上报文件、日期）	批　复文号、日期
18	杭州市青山水库防洪能力提升工程	杭州	可行性研究	1.99	浙水函〔2020〕182号、2020年4月7日	—
19	宁海县清溪水库工程	宁波	可行性研究	37.32	浙水函〔2020〕674号、2020年11月13日	
20	杭嘉湖北排通道后续工程（南浔段）	嘉兴	可行性研究	20.01	浙水函〔2020〕219号、2020年4月24日	—
21	海盐县东段围涂标准海塘二期工程	嘉兴	可行性研究	5.91	浙水函〔2020〕386号、2020年7月16日	—
22	海宁市百里钱塘综合整治提升工程一期（盐仓段）	嘉兴	可行性研究	48.74	浙水函〔2020〕622号、2020年10月22日	—
23	扩大杭嘉湖南排后续西部通道工程	杭州	项建	60.8	浙水函〔2020〕191号、2020年4月12日	—
24	湖州市南太湖新区启动区防洪排涝工程	湖州	项建	16.19	浙水函〔2020〕738号、2020年12月9日	—
25	衢州市铜山源水库防洪能力提升工程	衢州	项建	1.35	浙水函〔2020〕161号、2020年3月30日	浙发改项字〔2020〕105号、2020年6月1日
26	钱塘江西江塘闻堰段提标加固工程	省本级	项建	5.65	浙水函〔2020〕764号、2020年12月17日	—

【浙江省开化水库工程】 该工程任务以防洪、供水和改善流域生态环境为主，结合灌溉、兼顾发电等综合利用。工程主要由主坝、副坝、溢洪道、引水发电系统及输水工程等组成，水库总库容 1.84 亿 m^3，防洪库容 0.58 亿 m^3，正常蓄水位 251m，死水位 205m，设计洪水位 257.41m，校核洪水位 258.51m，水库最大坝高 85m，坝型为混凝土面板堆石坝，电站装机容量 1.34 万 kW，输水工程全长 46km。2020 年 12 月 15 日，完成可行性研究批复，工程估算总投资 44.68 亿元。

【鳌江南港流域江西垟平原排涝工程（二期）】 该工程任务以排涝为主，兼顾改善水环境。工程建设内容包括萧江闸站和夏桥泵站，萧江水闸规模为 3 孔×6m，设计流量为 195m^3/s，工作闸门采用潜孔式平面滚动钢闸门，配卷扬式启闭机动水启闭，内河、外江侧检修闸门均采用露顶式平面滑动钢闸门，配同轴双速电动葫芦静水启闭；萧江泵站采用 4 台单泵流量 10m^3/s 的立式轴流泵，设计流量为 40m^3/s；夏桥泵站采用 5 台单泵流量为 20m^3/s 的立式轴流泵，设计流量为 100m^3/s，2 座泵站进口各设置一道拦污栅和检修闸门。2020 年 1 月 19 日，完成可行性研究批复，工程估算总投资 4.59 亿元。

【云和县龙泉溪治理二期工程】 该工程任务以岸坡整治和管理提升为主、兼顾改善水环境。建设内容包括整治岸坡 6.63km，其中青龙潭段左岸 0.28km、右岸 3.3km，长汀段左岸 2.45km、右岸 0.6km；新建管理道路 6.65km，其中青龙潭段右岸 0.7km，长汀段左岸 1.95km、右岸 4km。2020 年 3 月 27 日，完成可行性研究批复，工程估算总投资 0.93 亿元。

【义乌市双江水利枢纽工程】 该工程任务以供水、防洪为主，兼顾灌溉等综合利用。工程建设内容及规模：蓄水区工程，在义乌江、南江河道基础上向两岸开挖，形成兴利库容 1500 万 m^3，可提供 20 万 m^3/d 的工业用水；堤岸工程，建设环蓄水区堤防长 11.26km，堤顶宽 9m；拦河坝枢纽改造工程，对拦河坝进行耐久性加固，将原排污闸改造成生态放水闸；管理维护区工程，占地面积 7.1hm^2，其中管理用房屋建筑面积 2190m^2。2020 年 5 月 25 日，完成可行性研究批复，工程估算总投资 36.01 亿元。

【诸暨市陈蔡水库加固改造工程】 该工程任务以防洪、供水为主，兼顾灌溉等综合利用。工程建设内容为：对主坝、副坝、泄洪闸、输水放空洞、非常溢洪道进行加固改造，消除安全隐患；新建输水管道 482.28m 及管理用房 2000m^2（原有 1865m^2 办公用房拆除重建）等。2020 年 5 月 25 日，完成可行性研究批复，工程估算总投资 9.93 亿元。

【温州市瓯江引水工程】 该工程任务为城市应急备用供水、灌溉、河网生态补水及防洪排涝。工程建设内容及规模为：建设输水主干线路 60.7km，沿线设取水泵站 2 座（新建 1 座，改建 1 座），加压泵站 1 座；工程平均引水流量 25m³/s，年引水量 7.43 亿 m³。2020 年 6 月 16 日，完成可行性研究批复，工程估算总投资 55.03 亿元。

【绍兴市上虞区虞北平原崧北河综合治理工程】 该工程任务以城市排涝、挡潮为主，兼顾改善河道水环境。工程主要建设内容为：新建排涝水闸 1 座，设计净宽 36m；增设二线塘节制闸 1 座，设计净宽 60m；拓浚崧北河 7.2km，新开崧北河延伸段河道 3.1km；疏浚中心河、北塘河、何家直河 5.2km，连接河道 0.6km，新改建桥梁 7 座；二线塘加固 11.107km。2020 年 6 月 22 日，完成可行性研究批复，工程估算总投资 6.98 亿元。

【温州市鹿城区戍浦江河道（藤桥至河口段）整治工程】 该工程任务以防洪为主，兼顾排涝、改善内河航运和水生态环境。工程建设内容调整为：龙泉头村至河口段，取消下岸湖建设；藤桥下庄至镇区末端，取消新开河道及节制闸，改为拓宽原有老河道 2.2km；镇区末端至方隆段，取消方隆生态湿地。调整后工程建设内容主要为：整治河道总长 7.8km，新建堤防护岸约 17.27km，防洪标准为 20 年一遇，涉及拆除、拆建、新建等桥梁 7 座，整治 10 条支流河口（对支流河口段长 100m 进行整治）。2020 年 10 月 9 日，完成可行性研究批复，调整后工程估算总投资 11.43 亿元。

【台州市永宁江闸强排工程（一期）】 该工程任务以防洪排涝为主，兼顾生态环境改善等综合利用。工程建设内容及规模：除险加固提升永宁江闸，加高检修平台，更换工作闸门、启闭设备及自动化设备，拆除重建上部建筑及工作桥等；新建王林洋东闸、西闸工程，其中东闸净宽 12m（2 孔×6m），西闸净宽 6m（1 孔×6m）。2020 年 10 月 12 日，完成可行性研究批复，工程估算总投资 1.78 亿元。

【环湖大堤（浙江段）后续工程】 该工程任务为通过对环湖大堤（浙江段）堤防达标加固，整治入湖河道，进一步发挥环湖大堤的防洪功能，提高流域和区域防洪排涝能力。工程建设内容包括环湖大堤达标加固工程、长兴平原入湖河道整治工程、湖滨生态修复工程，具体为：环湖大堤达标加固长度 12.61km，其中湖州段长 3.47km，长兴县段长 9.14km；湖州段重建入湖河口的大钱港节制闸，长兴段新建 13 座入湖口门控制建筑物；新建夹浦港口跨河桥梁 1 座；长兴平原入湖河道整治 16.6km，其中双港太湖口段清淤 0.46km；新（改）建常丰涧、夹浦港、沉渎港等沿线口门建筑物 123 座，重建桥梁 17 座；湖滨生态修复带长 22km，面积约 0.6km²。2020 年 10 月 12 日，完成可行性研究批复，工程估算总投资 24.24 亿元。

【钱塘江北岸秩田庙至塔山坝段海塘工程（堤脚部分）】 该工程任务为防洪御潮。主要建设内容及规模：加固海塘堤脚 16.48km，其中加固整体稳定不满足段 6.41km、防冲不满足段 2.6km、整体稳定和防冲均不满足段 7.47km。

工程均布置在现有海塘管理范围内，不涉及新征永久占地。2020 年 10 月 12 日，完成可行性研究批复，工程估算总投资 5.89 亿元。

【玉环市漩门湾拓浚扩排工程】　该工程任务以防洪排涝为主，兼顾改善水环境等。工程建设内容主要包括湖泊及河道拓浚工程、水闸工程、淤泥处置等工程及一期堵坝拆除工程等，其中拓浚河道总长约 19km，拓浚湖泊面积约 2km^2，保留水面约 18km^2，新建水闸 1 座，改建水闸 5 座。2020 年 6 月 22 日，完成可行性研究批复，工程估算总投资 11.56 亿元。

【温州市龙湾区瓯江标准海塘提升改造工程（南口大桥至海滨围垦段）】　该工程任务以防洪御潮为主，兼顾改善沿江环境。工程主要建设内容及规模：现状海塘（南口大桥—海滨围垦段）加固加高、堤顶改造及堤后绿化等，实际提标改造堤线总长 2.63km；加固海滨北闸 1 座。2020 年 10 月 30 日，完成可行性研究批复，工程估算总投资 2.52 亿元。

【温岭市南排工程】　该工程任务以排涝为主，结合改善区域水环境。工程建设调整内容主要包括：新增张老桥节制闸 1 座，隧洞长度减少 0.36km，整治河道增加 0.24km，建设护岸减少 6.75km，减少拆建桥梁 18 座，增加新建桥梁 9 座、拆除桥梁 12 座、维持现状桥梁 42 座。调整后工程主要建设内容：新建湖漫闸站 1 座（泵站 1 座，节制闸 1 座），新建水闸 4 座（出口排涝挡潮闸 1 座、湖漫水库泄洪闸 1 座和张老桥节制闸 2 座）；新建 3 条隧洞总长 8.12km，新建拦水堰 1 座，整治河道 43.24km，建设护岸 70.28km；涉及桥梁共 98 座，其中拆建桥梁 35 座、新建桥梁 9 座、拆除桥梁 12 座、维持现状桥梁 42 座。2020 年 11 月 12 日，完成可行性研究批复，调整后工程估算总投资 39.42 亿元。

【瑞安市飞云江治理二期工程（桐田段）】　该工程任务以防洪（潮）为主，结合排涝。工程主要建设内容及规模：新建堤防 1.88km，其中轻型框架结构堤段长 0.63km，双挡墙断面结构堤段长 1.25km；拆建桐田水闸 1 座，规模为 2 孔×4m，闸顶高程 6.9m，工作闸门采用潜孔式平面滑动混凝土闸门，配固定卷扬式启闭机动水启闭，内外侧设置露顶式平面滑动钢闸门，配手动葫芦静水启闭。2020 年 12 月 31 日，完成可行性研究批复，工程项目估算总投资 1.15 亿元。

【金华市金兰水库除险加固工程】　该工程主要的加固改造内容包括：主坝左坝头坝基、溢流堰堰基进行帷幕灌浆防渗处理；对下游局部破损条石护坡进行更换；坝后增设截水墙及渗流量观测设施，并对主副坝现有位移和渗流监测设施进行更新改造；对泄槽段底板加固改造；更换放空洞检修闸门及启闭设备，改造检修闸门检修及启闭平台；副坝坝顶下游侧增设青石栏杆；提升改造主坝下游管理区约 2 万 m^2，新建巡查道路约 1.5km，停车场约 1000m^2 等。2020 年 5

月 1 日，完成可行性研究批复，工程估算总投资 0.34 亿元。

【台州市黄岩区佛岭水库除险加固工程】

该工程任务为排除佛岭水库工程存在的安全隐患。工程建设内容包括：大坝采用混凝土防渗墙进行防渗处理，上下游坝坡及坝顶进行改造；改造泄洪洞进口，更换进口闸门及启闭机；改造输水洞进口，更换进口阀门及启闭机，出口压力钢管更换；改造溢洪道上部人行桥，清理溢洪道，改造消力池；增设大坝表面变形和渗流自动化监测设施，配备自动化数据采集系统，增设闸门启闭远程控制系统，增设工程区视频监控设施；建设黄岩区防汛抢险物资储备中心及自动化监控中心；结合水利风景区建设要求，对坝脚管理范围、坝坡进行景观化整治，坝区亮化；划定管护范围，进行敲桩立界；其他水库建设所需的配套工程。2020 年 1 月 9 日，完成可行性研究批复，工程估算总投资 0.82 亿元。

水利投资计划

【概况】

2020 年，浙江省抓投资稳增长，拓宽投融资渠道，争取专项资金，引入社会资本参与水利建设，全年全省水利建设计划完成投资 500 亿元，实际完成投资 602.7 亿元。完成专项资金绩效评价工作，2019 年度中央财政水利发展资金绩效评价获全国优秀，省级部门财政管理绩效综合评价获先进单位。规范省级部门项目支出预算管理工作，加强对口扶贫。

【省级及以上专项资金计划】

2020 年，全省共争取省级及以上专项资金 80.0 亿元（省级资金不含平衡调度资金 9.95 亿元）。其中，争取中央资金 8.4 亿元（不含宁波 0.6 亿元）。其中中央预算内投资安排 1.0 亿元，主要用于太湖治理、大型灌区续建配套改造；中央财政专项安排 7.4 亿元，主要用于水系连通及农村水系综合整治试点县、$200\sim3000km^2$ 中小流域综合治理、小型水库除险加固、水土流失治理、山洪灾害防治、水资源节约与保护、农业水价综合改革、最严格水资源管理制度考核、河长制湖长制国务院激励、水电增效扩容等。中央下达浙江省 2020 年投资计划 27.1 亿元，完成投资 27.2 亿元，完成率 100.3%；完成中央资金 8.4 亿元，完成率 100%。全省安排省级资金 71.6 亿元，其中安排重大水利项目 40.9 亿元，重点用于海塘安澜千亿工程、"百项千亿"防洪排涝工程（32.6 亿元，占比 79.7%）；用于面上水利建设和管理任务 30.7 亿元，主要用于水库除险加固、中小河流治理、圩区整治、山塘整治、农村饮用水达标提标建设、水土流失治理、小水电站生态治理等项目。

【水利投资年度计划及完成情况】

2020 年，全省水利建设计划完成投资 500 亿元，全年实际完成投资 602.7 亿元，完成率 120.5%。全省海塘安澜等重大水利项目投资计划 230 亿元，实际完成投资 271.8 亿元，完成率 118.2%。全省各设区市投资计划完成情况见图 1。

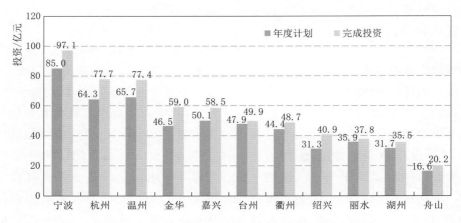

图 1　2020 年各设区市投资计划和完成情况

【投融资改革】　2020 年，全省水利项目争取银行贷款、地方政府专项债、产业基金规模达 202 亿元，较 2019 年增长 83％。4 月 23 日，水利部组织召开 2020 年第 1 次中央水利建设投资计划执行调度会商会，浙江省水利投融资体制机制改革工作得到水利部肯定，水利项目争取金融信贷支持在会上做典型发言；9 月，水利部专程赴浙江省调研松阳县黄南水库项目投融资做法。印发《关于加强地方政府专项债券水利项目前期和储备工作的通知》《关于进一步做好地方政府专项债券申报工作的通知》《关于加快水利项目地方政府专项债券资金使用的通知》，全省落实水利专项债券资金 4 批次共 87.2 亿元，规模居全国前列。

【水利综合统计】　中央水利建设统计月报。按时编报中央水利建设投资月报，跟踪掌握各地中央投资水利建设项目的投资计划落实、配套资金安排、项目建设进度等，协调相关部门督促各地更好地完成中央水利投资建设任务。

全省水利统计月报。2020 年，共编制全省水利建设统计月报 10 期，并在省水利厅官网发布；组织各地与统计部门开展水利管理业投资对接。

水利统计年报。完成 2019 年水利综合年报、水利建设投资统计年报、水利服务业统计年报等统计报表工作，编印《浙江水利统计资料（2019）》。

【专项资金绩效评价】　2020 年，完成 2019 年度中央财政水利发展资金绩效评价工作，被评为优秀等次，连续两年位列全国第一。

【部门项目支出预算】　2020 年，按照省级部门整体绩效预算改革试点要求，完善绩效指标库，建立绩效与预算挂钩机制；加强政府购买服务预算项目的审核把关，明确公益一类事业单位不能购买或承担；按照事业单位改革方案，及时做好预算项目的调整；省水利厅项目支出预算评审委员会召开两次评审会，加强预算项目编制、立项等审核把关。

【对口扶贫】 2020 年，组织开化帮扶团组成员单位开展结对帮扶工作，研究落实精准帮扶政策和措施，落实帮扶资金 10 万元，完成开化县洪村水患治理项目，帮助洪村销售农产品收入 17.1 万元，推进浙江 26 县水利基础设施建设，加大支持力度，推动山区跨越式发展。及时传达上级水利援藏、援疆工作精神，与重庆市涪陵区人民政府签订对口支援框架协议；开展吉林省河湖长培训班，共 60 人参加培训。

（姜美琴、陈一帆、张林、吴建新）

水 利 工 程 建 设

Hydraulic Engineering Construction

103～123 页

重点水利工程建设

【概况】　2020年，全省重大水利工程项目进展良好，全年投资计划230亿元，至12月底完成投资271.8亿元，完成率118.2％。其中台州市循环经济产业集聚区海塘提升工程等16个项目初设获批，温州市瓯江引水等16个重大项目开工建设，松阳县黄南水库工程等18个重大项目投入试运行，开始发挥效益。

【舟山市大陆引水三期工程】　该工程是国家172项节水供水重大水利工程之一，也是浙东引水的重要组成部分，是从大陆向舟山海岛引水，增加舟山本岛及其周边部分岛屿的生活、工业及驻舟部队供水的引调水工程。主要建设内容包括宁波至舟山岛黄金湾水库引水三期工程、舟山本岛输配水工程、岛际引水工程及大沙调蓄水库等4部分。输水管线总长179.9km，建设大沙调蓄水库1座，泵站6座，原水预处理厂1座。工程建成后，可增加舟山群岛新区域外引水量1.2m³/s，同时可完善岛内、岛际供水系统，充分发挥舟山市大陆引水一期、二期工程效益。工程总投资23.6亿元。2020年完成投资2.33亿元，累计完成投资21.32亿元。至2020年年底，大沙调蓄水库完工，并通过由省水利厅组织的蓄水阶段验收；宁波陆上段工程进展顺利，泵站工程完成约70％，管道工程完成约30％。

【台州市朱溪水库工程】　该工程是国家172项节水供水重大水利工程之一。

朱溪水库是以供水为主，结合防洪、灌溉，兼顾发电等综合利用的大型水库。水库总库容1.26亿m³，供水调节库容0.98亿m³，防洪库容0.31亿m³。工程总投资37.4亿元。工程建成后，可使台州市南片供水区和朱溪流域供水区城乡综合供水保证率达95％，灌溉供水保证率达90％，改善人口约350万人；提高坝址下游沿岸城镇和农田的防洪标准，保护人口8.4万人，耕地0.32万hm²。2020年完成投资3.28亿元，累计完成投资28.72亿元。至2020年年底，输水隧洞钻爆及TBM施工累计进深约13km，施工支洞钻爆开挖约1.9km，大坝混凝土浇筑13万m³，库区移民10个村签约率已达到99.7％，全面完成河口、利坑、沙头等7个移民村的搬迁拆除。移民安置区建设已全面开展，改复建道路已开展施工。

【嘉兴域外引水工程（杭州方向）】　该工程是嘉兴市实施的一项重大民生实事工程。工程设计配水规模2.3亿m³/a，由隧洞工程、管道工程、加压泵站等组成，输水线路上接杭州市第二水源千岛湖配水工程。工程输水线路总长171.5km，其中杭州市境内24.8km，嘉兴市境内146.7km。杭州段采用盾构隧洞的设计方案，盾构段布置9座盾构井。嘉兴段采用埋管、顶管、水平定向钻等施工工艺，输水管道选用钢管和球墨铸铁管，双管铺设，主干线管径为2DN2200～2DN1400，支线管径为2DN1400～2DN600。工程概算总投资85.54亿元。2020年完成投资24.9亿元，累计完成投资70.38亿元，完成率为 82.3%。至 2020 年年底，输水线路建设快速推进，完成所有盾构掘进24.8km，嘉兴管道段累计完成沉井 208 座，累计完成管道施工 129.9km。

【扩大杭嘉湖南排工程（嘉兴部分）】 该工程是国家 172 项节水供水重大水利工程之一，由长山河排水泵站、南台头排水泵站、长山河延伸拓浚工程（嘉兴段）、长水塘整治工程、洛塘河整治工程及南台头闸前干河防冲加固工程等组成。工程任务为提高太湖流域水环境容量，促进杭嘉湖东部平原河网水体流动，增强向杭州湾排水能力，改善流域和杭嘉湖东部平原水环境，提高流域和区域防洪排涝和水资源配置能力，兼顾航运等综合利用。工程按防御流域 100 年一遇洪水标准设计。长山河排水泵站、南台头排水泵站为Ⅱ等工程；各泵站主要建筑物级别为 1 级，除洛塘河整治工程改道段和长水塘整治工程海宁城区段堤防级别为 3 级外，长山河、盐官下河及其他河段堤防级别均为 4 级。主要建设内容为新建南台头排水泵站（150m³/s），装机容量 10MW，新建长山河排水泵站 （150m³/s），装机容量9.6MW；整治河道总长 120.14km，新建和加固沿河堤防 112.9km，新建和加固护岸 237.78km，加固节制闸 6 座，涉及新建、拆建跨河桥梁 78 座。工程总工期 48 个月，概算总投资 45.43 亿元。截至 2020 年年底，累计完成投资 45.09 亿元，河道工程已全部完成，泵站工程具备应急排涝能力，配套桥梁工程大部分已完成。

【扩大杭嘉湖南排工程（杭州八堡排水泵站）】 该工程是国家 172 项节水供水重大水利工程之一，工程位于规划京杭运河二通道一线船闸东侧，排水河道利用规划京杭运河二通道，排水口设在头格村附近的钱塘江北岸海塘上。工程等别为Ⅰ等，主要建筑物为 1 级建筑物，次要建筑物为 3 级建筑物，排水设计流量为200m³/s。2018 年 3 月，省发展改革委批准该工程初步设计方案，概算总投资12.95 亿万元。2020 年完成投资 3 亿元，累计完成投资 8.2 亿元，完成率为 64%。至 2020 年年底，主泵房结构混凝土浇筑全部完成，排水闸施工区完成排水挡潮闸施工，排水箱涵工作面累计完成底板30 块、墩板 27 块（占总数的 90%），进水建筑施工区完成清污机桥底板施工。

【姚江上游西排工程】 该工程任务为以防洪排涝、引水为主，兼顾改善水环境等综合利用。工程建设内容为：梁湖枢纽由排引水闸站及其配套工程组成，排水泵站设计流量 165m³/s，引水泵站设计流量 40m³/s，梁湖闸（双向）多年平均引水 3.19 亿 m³；排引水线路总长1947.1m；改造通明闸。工程等别为Ⅱ等，排引水闸站等主要建筑物级别为 2级，设计洪水标准为 100 年一遇，校核洪水标准为 200 年一遇，概算总投资12.33 亿元。2020 年完成投资 2 亿元，累计完成投资 12 亿元。2020 年 12 月，工程通过由省水利厅组织的机组启动验收。至年底，工程基本完工。

【杭州市西湖区铜鉴湖防洪排涝调蓄工程】 该工程任务以防洪排涝为主，兼顾水环境改善和水景观提升。主要建设内容为：开挖铜鉴湖面积 1.35km²，总库容 500 万 m³，沿湖建设护岸 28.3km；新建铜鉴湖引排隧洞约 2.2km，设计分洪流量 40m³/s；新建配水泵站 1 座，设计流量 2m³/s；新建周浦北闸、下羊闸。工程等别为 Ⅲ 等，铜鉴湖隧洞进出口、铜鉴湖泵站、周浦北闸、下羊闸、铜鉴湖护岸等主要建筑物级别为 3 级，设计防洪标准为 20 年一遇，排涝标准 20 年一遇，概算总投资 14.44 亿元。至 2020 年年底，累计完成投资 11.38 亿元。调蓄区土方开挖累计完成 214.76 万 m³，占开挖总量的 93.1%；隧洞主洞开挖与支护累计完成 1713.3m，占总量的 92.36%；泵房、桥梁等工程已开展施工。

【绍兴市上虞区虞东河湖综合整治工程】
该工程建设内容包括皂李湖、白马湖、小越湖、孔家岙泊、东泊和西泊等"六湖"整治，建设湖岸工程 40.14km，清淤 279.66 万 m³；新建皂李湖堤防 1.37km；整治虞甬运河、皂李湖河、皂李湖支河、盖南河起始段等河道 15.19km；新建皂李湖—白马湖隧洞长 2.38km、白马湖—西泊隧洞长 0.34km，引水流量为 5m³/s；新建节制闸 6 座；布置水净化预处理设施 1 处；新建及拆建桥梁 26 座。工程投资概算 12.03 亿元。至 2020 年年底，累计完成投资 11.97 亿元。三标段皂李湖—白马湖连接隧洞进口闸、出口闸，以及白马湖—东西泊连接隧洞进口闸已进入施工阶段，五标段白桥 1、白桥 3、白桥 4、西连通 3、西连通 5 开展建设。

【温瑞平原东片排涝工程】　　该工程项目主要建设任务：整治河道 76 条，总长 144.23km；新（改）建水闸 2 座；新建大罗山引水隧洞 1 条，洞长 3.073km；改建配套桥梁 48 座。项目共分三期实施，其中一期、二期属于龙湾区，三期属于经开区。工程概算总投资 35.51 亿元，至 2020 年年底，已完成投资 14.17 亿元，完成概算投资的 39.9%。龙湾区实施一期工程，概算投资 13.88 亿元，至 2020 年年底已完成投资 8.94 亿元，全部标段已开工建设，完成城东水闸主体混凝土施工、引水隧洞出口边坡支护等；龙湾区二期工程概算总投资 10.15 亿元，因涉及占用较大面积永久农田，尚未实施；经开区实施三期工程，概算总投资 11.49 亿元，至年底已完成投资 5.23 亿元，环城河治理工程已完工验收，正在开展东排环城河三甲新闸段工程钻孔灌注桩施工。

【临海市方溪水库工程】　　该工程是以供水为主，结合防洪、灌溉、发电等综合利用的中型水库，总库容 7200 万 m³，年供水量 7000 万 m³。工程总投资 11.5 亿元。2020 年完成投资 1.0 亿元，累计完成投资 11.67 亿元。至 2020 年年底，大坝填筑完毕。

【三门县东屏水库工程】　　该工程是以供水为主，兼顾防洪、发电等综合利用的水利工程。工程由东屏水库、长林水库、输水建筑物等组成，其中长林水库为东屏水库的引水配套工程。两水库库容相加近 3000 万 m³，其中东屏水库库容 2733 万 m³，长林水库库容 206 万 m³。工程总投资 7.04 亿元。2020 年完成投资 0.50 亿元，累计完成投资 4.09 亿元。至 2020 年年底，引水隧洞施工，大坝主体工程尚未开工。

【松阳县黄南水库工程】 该工程是一座以供水、灌溉、防洪为主，结合改善水生态环境、发电等综合利用的中型水库，总库容 9196 万 m³，年供水量 5700 万 m³。工程总投资 16.1 亿元。2020 年完成投资 2.1 亿元，累计完成投资 17.3 亿元。2020 年 7 月 30 日，工程通过由省水利厅组织的蓄水阶段验收。至 2020 年年底，工程已基本完工。

【义乌市双江水利枢纽工程】 该工程位于义乌市义乌江与南江汇合口下游约 2km 处，距离义乌市区 12km。工程任务以供水、防洪为主，结合改善生态环境，兼顾灌溉、航运和发电等综合利用。工程建设内容主要包括蓄水区工程、堤岸工程、拦河坝改造工程和管理维护区工程等四部分。工程等别为Ⅲ等，正常蓄水位库容 1733 万 m³，日均提供工业用水 20 万 m³。工程总投资 35.92 亿元。2020 年 6 月 24 日，工程初步设计报告获省发展改革委批复。11 月 21 日，工程开工建设。

【诸暨市陈蔡水库加固改造工程】 该工程位于钱塘江流域浦阳江支流开化江上游，大坝坐落于诸暨市东白湖镇，坝址以上集水面积 187km²，总库容 1.164 亿 m³。工程任务以防洪、供水为主，兼顾灌溉等综合利用。工程建设内容包括：主坝坝顶、护坡、防渗结构加固改造；副坝坝顶、护坡、防渗结构加固改造；泄洪闸闸门、启闭设备与控制系统、启闭平台及启闭机室加固改造等。工程总投资为 9.93 亿元。2020 年 9 月，工程初步设计报告获省发展改革委批复，工程开工建设。

【温州市瓯江引水工程】 该水工程位于温州市鹿城区、瓯海区、浙南产业集聚区和龙湾区境内。工程自渡船头取水口和瓯江翻水站取水口取水，通过输水隧洞引水，沿程分别向鹿城区、瓯海区、浙南产业集聚区等 15 处分水口配水。该工程是温州市优化流域水资源配置，提高优质水资源利用效率的重要工程。项目建成后将承担温州市城镇供水应急备用水源的功能，满足温瑞平原灌区的灌溉用水需求，同时对提高温瑞平原河网流动性、增强河网防汛调度灵活性及改善河网水环境等具有重要作用。工程任务为城市应急备用供水、灌溉、河网生态补水及防洪排涝。工程设计水平年为 2030 年，城镇供水年保证率为 95%，农田灌溉设计年保证率 90%，多年平均年引水量 7.43 亿 m³，多年平均引水流量 25m³/s。主要建设内容包括：新建渡船头取水枢纽，改造提升瓯江翻水站取水枢纽，新建渡船头至丰台输水建筑物（含输水隧洞、埋管、顶管、调压井、控制阀、南村加压泵站、泽雅调流站等）及分水隧洞与分水口等。工程总投资 54.98 亿元。2020 年 9 月，工程初步设计报告获省发展改革委批复。12 月，工程具备开工条件。

【好溪水利枢纽流岸水库工程】 该工程位于金华市磐安县境内，坝址位于流岸村上游约 1km 处，距仁川镇 2.5km。该工程是好溪水利枢纽和好溪流域水资源配置体系的重要组成部分，水库供水范围分磐安县供水区和永康市供水区。工程主要建筑物有拦河坝、泄水建筑物、放水建筑物、发电引水建筑物、发电厂及升压站、泊公坑引水、水库向新城区（新渥）输水、上坝公路及进厂公路、环库防汛道路、管理用房等。水库总库容 3147 万 m³。工程等别为Ⅲ等，水库规模为中型。工程总投资 15.68 亿元。

2020 年 6 月，工程初步设计报告获省发展改革委批复。9 月，工程开工建设。

重大水利工程竣工验收

【概况】　2020 年，全省完成温州市瓯飞一期围垦工程（北片）、长兴县泗安水库除险加固工程等 21 个重大项目的竣工验收工作，见表 1。

表 1　2020 年重大水利工程竣工验收情况

序号	设区市	县 （市、区）	项 目 名 称	竣工验收时间
1	杭州	萧山区	杭州市萧山区湘湖应急备用水源及其扩建工程	2020 年 9 月 18 日
2		富阳区	杭州市富阳区皇天畈区域鹿山闸、 青云桥闸、受降闸除险加固工程	2020 年 12 月 29 日
3	温州	市本级	温州市瓯飞一期围垦工程（北片）	2020 年 6 月 30 日
4		市本级	温州市西向排洪工程	2020 年 12 月 18 日
5		乐清市	乐清市乐虹平原防洪一期工程（虹桥片）	2020 年 12 月 17 日
6	湖州	市本级	太嘉河工程	2020 年 10 月 13 日
7		市本级	杭嘉湖地区环湖河道整治工程	2020 年 10 月 14 日
8		吴兴区	湖州市吴兴区七里亭水闸除险加固工程	2020 年 9 月 25 日
9		长兴县	长兴县泗安水库除险加固工程	2020 年 7 月 24 日
10	绍兴	诸暨市	诸暨市浦阳江治理一期工程（电排站部分）	2020 年 11 月 6 日
11	金华	义乌市	义乌市柏峰水库除险加固工程	2020 年 10 月 10 日
12		东阳市	东阳市南江水库加固改造工程	2020 年 10 月 16 日
13		兰溪市	兰溪市钱塘江农防加固工程（第一期）	2020 年 12 月 3 日
14		兰溪市	兰溪市钱塘江农防加固工程（第二期）	2020 年 12 月 3 日
15	台州	三门县	三门县洋市涂围垦工程	2020 年 11 月 5 日
16	衢州	市本级	衢州市本级衢江治理工程北门堤	2020 年 11 月 13 日
17		市本级	衢州市本级衢江治理工程上下埠头堤、乌溪桥堤	2020 年 11 月 13 日

续表1

序号	设区市	县 (市、区)	项 目 名 称	竣工验收时间
18	台州	路桥区	台州市路桥区黄礁涂围垦工程	2020 年 11 月 26 日
19		临海市	临海市南洋涂围垦工程	2020 年 11 月 11 日
20		温岭市	温岭市担屿围涂工程	2020 年 11 月 18 日
21	丽水	景宁县	景宁县鹤溪河工程	2020 年 12 月 11 日

【杭州市萧山区湘湖应急备用水源及其扩建工程】 该工程位于杭州市萧山区城区西南侧。工程主要任务是以萧山城区及周边乡镇应急备用供水为主，结合改善生态环境等综合利用。杭州市萧山区湘湖应急备用水源工程主要建设内容：开挖湖区 2.1km²，新建环湖堤 7.21km、狮子山节制闸，以及堤坡生态绿化。杭州市萧山区湘湖应急备用水源扩建工程主要建设内容：开挖湖区 2.8km²（含湖心岛），新建环湖堤 22.14km，新建定山闸、第二桥闸、沿山闸、十字江 1 号闸、十字江 2 号闸、十字江 3 号闸，以及堤坡生态绿化。工程为Ⅲ等工程，主要建筑物堤防、水闸为 3 级建筑物，设计洪水标准为 50 年一遇，校核洪水标准为 100 年一遇，桥梁等次要建筑物为 4 级建筑物。设计洪水位 4.99m，校核洪水位 5.11m，正常蓄水位 4.50m，供水死水位 2.30m。工程于 2010 年 11 月 15 日开工，2020 年 9 月 18 日通过省发展改革委和省水利厅组织的竣工验收。

【杭州市富阳区皇天畈区域鹿山闸、青云桥闸、受降闸除险加固工程】 鹿山闸位于富阳区富春街道鹿山脚，皇天畈南渠汇入富春江的出口处；青云桥闸位于富阳区西南大青铁坞口村，皇天畈南渠石灰堰下游 400m 处；受降闸位于富阳区银湖街道受降村，受降闸下游河道堤岸位于富阳区银湖街道受降村、高桥村。工程除险加固的任务是消除水闸安全隐患，确保工程安全运行，充分发挥水闸效益。除险加固后，鹿山闸工程任务以防洪排涝为主，结合蓄水；青云桥闸工程任务以分洪、蓄水为主，兼顾当地交通；受降闸工程任务为分洪。工程等别为Ⅲ等，均属中型水闸。鹿山闸、青云桥闸、受降闸除险加固工程的主要建设内容为：水闸拆除重建，重建上游铺盖、下游消力池、护坦和海漫，下游河道挡墙新建和管理用房修建等。3 座水闸均设平面滚动钢闸门 3 扇，鹿山闸另设检修闸门 1 扇。鹿山闸 3 孔×5m，20 年一遇最大过闸流量梅雨期、台汛期分别为 270m³/s、268m³/s；青云桥闸 3 孔×5m，20 年一遇最大过闸流量梅雨期、台汛期分别为 158m³/s、360m³/s；受降闸 3 孔×6m，20 年一遇最大过闸流量梅雨期、台汛期分别为 232m³/s、321m³/s。工程于 2014 年 11 月 1 日开工，2020 年 12 月 29 日通过省水利厅组织的竣工验收。

【温州市瓯飞一期围垦工程（北片）】 该工程（北片）位于温州市瓯飞滩高滩区域范围，属淤涨型高涂围垦，用于养殖及配套工程，围垦面积 4426.69hm²。工程主要建设内容为：新建海堤总长 20.33km（北堤 4.30km、东堤 16.03km），2 条隔堤（1 号隔堤 2.38km、2 号隔堤 3.04km）将北区分为 2 个子围区；海堤沿线分布北 1 号闸（10 孔×8m）、北 2 号闸（6 孔×8m）及通航孔（宽 16m）、北一闸桥（100.8m）、北二闸桥（60m）、东 1 号闸（3 孔×8m）等。另外，西河堤北段（4.14km）、西河堤排涝闸（7 孔×6m）作为瓯飞北片的配套工程一并实施。温州市瓯飞一期围垦工程（北片）为Ⅰ等工程，主要建筑物海堤、北 1 号闸、北 2 号闸及通航孔、东 1 号闸均为 1 级建筑物，1 号隔堤、2 号隔堤为 3 级建筑物。北堤设计挡潮标准为 100 年一遇设计高潮位加同频率风浪组合，允许部分越浪；东堤设计挡潮标准为 50 年一遇设计高潮位加同频率风浪组合，允许部分越浪（东堤结构按 1 级建筑物、100 年一遇设计）；北 1 号闸、北 2 号闸及通航孔设计挡潮标准为 100 年一遇，东 1 号闸设计挡潮标准为 50 年一遇，100 年一遇挡潮标准校核，结构安全按 1 级建筑物、100 年一遇标准设计；隔堤设计挡潮标准为 50 年一遇。西河堤（北段）为Ⅲ等工程，工程防洪标准为 50 年一遇，堤防和水闸工程均为 3 级建筑物。工程于 2013 年 7 月 20 日开工，2020 年 6 月 30 日通过省水利厅组织的竣工验收会议。

【温州市西向排洪工程】 该工程位于温州市瓯海区、鹿城区境内，从瓯海仙门湖开始，汇集郭溪、瞿溪、雄溪"三溪"之水，经由新开的梅屿大河，洞穿梅屿山，通过卧旗大河，由卧旗水闸外排瓯江。工程主要任务以防洪排涝为主，兼顾改善水环境、城市景观等综合利用。工程等别为Ⅱ等。工程主要建设内容为：整治仙门湖，新建梅屿隧洞（全长 3142.11m），新建梅屿控制闸与卧旗水闸，新开梅屿大河与卧旗大河（全长 5236.62m），拆建沿线桥梁 11 座。卧旗水闸建筑物级别为 1 级，设计洪水标准为 50 年一遇，挡潮标准为 100 年一遇；隧洞、河道、梅屿控制闸等主要建筑物级别为 2 级，设计洪水标准为 50 年一遇，挡潮标准为 50 年一遇；河道驳坎护岸、水闸翼墙工程等建筑物级别为 3 级，设计洪水标准为 50 年一遇。工程于 2004 年 10 月 12 日开工，2020 年 12 月 18 日通过省水利厅组织的竣工验收。

【乐清市乐虹平原防洪一期工程（虹桥片）】 该工程位于乐清市虹桥平原，自淡溪镇孝顺桥至南岳镇鹅头湾，三面环山，中南部是海积平原，东南侧面向乐清湾。工程主要任务是防洪和排涝，兼顾改善河道生态环境。工程主要建设内容为：新建南阳排涝隧洞，全长 1924m，其中隧洞长 1617m，西接线长 147m，东接线长 160m；新建排涝闸 1 座 3 孔×5m，新建、拆建节制闸 4 座，包括隧洞前后节制闸各 1 座 2 孔×6m，后塘河河道节制闸 2 座 1 孔×2m；整治河道 10.99km；拆建桥梁 20 座。工程设计等别Ⅲ等，南阳隧洞、隧洞进出口节制闸为 3 级建筑物，河道为 4 级建筑物，桥梁安全等级为 2 级，施工围堰等临时建筑物级别为 5 级。工程于 2007 年 12 月 25 日开工，2020 年 12 月 17 日通过省水利厅组织的竣工验收。

【太嘉河工程】 该工程位于杭嘉湖东部平原，属于湖州市行政区域。主要整治湖州东部平原的两条主要入太湖河道——幻溇港、汤溇港，幻溇港北起自太湖口幻溇水闸至京杭运河，汤溇港北起太湖口汤溇水闸至頔塘。工程主要任务和作用是增强南太湖水体环流，促进杭嘉湖平原河网水体流动，改善太湖和杭嘉湖平原水环境，提高区域水资源优化配置能力，完善区域防洪排涝格局，兼顾航运等综合利用。工程主要建设内容为整治幻溇港、汤溇港两条河道，新建堤防长度 91.80km，整治河道总长 53.75km，其中拓浚整治 44.269km，新开挖河道 2.65km，利用河道 5.127km、利用湖漾 1.705km。工程涉及桥梁 72 座，其中新建 11 座、拆建 40 座、加固扩孔 1 座，拆除 3 座、利用 12 座、文物保留 4 座，文物迁建 1 座；沿线建设闸（泵）站 3 座、节制闸 5 座；新建工程专用水文站 1 座。太嘉河工程规划城区段（申苏浙皖高速—頔塘）范围的幻溇港两岸和汤溇港东岸堤防设计防洪标准 50 年一遇，其余堤防为 20 年一遇。幻溇港、汤溇港（东岸）申苏浙皖高速公路—頔塘段堤防为 2 级建筑物，泵站、节制闸、外河翼墙为 2 级建筑物，内河翼墙为 3 级建筑物；其余河段主要建筑物 4 级，次要建筑物 5 级。工程于 2014 年 9 月 18 日开工，2020 年 10 月 13 日通过省发展改革委和省水利厅组织的竣工验收。

【杭嘉湖地区环湖河道整治工程】 该工程位于杭嘉湖东部平原，属于湖州市行政区域。工程主要整治湖州东部平原的南北向两条主要入太湖河道——罗溇港和濮溇港。罗溇港北起太湖口罗溇水闸，南至双林塘；濮溇港北起太湖口濮溇水闸，南至双林塘。工程主要任务和作用为改善太湖和杭嘉湖平原河网水环境，提高杭嘉湖平原防洪排涝能力和水资源配置能力，完善区域防洪排涝格局，兼顾航运等综合利用。工程主要建设内容为：新建罗溇港、濮溇港两条河道两岸堤防及护岸工程 70.74km；整治河道总长 39.01km，其中拓浚整治 37.53km，新开挖河道 1.48km；工程涉及桥梁 37 座，其中新建 3 座，拆建 26 座，加固利用 2 座，拆除 5 座，文保迁移 1 座；沿河两岸建设单孔闸 5 座、闸站 4 座、涵闸 5 座；新建工程专用水文站 2 座。杭嘉湖地区环湖河道工程罗溇港规划城区段（申苏浙皖高速—頔塘）设计防洪标准 50 年一遇，其余河段 20 年一遇。罗溇港规划城区段（申苏浙皖高速—頔塘）堤防、节制闸、泵站、外河翼墙等主要建筑物为 2 级，水闸内河翼墙等次要建筑物为 3 级；其余河段主要建筑物 4 级，次要建筑物 5 级。工程于 2014 年 9 月 28 日开工，2020 年 10 月 14 日通过省发展改革委和省水利厅组织的竣工验收。

【湖州市吴兴区七里亭水闸除险加固工程】 该工程位于湖州南太湖新区龙溪街道七里亭港，建设任务为对七里亭水闸进行拆除重建，重建后工程任务以防洪、排涝为主，兼顾航运。七里亭水闸是郭西湾大包围主要的外排及控制性水闸之一，也承担着抵挡外港高水位的防洪任务。工程防洪标准为 100 年一遇，排涝标准为 10 年一遇；工程等别为 Ⅱ 等，主要建筑物级别为 2 级，设计过闸流量 114m³/s。工程规模与原水闸规模相同，单孔 7m。采用露顶式平板钢闸门，闸门尺寸 7.8m×6.2m，卷扬式启闭机启闭。工程于 2015 年 8 月 14 日开工，2020 年 9 月 25 日通过省水利厅组织的竣工验收。

【长兴县泗安水库除险加固工程】　长兴县泗安水库是一座以防洪为主，结合灌溉、供水等综合利用的中型水库，直接保护下游 15 万人的生命财产安全和 1.6 万 hm² 农田以及 318 国道、沪渝高速、杭长高速、04 省道、宣杭铁路部分重要交通设施的防洪安全，设计灌溉面积 1333.33hm²，供水范围为泗安镇及下游乡镇，供水保证率为 95%，供水规模为 1.0 万 m³/d。长兴县泗安水库除险加固工程建设的任务是通过对大坝等建筑物的除险加固，消除水库安全隐患，确保工程安全，充分发挥水库效益。工程除险加固后的主要任务保持不变，仍以防洪为主，结合灌溉、供水等综合利用。工程于 2017 年 5 月 20 日开工，2019 年 6 月 20 日通过蓄水阶段验收，恢复蓄水，2019 年 10 月全部完工。2020 年 7 月 24 日，通过省水利厅组织的竣工验收。

【诸暨市浦阳江治理一期工程（电排站部分）】　该工程是钱塘江治理工程的

一部分，位于诸暨市浦阳江沿线，包括连七湖、墨城湖、定荡畈、三江口等 4 座电排站，分布于姚江、暨南、店口等 3 个镇街。主要建设任务和作用是提高区域排涝能力，减少洪涝灾害，确保当地经济的可持续发展，保障人民生命财产安全。工程主要建设内容为连七湖、定荡畈、墨城湖、三江口等 4 个电排站的改建新建。连七湖电排站主要建设内容为进水前池、拦污栅、主泵房、控制室、吐水池、出水箱涵、防洪堤及管理房等，定荡畈电排站主要建设内容为前池、主泵房、出水池、排水穿堤箱涵、防洪闸及管理房等，墨城湖电排站主要建设内容为前池、泵室、箱涵、防洪闸及护底等，三江口电排站主要建设内容为泵室（进水室）、压力水箱、箱涵、防洪闸、江堤恢复、自排涵、进水挡墙、出水挡墙、配电房及管理房等。连七湖、定荡畈电排站为中型泵站，Ⅲ 等工程，主要建筑物级别为 3 级，次要建筑物级别为 4 级。墨城湖、三江口电排站为小（1）型泵站，Ⅳ 等工程，主要建筑物级别为 4 级，次要建筑物级别为 5 级。工程于 2013 年 2 月 5 日开工，2020 年 11 月 6 日通过省水利厅组织的竣工验收。

【义乌市柏峰水库除险加固工程】　义乌市柏峰水库坝址位于东阳江支流吴溪（大田溪）上游赤岸镇柏峰村。工程除险加固的任务是消除水库大坝安全隐患，确保工程安全运行，充分发挥水库效益。除险加固后，工程任务以供水、灌溉为主，结合防洪等综合利用。柏峰水库工程等别为 Ⅲ 等，属中型水库。总库容 2317 万 m³。主要建设内容包括主坝除险加固工程、副坝除险加固工程、溢洪道加固工程、主坝原左右岸输水隧洞封堵、新建主坝右岸输水隧洞及供水管道工程、管理用房建筑工程、辅助项目工程等。工程于 2009 年 1 月 17 日开工，2020 年 10 月 10 日通过省水利厅组织的竣工验收。

【东阳市南江水库加固改造工程】 该工程位于钱塘江流域金华江上游支流南江上，大坝坐落于东阳市湖溪镇岭脚村，距东阳市城区约 36km。工程建设任务为针对水库枢纽建筑物存在的问题，采取相应的加固改造措施，消除水库安全隐患。加固改造后，水库工程任务仍以防洪、灌溉为主，结合供水、发电、养殖等综合利用。工程等别为Ⅱ等。水库集水面积 210km²，正常蓄水位 204.24m，相应库容 0.92 亿 m³，总库容 1.194 亿 m³。工程于 2010 年 1 月 4 日开工，2020 年 10 月 16 日通过省水利厅组织的竣工验收。

【兰溪市钱塘江农防加固工程（第一期）】 该工程位于兰溪市境内，涉及香溪镇官塘片、洲上黄沙圩片，云山街道吴村岩山片，女埠街道汇潭前方片、女埠片，上华街道张坑片，灵洞乡方村片等 5 个镇街共 7 个围片。工程主要建设内容为加固堤防 23.76km，新建滚水堰 5 座。工程任务以防洪排涝为主，兼顾改善生态环境等。工程设计防洪标准为 20 年一遇，堤防等主要建筑物级别为 4 级，次要建筑物级别为 5 级。工程于 2011 年 10 月 18 日开工，2020 年 12 月 3 日通过省水利厅组织的竣工验收。

【兰溪市钱塘江农防加固工程（第二期）】 该工程位于兰溪市境内，涉及香溪镇官塘片、黄坑边片、上新方片、洲上黄沙片，马涧镇周村片，云山街道吴村岩山片，女埠街道后郑片、汇潭前方片、泉湖片、女埠片，上华街道张坑片，灵洞乡方村片，兰江街道童家埠片，赤溪街道石龙头片等 8 个镇街共 14 个围片。工程任务以防洪排涝为主，兼顾改善生态环境等。工程主要建设内容为加固堤防 32.9km，新建、改建、重建排涝泵站 23 座，新建、改建、重建节制闸 25 座，新建滚水堰 1 座。新方、周村、石龙片设计防洪标准为 10 年一遇，其余片区设计防洪标准为 20 年一遇，新方、周村、石龙片堤防为 5 级，其余片区堤防为 4 级。上新方闸及排涝站、桥头闸及排涝站等 4 个闸站建筑物级别为 5 级，其他闸站建筑物级别为 4 级。工程于 2012 年 10 月 18 日开工，2020 年 12 月 3 日通过省水利厅组织的竣工验收。

【三门县洋市涂围垦工程】 该工程位于三门湾健跳港南面，东临三门湾，南濒宫前湾，西靠健跳镇洋市，北与龙山相望，距三门县城海游镇约 20km，距健跳镇约 3km。任务是围涂造地，用于农业开发，围垦面积为 395.67hm²。工程主要建设内容包括：新建海堤 1133.20m、外鲎岛至里鲎岛堵坝 466.65m、里鲎岛至东嘴头堵坝 340m；新建南排河堤防 1785m；新建柴爿花嘴排水闸（5 孔×3m），最大流量 189m³/s，建设东嘴头纳潮闸（3 孔×3m），最大流量 100m³/s；新建管理用房建筑面积约 1380m² 等。工程等别为Ⅲ等，海堤、堵坝、水闸等主要建筑物级别为 3 级，围区干河等次要建筑物级别为 4 级，施工围堰、施工道路和码头等临时建筑物级别为 5 级。海堤、堵坝、水闸等主要建筑物挡潮设计标准均为 50 年一遇设计高潮位加同频率风浪组合，海堤允许部分越浪；排水干河、纳潮干河及堤防等次要建筑物设计防洪标准为 20 年一遇；施工围堰、施工道路、码头等临时建筑物级别设计挡潮标准为 5 年一遇。工程于 2013 年 5 月 16 日开工，2020 年 11 月 5 日通过省发展改革委和省水利厅组织的竣工验收。

【衢州市本级衢江治理工程北门堤】　该工程是钱塘江治理工程的重要组成部分，位于衢江干流右岸，起点为浮石二桥，终点为沙湾护岸。工程主要任务以城市排涝为主，结合防洪及改善生态环境等综合利用。主要建设内容：沿河加固堤岸和配套排涝闸站等。排涝闸站设计自排流量为 11.7m³/s，泵排流量为 12.3m³/s。工程等别为 Ⅲ 等，主要建筑物级别为 3 级，次要建筑物级别为 4 级。工程于 2013 年 5 月 16 日开工，2020 年 11 月 13 日通过省水利厅组织的竣工验收。

【衢州市本级衢江治理工程上下埠头堤、乌溪桥堤】　衢州市本级衢江治理工程上下埠头堤从衢江左岸已建堤防（书院大桥下游 200m）到庙源溪右岸，沿庙源溪右岸而上，至杭金衢高速公路桥台；乌溪桥堤从乌溪江东迹铁路桥起，沿乌溪江左岸至已建机场堤。工程任务以防洪为主，结合排涝及改善生态环境

等综合利用。主要建设内容：新建、加固堤防共 4.382km，配套建设上下埠头堤、乌溪桥堤等 2 座排涝闸站，2 座管理用房及场区绿化。上下埠头堤排涝闸站设计自排流量为 10m³/s，泵排流量为 4m³/s；乌溪桥堤排涝闸站设计自排流量为 54.3m³/s，泵排流量为 19.5m³/s。工程等别为 Ⅲ 等，主要建筑物级别为 3 级，次要建筑物级别为 4 级。工程于 2013 年 12 月 15 日开工，2020 年 11 月 13 日通过省水利厅组织的竣工验收。

【台州市路桥区黄礁涂围垦工程】　该工程位于台州市路桥区黄琅乡境内，距台州市路桥区中心 35km。北与金清新闸相邻，南与温岭市东海塘围涂工程北片相接。工程围涂造地 681.6hm²，增加土地面积，缓解人多地少矛盾。工程主要建设内容为：新建白果山海堤，东至白果山西门口咀，堤长 740m，堤顶路面高程为 6.2m，防浪墙顶高程为 7.0m；新建黄礁门海堤，自白果山的大浜头起，经七姐妹礁至黄礁岛的蟹钳岙里止，堤长 890m，堤顶路面高程为 9.0m，防浪墙顶高程为 10.0m；新建大港湾海堤，从子云山外咀头至道士冠岛老鼠尾，堤长 1400m，堤顶路面高程为 7.7m，防浪墙顶高程为 8.50m；新建五百屿海堤，从大五百屿至道士冠（岛）咀头，堤长 1330m，堤顶路面高程为 7.0m，防浪墙顶高程为 7.8m；新建道士冠纳排闸，位于道士冠东端老鼠尾岩基上，与大港湾海堤毗邻，设计最大纳排水流量 99m³/s，闸室段总长 16.5m，总净宽 12.0m（3 孔×4m）；新建黄礁纳排闸，位于黄礁岛蟹钳岙里（黄礁门海堤南端）的岩基

上，与黄礁门海堤南端相接，设计最大纳排水流量112m³/s，闸室段总长16.5m，总净宽16.0m（4孔×4m）。工程等别为Ⅱ等。海堤、水闸等主要建筑物级别为2级，围区道路、河道等次要建筑物为4级。围堰、施工道路等临时建筑物为5级。海堤采用100年一遇设计高潮位加100年一遇设计波浪，允许部分越浪；水闸防潮标准采用100年一遇设计，排涝标准采用20年一遇三日暴雨三日排出，并对一日暴雨一日排出的标准进行复核。工程于2008年6月15日开工，2020年11月26日通过省水利厅组织的竣工验收。

【临海市南洋涂围垦工程】　该工程位于临海市杜桥镇东南方向，地处椒江出海口北岸台州电厂5、6号灰坝的外侧滩涂上，距临海市区约60km，距杜桥镇约11km。工程围垦造地706.67hm²，主要任务是通过围涂造地建设增加陆域土地资源。主要建设内容为：新建海堤7410m，中隔堤施工道路1610m，新建穿礁闸5孔×4m，设计最大排水流量132m³/s。工程等别为Ⅲ等，海堤、水闸等主要建筑物为3级，中隔堤施工道路等次要建筑物为4级，水闸围堰等临时建筑物为5级。海堤、水闸的挡潮标准为50年一遇，其中海堤允许部分越浪；中隔堤施工道路、河道防洪标准为20年一遇。工程于2008年5月10日开工，2020年11月11日通过省水利厅组织的竣工验收。

【温岭市担屿围涂工程】　该工程位于温岭市东海岸，地处隘顽湾西南侧，与石塘隔湾相望，行政区划隶属温岭市城南镇。工程主要任务为围涂造地，增加陆域面积，提高防汛安全保障能力。工程主要建设内容为：新建海堤3215m，位于大斗山双屿与梨头咀之间，设计堤顶路面高程为8.00m，防浪墙顶高程8.80m；新建避风区内堤840m，位于黄礁山与梨头咀之间，设计堤顶路面高程为6.50m，防浪墙顶高程7.00m；新建海波闸，位于海堤北堤头双屿山咀处，闸室长16m，总净宽20m（5孔×4m），设计排涝流量308m³/s；新建好望纳排闸，位于海堤南堤头梨头咀处，闸室长16m，总净宽16m（3孔×4m＋1孔×4m），设计排涝流量191m³/s，纳潮流量40m³/s；新建担屿闸，位于避风区内堤北端黄礁山咀头处，闸室长16m，总净宽12m（3孔×4m），设计排涝流量161m³/s；新建通航口门，位于避风区的东南侧犁头咀山体薄弱处，有效宽度35.0m；配套管理用房1953.033m²。温岭市担屿围涂工程海堤、避风区内堤设计标准为50年一遇设计高潮位与同频率风浪组合，允许部分越浪。水闸挡潮设计标准为50年一遇设计高潮位与同频率风浪组合，围区排涝标准定为20年一遇最大24小时暴雨24小时排出。工程等别为Ⅲ等。海堤、避风区内堤、水闸为3级建筑物，水闸围堰、施工道路等临时建筑物为5级。工程于2009年8月16日开工，2020年11月18日通过省发展改革委和省水利厅组织的竣工验收。

【景宁县鹤溪河工程】　该工程位于鹤溪河城南段，工程上起三枝树桥，下至民族桥。工程任务以防洪为主，兼顾生态、景观等综合利用。工程主要建设内容为：新建堤防 4645m、堰坝 4 座，其中，左岸堤防 2531m，右岸堤防 2504m。左岸堤防防洪标准为 20 年一遇，右岸堤防防洪标准 50 年一遇，交叉建筑物防洪标准 20 年一遇。左岸堤防建筑物级别为 4 级，右岸堤防建筑物级别为 3 级，堰坝等交叉建筑物级别为 4 级。工程于 2013 年 3 月 28 日开工，2020 年 12 月 11 日通过省水利厅组织的竣工验收。

水库除险加固

【概况】 2020 年，浙江省病险水库除险加固工作首次列入省政府十大民生实事，全年计划完成 100 座，并写入 2020 年度省政府工作报告。水利部组织开展小型水库除险加固攻坚行动，集中解决历次除险加固遗留问题，着力推进加快灾后水利薄弱环节建设实施方案和防汛抗旱水利提升工程实施方案中待实施的除险加固建设任务。全省共有 159 座小型水库除险加固列入水利部小型水库除险加固攻坚行动。浙江开展病险水库存量清零行动，计划用 2 年时间消除病险水库 414 座，全面消除全省小型水库安全隐患。

【病险水库除险加固】 2019 年 12 月，省水利厅印发《关于下达 2020 年全省病险水库除险加固建设计划的通知》，将全省 174 座水库列入 2020 年全省病险水库除险加固建设计划。2020 年 11 月，省水利厅印发《关于下达全省病险水库存量清零 2021—2022 年行动计划的通知》，将全省 414 座病险水库列入 2021—2022 年实施计划。2020 年，省政府下达病险水库除险加固项目年度考核任务目标 100 座。至 2020 年年底，经省治水办考核，全年水库除险加固完工 113 座，完工项目清单见表 2。其中杭州 19 座，温州 7 座，湖州 11 座，绍兴 17 座，金华 23 座，舟山 8 座，衢州 17 座，台州 6 座，丽水 5 座，超额完成省政府对省水利厅的考核目标。

【小型水库除险加固攻坚行动】 2020 年 5 月，水利部开展小型水库除险加固攻坚行动，全省共有 159 座小型水库除险加固列入水利部攻坚行动。至 2020 年年底，列入攻坚行动的各类项目总体进展顺利，超额完成年度目标任务。其中，完成竣工验收 56 座，完成率 160%；完工 29 座，完成率 97%。

表 2　2020 年全省水库除险加固工程完工项目清单

序号	设区市	完成数	项　目　清　单
1	杭州	19	平原弄、坞丝坑、四新、长岭、琴坑、后坑坞、天井潭、佳坞、黄毛坞、石鼓、木兰、石壁、石界塘、小弄底、公曹、上阳、塘坞、西坞、胡程坞
2	温州	7	集云山、龙山脚、梧岙、半岭坑、泉明寺、南山下、桥坑底

续表2

序号	设区市	完成数	项 目 清 单
3	湖州	11	海家冲、长坑坞、盛坞、油车、革命、五丰、福坞、云野、风车口、施家庄、红庙
4	绍兴	17	浪撞、龙潭顶、里桥、长泉、磡下、九峰塘、居塘湾、台盘寺、红旗、剡溪、石碇、小丰湾、珩溪、四亩坝、石灿头、柿坞、青岭
5	金华	23	双龙、湖田滩、长公塘、联益、上新塘、三角坑、王思坑、柘后湾、石姆岭、朝阳、观音坑、下王坞、楼赐、仇宅、白蛇坑、八口塘、水角垅、峡石口、石洋塘、杜塘、清水塘、溪口、万石院
6	舟山	8	北扫基、东沙大长坑、登步西岙、东岙弄、三坑、朱家塘、涨茨、淡水坑
7	衢州	17	施家垅、泉水塘、千塘垅、茶坞、尖山底、五亩塘、南山塘、石塘垄、西源、碗窑、灵合、童家、窑垄、洪塘坝、新塘、三家里、石塘内
8	台州	6	岩龙颔、下抱、马步溪、凌云、杨丰寺、沙坑
9	丽水	5	下章、上殿畈、后周垄、奇云山、处石玄

江堤海塘工程建设

【概况】 2020年，全省对钱塘江、瓯江、飞云江、鳌江等流域主要江河堤防以及沿海干堤、海塘进行加固建设，完成加固任务124.5km，完成年度目标的124.5％，完成投资27.85亿元，平湖市白沙湾至水口标准海塘加固工程、鳌江干流治理平阳水头段防洪工程等5项工程完工见效。

【杭州市萧山区浦阳江治理工程】 该工程主要任务以防洪为主，兼顾排涝，结合两岸滩地治理及水环境整治。堤防加固总长55.06km（左岸25.33km、右岸15.61km、西江塘14.12km）；建设防汛道路58.3km；拆建排灌站9座、机埠35座，新建穿堤涵闸和船闸各1座，箱涵及涵管接长22处；滩地治理共24处，总面积363.62万 m²，拆除子堤6处；疏浚临浦以上主河槽11.97km；营造江内滩地景观绿化135.0万 m²。工程用地144.82hm²，概算总投资42.46亿元，施工总工期为58个月。至2020年年底，已累计完成投资31.3亿元，完成概算的73.7％。项目分四期进行。一期工程：左岸为浦阳兔石头至许家后塘实验段，右岸为进化小山头至新江岭排灌站；建设内容为堤防加固、防汛道路建设、水环境治理及交叉建筑物等，其中，堤防加固18.42km、建设防汛道路

21.12km，已于 2018 年 2 月全部完工，完成投资 11.5 亿元。二期工程：左岸为南河口处至义桥新大桥上游约 140m 处，右岸为新江岭排灌站出口至积堰山下游 300m 处；建设内容为堤防加固、防汛道路建设以及滩地整治等，其中，堤防加固 24.5km、建设防汛道路 24.3km，已于 2020 年 1 月全部完工，完成投资 13.2 亿元。三期工程：左岸为一二期工程外义桥镇剩余范围，右岸为积堰山下游 300m 至山后村小围堤终点；建设内容为堤防加固、机埠改造、防汛道路建设等，其中，堤防加固 12.09km，建设防汛道路 11.84km，概算投资 9.1 亿元；至 2020 年年底，三期工程已基本完成建设，完成投资 6.6 亿元。四期工程：建设内容为滩地整治、景观提升、河道疏浚等，重点对沈家渡、茅潭江、临浦煤炭码头、新坝村等 8 块面积较大的滩地，进行资源整合，规划建设成为公园、休闲园等，整治滩地景观约 135hm²；同时，对临浦至湄池岸段 11.97km 主河槽进行疏浚；因涉及土地问题，尚未实施。

【鳌江干流治理水头段防洪工程】　该工程以防洪排涝为主，兼顾改善水环境，是国家江河湖泊治理骨干项目，主要建设内容：整治龙岩—显桥鳌江干流河道 8.36km，新建北岸堤防 8.41km，新建南岸护岸 8.36km；新建章岙闸、鸣溪闸、中后闸（泵）、上小南闸（泵）、下小南闸，闸宽分别为 18m、5m、32m、8m、8m，总泵排流量 35m³/s；新开鸣溪河 387m；配套建设箱涵、涵闸和圆涵共 14 处；凤卧溪西排分洪工程由凤蒲河、蒲尖山隧洞、蒲尖山闸、九龙岱闸组成；新开凤蒲河 692m（含连接段）；蒲尖山隧洞 2 条，洞长 1.87km，洞宽 15m；新建蒲尖山闸，闸宽 2m×15 孔，设计流量 417m³/s；新建九龙岱闸，闸宽 2m×8 孔，设计流量 174m³/s。工程计划工期为 48 个月。工程概算总投资 16.69 亿元，其中工程部分静态总投资 9.86 亿元，征地和环境部分静态总投资 6.83 亿元。至 2020 年年底，主体工程已完工，累计完成投资 17.20 亿元。

【平阳县南湖分洪工程】　该工程主要将水头镇区上游洪水经过隧洞分流至镇区下游，有效减轻镇区防洪压力。概算总投资 18.49 亿元，涉及占地约 0.73hm²，主要工程含分洪闸、退洪闸各 2 座，每座 2 孔×8m，2 条 14m 宽隧洞，单洞洞线长 6.7km，设计可分洪流量 820m³/s。为加快推进项目实施进度，该项目分为抢险应急工程和主体工程两部分实施，其中抢险应急工程由 2 条各 150m 长分洪隧洞及其配套出口退洪闸等组成，工程概算投资 1.56 亿元，于 2018 年 12 月 27 日开工建设，2019 年 4 月初步设计报告获批，至 2020 年年底，基本完成分洪隧洞二衬，正在实施退洪闸基础开挖，完成投资 0.58 亿元。主体工程初步设计报告于 2019 年 11 月 8 日获批，至 2020 年年底，完成隧洞爆破进尺 13km，完成二衬 3km，累计完成投资 5.08 亿元。

【曹娥江综合整治工程】　该工程初设于 2019 年 7 月获省发展改革委批复，工程任务以防洪为主、兼顾生态修复，治理范围为曹娥江干流和小舜江支流，涉及新昌县、上虞区、柯桥区和滨海新区，概算总投资 9.02 亿元。工程主要建设内容为堤防加固 14.32km，护岸整治 13.88km，新建、重建水闸 2 座，移位改建水闸 1 座，堤顶道路及巡查通道提升 66.87km，景观节点配套工程 36.99hm²。该工程柯桥段于 2019 年 11 月 27 日开工建设，至 2020 年年底，红旗闸闸室建造大部完成，正在开展小沉井和栈桥施工，累计完成投资 1.39 亿元。滨海新城段于 2020 年 6 月 28 日开工建设，至 2020 年年底，已完成沥海闸及南江闸破堤，正在开展基坑开挖，沉井预制，累计完成投资 0.63 亿元。上虞段于 2020 年 7 月 16 日开工建设，至 2020 年年底，已完成小江埂高压旋喷桩施工、石浦埂抛石护脚施工，蒋村埂、石浦埂、霞齐埂高压旋喷桩施工，累计完成投资 0.40 亿元。新昌段尚未开工。

【金华市金华江治理二期工程】　该工程是钱塘江治理工程的重要组成部分，也是浙江省"百项千亿"重大防洪排涝项目之一，2018 年列入省重点建设项目。工程位于金华市区，主要建设内容为加固提档生态化提升改造堤防 14.45km。其中，金华江右岸婺江大桥至三江口段长 4.04km、东阳江左岸燕尾洲至电大桥段长 1.32km、武义江左岸豪乐大桥至梅溪南二环路桥段长 3.04km、武义江右岸李渔大桥至孟宅桥段长 6.05km。工程初设于 2018 年 8 月获省发展改革委批复，概算总投资 8.21 亿元，工程任务以防洪为主，兼顾改善水环境、提升水景观等综合利用。至 2020 年年底，已累计完成投资 4.75 亿元。施工三标（东阳江左岸燕尾洲至宏济桥、武义江右岸洪坞桥至孟宅桥段 4.6km）完成东阳江左岸迎水面护坡水工砖铺设，武义江右岸基础开挖及基础混凝土浇筑；施工四标（东阳江左岸宏济桥至电大桥段、武义江右岸丹溪桥至洪坞桥段 2.17km）主体部分迎水面已经全部开工；施工五标（金华江右岸老火车站至三江口段 1.175km）正在进行桩基础开挖、钢筋笼制作、预埋件安装及混凝土浇筑；施工六标（金华江右岸婺江大桥至河盘桥段 1.575km）完成项目部建设。

【常山县常山港治理二期工程】　该工程任务以防洪为主，结合排涝、灌溉及改善生态环境等综合利用。新建及加固堤防 28.875km，包括琚家堤、何家堤、团村堤、胡家淤堤、阁底堤、象湖堤、汪家淤堤、招贤堤、鲁士堤、大溪沿堤等 10 段堤防。新建护岸 8.275km，包括琚家护岸、新站护岸、西塘边护岸。堤防生态化改造 12.06km，包括滨江堤、外港堤、南门溪左岸、南门溪右岸 4 段堤防。工程总投资 8.81 亿元。工程包括信息化、管理房在内共 15 个标段，至 2020 年年底，南门溪堤、团村堤、象湖堤、何家堤、鲁士二标、鲁士一标、阁底堤、琚家二标、新站护岸、汪家淤及管理用房进行收尾工作，西塘边完成 52%，琚家一标完成 63%，大溪沿堤完成 45.5%，胡家淤堤完成 53.5%，招贤一标完成 53.5%，招贤堤二标段进行前期招投标准备工作，累计完成投资 5.61 亿元。

【江山港流域综合治理工程】　该工程是省重点建设项目、省"百项千亿"防洪排涝项目，工程初设于 2017 年 12 月获省发展改革委批复，概算总投资 22.32 亿元（其中：征迁及环境部分 7.36 亿元、工程建设部分 14.96 亿元）。主要建设内容包括：新建及加固堤防（护岸）111.30km，其中江山港干流 55.70km，支流 55.6km；采用路堤结合等形式修建绿道 145.64km，共建设驿站 22 个；治理河道（渠道）水系 62.65km，城区河道清淤 2.55km，滩地治理 3 处；滩地景观节点改造 15 处，加固及改造生态景观堰坝共 32 座；水文及水利信息化系统建设，包括水位流量监测断面 8 处，水质自动监测站 3 座，水雨情监测点 28 处，闸站自动化监测 8 座，视频监控、信息管理系统平台等。工程于 2018 年 4 月正式开工建设，计划工期 60 个月。至 2020 年年底，项目累计完成投资 15.10 亿元。其中，城区段清淤工程、丰足溪标段、双塔底至四都标段、卅二都溪标段、大夫第绿道标段等 5 个标段已完工；贺村段已完成形象进度的87%；广渡溪治理工程已完成形象进度的69%。贺村段水系连通工程已完成形象进度的 65%，凤林段已完成形象进度的25%，长台溪（长台段）已完成形象进度的 15%，长台溪（清湖段）已完成形象进度的 12%。

【平湖市白沙湾至水口标准海塘加固工程】 该工程是平湖市政府重大投资项目，并列入省"百项千亿"防洪排涝项目。该项目由平发改投〔2015〕64 号、平发改投〔2018〕111 号文件批复。主要建设内容是：根据现有海塘堤轴线，将现有 50 年一遇的防洪（潮）标准的海塘加固至 100 年一遇标准，加固堤线长

度 9451m，概算总投资 3.65 亿元。工程建设的主要任务是：通过对现有海塘的加固建设，提高独山港区的防潮抗台能力，与相邻海塘一起组成更高标准的钱塘江北岸防御洪潮侵袭封闭线，保护杭嘉湖平原和沪苏部分地区的安全。该工程于 2018 年 8 月 18 日开工建设，至 2019 年年底，工程已基本完成。2020 年4 月 13 日，工程通过完工验收。

【三门县海塘加固工程】 该工程任务以防洪挡潮排涝为主，兼顾改善滨海生态环境。工程保护范围包括中心城区和健跳、浦坝等重要城镇，涉及保护人口约24.7 万，实施后将有效恢复和提高区域海塘的防潮标准和御潮能力，提高区域防洪排涝能力。主要建设内容包括：加固提升海塘 55.8km，按防潮标准分，100 年一遇海塘 7.28km（防洪标准 50年一遇），50 年一遇海塘 43.46km，20年一遇海塘 5.08km；新（扩）建沿海口门闸泵 5 座，其中排涝闸站 1 座，排涝闸 2 座，排涝泵站 2 座，新增强排能力 53m³/s；移址重建排涝闸 1 座（外黎新闸）。工程概算总投资 11.98 亿元，工期 42 个月。该工程于 2020 年 6 月 16 日开工，至 2020 年年底，已完成六敖北塘标段连心广场建设，正在实施赤头新闸桩基础施工，蛇蟠海塘标段和横渡（托岙、铁强）海塘标段已完成招投标工作，累计完成投资 1.07 亿元。

【台州市循环经济产业集聚区海塘提升工程】 该工程任务以防洪挡潮排涝为主，兼顾提升海塘沿线生态环境。项目对沿海存在防洪（潮）能力低和安全隐

患的海塘进行加固提升，并根据区域排涝要求新（改）建排涝闸（站）。主要建设内容由海塘提标加固、新开护塘河、水闸提标加固、新建闸站及沿塘生态修复等组成，其中提标加固海塘长约17.32km（包括十一塘段10.56km、三山北涂段3.23km、三山涂段3.53km）；新开塘河9.84km，河道面宽60m，新建护岸19.68km；提标加固已建水闸5座，新建洪家场浦闸站1座（设计强排能力50m³/s）；沿塘生态修复115.1万m²，新建巡查站4处。工程概算总投资29.74亿元，建设工期为60个月。至2020年年底，累计完成投资3.24亿元，一标段护塘河50万m²已完成第一次工艺性施工，开始真空联合堆载预压施工，水泥搅拌桩完成试桩，海循路南侧临时驻地场地完成并投入使用，护塘河两岸临时用电架设、临时驻地生活用电架设完成，外海侧土工布铺设5000m²，抛石完成1.5万m³；二标段护塘河40万m²已完成第一次工艺性施工，开始真空联合堆载预压施工，三山北涂段海塘开始试桩。

建 设 管 理

【概况】　2020年，全省水利工程建设未发生质量事故，在水利部建设质量工作考核中获A级优秀。全年抽检面上水利建设项目80个，并形成抽检反馈报告。进一步加强水利工程建设管理数字化应用建设，入选水利部全国"智慧水利"先行先试8项优秀案例。

【质量提升行动】　2020年，省水利厅开展16家单位设计质量专项检查，组织开展工程质量隐患排查、建设管理突出问题专项治理和全省水利"质量月"活动，对有面上建设任务的10个设区市64个县（市、区）80个项目开展质量抽检。宁波市北仑区梅山水道项目通过住建部"鲁班奖"复评，温州市瓯飞一期围垦工程（北片）等3项水利工程获2020年度浙江省建设工程"钱江杯"奖（优质工程），杭州市第二水源千岛湖配水工程等7项工程被评为2020年度浙江省建筑施工标准化管理优良工地，推选出平阳县南湖分洪工程等11项水利文明标化工地示范工程。全省水利工程建设未发生质量事故，连续第6年获得水利部建设质量工作考核A级优秀，位列全国第三，比2019年进位一名。

【项目质量抽查】　2020年，开展全省面上工程参建各方的检查和抽查。根据历年抽检情况，完善2020年抽检实施方案；调整和优化抽检评分细则。分杭温台丽片、绍金衢片、嘉湖舟片3个片区，全年抽检全省所有有面上水利工程建设任务的64个县（市、区）的80个面上水利建设项目，包括小型水库除险加固工程、山塘整治、中小流域综合治理、海塘加固、圩区治理和农村饮用水达标提标等项目。共形成80份工程抽检反馈报告，3份片区汇总报告，1份2020年面上抽检总结报告。

【水利工程建设管理数字化应用建设】
2020年，进一步加强水利工程建设管理数字化应用建设，聚焦水利工程建设领域，紧扣在建水利工程和建设市场主体两大管理对象，以水事务监管业务为核心，围绕"资金、进度、质量、安全"全链条动态在建项目管理和"公开、透明、动态"的建设市场主体管理需求，整合共享相关信息资源，构建起纵向贯通、横向协同、上下联动、同步推进的水利工程建设系统化管理体系，形成全省水利工程建设"建设信息一张图，项目管理一张网"的格局，实现工程建设过程动态掌握，市场主体分类监管和动态评价，推动水利工程建设管理水平提档升级，促进建设市场平稳健康有序发展。2020年5月，水利工程建设管理数字化应用建设列入"智慧水利"先行先试试点；12月，入选水利部全国"智慧水利"先行先试8项优秀案例。

（邵战涛、邹嘉德、赵昕）

三服务"百千万"

【概况】　2020年，省水利厅深化开展"三服务"，印发《关于深化"三服务"开展"百县千企万村"行动实施方案》，构建全覆盖全过程全天候的水利服务体系。全年累计服务10427人次，解决问题2122个，满意率100％。全年实现农村饮用水达标提标建设任务、"美丽河湖"建设任务和全省水利投资在省政府年度绩效目标上增长10％以上。

【专项服务内容】　2020年，省水利厅指导服务企业复工复产，落实省委、省政府水利投资和水利管理业投资增长

10％的要求，推动重大项目建设，及时形成有效投资，加快补齐水利短板。围绕农村饮用水达标提标、美丽河湖建设两大民生实事，全力攻坚，确保农村饮用水达标提标三年行动圆满收官，推动美丽河湖建设向"幸福河"迭代升级，进一步提升群众的幸福感。持续推行"四不两直"模式，深入涉水企业、工地一线蹲点调研，大力推动国家节水行动、水利数字化转型、工程管理"三化"（产权化、物业化、数字化）改革等，积极破解制约水利高质量发展的遗留问题和疑难杂症。

【专项服务方式】　2020年，省水利厅发挥领导干部"头雁效应"，组建由"一名厅级领导、一名组长、一个支撑单位"组成的11个指导组，每名厅级领导联系一个市、蹲点一个重点县、指导一个重大工程年内完工、帮助一个重大工程年内开工建设。开展"百名处长联百县、联百项"，帮助基层完成"十三五"收官任务，协助谋划"十四五"水利发展。建立省市县三级涉水重点企业清单，按照建设、物业、取水等分类建立联络员机制，省市县三级联系服务全省重点涉水企业超1000家。全面建立"一对多"村级联络员机制，实现全省1.7万余个乡村全覆盖。收集群众的涉水问题困难，分级解决问题，实行精准帮扶。

【专项服务情况】　2020年4月2日，省水利厅印发《关于深化"三服务"开展"百县千企万村"行动实施方案》，部署全省水利"三服务"工作，组建11个厅级领导服务组，明确97名处长联系百

个市县、572 名干部联系 1341 家企业、2458 名干部联系 20902 个村，构建起全覆盖全过程全天候的水利服务体系。聚焦助推复工复产、防汛检查、农村饮用水达标提标等重点工作，厅级领导带队主动开展 9 轮主题服务，精准将服务送到家。7 月，各服务组深入 10 家高等院校、100 家重点企业开展节水行动，在 1000 个社区宣传节水活动，进一步树立起节水理念。结合定期和不定期调研指导、监督检查，按实际情况采用走访、电话、视频等多种方式，全省水利系统服务人员每月至少主动服务一次，收集、处理和反馈"群众、企业、基层"问题困难，开发水利三服务"百千万"App，形成"一站受理、一事流转、快速办理"的工作模式。全年累计服务 10427 人次，收集问题 2123 个，解决率 100%，满意率 100%，平均解决时限 16 天，2020 年各地服务人次及问题办理情况见表 3。实行线上挂图作战，督促水利服务人员全力支持企业有序复工复产，共帮助协调 93 个重大项目、102 个病险水库除险加固项目、1146 个农饮水项目、117 个美丽河湖项目在建全面复工复产，走在全国前列。

表 3　2020 年各地服务人次及问题办理情况统计表

地点	服务人次	问题数量	办结率/%	满意率/%
全省共计	10427	2123	100	100
省级	954	286	100	100
杭州市	202	96	100	100
宁波市	156	181	100	100

续表3

地点	服务人次	问题数量	办结率/%	满意率/%
温州市	1614	232	100	100
湖州市	297	43	100	100
嘉兴市	300	197	100	100
绍兴市	1512	376	100	100
金华市	157	210	100	100
衢州市	858	185	100	100
舟山市	19	47	100	100
台州市	1762	127	100	100
丽水市	2596	143	100	100

【专项服务成效】　2020 年，通过三服务"百千万"行动的各项服务举措，全省全年完成水利投资 602.7 亿元、完成率 120%；农村饮用水达标提标建设任务三年行动圆满收官，累计完成农村饮用水达标提标 1054 万人，同期改善饮水条件人口位居全国第一；美丽河湖建设全域推进，全年共建成美丽河湖 140 条，超额完成年度任务。平阳水头段防洪工程等 18 个重大项目完工见效，16 个可研、16 个初设分别获批，太湖环湖大堤（浙江段）后续工程、开化水库等一批重大项目全面开工；水管理平台实现省市县三级 100% 贯通，全省用户超过 2.5 万人，总访问量名列省级部门浙政钉应用前 6。同时，促进机关作风的积极转变，"带着问题去""主动服务"的氛围初步形成。全年省级服务人员主动服务 954 人次，解决问题 286 个、为 2019 年同期的 3.6 倍；各市县积极创新服务形式，主动为民办实事。

（赵翀）

农村水利水电和水土保持

Rural Water Conservancy And Hydropower, Soil And Water Conservation

125~134 页

农 村 水 利

【概况】 2020年，浙江全年完成384万人农村饮用水达标提标建设任务，2018—2020年累计完成达标提标1054万人，率先基本实现城乡同质饮水，农村饮用水达标提标行动圆满收官。完成农业水价综合改革面积22.31万 hm²，累计完成134.53万 hm²，全面完成改革任务，走在全国前列，其中湖州市南浔区是全国第一个通过农业水价综合改革验收的县。开展农村水利建设和管理，推进大中型灌区节水配套改造项目建设，组织包括山塘、圩区在内的水旱灾害防御汛前大检查。

【农村饮用水达标提标】 按照"坚持城乡同质标准、落实县级统管责任"要求，提前1个季度完成省级三年行动目标。全年完成384万人农村饮用水达标提标建设任务，占年度计划的184％。重点提升低收入农户饮水安全，通过逐村逐人摸排，全省梳理出7.14万人清单，对标对表全面提升，确保优质供水全面覆盖。进一步巩固县级统管机制，全省有农饮水任务的84个县（市、区），其中60个由县（市、区）水务公司统管，其余24个为专管机构管理；全省有8600多人具体负责近1.04万处工程的日常运行管理，落实运维经费5.47亿元。以县为单元统一制定政府指导价，抓好水费收缴，村级水费收缴率由达标提标行动前的不足25％上升到99.4％，有效破解管护难题，提升农村节水意识。

坚持数字赋能，打造城乡供水数字化应用，全省10422座供水水厂（站）、10072处供水水源全部入库、上图、联网，共享生态环境、建设、卫生健康、气象等信息，统一供水应用初步构建。各地开发"一县一平台"应用，改造升级供水水源和供水工程新基建。推行"工程＋信息化"，千吨万人以上水厂全面完成信息化改造，实现水源、水质、水量实时监测、在线监控。

2020年，通过"四不两直"方式开展暗访10轮，暗访农村供水工程1202处，以"一县一单"方式对发现的问题进行反馈并跟踪落实整改。2018—2020年，省级累计暗访农村供水工程2085处，推动解决问题486个。

2018—2020年，累计投入214亿元，完成项目7525处，达标提标1054万农村居民饮水条件。2020年12月，对照建设任务、供水水质、水费收缴等销号条件，县级政府组织开展清盘验收，向社会公开发布农村供水达标提标成果。省、市开展不少于20％的项目或行政村暗访，核查实施成效。全省农村饮用水达标人口覆盖率超95％，城乡规模化供水人口覆盖率超85％，农村供水工程供水保证率超95％、水质达标率超92％，在全国率先基本实现"城乡同质饮水"目标。

（曹鑫、魏金俐）

【农业水价综合改革】 2020年，浙江各地建立分级、分类、分档水价，总体达到运行维护成本水平，初步算清管护账、用水账。县级水利部门出台精准补贴和节水奖励政策，首次对村级农田水利管护和农业节水实行补贴奖励，全年共兑现奖补资金5.37亿元，基本做到管护有钱、节水有奖。加强工程管护，完成农村水利工程清产核资21721处，颁发所有权证书25916本，建立各类农民用水管理组织18900个，落实管水员和工程维修养护人员52822人；签订农田水利工程管护协议1.3万余份。加强用水管理，大中型灌区建设计量设施1202套，完成末级渠系等直接计量设施4195套，35418座灌溉泵站实行"以电折水"；农业用水总量控制指标分解到行政村，实行总量控制、定额管理。

探索创新"八个一"村级改革做法：建立一个用水组织，实现管护有人；颁发一本产权证书，实现资产有主；落实一笔管护经费，实现运维有钱；制定一套规章制度，实现管水有责；记好一册管护台账，实现运行有智；明确一条节水杠子，实现定量有据；采用一种计量方法，实现全域有数；实行一把锄头放水，实现节水有效。已初步覆盖18906个有改革任务的行政村。2020年，为确保"八个一"村级改革落地见效，随机电话调查各县（市、区）1/3左右行政村，共完成6300多个行政村的调查工作，总体情况良好，桐庐县成效显著。

至2020年11月20日，各设区市初步完成农业水价综合改革验收工作，其中，湖州市南浔区是全国第一个通过验收的县。全年全省完成年度农业水价综合改革面积任务22.31万hm^2，累计完成134.53万hm^2；85个县（市、区）、53个大型和重点中型灌区基本完成改革任务。农业灌溉保证率提高，全省累计

增加粮食生产能力约19.1万t；农业用水、农业面源污染减少，累计节约农业用水10.3亿m^3，节电1718万kW·h，COD（化学需氧量）减排1.2万t。德清县、湖州市南浔区和平湖市改革经验先后入选全国改革典型案例。

【农村水利建设】　2020年，全省立项实施牛头山水库灌区（大型）节水配套改造项目，推进2019年立项实施的碗窑水库、铜山源水库等2个大型灌区节水配套改造项目建设进度，完成年度投资12778万元，其中中央投资计划11896万元，投资完成率约109%。完成铜山源水库、乌溪江引水工程、亭下水库等3个大型灌区续建配套与现代化改造项目实施方案的审查和报送，其中，乌溪江引水工程灌区和铜山源水库灌区2个大型灌区被纳入国家"十四五"大型灌区续建配套与现代化改造实施计划。遴选台州市路桥区金清港区、海宁市上塘河灌区、金华市安地水库灌区、安吉县赋石水库灌区和瑞安市江北灌区等5个中型灌区纳入国家2021—2022年中型灌区续建配套与节水改造实施方案，指导相关市县完成续建配套与节水改造项目建设方案编制。山塘、圩区分别完成整治516座、1.38万hm^2，均超额完成年度任务。安吉县赋石水库和海宁市上塘河灌区申报"国家水效领跑者"。

【农村水利管理】　2020年3月，组织编制《浙江省农村供水安全保障"十四五"规划》，做好与水利部农村供水安全保障规划的衔接；5月，组织编制山塘、圩区"十四五"整治规划和大中型灌区

续建配套改造"十四五"规划专题，统一纳入《浙江省农村水利水电"十四五"规划》。3月，根据《浙江省水利厅关于开展2020年度水旱灾害防御汛前大检查的通知》，在全省范围内开展包括山塘、圩区在内的水旱灾害防御汛前大检查。组织抽查近3500座重要山塘的巡查员汛期进岗到位情况。开展大中型灌区运行管理检查，实现53个大中型灌区全覆盖。以山塘防汛安全为管理重点，将山塘防汛预警纳入钱塘江流域防洪减灾数字化平台，按照24小时预期降雨量超100mm地区的山塘进行自动预警，强化现场服务指导和巡查抽查，坚决守牢安全底线。12月，制定印发《浙江省山塘安全评定技术导则（试行）》，规范山塘安全评定流程、技术标准，组织各地开展山塘安全评定工作。加强指导圩区汛期现场检查，开展杭嘉湖圩区风险评估，指导督促有关县（市、区）水利局加强圩区巡查，确保长梅太湖高水位期间圩区安全度汛。开展《浙江省中小型泵站建设导则》编制，统一中小型泵站建设标准，确保中小型泵站安全、高效、经济、美丽。开展农村水利工程标准化名录调整，审核完成农村水利工程名录调整206处，其中调入名录143处，调出名录63处。开展农村水利工程标准化管理创建"回头看"，累计完成9个设区市19个县（市、区）40个有标准化创建任务的水利工程的服务指导。完成《农村供水工程运行管理规程》《泵站运行管理规程》等升地标工作，印发《中小型泵站安全评价导则》，组织编制《城乡供水信息化建设技术导则》《农村供

水现代化指数》等技术标准。组织开展全省基层水利员调查和第三届首席水利员换届工作，至年底，全省共有基层水利服务机构986个，基层水利员2424名，其中131名被评为第三届浙江省首席水利员。推荐台州市路桥区金清灌溉试验站林义钱，助其获评浙江乡村振兴带头人"金牛奖"。推进农村水利信息管理应用建设，完成18089座山塘、53个大型及重点中型灌区基础数据和基层水利员信息汇集。

（麻勇进）

农 村 水 电

【概况】　2020年，浙江继续推进长江经济带小水电清理整改工作，至9月30日，累计完成3083座水电站清理整改任务，其中退出类381座，整改类2702座，在全国率先完成清理整改销号工作。至12月，全省建有农村水电站2861座，总装机4141万kW，其中，1万kW以上装机电站数量为84座，全年发电量约82亿kW·h，平均上网电价0.4878元/（kW·h）。

【生态水电示范区建设】　2020年共建设12个生态水电示范区，分别为桐庐钟山乡生态水电示范区、富春江镇生态水电示范区、后溪流域生态水电示范区、前溪流域生态水电示范区、壶源江流域生态水电示范区、瑶琳镇流域生态水电示范区、分水江生态水电示范区、泰顺县氡泉自然保护区生态水电示范区、丽水市玉溪生态水电示范区、青田县船寮

溪十二都源生态水电示范区、遂昌县十四都源大山段生态水电示范区和湖山源淤溪段生态水电示范区。生态修复水电站57座（含报废退出水电站3座），修复减脱水河段32km，新建生态堰坝13座，新增生态流量监测设施43处，新增生态机组1台。

【农村水电增效扩容改造】　2016年，浙江省开始实施"十三五"农村水电增效扩容改造项目。至2020年4月中旬，全省140个以河流为单元的"十三五"增效扩容改造项目全部完成，148个生态改造项目全部通过验收，生态项目完工率为100%，各电站厂坝间减脱水河段得到缓解和修复。5月，通过水利部、财政部组织的现场复核，经核定，修复减脱水河段250.2km，新建或改建生态流量泄放闸孔136处，204个电站增效扩容改造项目，全部完成并投产发电且已通过完工验收，总装机容量从26.17万kW增加到33.63万kW（包含生态机组），年均发电量由改造前的65876万kW·h增加到87711万kW·h。7月，财政部印发《关于下达清洁能源发展专项资金的通知》，下达浙江省"十三五"农村水电增效扩容改造中央财政奖励资金523万元。省水利厅根据各市县"十三五"农村水电增效扩容改造绩效评价结果，遵循"鼓励先进"的原则，制定资金分解方案，报省财政厅。8月，省财政厅印发《关于下达2020年清洁能源发展专项资金的通知》，将中央资金分解下达到20个县。各地结合实际，落实配套资金，增效扩容改造项目中央财政奖励资金523万元执行率100%。

【全球环境基金（GEF）增值改造项目】
2017年7月，缙云县盘溪梯级水电站、衢州市清水潭水电站2个项目被列入全球环境基金（GEF）"中国小水电增效扩容改造增值"试点项目。项目主要建设内容包括设置生态流量泄放及监控设施、新建生态堰坝、电站拦河坝上下游整治、电站厂房外立面环境协调等绿色改造措施。2019年年底基本完工。2020年，按照全球环境基金"中国小水电增效扩容改造增值"项目指导委员会要求，积极开展两个项目绿色小水电创建工作。12月，盘溪二级水电站、盘溪三级水电站、盘溪四级水电站和清水潭水电站被确定为2020年度绿色小水电示范电站。

【农村水电站管理数字化应用】　2020年3月，水利部印发《关于开展智慧水利先行先试工作的通知》，浙江入选为5个省级水利试点部门之一，水电站生态流量监管是浙江5项试点任务之一。浙江省结合工作需求，提出建设农村水电站管理数字化应用。应用围绕农村水电站安全运行和生态流量监管的关键环节，开发建设"安全监管、生态流量监管、专项工作、水电站服务"四大模块，实现"监管＋服务"。至12月底，水电站基础信息及生态流量信息输入数据库。

【农村水电安全度汛检查】　2020年3月，根据《浙江省水利厅关于开展2020年度水旱灾害防御汛前大检查的通知》，在全省范围内开展包括水电站在内的水旱灾害防御汛前大检查，共发现涉及水电站隐患 15 个,并全部整改到位。4月,结合《水利部农村水利水电司关于做好防疫条件下小水电安全度汛工作的通知》的工作内容,省水利厅办公室印发《关于做好农村水利水电工程安全度汛工作的通知》,要求各地严格落实安全度汛责任制及预案,强化巡查及隐患排查处理,做好险情信息报送。各级水行政主管部门成立检查小组,分别对辖区内的农村水电站点进行安全度汛督查检查。根据检查情况,全省水电站大坝安全管理责任制基本落实,水电站安全管理"双主体"责任落实,省市县三级检查共发现大小隐患 243 个,并全部整改到位,包括部分电站运行生产记录不完善、防汛预案和安全生产应急预案不完善、有些工程现场明显处于全开放状态、缺少安全警示标志。

【水电安全生产标准化创建】 2020 年 4月,省水利厅办公室印发《关于推进当前农村水电重点工作的通知》,要求各地认真做好 2020 年农村水电站安全管理标准化复评工作。至 2020 年年底,全省安全标准化达标等级一级水电站 52 座,二级水电站 463 座,三级水电站 386 座。做好老水电站安全检测,完成绍兴、丽水两个市 264座水电站现场检测工作,发现升压站没有悬挂安全警示标识、电站缺乏专职或兼职安全生产管理人员、缺乏必要的事故应急处置能力、安全工器具配备不齐全等问题,反馈给相关县(市、区)水行政部门和水电站业主,及时清除安全隐患。

【绿色小水电创建】 2020 年,根据《水利部农村水利水电司关于做好 2020年绿色小水电示范电站创建工作的通知》,积极宣传和部署绿色小水电创建工作。6月,对具备申报条件的小水电站进行梳理,根据各地需求组织开展省级创建技术指导工作,对自检结果达到《绿色小水电评价标准》的电站,指导填写《绿色小水电站申报表》,开展申报。经省级初验后,有 116 座水电站报水利部复验。12月,枫树岭水电站等 97 座电站被认定为 2020 年度绿色小水电示范电站。

【《浙江省"十四五"农村水电发展规划》编制】 2020 年 6月,省水利厅委托水利部农村电气化研究所编制《浙江省"十四五"农村水电发展规划》,提出包括生态水电示范区在内的 5 个建设目标和安全生产标准化创建在内的 5 个管理目标,力争至"十四五"期末,基本构建"绿色、安全、智慧、高效、和谐"的水电现代化治理体系,省域农村水电治理现代化走在全国前列。《浙江省"十四五"农村水电发展规划》作为《浙江省农村水利水电发展"十四五"规划》的子课题,规划内容并入《浙江省农村水利水电发展"十四五"规划》。

【小水电清理整改】 2020 年,继续推进小水电清理整改工作,通过倒排工期、挂图作战,将清理整改任务细分到月,制定"作战图",督促各地完成整改。5月,转发《水利部办公厅关于印发长江经济带小水电清理整改验收销号工作指导意见的通知》,进一步明确验收销号要求。6月,专题开展小水电清理整改督查。7月,印发《浙江省小水电清理整改工作考核办法》和《浙江省小水电站生态流量监管平台建设技术指导意见》。至9月30日，全部完成3083座水电站清理整改任务，其中退出类381座，整改类2702座，在全国率先全面完成清理整改销号工作。为确保质量，市级按不低于20％比例进行现场复核，省级在委托第三方机构抽查的基础上，组织9个设区市进行交叉核查，共完成310座水电站的核查工作。为巩固清理整改成效，加强小水电监管，12月，省水利厅、省发展改革委、省财政厅、省生态环境厅、省能源局联合发布《关于进一步加强小水电管理工作的通知》。该文得到水利部肯定，由水利部办公厅转发，供各地借鉴、参考。

（陈小红）

水　土　保　持

【概况】　2020年，《浙江省水土保持"十四五"规划》编制完成。全年全省审批水土保持方案4019个，并对省级以上审批的247个在建项目进行现场核查，完成7721个扰动图斑现场核查和认定工作。全省水土流失面积减少至7373.55km²，创历史新低，有力促进美丽浙江和大花园建设。全省水土流失率下降到7％以下，各县（市、区）水土流失面积占国土面积在7％以下的具有55个。

【《浙江省水土保持"十四五"规划》编制】　2020年6月，省水利厅组织全省开展水土保持"十四五"规划编制工作，

经赴各市调研对接、与相关规划及实施方案目标衔接、组织专家专题咨询后进行修改完善，于12月形成《浙江省水土保持"十四五"规划（征求意见稿）》。《浙江省水土保持"十四五"规划（征求意见稿）》包括现状与形势分析、目标和任务、水土流失综合防治、加强监督管理、水土保持监测、水土保持数字化建设、基础技术研究和能力建设、投资匡算、保障措施9个部分，明确至2025年，全省新增水土流失治理面积1500km²，水土保持率提高至93.2％以上，全省所有县（市、区）水土保持率维持在80％以上，全省森林覆盖率达到61.5％以上的主要目标。

【水土保持方案审批与验收】　2020年6月30日，省水土保持监测中心发布《浙江省生产建设项目水土保持方案技术审查要点》，做好全省水土保持方案评审专家库管理，更新省级评审专家库。全省共审批水土保持方案4019个，涉及水土流失防治责任范围6089.36km²。规范生产建设项目水土保持设施自主验收程序与标准，严格自主验收报备管理及现场核查，全省共完成自主验收报备项目1554个。

【生产建设项目水土保持监督执法专项行动】　2020年，省水利厅组织水土保持监督管理人员分3组赴全省11个设区市逐个次进行现场核查，重点查摆开挖填筑土石方量大、存在大型弃渣场、扰动范围广、水土流失隐患大的铁路、公路、桥梁和输油气管道等线性工程，以及水利水电、风电等生产建设项目。对

省级以上审批的 247 个在建项目现场核查，实现全覆盖。在传统现场检查、调查的基础上，采用遥感影像、无人机航拍及移动终端等现代化技术手段，准确获取生产建设项目的位置、扰动面积、建设状态、弃渣场位置数量和堆渣量等信息数据，对比水土保持方案确定的防治责任范围及措施布局，精准发现违法违规问题。专项行动发现较大违法违规生产建设项目 21 个，省级下发整改意见，其中天台县杭绍台高速公路（台州段）、文成珊溪至泰顺横坑公路高山至福全段改建工程、磐安县尖山镇土地综合整治 3 个项目列入省级挂牌督办。

【生产建设项目水土保持卫星遥感监管行动】 2020 年，根据水利部下发卫星图斑，全省共有 7721 个疑似违法违规扰动图斑，分布全省各地。省水利厅开展专题部署，对各市、县（市、区）水利局和相关技术服务单位人员进行培训指导，10 月底，完成下发的全部扰动图斑现场核查和认定工作。共查处未批先建、未批先弃、超防治责任范围等违法违规项目 627 个，全部完成闭环整改。省级利用 2020 年 7—9 月遥感影像，加密开展 1 次遥感监管，下发疑似违法违规扰动图斑 2218 个，经核查认定共查处违法违规项目 212 个。全年全省有 17 个县（市、区）未出现违法违规项目。

【国家水土保持重点工程监督检查】 2020 年，利用无人机和移动终端等技术手段，结合现场监督检查，对实施措施逐个图斑进行现场复核，重点核实是否按照项目实施方案与下达投资计划实施，以及项目完成的工程量及质量。全省全年在建的国家水土保持重点工程共 8 个，选取开化县霞湖等 6 条生态清洁小流域水土流失综合治理项目进行信息化监管；年度竣工验收的国家水土保持重点工程共 8 个，从中选取缙云县章溪小流域水土流失综合治理项目，开化县麻坞、三联、杨和溪（马金片）小流域水土流失综合治理项目，开化县柴家、兴枫小流域水土流失综合治理项目等 3 个项目进行信息化监管。对在建的、竣工验收的国家水土保持重点工程信息化复核数量比例分别为 12.5%、37.5%，达到水利部"每年抽取 10% 的在建项目、30% 的完成竣工验收项目进行复核"的要求。经复核，在建项目按照项目实施方案与下达计划实施，工程进度稳步推进，工程质量符合有关规定，施工现场较为规范；已竣工的 3 个项目基本按照实施方案及施工图确定的措施布局进行施工，对于少量因政策处理、施工现场实际等问题发生措施变更的，均按相关规定履行变更程序，并确保不降低项目整体水土保持功能，项目质量符合相关规定。

【水土流失综合治理】 2020 年，全省共完成水土流失治理面积约 483.83km²，超额完成年度计划 400km² 治理任务的 20.96%。全省实施补助资金水土保持工程 23 个，其中国家水土保持重点工程 8 个。新增水土流失治理面积 208.54km²，中央财政补助资金 3460 万元，省级财政补助资金 3623 万元。委托技术服务单位项目前期开展水土流失治理工程实施方案的合规性审查，对项目实施进行现场技术指导，发挥水土保持专项资金效益，保障全省水土流失治理取得较好成效。

继续推进生态清洁小流域建设。坚持山水田林湖草系统治理，创新治理模式，开展生态清洁小流域建设。实施浙江最大的水土流失综合治理 EPC 项目——温州市珊溪水利枢纽水源地水土流失治理工程。建德市前源溪、长兴县合溪北涧等小流域建设中，充分考虑美丽河湖及美丽乡村的要求，同周边景观有机结合。助推农民增产增收，方便生产作业，为乡村旅游经济发展提供坚强支撑。

【水土流失预防保护】　2020 年，全省实施水土流失预防保护面积 $354km^2$。预防垦造耕地、生产建设活动造成新的水土流失。针对重要水源地、重要江河源头区，保护和建设以水源涵养林为主的植被，加强远山封育保护，中低山丘陵实施以林草植被建设为主的小流域综合治理，近库（湖、河）及村镇周边建设生态清洁小流域，滨库（湖、河）建设植物保护带和湿地，减少入河（湖、库）的泥沙及面源污染物，维护水质安全。将水土流失重点预防区和重点治理区纳入"坡地村镇"等项目准入"负面清单"，涉及的项目实行"一票否决"。

【实施水土保持目标责任制考核】　2020 年初，省水利厅在市级自评的基础上，分组开展水土保持目标责任制现场复核，形成考评报告报省政府。根据全省 11 个设区市评定结果，共 6 个设区市获得优秀等次，其余 5 个设区市为良好等次。各设区市对"一市一清单"整改意见落实了整改责任，提出整改措施，逐一整改销号。

【通过水利部等七部委对浙江省水土保持规划年度实施情况考评】　2020 年 9 月，顺利通过水利部、国家发展改革委、财政部、自然资源部、生态环境部、农业农村部、国家林业局等七部委对浙江省水土保持规划 2019 年度实施情况考核评估。2019 年度全国水土保持规划评估结果浙江省被评为优秀等次。

【水土流失动态监测】　2020 年，根据《水利部办公厅关于做好 2020 年度水土流失动态监测工作的通知》及相关技术标准要求，应用卫星遥感技术，组织开展以县为单元的 2020 年度浙江省水土流失动态监测工作。通过遥感影像解译和实地调查分析，以县为单元开展水土流失动态监测，全面准确地分析全省和分市、县水土流失面积和强度。10 月 20 日，《浙江省 2020 年水土流失动态监测成果》通过省水利厅组织的审查验收；12 月 17—18 日，通过太湖流域管理局组织的成果复核。12 月 28 日，《浙江省 2020 年水土流失动态监测成果》上报水利部水土保持监测中心、太湖流域管理局。

【水土保持信息化建设】　2020 年，做好数据录入工作，共计录入 3783 项审批的水土保持方案至全国水土保持信息管理系统（4.0 版），做到应录尽录；生产建设项目水土保持卫星遥感监管图斑现场复核、疑似违法违规项目查处、整改等信息数据全部录入到位；按照《国家水土保持重点工程信息化监管技术规定》要求，将2020年度国家水土保持重点工程实施方案、省级计划、施工准备与进度等资料全部录入系统，实现图斑精细化管理，实时跟踪建设进度。做好水管理平台水土保持模块建设，按照浙江水利数字化转型工作部署，以"最小颗粒度"为标准梳理水土保持工作核心业务，搭建浙江省水管理平台水土保持应用模块，实现基础数据收集归仓。

【生产建设项目监督性监测】　2020年，对全省开展水土保持监测的532个项目，按季度整理分析监测情况，并发布全省生产建设项目水土保持监测情况报告4期，发现各类问题252个，主要有水保措施未落实、弃渣场变更手续不全、防护措施不到位等，及时将问题提交了有关部门，并督促整改。开展生产建设项目监测成果"绿黄红"［即生产建设项目水土保持监测三色评价制度，满分100分，得分80分（含）以上为绿色，60分（含）以上80分以下的为黄色，60分以下的为红色］管理，对浙江省文成至泰顺（浙闽界）公路等发布红色预警，UPC黄岩风电场工程等20个项目发布黄色预警。

【水土保持培训宣传】　2020年11月，举办水土保持技术管理和强监管培训班，邀请水利部水土保持监测中心、水利部太湖流域管理局有关领导授课，对水利部出台的水土保持强监管系列文件政策进行解读辅导，提高市县水土保持监管人员先进技术应用的意识和能力，来自各市、县（市、区）水利（水电、水务）局负责水土保持管理工作人员共计183人参加培训。

做好水土保持国策宣传，通过省水利厅官方网站、"浙江水利"微信公众号通报年度水土保持工作亮点、所获成绩，继续推动水土保持国策宣传教育进党校。继续推进德清现代水利科技示范区、常山县水土保持科技示范园、兰溪水土保持监测站建设，搞好水土保持宣传教育载体建设。

【水土保持"两单"信用监管】　2020年，根据水利部要求，浙江首次开展水土保持"两单"（生产建设项目水土保持信用监管"重点关注名单"和"黑名单"）信用监管，全省共计16个存在"未验先投""未批先建""未批先弃"等问题的市场主体被列入生产建设项目水土保持信用监管省级"重点关注名单"，其中杭州市临安区交通投资发展有限公司、宁波滨望置业有限公司、泰顺县文礼书院、湖州南浔伟鑫房地产开发有限公司、诸暨联科智慧城投资有限公司共计5个市场主体上报水利部。

（周人杰）

水资源管理与节约保护

Water Resources Management And Conservation Protection

135～142 页

水资源管理

【概况】 2020年,浙江省深入落实最严格水资源管理制度,强化水资源刚性约束。《浙江省水资源条例》经浙江省十三届人大常委会审议通过。完成2019年浙江省实行最严格水资源管理制度"三条红线"控制指标完成情况报送,在水利部公布的2019年度实行最严格水资源管理制度考核中浙江省获评优秀。组织完成省对11个设区市2019年度实行最严格水资源管理制度考核工作,考核结果经省政府审定予以公布。完成瓯江、钱塘江、分水江等11个跨行政区流域水量分配工作。在全省范围内开展取用水管理专项整治行动,至12月底,全面完成取水工程(设施)核查登记工作。完成全国先行开展取水许可电子证照应用工作试点工作,在全国率先推行全域取水许可电子证照应用。

【《浙江省水资源条例》出台】 2020年9月24日,《浙江省水资源条例》经浙江省第十三届人民代表大会常务委员会第二十四次会议通过并公布,共三十四条,自2021年1月1日起施行。《浙江省水资源条例》旨在加强水资源管理和实现水资源的可持续利用,推进生态文明建设及促进经济社会高质量发展。

【最严格水资源管理制度考核】 2020年1月,根据《水利部关于开展2019年度实行最严格水资源管理制度考核工作的通知》要求,省政府报送了2019年度浙江省实行最严格水资源管理制度"三条红线"控制指标完成情况。2019年全省用水总量165.78亿 m³,继续保持"十二五"末以来零增长;万元国内生产总值用水量降幅33.6%,万元工业增加值用水量降幅41.1%,农田灌溉水有效利用系数指标0.600,用水效率指标均超额完成目标值;重要江河湖泊水功能区水质达标率97.1%,远超国家下达控制目标。经国务院审定,水利部公布2019年度实行最严格水资源管理制度考核结果,浙江省考核结果为优秀。按照《浙江省水利厅等九部门关于印发浙江省实行最严格水资源管理制度考核办法和"十三五"工作实施方案的通知》《浙江省水利厅关于2019年度实行最严格水资源管理制度考核工作的通知》要求,省考核工作组通过技术资料审核和现场核查,对设区市2019年度水资源管理控制目标完成情况、制度建设和执行情况等进行综合评价。4月,考核结果经省政府审定后,由省水利厅、省发展改革委、省经济和信息化厅(以下简称省经信厅)、省财政厅、省自然资源厅、省生态环境厅、省建设厅、省农业农村厅、省统计局等9部门联合印发。其中,绍兴、台州、舟山、嘉兴、湖州、宁波等6市考核等次为优秀,杭州、温州、金华、衢州、丽水等5市考核成绩等次为良好。以"一市一单"方式印发考核整改意见,指导各设区市针对存在问题逐条研究,制定整改方案,抓好落实。9月,按照中央关于统筹规范监督检查考核工作有关要求,以及《水利部关于开展2020年度实行最严格水资源管理制度考核工作的通知》等文件，省水利厅印发《关于开展2020年度实行最严格水资源管理制度考核工作的函》。同时，明确2020年度省对设区市实行最严格水资源管理制度考核采用日常考核与年末考核相结合的方式，以日常考核为主。11月，省水利厅组织对11个设区市44个县（市、区）开展2020年水资源管理监督检查，在检查设区市对2019年监督检查发现问题整改落实情况的基础上，重点检查用水总量控制、取水许可（取水口监管）、区域水资源论证、地下水管理、饮用水水源保护、取用水管理专项整治行动、县域节水型社会达标建设落实情况等。

【重点河湖水量分配】　2020年11月，省水利厅经与流域相关设区市政府商议，组织制定《瓯江流域水量分配方案》和《钱塘江流域水量分配方案》，经省政府批准后印发实施。11—12月，杭州、宁波、温州、湖州、绍兴、金华、衢州、台州和丽水市水行政主管部门经各市人民政府同意，分别制定并印发分水江、甬江、鳌江、西苕溪、曹娥江、武义江、常山港、椒江、松阴溪等跨行政区流域水量分配方案，在保障河道生态流量的基础上，确定流域水资源开发利用上限。

【取用水管理专项整治行动】　2020年5月，省水利厅印发《关于开展取用水管理专项整治行动的通知》，在全省范围内开展取用水管理专项整治行动，重点排查引调水工程情况和工商企业、城镇和农村供水、农业灌区、农业养殖业等领域的取水行为，针对核查登记发现的问题，依法实施分类整治。6月底，太

湖流域和长江流域率先完成取水工程（设施）核查登记整改提升，清理取水项目67个、整改取水项目1069个。11月，省水利厅印发《关于做好取用水管理专项整治行动整改提升阶段工作的通知》，要求查漏补缺，重点针对工商企业补录清单、公共供水水厂名单、农业灌区名录和规模养殖户名录等4张清单，全面排查取用水管理情况，同时明确，2021年6月底前，有整改任务的县（市、区）完成取用水管理专项整治行动整改提升任务。至12月底，浙江省全面完成取水口核查登记工作，共登记取水口36636个。其中，长江流域（含太湖）登记取水口17307个，东南诸河流域登记取水口19329个。

【取水许可管理】　2020年，全省各级水利部门共新增取水许可审批1130件，全省发放取水许可证2111本（电子证照1828本，纸质证283本），其中新发1914本（电子证照1828本，纸质证86本），取水许可证电子化转换197本；注销与吊销取水许可证1467本。全省年终有效取水许可证保有量7619本（电子证照1390本，纸质证6229本），其中河道外5263本，许可取水量159.67亿 m^3。

【取用水监督管理】　2020年，对国家级和省级重点取水监控名录进行更新，将更名、注销或不再取水的原国家级重点监控取水户进行替换；至年底，国家级重点监控用水单位53家，省级71家。对国家级重点监控用水单位2020年下达计划量和实际用水量进行统计上报。促进火力发电、钢铁、纺织、造纸、石化、

化工、食品等 7 类高耗水行业和学校、宾馆、医院等用水单位的节水管理。

【水资源费征收管理】　2020 年，全省征收水资源费 14.25 亿元，其中省本级 0.91 亿元。7 月，省水利厅印发《关于助力市场主体纾困落实水资源费减免政策的通知》，明确 2020 年 7 月 1 日—12 月 31 日，全省范围内利用取水工程或者设施直接从江河、湖泊或者地下取用水资源的单位和个人所缴纳的水资源费，一律按规定标准的 80% 征收。7—12 月，组织开展全省取用水管理和水资源费征收专项核查，共抽查 100 家重点取水户和 60 个论证项目，重点对取水户日常管理、水资源费征缴和建设项目水资源论证质量等情况进行核查。该次核查共发现各类问题 70 多个，主要包括征收过程不规范、取用水管理不规范、计量设施日常管理不到位等问题，均及时通报责任单位并督促落实整改。

【水资源调度】　2020 年"引江济太"期间，开展环太湖浙江段水量水质同步监测、杭嘉湖南排工程换水期间水量水质同步监测、有关水利工程的联合调度及运行管理，落实"引江济太"配套资金 138 万元。2020 年，下达浙东引水调度指令 11 份，工程运行共 226 天，萧山枢纽引水 6.4 亿 m³，引水末端宁波地区受水达 5.56 亿 m³。

【水资源改革创新】　2020 年 5 月，浙江完成全国先行开展取水许可电子证照应用试点工作任务。在全国率先推行全域取水许可电子证照应用，全年共发出取水许可电子证照 2176 本。11 月，组织 11 个县（市、区）开展县域水资源强监管综合改革试点评估工作，总结工作成效，提炼试点经验，形成可复制、可推广的改革成果。

节　约　用　水

【概况】　2020 年，浙江省全面启动实施《国家节水行动方案》，《浙江省节水行动实施方案》经省委全面深化改革委员会会议、省政府常务会议审议通过，由省政府办公厅印发实施。完善节水工作机制，开展节约用水"十四五"规划编制。健全节水标准体系，发布实施《浙江省用（取）水定额（2019 年）》。推进县域节水型社会达标建设，25 个县（市、区）通过省级达标验收；15 个县（市、区）通过水利部复核验收，被命名为国家级节水型社会建设达标县并加以公布。印发《关于开展节水标杆引领行动的通知》，打造节水标杆酒店、节水标杆校园、节水标杆企业和节水标杆小区。推进水利行业节水机关建设，完成 5 家省水利厅直属单位、47 家市县水利局的节水机关验收和命名。抓好节水型企业、公共机构节水型单位、节水型灌区、节水型小区、节水宣传教育基地等节水载体创建。规范实施计划用水管理。建立节水宣传长效机制，进一步加大节水宣传力度。

【实施节水行动】　2020 年 4 月 24 日，省政府举行第 42 次常务会议，审议通过《浙江省节水行动实施方案（送审稿）》。

5月12日，省委全面深化改革委员会召开第九次会议，审议通过《浙江省节水行动实施方案（送审稿）》。6月4日，省政府办公厅下发《关于印发〈浙江省节水行动实施方案〉的通知》。6月22日，省水资源管理和水土保持工作委员会办公室下发《关于印发〈浙江省节水行动任务分工方案〉的通知》，进一步巩固"政府主导、水利抓总、部门协同、三级联动"的节水工作机制，部署各市、县开展节水行动实施方案编制工作。7月17日，省水利厅印发《关于开展实施国家节水行动"十百千"水利"三服务"活动的通知》；7—8月组织7个服务小队，由省水利厅厅级领导带队，分赴11个设区市22个县（市、区），深入全省10家高等院校、100个重点企业、1000个社区，实地开展服务活动，推动市县高质量、高水平实施节水行动，目标是把浙江建设成为南方丰水地区实施节水行动的标杆省份。9月3日，省水利厅联合省发展改革委、省经信厅、省建设厅、省农业农村厅等4个厅（委），在省政府新闻发布平台召开新闻发布会，解读《浙江省节水行动实施方案》，20多家中央及省级媒体参加发布会。9月24日，省水利厅、省节约用水办公室下发《关于做好节约用水"十四五"规划编制工作的通知》，启动省市县三级节约用水"十四五"规划编制工作，统筹谋划2021—2025年全省节约用水各项任务及具体指标。9月29日，浙江省、杭州市治水办（河长办）联合相关单位举办浙江省暨杭州市"节水，让生活更幸福"大型主题宣传活动，为全面实施节水行动营造良好的舆论宣传氛围。

【节水标准体系建设】　2020年，为加强用水定额管理，省水利厅会同省经信厅、省建设厅、省市场监管局组织完成浙江省用（取）水定额修订工作。4月16日，经省政府同意，省水利厅、省经信厅、省建设厅、省市场监管局下发《关于发布实施〈浙江省用（取）水定额（2019年）〉的通知》，自2020年6月1日起正式实施，2016年发布的《浙江省用（取）水定额（2015年）》同时废止；该定额共涵盖农业、工业、城市生活及服务业等59个行业、932项产品、2875个用水定额值。省水利厅组织开展《节水标杆单位评价标准》的研究制定工作，完成节水标杆酒店、校园、小区、企业等建设标准编制及实施程序设定，指导各地在重点用水领域积极打造节水标杆。

【节水型社会建设】　2020年，根据《浙江省县域节水型社会达标建设工作实施方案（2018—2022年）》，持续开展县域节水型社会达标建设。5月13日，省水利厅、省节约用水办公室印发《关于下达2020年度节水型社会建设工作任务的通知》，明确各市、县（市、区）年度建设任务。6月22日，省水利厅、省节约用水办公室印发《关于公布第二批节水型社会建设达标县（市、区）名单的通知》，公布桐庐县、淳安县、宁波市北仑区、宁波市奉化区、永嘉县、平阳县、瑞安市、嘉善县、平湖市、德清县、安吉县、绍兴市上虞区、诸暨市、浦江县、兰溪市、东阳市、常山县、龙游县、仙居县、临海市、庆元县、龙泉市等22个达标县（市、区）名单。配合全国节约用水办公室和太湖流域管理局完成县域节水型社会达标建设复核工作，11月，水利部以2020年第21号公告公布第三批节水型社会建设达标县名单，浙江省有淳安县、宁波市北仑区、宁波市奉化区、慈溪市、温州市洞头区、嘉善县、平湖市、绍兴市上虞区、诸暨市、浦江县、常山县、开化县、临海市、仙居县、云和县等15个县（市、区）上榜。全省达标率48%，提前2年完成并超过《国家节水行动方案》中提出的"到2022年，南方30%以上县（区）级行政区达到节水型社会标准"目标。全年全省共完成25个县（市、区）达省标验收和12个县（市、区）达国标验收，累计完成省级验收75个县（市、区），全省县域节水型社会达省级标准的达93%，实现2020年全省三分之二以上县（市、区）完成达标建设的预期目标。

【节水标杆打造】　2020年，省水利厅会同省经信厅、省教育厅、省建设厅、省文化和旅游厅、省机关事务局、省节约用水办公室，联合印发《关于开展节水标杆引领行动的通知》，在全省重点用水领域开展节水标杆引领行动，打造节水标杆酒店、节水标杆校园、节水标杆企业和节水标杆小区。经市县推荐、省级核定、自主申报、现场核查、专家评审、部门遴选、网站公示等程序，12月，下发《浙江省水利厅等七部门关于公布浙江省2020年度节水标杆单位名单的通知》，确定全省2020年度节水标杆单位名单，"浙江省节水标杆单位"称号

自发布之日起有效期为3年。全年全省共打造节水标杆酒店14个、节水标杆校园23个（其中节水型高校19个）、节水标杆企业20个和节水标杆小区107个。按照《浙江省水利行业节水机关建设标准》，组织各市、县（市、区）探索节水机关建设模式，通过现状摸底调查、进度排名通报、现场督导服务等措施，加快推进水利行业节水机关建设。12月，省水利厅印发《关于公布2020年浙江省水利行业节水机关名单的通知》，确定省水文管理中心、省钱塘江流域中心、省水利河口研究院、省水利水电技术咨询中心、省水利科技推广服务中心共5家厅直属单位，宁波市、温州市、嘉兴市、金华市、衢州市、丽水市共6家设区市水利局，以及杭州市余杭区林业水利局等41家县（市、区）水利局为2020年浙江省水利行业节水机关，全省具备创建条件的市、县（市、区）水利局机关全部完成达标创建。省水利厅会同省级有关单位开展10个重点用水企业水效领跑者、6个公共机构水效领跑者、2个灌区水效领跑者的遴选与申报工作，其中中国石油化工股份有限公司镇海炼化分公司、维达纸业（浙江）有限公司、浙江盛发纺织印染有限公司、湖州纳尼亚实业有限公司等4家企业获得"2020年重点用水企业水效领跑者"称号。

【节水型载体创建】　2020年，省水利厅、省节约用水办公室联合省经信厅、省建设厅、省机关事务局推进节水载体建设，全省共创建省级节水型企业378家、公共机构节水型单位28家、节水型灌区（灌片、园区）22个、节水型小区

437 个，其中 100% 省级机关建成节水型单位。根据《浙江省节水宣传教育基地建设标准》，组织各地多渠道筹措资金，开展省级节水宣传教育基地建设。12 月，省水利厅、省节约用水办公室印发《关于公布第二批浙江省节水宣传教育基地名单的通知》，确定建德市节水宣传教育基地等 10 个节水宣传教育基地为"第二批浙江省节水宣传教育基地"。组织各地利用已建成的节水宣传教育基地，充分发挥中小学生素质教育主阵地作用，引导全社会形成节约用水的良好风尚和自觉行动。

【节水先行试点】 2020 年 7 月，省水利厅、省节约用水办公室印发《关于下达 2020 年水资源管理和节约用水工作先行试点任务的通知》，在全省实施一批节水先行试点项目，共 21 项。先行试点任务包含合同节水管理、供水管网分区计量管理、工业园区节水、分质供水、节水数字化平台应用及节水长效管理机制建立等类型。拓展节水融资模式，鼓励和引导社会资本参与有一定收益的节水项目建设和运营，其中 13 个试点项目为合同节水管理试点项目，实施单位主要为高校与中学。2020 年，台州职业技术学院、丽水职业技术学院、海宁中学正式签订节水管理试点项目合同并实施，其他项目在积极推进中。省财政厅同意公共机构因产生节水效益支付给节水服务机构的合同费用，可在其公用经费预算中列支，打通合同节水管理项目效益分享的卡脖子环节。

【计划用水管理】 2020 年，全省共有 8142 家取水户纳入取水计划管理工作，下达取水计划总量为 2349.58 亿 m^3。其中向公共供水 461 家取水户下达取水计划量 75.09 亿 m^3，实际取水量 60.56 亿 m^3；向工业企业自备水源 4279 家取水户下达取水计划量 13.06 亿 m^3，实际取水量 8.71 亿 m^3。

水 资 源 保 护

【概况】 2020 年，浙江省加强饮用水水源地管理，完成 78 个饮用水水源地安全保障达标年度评估工作，公布县级以上饮用水水源地。加强生态流量监测能力建设，组织编制并印发 11 个流域生态流量保障实施方案。加强地下水监测站点的自动监测和维护管理，开展地下水管控指标确定工作。

【饮用水水源地管理】 2020 年 2 月，根据《浙江省水利厅 浙江省生态环境厅关于开展重要饮用水水源地安全保障达标评估工作的通知》要求，省水利厅会同省生态环境厅，经地方自评、现场抽查、资料评审等环节，完成 78 个饮用水水源地安全保障达标年度评估工作，印发《关于公布 2019 年度县级以上集中式饮用水水源地安全保障达标评估结果的通知》。其中，钱塘江杭州水源地、东苕溪杭州水源地、富春江桐庐水源地、新安江水库淳安水源地、新安江建德水源地、里畈水库水源地、白溪水库水源地、横山水库水源地等 69 个水源地评估等级为优，占比 88%；富春江富阳水源地等

7个水源地评估等级为良，占比9%；长水塘嘉兴水源地、花溪水库水源地等2个水源地评估等级为中，占比3%。6月，省水利厅、省生态环境厅印发《关于公布浙江省县级以上饮用水水源地名录（2020年）的通知》，将审核通过的94个集中式饮用水水源地名录予以公布确定，其中包括钱塘江杭州水源地、东苕溪杭州水源地、新安江水库水源地、富春江富阳水源地等83个常规供水水源地和闲林水库水源地、水涛庄临安水源地、长坑水库水源地、黄龙水库水源地等11个应急备用水源地。

【生态流量管控】　2020年12月，按照"一河一策"原则，省水利厅制定印发《钱塘江流域生态流量保障实施方案》和《瓯江流域生态流量保障实施方案》，杭州、宁波、温州、湖州、绍兴、金华、衢州、台州和丽水市水行政主管部门分别编制并印发分水江、甬江、鳌江、西苕溪、曹娥江、武义江、常山港、椒江、松阴溪生态流量保障实施方案，明确保障生态流量的管控措施、预警等级和响应机制、责任主体和考核要求，要求加强生态流量监测能力建设，强化社会监督，切实维护河道生态健康。

【地下水资源管理】　2020年，浙江严格实行地下水禁采、限采区管理。1月，省水利厅制定2020年水质监测工作方案，并印发《关于做好2020年水质监测工作的通知》，组织开展国家地下水监测工程154个地下水水位自动监测站和2个水位、水质自动监测站的维护和自动监测，加强监测质量管理。2月，根据水利部办公厅《关于开展地下水管控指标确定工作的通知》和水利部水资源司《关于加快推进地下水管控指标确定工作的函》要求，按照《地下水管控指标确定技术要求（试行）》，组织开展地下水取用水总量、水位以及地下水管控指标确定工作，主要分为资料查询、数据核算和报告编写3个步骤。11月底，形成地下水管控指标确定工作成果，并报送水利部审查。工作成果明确浙江省2025年、2030年地下水取用水量控制指标，并将控制指标进一步细化分解到县级行政区；确定2025年平水年地下水水位控制指标和考虑不同来水条件的地下水水位控制阈值；同时，以地级行政区为单元，确定2022年、2025年地下水取用水计量率、地下水监测井密度以及灌溉用机井密度等管理指标。

（沈仁英）

河湖管理与保护

Management And Protection Of Rivers And Lakes

143～154 页

河长制湖长制

【概况】　2020 年，浙江省印发《关于全面推进河（湖）长制提档升级工作的通知》，推动河长制湖长制提档升级，打造河长制湖长制"重要窗口"先行示范。深化"数字河长"建设，推进公众护水"绿水币"制度。治理曹娥江流域，完成曹娥江河长制重点建设项目 46 个，完成投资 51.47 亿元。全年各级河长巡河超400 万次，发现各类问题 32.51 万个，问题处理率 93.9%。公众对浙江省"五水共治"（河长制）工作满意度、幸福感持续提升，2020 年幸福感调查得分为89.84 分（相比 2019 年提高 1.32 分）。浙江省在国家最严格水资源管理制度考核中名列前三，浙江省水利厅河湖管理处被水利部授予"全面推行河长制湖长制工作先进集体"称号。

【重要会议和部署】　2020 年 6 月 1 日，省委、省政府组织召开省美丽浙江建设领导小组会议，强调要努力把浙江省建设成为展示习近平生态文明思想和美丽中国建设成果的重要窗口。8 月 15 日，省委、省政府在安吉县余村召开全省高水平建设新时代美丽浙江推进大会，强调要认真学习贯彻习近平生态文明思想和习近平总书记在浙江考察时的重要讲话精神，坚定扛起生态文明建设先行示范的使命担当，会上发布《深化生态文明示范创建，高水平建设新时代美丽浙江规划纲要（2020—2035 年）》，肯定了差异化政府考评、河长制等一系列领跑全国的创新制度。省级河（湖）长多次召开相关流域河湖长工作会议，5 月26—27 日，省政协副主席、瓯江流域省级河长周国辉赴温州、丽水调研瓯江流域治水工作；6 月 2—3 日，钱塘江省级河长、副省长陈奕君赴杭州市调研钱塘江、千岛湖河（湖）长制工作；7 月 22日，省人大常委会副主任、京杭运河省级河长史济锡考察调研杭州大城北规划展示馆和全省首座全地埋式污水处理厂——余杭临平净水厂，并在杭州市余杭区主持召开一年一度的省级河长巡河座谈会，总结交流前阶段京杭大运河河长制工作推进情况，研究部署下阶段工作；12 月 12 日，省人大常委会副主任、苕溪流域省级河长李学忠赴湖州市调研苕溪流域水环境工作，带头履行河（湖）长制，开展实地巡河，协调解决突出问题，打造精品"样板河"。

【河长制湖长制制度建设】　2020 年 1月，省"五水共治"工作领导小组办公室（以下简称省治水办）制定印发《关于全面推进河（湖）长制提档升级工作的通知》，通知要求全面提升全省河（湖）长制工作水平，完善河（湖）长制体系，加强河（湖）长制度建设，科学制定（修订）河（湖）长考评、述职、巡查、通报等相关制度，建立河（湖）长履职与责任河湖状况相结合的综合考评机制，结果按月通报当地总河长，实现对河（湖）长考核从巡查、发现问题为主向日常履职与水质、水量等河湖状况并重转变。8 月 3—5 日，编制组前往德清调研，邀请省河长学院、杭州市、台州市、衢州市、越城区和浦江县治水办代表进行讨论修改,形成标准征求意见稿。至 9 月底,11 个设区市河(湖)长制提档升级工作基本完成。全年各级河长巡河超 400 万次,发现各类问题 32.51 万个,问题处理率 93.9%。

【数字化平台建设】 2020 年 1 月,完成河(湖)长制管理平台升级,完善河湖基础数据库,实现河长履职积分在线考核排名、河湖健康状况在线评价、河湖问题在线处置等功能应用。深化"数字河长"建设,基本实现河湖基础信息全面覆盖、河(湖)长履职全程监管、河湖状况实时监控。联合省政法委、省大数据局推进"河长通"与"基层治理四平台"应用程序深度融合,完成全省 3 万多名村级河长在易和系统和"基层治理四平台"系统开户、河段基础数据统计。2020 年,全省 1369 个有村级河段的街镇、4730 条村级河段在"掌上基层"App 上均有巡河记录。推进公众护水"绿水币"制度,逐步构建"政府搭台、企业赞助、全民参与、数字运行"的全民护水模式和"问题有发现,发现有积分,积分有奖励,奖励有保障"的"绿水币"机制。6 月,公众护水平台运行;截至年底,全省注册公众护水"绿水币"人数近 100 万,发现约 4 万个问题,问题基本得到解决。宁波市秦红波被评为全国"十大最美河湖卫士",杭州市李勤爱被评为全国"巾帼河湖卫士"。

【曹娥江"一河一策"治理】 2020 年,根据曹娥江河长制"一河一策"治理方案,浙江省围绕"把曹娥江流域打造成河湖长制工作的新标杆、江南水乡治水美水的新典范"这一要求,克服新冠肺炎疫情影响,坚持系统治理、依法治理、综合治理、源头治理,开展水污染防治、防灾减灾能力提升、美丽河湖建设、河(湖)长制创新等工作。2020 年,完成曹娥江河长制重点建设项目 46 个,完成投资 51.47 亿元。河道水质高位向好,曹娥江水系 23 个市控及以上断面全部达到 III 类及以上水质标准,其中 I ~ II 类水占比 87%,克服持续干旱,确保各类用水安全。绍兴市全年共完成工业园区 50 个、居民小区 104 个、乡镇(街道)58 个"污水零直排区"的创建。全流域护水志愿者注册人数达 23 万,占浙江省注册总人数的近 1/4,累计发现问题 3562 个,全部整改到位。曹娥江流域河(湖)长总计 3428 名,其中省级河长 1 名,市级河湖长 31 名,县级河湖长 145 名,乡级河湖长 1012 名,村级河湖长 2239 名。各级河湖长克服疫情影响,全年累计巡查 42 万次,上报问题 8817 件,事件办结率达 99.5%。绍兴市与金华市分别连续 5 年、6 年获浙江省"五水共治"河(湖)长制大禹鼎,金华市河长制工作获得国务院正向激励。

(何斐、王巨峰)

"美丽河湖"建设

【概况】 2020 年,"美丽河湖"建设再度被省政府列为全省十大民生实事之一。全省推进美丽河湖建设,经市级验收、省级复核、公示等环节,最终建成

140 条（个）省级"美丽河湖"，见表 1。完成中小河流治理 718km，完成投资 49.4 万元，完成率 144%。推进德清、嘉善、景宁 3 个全国农村水系治理试点县建设，德清县蠡山漾示范河湖通过水利部验收。

表 1　2020 年省级"美丽河湖"名录

行政区	县（市、区）	河（湖）名称	河湖类型	所在位置	创建规模/(km/km³)
杭州市	上城区	龙山河片区（三河一塘）	河道	龙山河、贴沙河、新开河、安家塘湖	16.0
	下城区	运河片区	河道	贴沙河、中河、古新河、南应加河、六塘纹漾、庙桥港、费家漾、西湖漾、横河港	13.3
	江干区	城东水系	河道	二号港、赵家港、白石港、笕桥港、五号港、六号港	13.5
	西湖区	文新片区	河道	冯家河、益乐河、莲花港、紫金港、小紫金港	10.4
	拱墅区	红旗河片区	河道	红旗河、后横港、连通港、周家河、十字港	10.0
	滨江区	白马湖片区	河道	塘子堰河—小砾山输水河	8.7
	萧山区	浦阳江	河道	义桥老大桥—新江岭	13.0
		里士湖	湖泊	所前镇金临湖村	0.3
	钱塘江新区	临江护塘河	河道	七格渠—下沙闸	12.8
	余杭区	京杭大运河（塘栖段）	河道	内排港—原新华丝厂	10.1
		长命港	河道	良渚界—化湾斗门	11.3
		中苕溪	河道	仇山—临安区地	10.0
	富阳区	葛溪	河道	新登镇双江口—方里村古羊岭水库	35.5
		壶源溪	河道	青江村富春江入口—石龙村汤家自然村磨麦谭	35.0
		渌渚江	河道	渌渚镇新港村港东自然村—新登镇双江村	17.1

续表1

行政区	县 (市、区)	河(湖)名称	河湖类型	所在位置	创建规模 /(km/km³)
杭州市	临安区	天目溪	河道	南山堰—英公水库大坝	15.9
		马溪	河道	马溪与南苕溪交汇处—马岭	10.0
	桐庐县	后溪	河道	分水江水库—双溪口	10.5
		双坞溪	河道	前溪入口—三角恋	11.7
	建德市	大洲溪	河道	下涯埠—罗庄	23.2
		富春江(建德段)	河道	建德三江口—富春江建德桐庐交界处	19.3
	淳安县	东源港	河道	临岐入湖口—云溪水库	36.3
		六都源	河道	威坪入湖口—河村水库	20.1
宁波市	海曙区	樟溪河	河道	它山堰—皎口水库	13.8
	江北区	茅家河	河道	下梁闸—小洋桥	5.5
	鄞州区	沿山干河	河道	横溪镇界—通途路	13.0
	镇海区	姚江东排北支线	河道	化子闸—汇源桥	10.6
	北仑区	芦江大河	河道	柴桥街道(瑞岩寺水库—穿山闸)	11.7
	奉化区	剡江	河道	方桥三江口—大湾岗东坡董家堰	11.5
		县江	河道	方桥三江口—横山水库	14.4
	高新区	沿山干河	河道	通途路—甬江	10.2
	慈溪市	伏龙湖水库	水库	宁波市慈溪市龙山镇	1.0
	余姚市	姚江	河道	蜀山大闸—中舜江闸	13.6
	宁海县	中堡溪	河道	胡东村—沙地下村	15.0
	东钱湖管委会	沿山干河	河道	遮家桥—下王	8.4
	象山县	南大河	河道	横大河—人民广场	6.5
温州市	鹿城区	九山湖	湖泊	九山公园北首—康乐桥	0.1
	龙湾区	瑶溪河	河道	瑶湖水库—茅永路	4.0
	瓯海区	戍浦江	河道	戈恬大桥—泽雅水库大坝	9.5
	生态园管委会	轮船河	河道	张家桥—上垟西河	3.0
	乐清市	大荆溪	河道	东加岙—盛家塘	14.2
	瑞安市	湖岭三十三溪	河道	六科—湖岭镇永胜	5.2

行政区	县 （市、区）	河（湖）名称	河湖类型	所在位置	创建规模 /(km/km³)
温州市	平阳县	青街溪	河道	垟子尾—十五亩村	4.4
		瑞平塘河	河道	县界—北门水闸	11.0
	苍南县	藻溪大溪	河道	下灶桥—吴家园水库	5.0
	文成县	飞云江巨屿段	河道	九溪坝址—巨屿大桥	8.0
	泰顺县	南浦溪	河道	廊桥—瀑布顶	10.0
湖州市	吴兴区	移沿山漾片	湖泊	八里店镇移沿山村	0.5
	南浔区	八殿漾水系	河道	八殿漾周边水系—八殿漾周边水系	10.5
		排塘港	河道	德清界—双林塘	16.9
		千金童心小镇水系	河道	千金镇	10.0
	德清县	洛舍漾	湖泊	洛舍镇	0.5
		芒溪漾	湖泊	新市镇	1.0
	长兴县	和睦塘港水系	河道	龙山街道、太湖街道	10.0
		西苕溪	河道	下目村—港口大桥	10.0
	安吉县	浒溪	河道	巡检司—汀香别墅	12.4
		递铺港	河道	六官里—凤凰水库坝下	10.2
		南溪（老石坎水库下游段）	河道	老石坎水库下游段	19.4
		郿吴溪	河道	大河口水库—万代坝	12.6
嘉兴市	南湖区	湘家荡	湖泊	七星街道	1.7
	秀洲区	新塍塘	河道	—	9.3
	嘉善县	长白荡	湖泊	嘉善县姚庄镇	1.2
	海盐县	梦湖、新城河	湖泊	梦湖—前场泾，梦湖—泾口河	10.5
	平湖市	嘉善塘	河道	嘉善交界—西孟家桥	14.0
	海宁市	碧云港片区	河道	长山河—袁硖港	11.6
		洛溪河	河道	绵长港—长山河	17.3
	桐乡市	南沙渚塘	河道	崇福市河—海宁界	13.6
		康泾塘—北港	河道	康泾塘—莲花桥港	10.3

续表1

行政区	县 (市、区)	河(湖)名称	河湖类型	所在位置	创建规模 /(km/km³)
绍兴市	越城区	平水江(若耶溪)	河道	萧甬铁路—越城柯桥界	9.9
		大环南河 (含大环西河)	河道	娄宫江—平水西江	9.5
	柯桥区	滨海大河	河道	安昌海盐—滨海闸	17.2
		南溪、北溪	河道	又江溪—东村、官培溪	23.7
	上虞区	皂李湖	湖泊	梁湖街道皂李湖村	1.4
		隐潭溪岭南段	河道	溪上桥—余姚界	17.5
		下管溪陈溪段	河道	苗通剧院后2号坝—徐林水库	6.6
	诸暨市	五泄水库	水库	五泄镇	0.6
		永宁水库	水库	枫桥镇永宁村	1.0
		大陈江	河道	安华桥—诸浦界	7.2
		五泄溪	河道	合溪口—五泄水库天堂岗	13.3
	嵊州市	小乌溪江	河道	乌岩—泥家湾水库	36.0
		艇湖	湖泊	湛头	4.8
	新昌县	小泉溪	河道	溪西村前殿岭脚自然村—坪桥	12.5
		茅洋江	河道	黄坛村—大竹园	13.5
		莒根溪	河道	里家溪—巧英水库	12.0
金华市	市本级	通园溪	河道	东阳江汇合口—沪昆高速公路	5.5
	婺城区	武义江	河道	雅畈镇竹园村—雅畈镇孟宅桥	8.0
	开发区	衢江	河道	罗埠后张村兰溪交界处—洋埠 1号机埠龙游交界处	10.0
	金东区	东阳江	河道	曹塘澧大桥—东关大桥	12.0
	义乌市	环溪	河道	蜀墅塘水库—雅端村	10.0
		南江	河道	佛堂大道—画坞坑	5.0
	东阳市	东阳江城区段	河道	山口大桥—盘溪汇入口	10.1
	兰溪市	高潮水库(兰湖)	水库	兰溪市上华街道皂洞口村	2.0
	永康市	南溪	河道	石柱镇郎村—缙云交界处	9.6
	浦江县	壶源江	河道	檀溪镇檀溪大桥—杭坪镇石 宅村	38.3
	武义县	武义江湖沿至倪桥段	河道	泉溪镇巩宅村—桐琴镇倪桥村	10.5
	磐安县	西溪	河道	梓誉村—姜山头电站	10.2

续表1

行政区	县 （市、区）	河（湖）名称	河湖类型	所在位置	创建规模 /(km/km³)
衢州市	衢江区	衢江区城区段	河道	上山溪汇合口—宾港大桥	9.0
		幸福源	河道	尹家村—红岩水库下游	12.2
	柯城区	石梁溪	河道	寺桥—大头	10.0
	常山县	常山港何家段	河道	何家乡何家村—何家界首	10.0
		龙绕溪九都段	河道	九都段	11.0
	开化县	马金溪（霞山大桥 至青山头大桥）	河道	青山头大桥—霞山大桥	13.4
		马金溪（城华段）	河道	池淮溪出口—龙潭大坝	19.0
	龙游县	白鸽湖	河道	下童村—罗家溪与社阳溪交汇 口（地圩村）	7.5
		灵山江	河道	溪口镇下徐村—沐尘水库	6.0
	江山市	廿八都溪	河道	古溪三江口—小竿岭	12.0
		三卿口溪	河道	江山港汇合口—三卿口村	12.0
舟山市	定海区	白泉片河库水系	河道	白泉大闸、保泉碶、白泉主 河、大干桥、阮郎桥、十字路河	14.0
		岑港河库水系	河道	毛湾大闸、龙眼河、凉亭河、 兴港河、岑港河—岑港水库、兴 港河、西岙水库、龙潭水库、新 坝弄山塘	10.7
	普陀区	凤舞河	河道	坦岙村—千丈塘水库	3.4
	岱山县	桂太长河	河道	衢山镇樟木山村横径西闸—衢 山镇申东大酒店	4.7
台州市	椒江区	梓林西（东）大河	河道	建设闸—临海界	11.7
	路桥区	新桥镇美丽内河网	河道	新桥镇	5.5
	黄岩区	永宁溪及其支流	河道	坦头村—乌岩头村	9.7
	仙居县	十三都坑 （尚仁村— 永安溪段）	河道	尚仁村—永安溪段	12.3
		双庙溪	河道	桐园—新路	10.0
	天台县	慈圣大坑	河道	新昌界—铜壶景区	6.1

行政区	县 （市、区）	河（湖）名称	河湖类型	所在位置	创建规模 /(km/km³)
台州市	玉环市	同善塘河、 芳杜河水系	河道	泗头闸—溪坑	10.7
	三门县	清溪	河道	外黎—书带看	7.0
	临海市	灵湖	湖泊	大洋街道	1.2
	温岭市	东月河水系	河道	东辉中路—金清大港	10.0
		九龙汇	湖泊	九龙汇及其周边支河	0.6
丽水市	莲都区	宣平溪	河道	大溪汇合口—章湾电站厂房	12.0
		方溪	河道	小处村（好溪汇合口）—下陆村（缙云交界处）	12.6
	青田县	瓯江下游段	河道	青田与永嘉交界—青田水利枢纽	10.0
		章村源	河道	祯埠乡王村源出口—章村乡黄肚村	10.0
	遂昌县	松阴溪 （南溪襟溪段）	河道	金岸—源口	11.3
		乌溪江	河道	独山大桥—独口	10.6
		桃源	河道	龙游界—寨下王坞	10.0
	云和县	龙泉溪（紧水滩大坝—长汀大桥段）	河道	长汀大桥段—紧水滩大坝	13.0
		浮云溪	河道	城西桥—垄铺	12.0
	龙泉市	住溪	河道	老虎跳—住龙镇双河口	10.0
		梅溪	河道	查田镇—金村	10.0
	景宁畲族 自治县	小溪大均至 梧桐段	河道	梧桐—大均	10.5
	景宁畲族 自治县	鹤溪河	河道	溪口—三支树汇合口	10.5
		桃源溪	河道	白鹤村—深垟村	12.0
	松阳县	庄门源	河道	松阴溪入口—庄门源水库上游	10.0
	庆元县	南阳溪	河道	张村村—贤良村	12.0
	缙云县	章溪	河道	东渡镇兰口村—舒洪镇仁岸村	12.1
		贞溪	河道	盘溪流入章溪汇河口—上周村	20.0

【"美丽河湖"建设指导服务】 2020 年 3 月，按照省政府民生实事年度目标，省水利厅联合省治水办（河长办）下达年度建设计划 138 条。全省水利系统开展专题研究或现场督察 200 多次，自加压力，全力推进 173 条（个）美丽河湖建设。4—11 月，专家团队对 173 条（个）美丽河湖开展全过程、全覆盖现场服务指导，对往年美丽河湖落实"回头看"，累计服务指导 600 多人次，发现问题 153 处，督促做好问题闭环整改，确保高质量建设美丽河湖。省水利厅联合省人民检察院、省生态环境厅、省治水办（河长办）成立护河"联盟"，开展守护"美丽河湖"专项行动。美丽河湖建设与四条诗路文化带、美丽城镇、美丽乡村、绿道网建设相互联动，加强水岸同治、道路与堤防共建、水利与旅游融合，引导产业、文化、体育等各要素向滨水空间有序、规范集聚。推行"绿水币"制度，60 万公众参与护河巡河。

【"美丽河湖"验收复核工作】 2020 年，8—11 月，在市级验收的基础上，省水利厅组织开展省级现场复核。根据《浙江省美丽河湖建设评价标准（试行）》，严格美丽河湖建设质量要求，最终公告 140 条（个）省级美丽河湖，其中河流 124 条、湖泊 12 个、水库 4 个，涵盖浙江省除嵊泗县、温州市洞头区、龙港市、永嘉县等以外的所有县（市、区）。

【媒体宣传】 2020 年，新华社、中国新闻社、浙江日报及水利部河湖采风团多次赴浙江开展"幸福河湖"采风采访，足迹遍布全省 11 个设区市，深入报道城市、农村滨水区域建设发展、滨水产业经济、居民生活品质提升等方面内容，各级媒体累计报道百余次。4 月，会同省治水办组织"美丽河湖"摄影大赛、迎亚运倒计时 2 周年亲水活动等，包括水上运动竞技、体育展演、文化活动等形式，收到河湖主题摄影作品近 2 万幅，参与线上、线下活动累计 5 万余人次，展现美丽河湖风采。8 月，中央电视台"新闻直播间"栏目，实况播出美丽河湖——壶源溪龙鳞坝网红打卡地，用时 5 分半。12 月，浙江卫视"今日说评"栏目专题报道美丽河湖工作，用时 9 分 58 秒。

【"美丽河湖"建设成效】 2020 年，全省完成美丽河湖建设 140 条（个），长度 1540km，贯通滨水绿道 1590km，串联滨水公园 283 个，建设生态堰坝 150 个，堤岸绿化长度 400km，新增水域面积 208 万 m²。87 个县（市、区）、213 个乡镇（街道）、737 个村庄（社区）、365 万人口直接受益。

【中小河流治理成效】 2020 年，加固堤防护岸 416km，新增绿道 100km，新增绿化面积 145 万 m²，新增景观节点 120 处，德清县十字港、衢江区上下山溪等流域性综合整治基本完成，系统治理成效显现，持续改善河流生态环境，提高生态水环境质量，切实改善沿河居民生活环境。

（胡玲、唐建涛）

河湖水域岸线管理保护

【概况】 2020年,省水利厅印发《关于进一步明确浙江省有关水域管理职责的通知》和《浙江省重要水域名录划定工作规程》等文件,探索区域联防联治新模式,全力推进水域调查、河湖管理范围划定、河湖"清四乱"(乱占、乱采、乱堆、乱建及其他河湖问题的清理)常态化规范化、岸线保护利用规划等基础性工作。至年底,全省各县(市、区)全部完成水域调查,完成河道管理范围划定批复公告14万km、界桩设置1.25万km,完成河湖"四乱"问题整改401个。浙江省河湖"四乱"问题整改率位列全国前三。

【水域调查】 2020年,高质量推进水域调查工作,建立水域调查一周一指导、半月一报表、一月一抽检、一县一清单、一市一示范"五个一"服务指导工作机制。创建浙江省水域调查钉钉工作群,在线解答各地工作疑问,收集水域调查及技术导则有关难点问题,并书面解答反馈。整编汇总《浙江省水域调查工作流程》《浙江省水域调查市级复核拼接、成果提交》等培训材料,供各地下载学习。至12月25日,全省各县(市、区)全部完成水域调查,共处理1240万个图层(记录),形成11个市级数据库,省级数据库初步完成拼接,水域家底初步摸清。

【河湖管理范围划界】 2020年,省水利厅依法指导推进河湖管理范围划定工作。建立考评机制,明确将河湖管理范围划界工作列入年度综合考核,对工作进度滞后市县进行通报"晾晒",以考核促进度。强化指导,省水利厅多次派人赴现场协调跨区域、历史遗留难点,并采用地形图、航拍影像、卫星影像资料的最新成果,结合全国第三次国土调查有关水域数据基础信息,提高河湖管理范围划界质量。至11月23日,各县(市、区)根据规定标准和要求划定并公告第一次全国水利普查名录内的2.3万km河道管理范围,按期向水利部递交划定成果。至12月31日,全面完成河湖管理范围划界,全省累计完成河道管理范围划定批复公告14万km,完成界桩设置1.25万km。

【河湖"清四乱"】 2020年,根据《水利部办公厅关于深入推进河湖"清四乱"常态化规范化的通知》要求,省水利厅协同省治水办(河长办)就深入推进河湖"清四乱"常态化规范化工作进行部署,组织市、县(市、区)开展自查自纠和省级不定期现场督导检查、明察暗访,制定督促检查方案,明确暗访频次、任务,并覆盖所有县(市、区)。各地积极投入新型基础设施建设,增加视频监控等430多处,建立数字化管理平台,利用无人机、无人船、卫星遥感等手段管护水域,推动河湖大数据运用与管理。7月2日,组织召开浙江省河湖管理工作座谈会,揭示河湖"四乱"问题,分市下发未整改"四乱"问题清单,督促问题较多、整治滞后地区加快清理整治,推进问题动态清零。全年省级部门累计检查河湖609条(含湖泊10

个），检查河道长度 1964km，无人机巡查河道 1206km，重要水域遥感监测分析排查图斑 1863 个。建立"一周一督促""一月一通报"问题销号制度，突出问题导向，加大督办检查力度。全年共完成"四乱"问题整改 401 个，跟踪处理中央环保督察信访件 114 件，开展涉水违建别墅排查整治 33 宗。各级暗访督促检查发现的问题已全部销号。11 月 6 日，在全国"清四乱"常态化规范化等工作视频调度会商会议上，水利部河湖司通报浙江省河湖"四乱"问题整改率位列全国前三。

【水域保护和重要河湖岸线保护利用规划编制】　2020 年，组织编制《浙江省水域保护规划编制技术导则》《大运河（浙江段）岸线保护与利用规划》《钱塘江干流岸线保护利用规划》。深入调查钱塘江、大运河等重要河湖岸线利用现状，划定岸线功能区，分类制定各功能分区管控措施。协同推进省大运河国家文化公园建设。

【河湖管控制度体系建设】　2020 年 10 月 22 日，省水利厅编印《浙江省重要水域划定工作规程（试行）》，就重要水域划定公布工作进行部署，明确全省重要水域划定对象、内容、技术成果要求和工作程序。探索区域联防联治新模式，指导杭州市、绍兴市、嘉兴市等地创新实践流域共治，通过签署协作框架协议、完善机制、共议对策等形式，建立定期会商、应急协同等常态化工作机制，打破交界区域联防联治瓶颈。

（宣伟丽、罗正）

水利工程运行管理

Hydraulic Engineering Operation Management

155～163 页

水利工程安全运行

【概况】 2020 年，全省各级水利部门和水利工程管理单位全力做好水利工程安全运行管理各项工作，在防御超长超强梅雨洪水、第 4 号台风"黑格比"等袭击和连续少雨干旱天气中，确保水库无一垮坝，主要江河堤防、标准海塘及闸站无一决口，全省大中型水库拦蓄水量 106 亿 m³，沿海平原闸站排水 55 亿 m³。组织开展水库提能保安专项行动，落实 2020 年度水库大坝等水利工程安全管理责任人 1.74 万余人。做好水库大坝注册变更登记，办理新注册 3 座，办理变更 85 座，至年底全省（含国家电网系统）水库大坝 4296 座。梳理水利工程安全鉴定超期数量，全年完成水利工程安全鉴定 1233 个。组织实施水库降等报废，降等 7 座、报废 1 座，均为小（2）型水库。组织开展水利工程监督检查和管理考核验收复核工作，金华市安地水库管理中心等 4 家水管单位通过水利部考核复核验收，全省累计通过水利部考核验收水管单位总数位列全国第二。水利工程运行管理工作位列水利部督查考核全国第一。

【落实水利工程安全管理责任制】 2020 年 3 月，省水利厅印发《关于全面落实 2020 年度水库大坝等水利工程安全管理责任人的通知》，对有管理单位的水利工程明确政府行政责任人、水行政主管部门责任人、主管部门（产权人）责任人、管理单位责任人、技术责任人和巡查责任人；对无管理单位的水利工程明确政府行政责任人、水行政主管部门责任人、主管部门（产权人）责任人、技术责任人和巡查责任人。水利工程安全管理责任人由工程所在地水行政主管部门督促工程主管部门（产权人）按隶属关系进行落实，共落实 1.74 万余人。按照管理权限，分别由省、市、县三级水行政主管部门公布。其中，省水利厅公布大中型水库大坝、大型水闸、大型泵站、二级以上堤防工程和跨设区市的中型水闸、中型泵站、三级堤防、引调水工程的安全管理责任人，其他水利工程责任人由市、县（市、区）水行政主管部门按管理权限公布。按照水利部要求，重点落实水库安全管理责任，将水库安全管理"三个责任人"名单报水利部备案，并录入水利工程运行管理平台进行动态管理。4 月，省水利厅转发水利部《小型水库防汛"三个责任人"履职手册》并要求严格执行。5 月，省水利厅举办全省水利工程运行管理暨水库安全管理"三个责任人"等视频培训，组织全省水库安全管理"三个责任人"参加水利部 13 门课程的学习，全省参训人员达 4 万余人次。

【水库提能保安专项行动】 2020 年 4 月，省水利厅组织召开全省水库安全度汛视频会议，传达全国水库安全度汛工作会议精神，部署 2020 年水库安全度汛工作。4 月 9 日，省水利厅印发《浙江省水库提能保安专项行动方案》，组织开展水库提能保安专项行动，主要包括提升"三个责任人"能力，加强"三个重点环节"（预报预警、控制运用、应急处置）建设，加快"三项安全措施"（安全隐患排查、安全鉴定超期存量清零、病险水库存量清零）落实，推进水库管理"三化"改革，做实"三类监督检查"（常态化督查、专项督导、交叉对口检查）。通过开展专项行动，确保大中型水库不垮坝；小型水库在设计标准内安全度汛，遇超标准洪水有应对措施，确保不发生重大责任事故。

【水库大坝注册登记】 按照水利部《水库大坝注册登记办法》等有关规定和水利部《关于开展水库大坝注册登记和复查换证工作的通知》要求，省水利厅督促各地做好除国家电力系统外的新建水库大坝注册登记和登记事项发生改变的水库大坝变更登记，大中型水库大坝注册登记在 30 日内完成。17 座国家电力系统水库由国家能源局大坝安全监察中心注册登记。至 2020 年年底，全省（含国家电网系统）水库大坝 4296 座，其中，大型 34 座，中型 159 座，小型 4103 座，见表 1。

表 1　全省水库大坝注册登记数量表（含国家电网系统）

单位：座

地区	大型	中型	小型	小计
杭州	4	14	618	636
宁波	6	27	370	403
温州	1	19	309	329
湖州	4	7	146	157
绍兴	6	13	536	555
金华	2	27	775	804
衢州	5	9	453	467

续表1

地区	大型	中型	小型	小计
舟山	0	1	208	209
台州	4	14	330	348
丽水	2	28	358	388
合计	34	159	4103	4296

【水利工程安全鉴定】 2020 年，省水利厅通过水利工程运行管理平台，组织开展安全鉴定网上登记，梳理水库大坝、水闸、泵站、堤防、海塘等水利工程安全鉴定超期名录，动态掌握安全鉴定工作开展情况。制定水库安全鉴定超期存量两年清零和海塘安全鉴定超期存量当年清零计划，全年计划鉴定水利工程 1000 个。结合争先创优工作，将任务分解到各市、县（市、区），每月公布各地安全鉴定工作进展情况，督促指导各地加快推进安全鉴定工作。至 12 月底，完成水利工程安全鉴定 1233 个，其中水库 898 座，海塘 140 条共 410km，堤闸 195 条（座）。海塘安全鉴定超期存量实现清零。按照安全鉴定审定权限，省水利厅完成嵊州市南山水库、德清县对河口水库、安吉县老石坎水库、钱塘江省管海塘杭州段、德清县西险大塘和东苕溪导流港东大堤、绍兴市柯桥区新三江闸、绍兴市上虞区上浦闸等 8 个工程安全鉴定审查或审定工作。

【除险加固方案编制】 按照《浙江省水库提能保安专项行动方案》关于病险水库三年内实现存量清零的要求，2020 年 11 月 30 日，省水利厅印发《关于下达全省病险水库存量清零 2021—2022 年行动计划的通知》。病险水库清零分除险加固、维修加固、降等报废三类，其中，除险加固类 414 座，要求 2021 年实施 223 座，2022 年实施 191 座；维修加固类 45 座；降等报废类 19 座。组织编制《浙江省病险工程加固提标年度实施方案（2021—2025）》，提出"十四五"期间病险工程加固提标项目的初步安排和投资规模。

【水利工程控制运用】　2020 年 1 月，省水利厅印发《关于做好 2020 年度水利工程控制运用计划编制工作的通知》，组织开展水库、水闸、泵站等水利工程控制运用计划编制及核准工作，科学制定调度原则和汛限水位，指导大中型水库开展入汛至入梅、梅台过渡期、台汛末期汛限水位动态控制。汛前，按照审批权限，省水利厅完成 34 座大型水库及安华水库、4 座重点大中型闸站的控制运用计划核准。针对余姚市四明湖水库下游河道整治工程已完工，调整恢复四明湖水库设计泄洪流量，提高水库自身安全度和防洪能力；针对东阳市横锦水库溢洪道闸门高度不够的问题，组织专题研究，降低水库台汛期起调水位；鉴于德清县对河口水库已通过除险加固竣工验收，恢复其水库汛限水位至设计值。

入汛后，按照水利部《汛限水位监督管理规定》要求，采用线上线下监管，动态掌握水库蓄水和水位情况，督促指导水管单位严格执行经批准的控制运用计划，对超汛限的及时预警；调查梳理无防洪功能、溢洪道无闸门控制且无放水设施的大中型水库名单，报请水利部不列入汛限水位监督名单。全省水库未发生违规蓄水被水利部通报事件。

省水利厅牵头督导水库、水闸、泵站等水利工程控制运用，优化完善防洪调度和兴利调度规则和程序，加强调度指导。在入梅或发布台风消息后，根据天气预报和水库、河网蓄水状况，指导水库、水闸有针对性地进行预泄预排，进一步腾出防洪库容，降低河网水位，增强应对强降雨能力。强降雨来临时，指导大中型水库全力拦洪，骨干水闸泵站全力排水，确保上下游防洪安全。强降雨过后，督促指导各地蓄好出梅前和汛末的库水，接近汛限水位的水库关闸蓄水，为后期抗旱保供水提供充足的水资源。在防御 2020 年超长超强梅雨和第 4 号台风"黑格比"中，派员驻点新安江水库和杭嘉湖等地，进行调度会商和风险研判，指导各地充分发挥水利工程"拦、蓄、挡、排、疏"的作用。在防御梅雨洪水和第 4 号台风"黑格比"中，全省大中型水库拦蓄水量 106 亿 m^3，沿海平原闸站排水 55 亿 m^3。面对秋冬旱情，组织水管单位按照调度方案和应急预案积极应对。

【水库降等报废】　2020 年，省水利厅加强水库降等报废工作把关，对各地拟降等报废水库进行梳理复核。赴东阳等地开展小型水库降等报废现场指导服务，严格执行《水库降等报废管理办法》等制度，规范水库降等报废工作程序，提高工作质量，跟踪掌握 2020 年拟降等（报废）的富阳姚霄坞等 8 座水库实施进度。2020 年，姚霄坞等 7 座小（2）型水库降等，钱坞弄 1 座小（2）型水库报废。

【水利工程监督检查】 2020 年汛前，省水利厅组织开展水利工程安全隐患大排查，对全省所有水库、山塘、海塘、堤防、水闸、泵站等水利工程进行全面检查。省水利厅党组书记、厅长马林云带队暗访小型水库 7 座，检查安全运行情况。5 月，省水利厅组织开展以水利工程安全运行督导为主题的"三服务"活动，组织厅系统 140 人对全省 112 个水利工程开展督查指导。委托专业机构对 10 个设区市 41 个县（市、区）的 390 座水库进行现场检查指导。针对水利部督查发现的衢州市小型水库安全隐患较多的情况，赴衢州市开展问题整改督导，并对该市 6 个县（市、区）的 234 座小型水库开展专项督查。组织 10 个有水库的设区市对 26 个县（市、区）83 座水库开展交叉对口检查，相互查找问题，交流借鉴经验做法。针对发现的问题，落实专人动态跟踪问题整改，录入水利工程运行管理平台动态管理，并实行隐患问题清单式管理和销号制度。至年底，大中型水库完成问题整改 102 个，小型水库完成整改 1724 个，整改完成率 95％。

【水利工程管理考核】 2020 年 10 月，省水利厅组织开展水库、水闸、泵站、堤防、海塘等水利工程管理年度考核，形成《浙江省水利工程管理考核年度分析报告》。做好申报水利部验收复核工作，并组织开展省级验收复核工作。2020 年，金华市安地水库管理中心水利工程管理考核通过水利部验收，宁波市白溪水库、余姚市四明湖水库和绍兴市汤浦水库 3 座水管单位通过水利部复核

验收，金华市九峰水库、沙畈水库和绍兴市引水工程管理中心 3 家水管单位通过省水利厅考核验收，衢州市信安湖管理中心、杭州市余杭区东苕溪水利工程运管中心 2 家水管单位通过省水利厅复核。至年底，全省共有 18 家水管单位通过水利部验收，有 19 家水管单位通过省水利厅验收。

水利工程标准化管理创建

【概况】 2020 年是浙江省实施水利工程标准化管理的收官之年。浙江省全力推动水利工程标准化管理创建。各地按照"定标准、定责任、定人员、定经费、严考核"的要求，通过定岗定员、管理手册编制、管理经费落实、工程划界、平台建设、人员培训、工程面貌改善等措施，5 年累计完成 1 万多处水利工程标准化管理创建，范围涵盖水库、海塘、堤防、水闸、泵站、农村供水工程、农村水电站、山塘、灌区、圩区、水文测站等 11 类工程。2020 年，全省开展水利工程标准化管理创建工程复核，复核通过率为 95％。

【制度标准体系】 2020 年，省水利厅修订完善《泵站运行管理规程》，并以地方标准发布实施。组织制定《水利工程安全鉴定管理办法》，修订《海塘工程安全评价导则》，并起草《浙江省水利工程物业化管理指导意见》。启动《浙江省水利工程安全管理条例》《浙江省海塘建设管理条例》修订前期工作。2016—2020

年，省级层面制（修）订完成水利工程定岗定员、维修养护定额、标识牌、运行管理平台建设、工程物业化管理、验收等相关配套标准、意见、规定，省水利厅共制定水库等11类工程12项管理规程，其中大中型水库、小型水库、海塘、堤防、大中型水闸、泵站、农村水电站、山塘、水文测站9项作为地方标准；市、县（市、区）根据实际，均出台水利工程管护经费保障政策，水利工程管理制度体系初步建立。

【水利工程标准化管理创建】　2020年，省水利厅督促指导各地开展水利工程标准化管理创建工程复核，省级共抽查复核水利工程118个，复核通过率95%。确定20个县（市、区）开展水利工程标准化管理长效机制指导服务。组织开展水利工程标准化管理总结评估，筛选典型工程案例，制作水利工程标准化管理成效专题片。

【水利工程管理保护范围划定】　2020年，省水利厅组织指导新安江、富春江等9座大型水库，宁波市姚江大闸等15座大型水闸，以及东苕溪西险大塘等17条（段）重要堤塘管理保护范围划定，并提出审核意见报省政府。组织指导各地开展水利工程管理保护范围内存在基本农田、海域、生态保护区等情况调查，要求各地做好与国土空间规划的衔接，将基本农田等划出管理保护范围。

【推进数字化平台建设】　按照省水利厅数字化转型工作总体部署，推进浙江省水利工程运行管理应用系统建设，并列入水利部智慧水利工作试点。6—10月，组织开展字典编制、功能设计、应用开发，形成分别基于App和PC的应用框架，编制工程数据字典。起草《浙江省水利工程名录管理办法》，组织各地复核工程名录和数据。

水利工程管理体制改革

【概况】　2020年，省水利厅积极谋划水利工程管理产权化、物业化、数字化（以下简称"三化"）改革，在每个设区市确定1～2个县（市、区）开展"三化"改革试点工作。深化小型水库管理体制改革样板县创建。11月，水利部发布《关于公布第一批深化小型水库管理体制改革样板县（市、区）名单的公告》，淳安县、余姚市和绍兴市柯桥区为全国第一批深化小型水库管理体制改革样板县。是月30日，省水利厅发布《关于公布第一批深化小型水库管理体制改革省级样板县（市、区）名单的公告》，公布杭州市余杭区等9个第一批深化小型水库管理体制改革省级样板县。积极谋划水库等水利工程系统治理，省政府办公厅印发《浙江省小型水库系统治理工作方案》。

【水利工程管理"三化"改革】　2020年初，水利工程管理"三化"改革被纳入《浙江水利2020年工作要点》。11月，省水利厅印发《关于印发浙江省水利工程管理"三化"改革试点方案的通知》，在每个设区市确定1～2个县（市、区）开展"三化"改革试点工作。在开展水利工程确权划界的基础上，对权利归属明晰、审批手续完备、已竣工验收的水利工程及时办理不动产登记；发挥市场作用，引导社会力量参与水利工程运行管护，培育工程物业管理市场，提升水利工程专业化管理水平；开展数字水库、数字堤塘、数字闸站等建设，并将建设成果融入浙江省水管理平台。至12月底，全省规模以上水利工程确权颁证率28％；物业管理企业210家，水利工程物业化管理覆盖率27％；水利工程视频监控率45％，自动化监测率17％。

【小型水库系统治理】 2020年，针对小型水库风险短板问题，省水利厅组织起草《浙江省小型水库系统治理工作方案》，11月由省政府办公厅印发。以小型水库为重点开展系统治理，旨在基本构建功能定位适宜、产权归属清晰、责任主体明确、工程安全生态、管理智慧高效的水库治理体系，省域水库治理现代化走在全国前列。水库系统治理要求统筹考虑经济社会发展、水库功能需求、生态环境影响、工程安全状况和加固改造可行性等因素，对所有水库进行核查评估，逐库提出评估意见，以县（市、区）为单元，形成"一库一策""一县一方案"，并由当地政府批准实施。

【水利工程管理体制改革典型案例】

1. 淳安县小型水库管理体制改革。淳安县有小型水库62座，总库容4315万 m^3，分布于全县20个乡镇，57个行政村。为破解小型水库产权主体缺位、建管责任缺失、管护投入缺乏等现状，

淳安县大力推进小型水库管理体制改革，2020年，被水利部评为深化小型水库管理体制改革全国样板县。淳安县落实小型水库"三个责任人"，建立明确安全管理网络，落实水库安全管理责任和管护人员经费；建立管护经费财政补助相关机制，制订年度小型水库管护计划，落实小型水库运管经费，同时水库的大修、水毁修复、防汛抢险等项目通过专项经费予以解决；制定完善《山塘水库日常养护考核办法》《淳安县小型水库水利工程运行管理和维修养护办法（试行）》等一系列管理考核办法；实施分类确定工程产权，明确所有水库保护范围的界权划定和界桩碑安装。共颁发产权证书62份，达到产权明晰、保护范围明确的总体要求；探索水库安全管理和维修养护物业化管理模式，落实乡镇政府为管理小型水库安全，并落实物业管理企业的养护责任，规范水库统一养护标准。淳安县小型水库推行"县域统管、管养分离、专业养护"模式后，62座小型水库的管理规范、养护专业、面貌焕然一新、运行安全平稳。尤其是2020年新安江流域遭遇60年来梅雨期最大降雨，淳安县水库大坝无一垮坝，保障下游群众的灌溉、饮用水需求和下游河道的生态用水。

2. 余姚市小型水库管理体制改革。余姚市共有小型水库51座，总库容4448万 m^3。余姚市坚持权责一致、政府主导、突出重点、因地制宜的原则，运用现代化的科学技术，不断探索多元化的运行模式，为小型水库安全运行和效益发挥提供"余姚样板"。余姚市压实

防汛责任，落实行政责任人、技术责任人和巡查责任人"三个责任人"，逐库编制水库水雨情测报方案、调度运行方案、安全管理预案"三个方案"，确保防汛安全。同时建立多渠道工程经费筹集机制和稳定的管护经费保障机制，市属水库管理经费实行自收自支，乡镇（街道）所属水库管理经费实行乡镇统筹和财政补助模式，市财政按小（1）型水库每座6万元、小（2）型水库每座3万元的标准给予巡查管护经费补助；落实全市51座小型水库管理机构，其中12座小（1）型水库均建立专门水库管理单位，39座小（2）型水库由属地乡镇（街道）进行管理。探索开展水管体制改革工作，试点开展"库厂联合""以大带小""系统管理"模式。如前溪湖水库与长丰自来水厂开展"库厂联合"运营，解决水库管护人员和管护经费不足的问题；在丈亭镇整合基础相对较好的姚岭和寺前王2座小（1）型水库，成立姚岭寺前王水库管理所，配备专职人员9人，统一负责该镇2座小（1）型水库和5座小（2）型水库巡查及日常管护工作，并监督指导辖区内25座山塘水库的管护工作。推行小型水库"标准化"创建、"信息化"建设和"物业化"维养，促进管理的精细化、智能化和专业化。余姚市以政策为保障，以资金为支撑，构建"2＋2＋X"水利工程制度化管理体系，以"标准化"创建推动小型水库精细化管理；不断完善水库智能感知设备和硬件基础设施，先后完成向家弄水库大坝表面沉降位移自动观测系统、陆家岙山塘杆式水文视频综合监测系统、后杨岙水

库膜后渗水自动监测等，实现水库远程监测管理，以"信息化"建设推动小型水库智能化管理；在丈亭、梁弄、四明山等乡镇水库运行维养物业化试点，鼓励乡镇以购买公共服务的方式，引入具备较好水库运行管理水平的基层水利服务单位及社会组织，提供物业化的运行管理服务，以"物业化"维养推动小型水库专业化管理，从而达到落实精简管理机构、提高养护水平、降低运行成本的目标。

3. 长兴县水利工程管理"三化"改革试点。长兴县积极推行水利工程"三化"管理，推动水利工程管理体系和管理能力现代化。寻求产权化突破方向。推进县域内各类水利工程复核和标绘工作，完成5类水利工程梳理工作，分别为水库35座、堤防370.88km、水闸64座、泵站80座、闸站47座，并全部纳入水管理平台管理；在明晰产权与责任的基础上，提前摸排名录内296个规模以上水利工程的安全管理责任人，及时公布名单并录入水管理平台"工程运管"应用；长兴县水利局与县级自然资源部门对接协调，通过县级协调会议、事后补办等方式，对已竣工验收并取得土地使用权的水利工程进行不动产权证登记。提高物业化管理水平，推广典型示范，选取和平、虹星桥、李家巷等乡镇作为"三化"改革示范镇，以乡镇为单元，将规模以上水利工程的维修养护、绿化保洁、台账整理等工作统一打包开展物业化管理，进一步提升小型水利工程的管理水平，并将这种模式在全县范围内进行推广；以奖代补，鼓励引导乡

镇自主实施物业化管理，全县规模以上水利工程物业化管理覆盖率达50％；推行集约管理，将小型水库物业化管理的招标方式由乡镇（街道、园区）自主招标改为县级集中招标，管理体量变大的同时，吸引服务更好、管理更优的物业公司参与长兴县小型水库的物业化管理；修订《长兴县小型水库物业化管理标准及考核办法（试行）》和《长兴县小型水库大坝养护考核办法（试行）》，完善全县统一的考核标准。保障经费落实，修订完善《长兴县水利工程标准化长效管护办法（试行）》《长兴县非县级水利工程标准化长效运行管护考核细则（试行）》和《长兴县水利建设与发展专项资金管理办法》等制度政策。县级直管的水利工程的管养资金，由县级以上财政资金足额保障；非县级水利工程管理"三化"实行百分制绩效考评制度，采取日常检查与年度考核相结合的方式，考评结果与下一年度水利项目和资金安排相挂钩。创新管护模式，对西苕溪、杨家浦港、长兴港等骨干河道堤防及沿线规模以上交叉建筑物，推行物业化与自主管护相结合的模式，提升堤防运行管理水平，落实乡镇属地管理责任；相应制定并实施长兴县西苕溪、杨家浦港、长兴港堤防管理养护管理办法和考核办法，长兴县水利局对乡镇进行考核，考核优秀的按照2万～3万元/km的标准进行补助。推进数字化迭代升级，将已建视频监控系统集中接入县级水管理平台，对视频监控系统运行进行统一维护管理，依托省、市、县互联共享水管理平台，实现各级监管部门实时掌握重要水利工程运行状态和工程面貌；提前筹划数字水库建设，在小型水库水雨情自动遥测和视频实时监控全覆盖的基础上，深化水库感知体系建立，升级渗流观测设施自动化，青山水库完成升级改造工作，全县共有8座水库实现大坝渗流自动化监测；在工程设计、建设阶段，系统打造数字水利工程，以在建工程曹大圩圩区为例，工程完工后，圩区的视频监控系统、水雨情自动感知系统和水闸及闸站远程自动化系统将完成升级并接入县级水管理平台，实现"全天候、全过程、全覆盖"的圩区数字化管理模式。环湖大堤后续工程、桥下斗圩区、合溪水库、泗安水库等工程均已列为长兴县数字水利工程试点。

（柳卓、吕天伟）

水 利 行 业 监 督

Water Conservancy Industry Supervision

165～179 页

监管体系建设

【概况】　2020年，省水利厅按照"补短板、强监管、走前列，推进水利高质量发展"的总要求和年度工作部署，在监管体制、机制和监管方式等方面不断探索实践，统筹推进监管体系建设，指导全省水利行业强监管制度体系完善工作。经过全省各级水行政主管部门共同努力，省、市、县三级监管体系进一步完善，初步形成全行业推动、全领域覆盖、全社会助力水利"强监管"格局。

【监管体制及职责】　2020年，全省各级水行政主管部门积极践行行业"强监管"，落实各项工作举措，在机构设置、人员配备、制度建设和经费保障等方面不断探索创新，基本建立省、市、县三级监管和综合、专业、日常监管的"三纵三横"水利监管体制。按照"统一组织、分级负责、分工落实"原则，明确省、市、县三级"强监管"职责分工，省级负责统筹开展涉及全省范围的督查检查并对市县"强监管"工作开展和问题整改落实情况进行抽查，市级负责日常监管和对县级问题整改情况复查核实，县级负责日常监管和问题整改落实，形成省、市、县"三级联动、协同高效、同频共振"的监管格局。

【监管制度建设】　2020年，按照水利部总体部署和监管模式，建立具有浙江特色的"1+1+N"监管制度。其中第1个"1"，指《浙江省水利厅监督工作规则（试行）》，用于规范省水利厅本级监督工作，已于2019年8月开始执行；另1个"1"，指《浙江省水利监督规定（试行）》，用于指导全省水利行业监督工作，2020年8月开始施行；"N"指管业务的一系列监管制度（标准），由省水利厅机关相关业务处室制定并推动落实。2020年，相继出台《浙江省节水行动实施方案》《浙江省水利建设项目稽察办法》《浙江省水利建设与发展专项资金管理办法》等10多项制度（方案）、办法。全省各地也相应出台相关制度，为水利行业强监管落地见效提供制度保障。

【监管队伍建设】　根据年度重点工作任务，省水利厅组建非专职性质队伍开展各类监督检查，将强监管工作融入日常工作职责，提升行业监管能力。按照统分结合工作机制，省级综合督查由厅领导负责，结合三服务"百千万"行动厅级领导指导组安排，每组由1位厅领导、1个责任单位、1个技术支撑单位构成，与"三服务""三百一争"等工作结合开展，负责对各级水行政主管部门及其他行使水行政管理职责的机构落实水利部和省委、省政府及省水利厅年度重点工作任务情况进行督查；专项督查由相关业务处室负责，按照年初制定的督查检查工作计划，对专业领域工作开展情况进行督查。各市县级水行政主管部门，结合区域实际和年度工作重点，分别成立综合督查组和专业督查组，据统计，各类督查组总人数一般为70～130人。

【监管方式创新】　以全面推进水利数字化转型的契机为"强监管"赋能，全力开展"互联网＋监管"工作，充分依托省行政执法监管平台和水管理平台，借助信息化手段提升监管效能，逐步推开网络化监管模式，由传统的、独立安排的、逐次实施监督转变为全天候、常态化、不间断的监控，逐渐推动行业强监管"全覆盖"。2020年水利建设项目稽察首次使用水利稽察数字化应用平台开展。各级水行政主管部门结合区域实际，大多采取政府购买第三方服务等借助社会专业力量的方式，辅助开展各类监督检查，解决专职监督队伍落实难、人员少和专业性不强等问题。

【"水利行业强监管"通报表扬活动】
2020年4月16日，省功勋荣誉表彰工作领导小组印发《关于省水利厅2020年度通报表扬的复函》，同意省水利厅开展"水利行业强监管"通报表扬活动，表扬水利行业强监管成绩突出集体5个，个人50名。8月10日，省水利厅印发《水利行业强监管成绩突出集体和个人评选及通报表扬实施方案》，在全省水利系统组织开展2020年水利行业强监管成绩突出集体和个人评选及通报表扬工作。经评比，长兴县水利局等5个集体、杭州市林业水利局水利规划建设处吴俊明等50名个人分别获评2020年水利行业强监管成绩突出集体和个人。

【各地监管体制探索创新】   在推进"强监管"进程中，省水利厅注重统筹协调、分类指导，鼓励、支持各地结合实际，将"强监管"充分融入日常监管职责中，形成长效机制。各地不断探索创新监管体制，推动强监管在基层落地落实，形成各具特色的强监管机制和做法，有效破解监管工作涉及面广、专业性强及基层承接能力不足等问题。

湖州市水利局创新探索形成"一单、一报、一环"的监管模式，推动问题有效整改。"一单"即工作清单，制定出台强监管实施意见和年度方案，梳理3大领域28项具体任务，实现监管全覆盖；"一报"即督查通报，实施每月通报、双月督导、季度打分，充分调动监管积极性主动性，倒逼工作落实；"一环"即整改闭环，实施靶向监管和定向督改，实行"销号式"管理和"回头看"制度，确保整改落实。

绍兴市水利局坚持问题导向、效果导向和责任导向，成立工作专班，由局领导带队，年轻干部全员参加，分片包干，全程闭合。突出水库、在建工地两个关联度大的工作重点，开展全覆盖地毯式督查，提高工作成效，锻炼了一支想干、能干、会干的年轻"水军"。

丽水市水利局整合各部门监管事项，统一打包，通过公开招标投标方式，委托第三方专业机构，依据水利部和省水利厅标准，围绕水利建设、水利工程运行、民生安全、水资源管理、水生态环境等五大领域开展专项检查，形成"系统化整合、清单化管理、专业化检查、制度化运行、信息化操作"的监管新机制。

杭州市以"135组团服务"为主线，每位局领导对口负责一个县（市、区），结合"三服务"，对接五项重点工作实施强监管；温州市水利局对水利工程实行网格化管理，实现360个重要水利工程、430km 堤防海塘视频监控全覆盖，1 万多位水库山塘责任人培训全覆盖；金华市抽调县市力量交叉监管抽查，专人专事全过程一抓到底，直到整改完毕；宁波市"元素化、物业化监管"，衢州市"集成模块化监管"，舟山市"可视化监管""综合查一次"等模式都很好地发挥了监管效能，促使强监管工作在基层落地生根，取得实实在在的成效。

【水利监督工作会议和培训】　2020 年 2 月 20 日，省水利厅党组会议专题研究 2020 年"强监管"，专题阐述水利强监管工作中有关强化观念引领、健全法制机制、加强队伍建设、组织保障和重点监管事项等内容。2 月 28 日，全省水利局长视频会议召开，要求加快建设监管制度、监管队伍，积极推进智能化监管，加强明察暗访力度，加快提升监管能力，并部署 2020 年水利强监管工作。8 月 13—14 日，全省水利监督工作座谈会召开，交流探讨水利监督工作开展情况、存在问题以及解决对策，并对下阶段水利监督工作做出部署。

9 月，为提高省级水利稽察专家业务能力和工作水平，进一步加强和规范水利建设项目稽察工作，省水利厅组织开展省级稽察专家线上培训工作，培训人数约 200 人次。11 月 10—13 日，为贯彻落实水利改革发展总基调，切实提升水利监督管理人员履职能力，省水利厅举办全省水利监督管理培训班，邀请水利部监督司、督查办和太湖流域管理局等单位专家辅导授课。

（叶勇）

综 合 监 管

【概　况】　2020 年，省水利厅印发《2020 年水利"强监管"工作要点》，全年共组织开展 23 项专项督查检查。完成水旱灾害防御汛前督查暨安全督查等 6 次由厅领导带队的综合督查，全省各级水行政主管部门检查各类项目（对象）约 2.3 万个、发现问题 3.44 万个。组建省级水利稽察专家库，完成 50 个在建工程项目稽察和 32 个项目稽察复查工作。

【重大决策部署】　2020 年 3 月 13 日，省水利厅印发《2020 年水利"强监管"工作要点》，明确 2020 年将围绕民生实事、提升水利防汛抗旱能力、全面实施节水行动、水生态治理、风险防范等 5 个方面实施强监管；制定年度督查检查考核计划，统筹安排强监管工作，严控总量和频次，避免重复检查、扎堆检查。全年共组织开展 23 项专项督查检查，均表格化落实检查内容、时间、方式和责任部门。每季度编印《浙江省水利"强监管"督查工作专报》，通报监督工作开展情况，推动工作落实落细。各地因地制宜，结合工作实际制定督查检查计划，并按计划开展督查检查工作。

【重点工作落实情况督查】　2020 年，全省先后完成水旱灾害防御汛前督查暨安全督查、护航全省水利复工复产安全生产攻坚行动、水利工程安全运行督查、农村饮用水达标提标行动与小水电清理整改督查、国家节水行动"十百千"水利"三服务"主题活动、美丽河湖民生实事主题服务活动等6次由厅领导带队的综合督查。全年全省各级水行政主管部门检查各类项目（对象）约2.3万个、发现问题3.44万个。省水利厅累计派出督查组1092次，派出5952人次，检查各类项目（对象）约4307个，发现问题9247个，其中，厅级领导暗访共计64次，暗访对象172个，发现问题230个。按照"查、认、改、罚"闭环管理工作原则，针对各类督查检查发现的问题，按照水利部相关责任追究办法，严肃追究相关单位责任。全年由省水利厅直接或责成市级水行政主管部门共实施13批次"警示约谈"，涉及责任主体69家，其中水行政主管部门5家，运行管理单位42家，项目法人等参建单位22家（项目法人3家、设计单位3家、监理单位9家、施工单位7家）。

【水利部监督检查】　按照水利部部署，水利部、流域机构、省级水行政主管部门三级联动，2020年省水利厅同步开展了防洪工程设施水毁修复情况督查、山洪灾害防御暗访调研、小型水库安全运行专项检查、水库防洪调度和汛限水位执行等督查暗访。水利部及太湖流域管理局对浙江省下达了水毁工程修复、小型水库安全运行、山洪灾害防御、防汛调度和汛限水位暗访督查，以及质量监督履职情况巡查和在建项目稽察及堤防工程险工险段专项检查等14批次的整改意见，涉及问题831个，所有问题均已完成整改或落实整改措施，并按要求将整改完成情况上报水利部。

【水利工程稽察】　2020年，浙江省从全省600多名推荐专家中择优遴选199名，组建省级水利稽察专家库，并组织开展线上业务培训工作，培训200多人次。2020年开始采用清单式稽察，确保稽察工作规范性，并首次使用水利稽察信息应用开展稽察工作，大幅提升工作效率和精准性。全年按计划完成50个在建工程项目稽察和32个项目稽察复查工作，累计发现工程建设质量与安全等方面各类问题1666个，针对发现的问题，按照"每市一单"下发10份整改通知书，要求限期完成整改。

（叶勇）

专 项 监 督

【概况】　2020年，浙江搭建省级城乡供水数字化管理平台，省级部门联动发力，共同推动农村饮用水达标提标工程建设督查工作。加强全省水利建设项目工程质量督查和运行督查，切实抓好水利系统水旱灾害防御工作。组织开展水资源管理和节约用水督查。开展全省水利工程安全巡查，以及安全生产督查。对2019年度面上水利建设与管理任务以及省级补助资金进行核查。

【农村饮用水达标提标工程建设督查】
2020年，按照统计通报、暗访督查、绩效考评、指导意见、质量管控、长效管护等"六大制度"，借力省级联席会议工作制度，做好日常工作进展及督查工作汇报，促使省级部门联动发力，共同推动农村饮用水达标提标工程建设督查工作。以"三服务"为载体，省水利厅领导带领农饮水及相关技术人员，实地开展暗访督导，走访入户察民情、听民意、解民忧、暖民心。

省水利厅组织厅属单位派出专家77人，对全省有农村饮水管理任务的11个设区市、84个县（市、区）每月开展"四不两直"暗访，以视频、图片、水样检测、入户调查等手段，直达一线实地检查水源地保护、工程建设标准与推进、水样飞检、县级统管落实、饮水不安全人口特别是低收入群体饮水安全情况摸排等情况，进一步推动农村供水工程高标准建设、专业化管理。省级累计开展10轮次暗访，暗访工程1202处，检测水样700多个，以"一县一单"方式推动解决问题172个，省、市、县三级联动，实现年度工程明察暗访全覆盖。完善三级行业监管体系，及时更新农村供水工程县级统管责任人名单、供水监督服务电话、监督邮箱，广泛接受社会监督。2020年，超长梅雨期、台风、寒潮以及秋冬连旱等自然灾害期间，省、市、县三级监督热线和各地县级统管机构的供水服务电话，均坚持24小时在线服务，畅通问题反馈渠道，实施应急供水保障，第一时间响应解决问题。

省级统一搭建城乡供水数字化管理平台，全省10422座供水水厂（站）、10072处供水水源等基础信息已纳入"一库一图一网"管理，800多座水厂实现水源、水厂水质、水量实时监测、监控，覆盖城乡人口近4200万。对照建设任务、供水水质、水费收缴等销号条件，2020年底组织各县开展清盘验收，以"水质、水量"为出发点，逐一对建档立卡的供水工程建设标准、运行管理等情况进行整体验收，通过后向社会公开发布"城乡同质饮水"成果。省、市同步开展不少于20%的项目或行政村暗访，核查实施成效。省级组织中国水利水电科学研究院等单位重点围绕供水格局、建设总体情况、县级统管落实、水量保障、水质达标、长效管护、群众满意度等主要内容，进行第三方评估，逐县调查评价，评估报告指出浙江省率先基本实现城乡同质饮水。

（曹鑫）

【水利工程建设督查】 2020年，省水利厅开展两个批次"双随机、一公开"检查，共涉及16家水利工程质量检测企业，发现并整改问题73个。对全省已完工未竣工验收的30个项目进行竣工验收技术指导服务。通过现场对各工程竣工验收准备工作进行指导服务，有效解决了部分水利工程在竣工验收准备工作中存在的问题，共查找并解决各工程在竣工验收工作中尚存问题81个；提升全省水利工程竣工验收工作进度，至2020年年底，被指导服务的30个项目中完成竣工验收项目7个。

对全省40个在建重大水利工程进行质量检查与技术指导服务，查找工程在质量、建设管理、计划执行、安全管理等方面存在的问题，每月对在建水利工程重点项目跟踪，核查评估，指导和服务在建水利工程，解决实际问题，督促在建水利工程投资、进度任务完成。共查找出各类问题798个，通过定期跟踪技术指导，解决整改到位问题 764 个，整改落实率 95.7%，有效提升全省在建重大水利工程建设管理水平。

2020 年，全省开展面上水利工程参建各方检查和抽查。质量抽检采取专家评分和实体检测相结合的方式，对参建单位质量管理体系、行为和实体质量进行综合评价。根据历年抽检情况，完善 2020 年抽检实施方案；调整和优化抽检评分细则。根据 2020 年度面上水利工程建设任务，结合各工程实施进度，全省分杭温台丽片、绍金衢片、嘉湖舟片等 3 个片区开展抽检工作。抽检范围为全省所有面上水利工程建设任务的 64 个县（市、区）80 个面上水利建设项目，包括小型水库除险加固工程、山塘整治、中小流域综合治理、海塘加固、圩区治理和农引水达标提标等项目。该次面上水利建设项目工程抽检工作从质量行为和实体质量两方面对工程质量进行评分。对 80 个项目结果进行统计梳理，从不同角度分析数据，不同维度了解全省面上水利工程项目质量管理情况，共形成 80 份水利工程抽检反馈报告，3 份片区汇总报告，1 份 2020 年面上抽检总结报告。及时反馈结果，敦促整改相关问题。

（邹嘉德）

【水利工程运行督查】　2020 年，省水利厅积极克服新冠肺炎疫情影响，制定年度检查工作方案，明确检查组织形式、检查内容清单和注意事项等，按周落实检查计划，督促指导各地扎实做好问题整改和闭环管理。汛前，全省水利系统开展水利工程安全隐患大排查，对全省所有水库、海塘、堤防、水闸、泵站等水利工程进行全面检查，排查工程受损情况及安全隐患。3 月中旬，省水利厅领导带队，分组对全省 11 个设区市的重点区域、重点工程进行重点排查。全省水利系统出动 5.75 万人次，检查工程 4.15 万处（点）。省水利厅党组书记、厅长马林云带领有关处室，赴杭州市临安区、富阳区，龙游县等地暗访 7 座小型水库安全运行情况。

5 月，省水利厅组织开展以水利工程安全运行督查为主题的"三服务"活动，组织厅系统 140 人对全省 112 个水利工程开展监督检查。督查范围为已投入运行的水库、水闸、泵站和堤防海塘等水利工程，每个组现场明察暗访 2 个县（市、区），暗访以小型水库为主。重点督查已鉴定为病险工程且未开展除险加固的工程，特别是三类坝小型水库。

出梅后，省水利厅组织 10 个有水库的设区市对 26 个县（市、区）83 座水库开展交叉对口检查，相互查找问题，交流借鉴经验做法，共同推进水库管理能力提升。各设区市水利局承担对口检查任务，各检查组由各设区市水利局分管领导担任组长，成员由市本级或所辖县（市、区）水库管理专家组成。各检查组参照水利部《小型水库安全运行监督检查办法》，重点检查水库大坝安全责任制落实及"三个责任人"履职情况、三个重点环节（预测预报能力、水库调度运用方案、安全管理应急预案）落实情况、维修养护及除险加固情况、运行管理调度运用情况和工程设施设备安全状况。

　　针对水利部督查衢州市小型水库发现问题多的情况，省水利厅对衢州市开展督导服务，要求衢州市组织问题整改，并举一反三，全面加强小型水库安全管理。省水利厅运管处会同省水库中心制定《衢州市小型水库安全运行管理省级督导方案》，5月19—24日，组织18名专业技术人员，分成3个片8个小组对衢州市6个县（市、区）的234座（占衢州市小型水库总数52%）小型水库进行现场督导，其中对水利部检查的水库全覆盖检查。现场检查结束后，督导组与每个县（市、区）政府进行交流和情况反馈，并提出整改要求。

　　对督查检查发现的问题，落实专人动态跟踪问题整改，并录入水利工程运行管理平台动态管理，实行隐患问题清单式管理和销号制度。至2020年年底，大中型水库完成问题整改102个，小型水库完成整改1724个，整改完成率95%。

　　　　　　　　　　　　　　（柳卓、吕天伟）

【水旱灾害防御督查】　2020年年初，省水利厅制定全省水利行业安全生产集中整治督查方案，加强与应急部门的沟通衔接，综合整治行业监管责任不到位、隐患排查不扎实等问题，对水利工程运行、水文监测等方面开展重点督查，全力推动水利系统水旱灾害防御风险隐患排查整治工作。2月，省水利厅印发《关于开展2020年度水旱灾害防御汛前大检查的通知》，明确检查时间、对象、内容、责任人，组织全省水利系统迅速开展水旱灾害防御汛前检查工作，组织开展全省水文监测汛前专题检查工作。2月中旬开始，各地采取工程单位自查、县级检查、市级抽查，对防汛准备工作、工程安全度汛、水毁工程修复、小流域山洪灾害防御准备、监测预警体系、防汛薄弱环节和近几年水利防汛工作中暴露的隐患、"短板"整改落实等情况进行全面排查。全省各级、各类水文测站对水文测报汛前准备工作进行全面自查。

　　3月中旬，制定2020年水旱灾害防御汛前督查暨安全督查工作方案，结合"三百一争""三服务"活动，组织开展水旱灾害防御督查与安全督查。由厅领导带队，组织专业技术人员60多人，分组对全省11个市重点区域、重点工程进行重点排查，共排查工程100多处，水文测站87个。全省水利系统出动5.75万人次，检查工程4.15万处（点），发现风险隐患756处，其中防汛准备类231处、工程安全类388处、水毁修复类32处、监测预警类10处、其他95处。按照属地为主、分级负责原则，省水利厅督促责任单位对马上能够整改的，立行立改，坚决"清零"；对需要时间解决的，要求制定整改措施，尽快完成整改；对确实难以完成的，要求研究落实安全度汛措施，确保安全。各地利用钱塘江流域防洪减灾数字化平台，对检查中发现的问题，明确责任单位，实行问题、责任、整改"三张清单"闭环管理。水文测报方面涉及17个问题在5月整改完毕。

　　　　　　　　　　　　　　（胡明华）

【水资源管理和节约用水督查】　2020年11月，省水利厅组织开展水资源管理和节约用水监督检查，共抽查11个设区市 22 个县（市、区）的 90 个取水户、44 个水源地和 88 个重点用水单位等，重点检查用水总量控制、取水许可（取水口监管）、区域水资源论证、地下水管理、饮用水水源保护、取用水管理专项整治行动、县域节水型社会达标建设落实情况等。各市、县（市、区）针对问题，全面自查自纠，落实整改。

从检查情况来看，各地均非常重视集中式饮用水水源地保护，县级以上饮用水源地实行安全保障达标建设，日供水 200t 以上农村饮用水源地公布名录并划定水源保护范围；取用水管理日渐规范，取水在线监控覆盖率逐步提高，非法取水行为有效控制，水资源管理基础逐步夯实，节约用水管理逐步深入，计划用水制度积极落实，节水型载体覆盖率普遍较高，水资源刚性约束有所体现，用水总量得到有效控制，用水效率明显提升，但也存在一些问题，主要体现在：水资源论证不规范，水资源论证制度基本贯彻落实，但还存在论证未有效对标定额，论证成果（特别是公共供水企业）超生产能力等情况；超许可用水。部分企业遵法守法意识淡薄，存在超许可取用地表水资源问题，水行政主管部门监管不到位，未及时进行处罚和督促整改；取水计量设施安装不规范，部分取水户取水计量设施安装位置不规范，存在离取水口很远且之间管道为暗管甚至中间存在支管等现象，普遍存在取水计量设施未定期检定或核准现象；节水评价制度执行不到位，建设项目申请取水编制的水资源论证报告书未开展节水评价，或节水评价不到位，节水评价登记制度未执行；重点用水单位节水示范不明显，部分节水型企业、公共机构节水型单位存在节水宣传氛围不浓厚，使用国家明令淘汰用水设备、用水定额未达到省定额等情况，节水型载体示范意义未能充分体现。

针对检查出现的问题，提出整改措施：严格取用水监管，规范取水许可审批、验收、发证、延续等全过程；严格水资源论证审查，按照相关导则和技术规定严格把关；充分利用取水许可台账、水资源监控等手段，梳理取水许可有关问题，重点针对"两超三无"（超许可、超计划，无证、无计量、无计划）等问题，落实整改；落实"一户一档"管理，根据省相关要求，建立"一户一档"，实行取水户资料规范化建设，助力取水户规范化管理。继续抓好节水面上工作，把好规划和建设项目节水评价关，进一步规范节水评价登记制度，规范节水型载体创建，提高节水载体示范意义；严格落实《浙江省节约用水办法》《浙江省城市供水管理办法》及地方计划用水管理实施办法，加强计划用水管理和超计划累进加价制度执行；加强节水宣传教育，结合地方水情，因时因地开展节水主题宣传教育活动，加强节水常态化宣传，营造全民参与节水的良好氛围，减少用水浪费行为。

（沈仁英）

【小水电清理整改督查】　2020 年 6 月，省水利厅开展全省小水电清理整改督导服务，并召集各市服务指导组组长及联系人进行工作部署。省水利厅办公室印发《关于开展农村饮用水达标提标行动与水电清理整改督导服务工作的通知》，明确督导范围为 9 个设区市（嘉兴、舟山除外）列入清理整改任务清单的水电站，原则上每个设区市明察暗访不少于 2 个县（市、区）4 个水电站，重点督导增效扩容环评未批电站，其中暗访对象为已清理整改完成的水电站，不少于 2 处。要求各组对照各县（市、区）人民政府批复的"一站一策"工作方案，从清理整改总体推进情况、整改类水电站推进情况、退出类水电站推进情况 3 个方面，开展督导。清理整改总体推进情况，主要检查：是否成立小水电清理整改联合工作组，清理整改进展情况；是否已统筹建立水电站生态流量监管平台；是否研究出台小水电绿色可持续发展长效管理机制。整改类水电站推进情况，主要检查：按照整改方案是否已完善相关行政审批手续，如环评审批、环保验收等；是否已核定生态流量值、改造或增设生态流量泄放设施，并能够稳定足额下泄生态流量；是否已改造或增设生态流量监测设施，按照不同的监测方式（静态图片、动态视频、实时流量）正常稳定工作，并接入当地监管平台。退出类水电站推进情况，主要检查：是否已按退出方案在规定时间停产；退出方案确定需拆除的设施设备、要求封堵的取水口是否已执行到位；退出方案确定要保留的设施（如厂房），是否已落实好管护责任主体；退出方案确定的生态修复措施，是否按要求落实到位。

至 6 月 26 日，由省水利厅领导带队、组长单位（责任处室）负责、成员单位参加的 9 个组基本完成对杭州、宁波、温州、湖州、绍兴、金华、衢州、台州、丽水市的督导服务。各督导组听取当地水行政主管部门关于小水电清理整改工作情况汇报，重点询问水电站生态流量泄放问题，现场检查并查阅相关台账资料，检查发现问题 7 个，主要包括部分电站环评审批手续未完成，部分水电站生态流量监测设施未完成，部分退出水电站设施设备尚未拆除、取水口尚未封堵等。各督导组针对检查情况提出 8 条建议，主要包括建议完善小水电的生态流量下泄监管方式；建议进一步跟踪，并加强督导服务；建议水电站激励等。针对检查发现的问题，各地组织整改落实，至 9 月底，小水电站清理整改任务全部销号。

（陈小红）

【安全生产督查】　2020 年 3 月 27 日，省水利厅印发《护航全省水利复工复产安全生产攻坚行动专项督查工作方案》，督查对象为 11 个设区市及厅直属有关单位。对设区市以抽查在建水利工程、水毁修复工程、小型水库为主，同时兼顾大中型水库、水电站、水资源监测分中心等具有消防安全、用电安全、危险化学品、易燃易爆等单位和重要场所；对厅直属单位安全生产工作进行全面督查，重点检查消防安全、危险化学品、科研与检验设备、人员密集场所，同时兼顾检查在建工程、水上作业等。3 月 30 日至 4 月 10 日，省水利厅领导带领 11 个督查组分赴 11 个设区市和厅直属有关单位开展"四不两直"暗访督查。督查工作共投入约 270 人次，对 11 个设区市和 7 家厅直属单位开展检查，共发现问题和隐患 179 个。4 月 28 日，印发《关于护航全省水利复工复产安全生产攻坚行动专项督查整改意见的通知》，要求各市组织有关单位对检查提出的问题抓紧整改，不能立即整改的要做好措施、资金、期限、责任人和应急预案"五落实"。至 4 月底，检查发现问题 100％整改回复。

5 月 27 日，省水利厅印发《关于开展全省水利工程安全巡查的通知》，巡查对象为各设区市水行政主管部门、厅直属有关单位、全省列入国家 172 项的重大项目、厅监管的省重点水利建设项目、面上水利建设项目和水利运行工程。根据选取面上工程情况巡查对象延伸至相应县（市、区）水行政主管部门。巡查内容包括年度安全生产计划制定情况，《地方党政领导干部安全生产责任制规定》《浙江省地方党政领导干部安全生产责任制实施细则》学习、贯彻情况，安全机构设置、人员配备情况，安全生产责任制落实情况，安全生产集中整治完成情况，火灾防控工作情况，危险源识别与管控、隐患排查治理"双重预防机制"建设开展情况，水利安全生产专项整治三年行动部署情况，安全生产月活动部署和开展情况，工程安全管理情况，水利安全生产信息系统填报情况。巡查方式为招标委托省水利水电技术咨询中心组织专家组进行巡查，省水利厅对巡查情况进行通报。6 月、9 月，省水利厅共派出 12 个巡查组，分别巡查 11 个设区市和 1 家厅直属单位，巡查项目 60 个（其中在建项目 39 个、运行工程 21 个），发现问题 531 个。12 月 7 日，印发《关于 2020 年度水利工程安全巡查情况的通知》，以一市一单下发整改通知，要求各市水利局对巡查问题整改情况进行复核。截至 2020 年年底，检查发现问题 100％整改回复。

（郑明平）

【水利资金使用督查】　2020 年，省水利厅对温州、台州、衢州等 3 个设区市 29 个县（市、区）2019 年度面上水利建设与管理任务以及省级补助资金进行核查，主要通过查阅项目档案资料、勘察项目现场，立足发现问题，规范水利资金使用。

任务分解及完成情况。省水利厅以浙水计〔2018〕25 号、浙水计〔2019〕5 号文分两批下达 2019 年面上水利建设和管理任务。3 个设区市 29 个县（市、区）2019 年面上水利建设与管理任务已分解建设项目共计 941 个，其中：已竣工验收项目 35 个，占比 3.72％；已完工验收项目 434 个，占比 46.12％；已完工未验收项目 410 个，占比 43.57％；在建实施项目 46 个，未动工开建项目 7 个，项目取消 9 个。已分解管理任务共计 437 项，已完工 421 项，在实施状态 16 项。其中，农饮水、水土流失治理、中小流域治理、低丘红壤等建设任务总体完成情况较好；小型水库加固、山塘整治部分县（市、区）个别项目进度略显滞后。

省级补助资金到位及拨付使用情况。省财政厅、省水利厅以浙财农〔2018〕76 号、浙财农〔2019〕9 号文分两批下达 3 个设区市 29 个县（市、区）2019 年度水利建设和发展专项资金

113210.50万元。截至2020年9月，除平阳县、三门县尚有1496.80万元未分解外，其余已全部分解，共分解省补资金111713.70万元，资金分解率98.68%；省补资金拨付项目实施单位共计106015.60万元，资金拨付率93.64%；项目实施单位已使用省补资金共计92500.05万元，资金使用率为87.25%。其中，台州地区资金使用率明显滞后，仅为67.97%。

核查结果。温州、台州和衢州等3个设区市及29个县（市、区）均高度重视面上水利建设和管理工作，按照《浙江省水利建设与发展专项资金管理办法》要求，加强制度建设和内控管理，按程序要求初步建立项目库，对省水利厅下达任务和省级补助资金进行有效分解，分解项目基本能从项目库中择优选取并做公告公示，在项目实施过程中，督促项目业主按规定建设程序抓紧项目实施，年度任务基本按计划完成，同时，通过先建后补、集中采购、强化抽检、完工审价、委托核查、绩效考评结果应用等方式强化行业监督，规范水利资金使用。核查发现，部分县（市、区）仍然存在对省补资金因素法分配政策与管理要求理解不透、管理体系与内控机制不够健全、信息不够公开、项目库建设不够完善、个别项目分解不够规范合理、建设程序不够到位、完工验收及审价不够及时、资金利用率不高、地方资金到位不足、行业基础能力薄弱等问题。水利项目建设以及资金分配、拨付、使用等全过程管理体系与管理水平仍有待进一步完善与提升。专项核查从项目计划管理、项目实施管理、项目资金管理、日常综合管理等4个方面指出了20条存在的问题，并针对相关问题，提出加强制度体系建设，切实提升管理水平、加强问题整改力度，切实提升核查效能、加强前期计划管理，规范安排项目实施、强化项目实施监管，保障项目建设成效、强化资金使用监管，提升资金使用绩效等意见建议。

（陈黎、陈鸿清）

水利安全生产

【概况】 2020年，省、市、县三级水行政主管部门强化安全生产监管，成立安全生产领导小组，落实安全生产监管部门，落实各级安全生产责任制，开展专项行动整治各类安全隐患。2020年省水利厅在省安全生产委员会组织的安全生产监管考核中获得优秀，水利安全生产季度评价在全国连续三个季度排名第一。在全国水利系统，浙江省率先全面启用"三类人员"（企业主要负责人、项目负责人和专职安全生产管理人员）电子证书，实现水利"三类人员"证书注册、变更、延期、注销等日常办事"跑零次"和即办。

【安全监督机构设置】 截至2020年年底，省、市、县三级水行政主管部门均成立安全生产领导小组，落实安全生产监管部门，其中设立专门安全监督机构的10个，合署办公（挂牌）机构17个，明确专职安全管理员的21个，明确兼职安全管理员的 58 个。全省水行政主管部门从事安全监督工作人数为 249 人。

【安全生产工作部署】 2020 年 1 月 16 日，省水利厅党组召开第 2 次会议，专题研究水利安全生产事故整改工作，会上景宁县政府汇报关于三条际水力发电站引水隧洞安全生产事故及整改情况，监督处汇报关于水利安全生产事故整改及下一步工作打算。1 月 20 日，省水利厅召开全省水利安全生产视频会议，部署水利安全生产集中整治督查工作。2 月 18 日，省水利厅党组召开第 4 次会议，介绍 2019 年安全生产工作和考核情况及 2020 年重点工作安排。3 月 13 日，省水利厅召开 2020 年厅系统安全生产工作会议，通报 2019 年度安全生产责任制考核结果，研究部署 2020 年厅系统安全生产工作，并对疫情防控工作做要求。浙江水利水电学院、钱塘江流域中心和省水利科技推广服务中心分别做安全生产工作交流发言，10 家直属单位主要负责人与厅长签订《2020 年度安全生产目标管理责任书》。3 月 26 日，省水利厅党组召开第 9 次会议，传达学习贯彻全省复工复产安全生产工作视频会议精神，听取关于安全生产集中整治督查情况的汇报。6 月 8 日，省水利厅召开全省水利安全生产专项整治三年行动暨"安全生产月""安全生产万里行"活动工作部署会。6 月 19 日，省水利厅党组召开第 15 次会议，专题学习习近平总书记关于安全生产重要论述，观看"生命重于泰山——学习习近平总书记关于安全生产重要论述"电视专题片，学习《习近平总书记关于安全生产重要论述》和《浙江省地方党政领导干部安全生产责任制实施细则》。9 月 29 日，省水利厅召开厅系统安全生产工作会议，会上学习贯彻国务院和全省安全生产电视电话会议精神，分析水利安全生产形势，部署下步安全生产工作，强化国庆、中秋节日期间安全防范，确保水利系统安全生产形势平稳。

【开展各类专项整治活动】 2020 年 2 月 12 日，印发《全省水利行业安全生产集中整治督查方案》，明确综合整治与业务领域整治重点内容，分水利生产经营单位自查自纠、市、县（市、区）水行政主管部门抽查和省级督查 3 个阶段进行。整治地方水利各业务部门对安全监管责任认识不清，业务条线上对水利生产经营单位落实防范安全风险的政治责任不到位、落实安全生产责任不到位，以及隐患排查不全面、不深入、不扎实，打击非法违法行为不力等形式主义官僚主义突出问题。整治水利工程建设、水利工程运行、危险化学品、水文监测、水利工程勘测设计、水利科研与检验和人员密集场所等七大领域安全突出问题。

5 月 29 日，印发《全省水利安全生产专项整治三年行动实施方案》，主要任务分为 2 个专题和 6 个重点领域，2 个专题为学习贯彻习近平总书记关于安全生产重要论述专题、落实水利生产经营单位主体责任专题，6 个重点领域为水利建设施工、水利工程运行、危险化学品、水文监测、水利工程勘测设计、水利科研与检验。

【安全生产宣传教育培训】 2020 年 6 月，省水利厅印发《关于在全省水利系统开展2020年"安全生产月"和"安全生产万里行"活动的通知》，以"消除事故隐患，筑牢安全防线"为主题，主要开展"一把手"谈水利安全、安全检查、隐患排查治理和宣传教育、安全宣传咨询日、参加全国水利安全生产知识网络竞赛、"水安将军"趣味知识竞赛、举办安全生产教育培训等重点活动。6月15—30日，组织全省水利系统干部职工参加全国水利安全生产知识网络竞赛，全省共有821家单位参与，2万余人参加答题，省水利厅获"优秀组织奖"。

10月11—13日，省水利厅联合台州市水利局、黄岩区水利局在台州黄岩具体承办太湖流域片安全生产现场教学会，参观和检查朱溪水库2标、黄坦水库、秀岭水库等工程现场。太湖流域片五省一市水利安全监管人员共计60多人参加现场教学会。

11月10—11日，组织开展2020年度全省水利安全生产监督管理培训，220多名安全分管领导、部门负责人和安全监管人员参加培训。培训邀请水利部监督司安全处处长马建新、水利部太湖流域管理局监督处处长钟卫领、省应急厅综合协调处副处长李晓良等人授课。

【水利"三类人员"考核与管理】 2020年，省水利厅组织3批次三类人员初次考核工作，共有6958人参加考试，通过考试5282人。1月6日，印发《关于全面启用水利水电施工企业"三类人员"电子证书的公告》，在全国水利首先启用三类人员电子证书，至年底，共注册证书24960本，注册水利施工企业1290家。在新冠肺炎疫情期间，为方便和服务水利施工企业，开展"三类人员"延期考核。7月13日，印发《关于常年开展水利水电施工企业安全生产管理三类人员延期考核的通知》，将定期申请和审核证书延期改为常年受理审核，进一步方便水利施工企业和持证人员。至年底，共完成证书延期审核申请材料4015件，审核通过4001件。继续推进三类人员办事"最多跑一次"改革，在政务1.0基础上，认真梳理完成政务2.0三类人员办事事项，进一步优化和简化三类人员政务办事程序、减少办事材料提交，实现三类人员证书注册、变更、延期和注销"跑零次""即办"，至年底完成政务网审批办件4500多件，占省水利厅政务办件量80%以上；全年共完成53件信访办件的协调处理与答复。

【双重预防机制建设】 2020年，各级水利部门组织水利生产经营单位开展危险源辨识、评价和管控，开展安全隐患排查和治理，大力推进安全风险分级管控和隐患排查治理"双重预防机制"建设。通过水利安全生产信息填报情况每季度对各设区市水利安全生产状况进行季度排名通报，浙江水利安全生产状况由2019年第四季度全国倒数第二，跃升为2020第一季度全国排名第二，第二、三、四季度连续排名第一，"迎难而上主动作为 奋力实现安全生产监管见实效走前列——浙江省水利厅安全生产强监管做法"作为强监管典型案例在水利部监督司监督月报2020年第4期刊登。2020年未发生水利安全生产事故，实现全省水利安全生产事故起数和死亡人数双下降。

【安全生产考核】 2020 年 12 月 8 日，省水利厅办公室印发《关于开展 2020 年度安全生产目标管理责任制评价工作的通知》，组织 6 个考评组，分赴 11 个设区市和厅直属单位进行现场考核。宁波市水利局、湖州市水利局、温州市水利局、金华市水利局、台州市水利局、杭州市林业水利局考核评定为优秀，嘉兴市水利局、绍兴市水利局、衢州市水利局、丽水市水利局、舟山市水利局考核评定为良好。省水利水电勘测设计院、省水利水电技术咨询中心、省水利科技推广服务中心、省水利河口研究院考核评定为优秀，省水文管理中心、省钱塘江流域中心、省水利防汛技术中心、中国水利博物馆、浙江水利水电学院、浙江同济科技职业学院考核评定为良好。

2020 年 12 月 18 日，省安委会第 11 考核组代表省政府考核省水利厅 2020 年度水利安全生产工作。全省 17 个列入省政府安全考核的省级部门，5 个部门考核等次评为优秀，省水利厅排名第四。

（郑明平）

水 利 科 技

Hydraulic Science And Technology

181～196 页

科 技 管 理

【概况】 2020 年，浙江省自然科学基金水利联合基金设立。评选 2020 年度浙江省水利科技创新奖 18 项，遴选 169 个项目列入 2020 年省水利科技计划。全省水利系统发表科技论文 353 篇，出版专著、译著 6 部，专利授权 176 项。遴选 43 项技术（产品）列入《2020 年度浙江省水利新技术推广指导目录》。赴武义县、三门县等地开展送科技下乡。浙江省水利标准化技术委员会成立。《泵站运行管理规程》和《农村供水工程运行管理规程》地方标准发布实施。

【科技项目管理】 2020 年 12 月，省水利厅与省自然科学基金委员会签订浙江省自然科学基金水利联合基金协议，设立浙江省自然科学基金水利联合基金，吸引优秀科研人员针对水利领域重大科学问题，开展基础研究和应用基础研究。组织 2020 年省水利科技计划项目申报，共遴选 169 项列入 2020 年省水利科技计划，其中重大项目 15 项、重点项目 48 项、一般项目 106 项，重大、重点科技计划项目见表 1。登记科研项目成果 13 项。积极培育高层次科研项目，其中 1 项列入国家重点研发项目，2 项列入国家自然科学基金项目，2 项列入省重大科技专项项目，见表 2。

表 1 2020 年度浙江省水利厅重大、重点科技计划项目统计

研究领域	项目编号	项目名称	计划类别	承担单位	计划完成时间	项目负责人
（一）防灾减灾	RA2001	苕溪流域防洪格局重构研究	重大	浙江省水利水电勘测设计院	2022 年 12 月	陈竿舟
	RA2002	杭嘉湖地区防洪排涝体系研究	重大	浙江省水利水电技术咨询中心	2021 年 12 月	李云进
	RA2003	小流域山洪灾害预报预警关键技术研究及示范应用	重大	浙江省水文管理中心	2021 年 12 月	姚岳来
	RA2004	高标准海塘海洋水文要素设计组合研究	重大	浙江省水利河口研究院（浙江省海洋规划设计研究院）	2021 年 12 月	黄世昌
	RA2005	蓄水洞库工程前瞻性研究	重大	浙江省水利河口研究院（浙江省海洋规划设计研究院）	2023 年 12 月	刘立军

研究领域	项目编号	项目名称	计划类别	承担单位	计划完成时间	项目负责人
（一）防灾减灾	RA2006	减少水利占地的多功能堤防创新形式与设计思路研究	重大	浙江省水利河口研究院（浙江省海洋规划设计研究院）	2022 年 12 月	金倩楠
	RB2001	基于非稳态方法的涌潮数据分析和预报	重点	浙江省水利河口研究院（浙江省海洋规划设计研究院）	2022 年 12 月	汪求顺
	RB2002	典型流域水文情势演变及洪涝灾害风险防控策略研究	重点	浙江省水利发展规划研究中心	2022 年 6 月	陈宇婷
	RB2003	基于星陆时空的预警预报关键技术研究	重点	绍兴市水文管理中心	2021 年 12 月	孔达奇
	RB2004	杭嘉湖平原杭州城市防洪格局研究	重点	杭州市水利发展规划研究中心（杭州市林业水利事务保障中心）	2021 年 12 月	张丽虹
	RB2005	椒江流域洪水预报调度一体化系统研究与应用	重点	台州市水利水电勘测设计院	2021 年 12 月	曾钢锋
	RB2006	基于智慧信息的山洪灾害主动感知与预警技术研究	重点	浙江水利水电学院	2022 年 12 月	汪松松
	RB2007	山洪灾害动态临界雨量及预报预警系统研究	重点	浙江省水利河口研究院（浙江省海洋规划设计研究院）	2022 年 12 月	胡琳琳
	RB2008	基于数据挖掘技术的水文数据分析研究	重点	浙江省水利水电勘测设计院	2021 年 12 月	郭磊
	RB2009	数字化在平原圩区智能调度中的应用	重点	嘉兴市南湖区农业农村和水利局	2021 年 12 月	徐群华
	RB2010	基于大数据和人工智能的水库洪水预报研究	重点	浙江省水利水电勘测设计院	2021 年 12 月	舒全英

续表1

研究领域	项目编号	项目名称	计划类别	承担单位	计划完成时间	项目负责人
（一）防灾减灾	RB2011	杭州钱塘江拥江发展堤岸提升技术研究	重点	杭州市水利发展规划研究中心（杭州市林业水利事务保障中心）	2021年12月	蒋建灵
	RB2012	洪水概率预报模型及其应用研究——以曹娥江流域为例	重点	浙江省水利水电勘测设计院	2022年6月	郦于杰
	RB2013	流域多级防汛调度决策会商技术研究	重点	宁波弘泰水利信息科技有限公司	2021年6月	刘铁锤
	RB2014	水工建筑物三维激光点云数据的应用研究	重点	浙江省水利河口研究院（浙江省海洋规划设计研究院）	2021年12月	孙德勇
	RB2015	流域超标准洪水下大中型水库调度及风险预警的研究与应用	重点	浙江省水利河口研究院（浙江省海洋规划设计研究院）	2021年12月	唐子文
（二）水资源（水能资源）开发利用与节约保护	RA2007	南方丰水地区分质供水关键技术与政策研究	重大	义乌市水务局	2021年12月	邵志平
	RA2008	浙江省中小河流生态流量核算方法及监管研究	重大	浙江省水利水电勘测设计院	2022年12月	田传冲
	RB2016	海岛地区分质供水关键技术研究及应用	重点	浙江中水工程技术有限公司	2021年12月	胡煜彬
	RB2017	千岛湖饮用水源安全影响要素及治理对策研究	重点	杭州市水利发展规划研究中心（杭州市林业水利事务保障中心）	2021年12月	张丽虹
	RB2018	基于DPSIR模型的温州市用水结构变化趋势及对策研究	重点	温州市水利电力勘测设计院	2021年12月	叶坤华

续表1

研究领域	项目编号	项目名称	计划类别	承担单位	计划完成时间	项目负责人
（二）水资源（水能资源）开发利用与节约保护	RB2019	浙江省用水结构演变驱动因子及最严格考核指标体系研究	重点	浙江省水文管理中心	2021 年 12 月	王贝
	RB2020	节水激励政策及措施研究	重点	浙江省水利河口研究院（浙江省海洋规划设计研究院）	2023 年 6 月	苏龙强
（三）水土保持、水生态与水环境保护	RA2009	幸福河湖评价标准与幸福河指数发布机制研究	重大	浙江省钱塘江流域中心	2021 年 12 月	张民强
	RA2010	河湖治理建设中滩地（沙洲）的生态保护与修复	重大	浙江省水利河口研究院（浙江省海洋规划设计研究院）	2023 年 6 月	胡可可
	RB2021	机械压滤土资源化综合利用研究	重点	浙江省疏浚工程有限公司	2023 年 6 月	冯银川
	RB2022	新型生态护坡在河湖滩地治理中的研究和示范	重点	杭州市富阳区水利水电工程质量安全服务保障中心	2022 年 12 月	潘国勇
	RB2023	生产建设项目水土保持全过程信息化管控关键技术研究	重点	浙江省水利河口研究院（浙江省海洋规划设计研究院）	2022 年 12 月	张锦娟
	RB2024	围涂湿地保护与环境生态修复技术研究	重点	宁波龙元盛宏生态工程建设有限公司	2022 年 12 月	林江源
	RB2025	浙江地区水土保持功能评价与治理工程模式研究	重点	浙江省水利水电勘测设计院	2021 年 12 月	朱春波
（四）水利工程勘测、设计与施工	RA2011	泵站提水条件下长距离输水系统多目标安全控制关键技术研究	重大	浙江省水利水电勘测设计院	2023 年 12 月	张永进
	RA2012	海塘安澜工程关键技术研究与实践	重大	浙江省水利水电勘测设计院	2022 年 12 月	曾甄

续表1

研究领域	项目编号	项目名称	计划类别	承担单位	计划完成时间	项目负责人
（四）水利工程勘测、设计与施工	RB2026	海塘安澜深厚软基加固提标工程工后长期沉降预测方法研究	重点	台州市水利工程质量与安全事务中心	2023 年 6 月	叶锋
	RB2027	基于负压作用的海塘粉土渗透特性及对策措施研究	重点	浙江省水利河口研究院（浙江省海洋规划设计研究院）	2022 年 12 月	陈秀良
	RB2028	海底管道交叉穿越及深海敷设关键技术及应用研究	重点	浙江中水工程技术有限公司	2021 年 12 月	林瑞润
	RB2029	海塘工程土石坝防渗灌浆技术研究	重点	宁波龙元盛宏生态工程建设有限公司	2022 年 12 月	杨宝风
	RB2030	分布式光纤在基坑自动化监测应用中的关键技术研究	重点	浙江省水利水电勘测设计院	2022 年 12 月	张红纲
	RB2031	水工盾构隧洞掘进控制因素研究	重点	浙江省水利水电勘测设计院	2021 年 12 月	何伟
	RB2032	钱塘江强涌潮区古海塘塘前水下探测技术研究与应用	重点	浙江省钱塘江流域中心	2021 年 12 月	胡振华
（五）滩涂资源保护、利用与河口治理	RB2033	浙江沿海岬湾沙滩动力地貌演变与预测关键技术研究	重点	浙江省水利河口研究院（浙江省海洋规划设计研究院）	2021 年 12 月	黄君宝
（六）信息技术与自动化	RA2013	钱塘江流域防洪减灾数字化关键技术研究与应用	重大	浙江省钱塘江流域中心	2021 年 12 月	周红卫
	RA2014	浙江省水管理平台统一基础支撑关键技术研究与实践	重大	浙江省水利信息宣传中心	2021 年 12 月	姜小俊
	RA2015	数字水库建设关键技术研究	重大	浙江省水利河口研究院（浙江省海洋规划设计研究院）	2022 年 12 月	俞炯奇

研究领域	项目编号	项目名称	计划类别	承担单位	计划完成时间	项目负责人
（六）信息技术与自动化	RB2034	整体智治下场景化水利多业务协同关键技术及其应用研究	重点	浙江省水利信息宣传中心	2022 年 6 月	包志炎
	RB2035	基于机器视觉的水工结构裂缝识别技术研究	重点	宁波市水库管理中心	2021 年 12 月	蔡天德
	RB2036	高精度压力式液位计采样运维仪的研发	重点	浙江水文新技术开发经营公司	2021 年 12 月	章鲁琪
	RB2037	基于人工智能图像识别的流速流量监测研究	重点	浙江水文新技术开发经营公司	2021 年 12 月	孙英军
	RB2038	苕溪数字流域平台关键技术研究与应用	重点	浙江省水利水电勘测设计院	2022 年 6 月	舒全英
	RB2039	多要素融合三维测量平台及水陆微地形精准测量装置研制	重点	浙江省水利河口研究院（浙江省海洋规划设计研究院）	2022 年 12 月	王永举
	RB2040	余杭区东苕溪防洪工程综合智管关键技术研究	重点	杭州市余杭区东苕溪水利工程运管中心	2021 年 12 月	马晓萍
	RB2041	堤坝白蚁实时自动化监测在白蚁综合防治中关键技术研究	重点	浙江鼎昆环境科技有限公司	2022 年 12 月	姚静
	RB2042	河湖信息化建设中北斗技术及应用研究	重点	浙江中水工程技术有限公司	2021 年 12 月	翁小波
	RB2043	智慧水利"一张图"市县两级共享及协同管理技术研究	重点	宁波市水资源信息管理中心	2021 年 6 月	陈洁
	RB2044	大型斜轴泵模型优化研究及运行、监测等应用技术研究	重点	浙江省水利水电勘测设计院	2022 年 6 月	沈晓雁

续表1

研究领域	项目编号	项目名称	计划类别	承担单位	计划完成时间	项目负责人
（七）水利管理与其他	RB2045	基于 AHP 的水利工程建设领域信用动态评估与应用	重点	浙江大禹信息技术有限公司	2021 年 12 月	余金铭
	RB2046	浙江省水利工程健康保险模式研究	重点	浙江省水利水电勘测设计院	2022 年 12 月	王浩军
	RB2047	幸福河湖资源资产化运作及管理模式研究	重点	浙江省水利水电勘测设计院	2021 年 12 月	王灵敏
	RB2048	钱塘江海塘历史信息挖掘与记录保护关键技术研究	重点	中国水利博物馆	2021 年 12 月	宋坚

表 2　　　　　　　　2020 年度国家级、省级科技项目统计

序号	项目名称	承担单位	行业领域	计划类别
1	南方城乡生活节水和污水再生利用关键技术研发与集成示范	浙江省水利河口研究院（浙江省海洋规划设计研究院）	水环境与水生态	国家重点研发计划
2	涌潮对生源要素在河口输移、转化和富集的影响研究	浙江省水利河口研究院（浙江省海洋规划设计研究院）	水环境与水生态	国家自然科学基金
3	海表皮温日内变化融合及其对海—气热通量影响研究	浙江水利水电学院	水环境与水生态	国家自然科学基金
4	环境保护与资源综合利用关键技术、装备研发及应用示范——太湖流域蓝藻综合治理与资源化利用关键技术开发与应用示范	浙江水利水电学院	水环境与水生态	省重大科技专项
5	资源环境科技关键技术、装备研发及应用示范——基于水质—水动力互馈耦合的平原河网水动力调控关键技术研究与应用示范	浙江水利水电学院	河湖治理	省重大科技专项

序号	项目名称	承担单位	行业领域	计划类别
6	基于数据重构的中国边缘海浮游植物物候及多尺度变异机制研究	浙江水利水电学院	水环境与水生态	省自然科学基金
7	海水环境下 Ti6Al4V 再钝化动力学研究及钝化膜失稳扩散机制	浙江水利水电学院	水环境与水生态	省自然科学基金
8	面向钱塘江水质参数遥感反演的高分影像邻近效应研究	浙江水利水电学院	水环境与水生态	省自然科学基金
9	NURBS 曲线传动比非圆齿轮驱动无阀计量差速泵传动流量耦合机理研究	浙江水利水电学院	水利工程建设与运行	省自然科学基金
10	气候变化和人类活动下瓯江流域径流响应及成分研究	浙江水利水电学院	水文水资源	省自然科学基金
11	基于 NB－IoT 的多参数水环境监测及预警系统	浙江水利水电学院	水环境与水生态	省基础公益研究计划
12	基于电阻率勘探技术的数字化地下水污染风险评价方法研究与推广	浙江水利水电学院	水环境与水生态	省基础公益研究计划
13	越坝涌潮作用下丁水动力及背面河床局部冲刷特性研究	浙江省水利河口研究院（浙江省海洋规划设计研究院）	水文水资源	省基础公益研究计划
14	社会治理视域下"幸福河"的评估体系及实证研究	浙江省水利河口研究院（浙江省海洋规划设计研究院）	河湖治理	省软科学研究计划

【水利科技获奖成果】　2020 年度浙江省水利科技创新奖共评选出水利科技创新奖 18 项，其中一等奖 2 项、二等奖 7 项、三等奖 9 项，2020 年度浙江省水利科技创新奖获奖项目见表 3。由浙江省水利河口研究院为第一完成单位的"滨海水闸新型消能防冲技术研究及应用技术"获得 2020 年度浙江省科学技术进步奖二等奖。

2020 年共发表科技论文 353 篇，其中国际期刊论文 72 篇，科学引文索引（Science Citation Index，SCI）、工程索引（The Engineering Index，EI）收录论文 106 篇，国际会议论文 54 篇；出版专著、译著 6 部；专利授权 176 项，其中发明专利 63 项；软件著作权 144 项。

表 3　2020 年度浙江省水利科技创新奖获奖项目

序号	项目名称	获奖单位	获奖人员	获奖等次
1	万吨级海水淡化节能高效工艺研究及智能控制系统开发	中国电建集团华东勘测设计研究院有限公司、舟山中电建水务有限公司、中国电建集团郑州泵业有限公司	张希建、陶如钧、张建中、翁晓丹、韩万玉、何钦雅、陈亮、毛加、赵立佳、郭捷、翁凯、李炜、周华	一等奖
2	穿江隧洞遇断层带及长大深基坑施工关键技术研究	中国电建集团华东勘测设计研究院有限公司	陈永红、周琼辉、黄东军、房敦敏、叶利伟、金志国、姜方洋、付祖南、黄待望、贺新武、黄德法、李向姚、宗徐剑	一等奖
3	杭州市市区河道水环境整治工程技术研究及应用	杭州市市区河道整治建设中心、中国电建集团华东勘测设计研究院有限公司	黄晓、魏俊、陆瑛、陈奋飞、李国君、芮建良、金敏莉、徐美福、陈鹏	二等奖
4	滨海水闸新型消能防冲技术研究及应用技术	浙江省水利河口研究院、浙江省水利水电勘测设计院、温州市瓯飞开发建设投资集团有限公司	王斌、包中进、韩晓维、包纯毅、刘云、袁文喜、屠兴刚、史斌、吴蕾	二等奖
5	基于大数据的台风多元信息智能跟踪关键技术研究及应用	宁波市水利水电规划设计研究院有限公司	严文武、顾巍巍、王晓峰、张卫国、余丽华、钟伟、张焱、许晓林、朱从飞	二等奖
6	浙江省沿海平原排涝"高速水路"关键技术研究与实践	浙江省水利水电勘测设计院	郑雄伟、朱法君、张晓波、孙志林、谢丽华、周焕、揭梦璇、汪宝罗、王文杰	二等奖
7	河长制信息化管理研究与实践	浙江省水利河口研究院、杭州定川信息技术有限公司	邱志章、黄河、陈凯歌、宋立松、崔晨、章龙飞、梁彬、吕斌、张泽锋	二等奖
8	水利工程建设数字化监管平台研究与应用	浙江省水利信息宣传中心、浙江省水利水电勘测设计院、浙江省浙东引水管理中心、浙江大禹信息技术有限公司	骆小龙、陈信解、余金铭、郭磊、胡敏杰、潘伟红、邱雁、林祥志、顾霞	二等奖

序号	项目名称	获奖单位	获奖人员	获奖等次
9	龙游县中小河流滩地时空演化机理及生态修复技术研究	龙游县林业水利局、河海大学、龙游县双江水利开发有限公司	汪颖俊、夏继红、毕利东、张帆航、陆建斌、程越洲、蔡旺炜、窦传彬、张琦	二等奖
10	钱塘江河口水体交换能力评估关键技术研究及应用	浙江省水利河口研究院、杭州定川信息技术有限公司	程文龙、史英标、李若华、姚凯华、潘冬子、吴修广、李志永、张芝永、汪求顺	三等奖
11	浙东低山区典型经济林水土流失特征及防治措施体系研究	余姚市水利局、浙江省水利河口研究院	陈吉江、叶碎高、邹叶锋、李钢、陆芳春、王冉、沈照伟、周锡炯、姚俊杰	三等奖
12	水闸标准化管理研究	浙江省水利河口研究院、浙江省钱塘江流域中心、浙江省水库管理中心、浙江省钱塘江管理局杭州管理处	余文公、于桓飞、郑敏生、应聪惠、徐庆华、施齐欢、徐红权、肖乃尧、胡琳琳	三等奖
13	微创可视钻芯法砼结构隐患水下探测技术研究与应用	浙江省水利水电工程质量与安全监督管理中心、浙江水院勘测设计研究有限公司、杭州河口水利科技有限公司、杭州经济技术开发区城市管理办公室、温岭市排涝工程建设有限公司、建德市水利水产局	林万青、陈振华、臧振涛、倪立建、许沿、李强、毛小魏、孙璐、陈超燕	三等奖
14	鳌江流域洪水风险动态预警预报研究	浙江省水利水电勘测设计院、浙江大禹信息技术有限公司、武汉大学	郭磊、舒全英、李军、刘攀、朱灿、孙甜、孟洁、梁文康、戴昱	三等奖
15	宁波地区水文资料在线整编技术研究与应用	宁波市水文站、长江水利委员会水文局	徐琦良、王颖、许洁、陈雅莉、陈春华、高露雄、陈宁、肖志远、杜蓓蓓	三等奖
16	浙江省重点供水水库水生生物监测与评价	浙江省水利科技推广与发展中心（浙江省水利厅机关服务中心）、浙江省水文管理中心、浙江钱江科技发展有限公司	张清明、张娜、郝晓伟、陈毛良、洪佳、李斌、吴静、罗林峰、何晓珉	三等奖

续表3

序号	项目名称	获奖单位	获奖人员	获奖等次
17	HysimCity 长距离压力输水系统水锤防护仿真软件开发	中国电建集团华东勘测设计研究院有限公司	李高会、潘益斌、钟江丽、章梦捷、吴疆、潘文祥、曹竹、吕慷、徐江涛	三等奖
18	沿海平原调水引流及水量水质联合调控技术研究与实践——以温黄平原为例	浙江省水利水电勘测设计院	周芬、盛海峰、田传冲、郑雄伟、马海波、张瑶兰、魏婧、张健、曾钢锋	三等奖

【水利科技服务】　2020 年，结合武义县、三门县实际需求，开展送科技下乡服务。深入武义县生态堤岸工程现场和三门县水文信息中心、海塘加固工程现场等地进行实地指导；组织专家为当地举办 4 场培训，主要培训内容为农村饮用水规范化管理等；落实武义县增设水文水雨情监测站点、三门县海塘工程增列海塘安澜千亿计划等相关事项。组织全国科普日活动，其中"水利科技云讲堂——节水技术及管理"获评全国科普日优秀活动。

【水利科技推广】　2020 年，共择优遴选出 43 项技术（产品）列入《2020 年度浙江省水利新技术推广指导目录》。支持桐乡、衢江、常山、定海、岱山、庆元 6 个县（市、区）的 6 个项目作为 2020 年水利新技术推广应用示范点，开展白蚁实时自动化监测预警新技术试点应用。搭建水利科技宣传与交流平台，聚焦水利工程建设，召开重大水利工程建设线下技术交流会；围绕农饮水、节水等主题，采用钉钉网络直播，举办 5 次水利科技云讲堂线上技术交流会。

【水利标准制定】　2020 年 4 月，根据《国家标准化管理委员会关于下达农业农村及新型城镇化领域标准化试点示范项目的通知》，德清县水利局申报的张陆湾节水灌溉标准化示范区列入国家农业标准化示范区项目，实现了省水利厅国家级标准试点示范项目零突破。6 月 11 日，省市场监督管理局发布《关于成立省水利标准化技术委员会和省稀土永磁标准化技术委员会的公告》，省水利标准化技术委员会正式成立。《泵站运行管理规程》（DB33/T 2248—2020）和《农村供水工程运行管理规程》（DB33/T 2264—2020）2 项地方标准发布实施。《海塘工程安全评价导则》《水文通信平台接入技术规范》2 项地方标准获得立项。由省水利厅参与并推荐的"主导制定小水电技术导则系列国际标准"项目获 2020 年浙江省标准创新优秀贡献奖。

（陶洁）

水利信息化

【概况】 2020 年，省水利厅成立数字化转型工作专班，推动水利数字化转型建设。承担 10 项重点项目（任务）建设，其中钱塘江流域防洪减灾数字化平台入选水利部"智慧水利先行先试最佳实践"和"水利先进实用技术重点推广指导目录"。开展"互联网＋政务服务"和"互联网＋监管"改革。部署网络安全等级保护 2.0 工作、网络安全隐患排查整改等，确保网络安全运行。

【水利数字化转型制度建设】 2020 年，成立以省水利厅科技处、省水利信息宣传中心和省水利河口研究院为基础的数字化转型工作专班，建立周例会推进、月例会分析、任务清单闭环、晾晒督促和重大项目对口联系等机制，推动各项工作加紧加快落实。5 月 8 日，印发《2020 年浙江省水利数字化转型实施方案》，提出总任务和总目标。7 月 23 日，省水利厅组织召开首次全省性水利数字化转型工作视频会议，进一步明晰目标任务，细化落实分工职责，强调要抓住数字化赋能新机遇，加快水利数字化转型步伐，推进水利高质量发展取得新突破。8 月 24 日，印发《进一步做好 2020 年水利数字化转型工作市县重点任务清单》，明确工作重点和时间节点。10—11 月，组织开展"水利数字化转型三服务"工作，赴各市宣讲和指导数字化转型，覆盖 100 个市县，培训 1000 多人。浙江水利网站、微信公众号发布《推进水利数字化转型倡议书》，倡议全省水利干部职工树立数字化思维，争当数字化先锋，善用数字化手段。编印《水利数字化转型 60 问》和《浙江水利数字化转型专报》12 期。举办数字化转型专题读书会 5 场，普及数字化知识。组织"数我最行"暨民生实事网络答题活动。

【水利数据仓建设】 2020 年，逐步深化水利数据仓建设，迭代完善水利数据共享交换平台，全面支撑行业内外数据共享和交换。至 12 月底，省级水利数据仓累计汇聚数据约 2.79 亿条，包括水资源保障、河湖库保护、水灾害防御、水发展规划、水事务监管、水政务协同等业务数据 2.1 亿条，以及水雨情、取用水等实时监测数据约 0.69 亿条。数据仓中基础数据对象 125 万余个，具体包括 42489 个水利工程、9733 个江河湖泊、7544 个监测站点，以及 119 万余个其他管理对象。开发数据共享服务 1358 个，支撑行业内各类数据共享调用约 1.09 亿次。调用次数排名前 5 的分别是实时水位信息查询（946.25 万次）、实时雨情信息查询（763.37 万次）、防御对象名录信息查询（52.79 万次）、用户详情信息查询（35.91 万次）、河道水位信息查询（34.94 万次）。

【水管理平台建设】 2020 年 4 月，水管理平台 V1.5 版在全省正式上线试运行，提供门户定制、用户组织管理、应用管理等功能，增加导航菜单、通知公告、数说水利、业务应用、平台大数据等内容，实现省、市、县三级互通互访。市、县（市、区）可按照自身需求配置本级门户首页，管理本级用户、组织、权限，接入自建特色应用。6月5日，发布水管理平台汇报版。汇报版融合科技感、动画感的界面效果，提供六大核心业务应用与平台简介功能。9月20日，启动水管理平台V1.8版建设，调整页面框架，突出呈现六大业务应用体系，设计简约驾驶舱导航条，提升科技感；增加争先创优、"互联网＋政务服务"、三服务百千万、数字化转型工作体系等栏目；新上线水利信息资源检索服务、数据开放服务及个人工作台，并集成水利一张图。至12月，水管理平台PC端累计上线42个应用，手机端累计上线25个应用，钱塘江防洪、水资源管理、城乡清洁供水等19个应用实现省、市、县三级贯通。

【钱塘江流域防洪减灾数字化平台】　2020年4月15日，钱塘江流域防洪减灾数字化平台正式投入试运行，经受梅汛"实战检验"；8月26日，通过合同完工验收；10月29日，通过竣工验收。2020年，平台主要业务场景和服务对象由钱塘江流域推广至全省，成为省、市、县三级联动、信息共享的主要渠道，支撑省、市、县三级一站式防灾减灾作业，有力推进我省水旱灾害领导组织、监测预报、方案预案、应急响应、协同联动体系建设，提升水旱灾害防御能力。平台在2020年汛期及新安江防洪调度期间发挥重大作用，发布洪水预报2000站次、洪水预警90期、山洪灾害气象预报预警451县次，发送预警短信229万条，水情分析433期，动态分析171种新安江开关闸方案和57种调度方案，通过科学调度新安江水库，削峰率达67％，建德市、桐庐县、富阳区、西湖区减少受淹面积123.8km²，减少受灾人口45万，得到省政府和水利部的肯定和表扬。2020年，平台先后和省基层治理四平台、互联网＋监管、省风险监测系统、省域空间治理平台、浙里办、省应急管理平台等省级数字化转型重点项目实现数据（页面）共享和业务贯通。2020年，钱塘江流域防洪减灾数字化平台先后入选水利部智慧水利优秀应用案例、省政府数字化转型平台"观星台"、水利部"智慧水利先行先试最佳实践"和"水利先进实用技术重点推广指导目录"，获得水利部2020年水利先进实用技术推广证书。

【水利数字化重点项目建设】　2020年，省水利厅共承担10项重点项目（任务）建设，其中水管理平台、钱塘江流域防洪减灾数字化平台、城乡供水数字化管理应用、江河湖库水雨情监测在线分析服务应用、山洪灾害监测预警应用、节水数字化应用等6个项目被列为省政府重点项目。数字流域（钱塘江流域防洪减灾数字化平台）、工程建设系统化管理、水利工程数字化管理、水电站生态流量监管、一体化水利政务服务等5个项目被列为水利部智慧水利先行先试试点任务。至12月底，各项目按计划有序推进，水利部智慧水利先行先试中期评估获优秀等次；水利工程建设管理数字化应用入选水利部"智慧水利先行先试优秀案例"；城乡供水数字化管理系统等4个项目入选省"观星台"，其中省级项目3项，入选数量位列省直部门第二。

水利部试点项目。水利工程运行管理数字化应用已上线运行，完成平台核心用户汇集，初步形成全省水利工程运行监管四级联动体系；持续推进 PC 端和移动端功能深化。水利工程建设管理数字化应用已上线运行，基本实现建设信息一张图、项目管理一张网、建设数据一键分析、进展报表一键编辑、市场主体一键查询功能。农村水电站管理数字化应用 PC 端生态流量模块上线试运行，基本实现实时流量、视频监视、图像监视的数据接入和对在线率和达标率的统计、警示及反馈等功能。水利一体化政务应用基本完成办件中心、依申请审批系统、机关内部"最多跑一次"审批系统、公共服务模块等建设任务，完成一体化政务服务办件监控大屏上线。

省重点项目。城乡清洁供水数字化管理应用已基本完成全部功能模块开发和省、市、县三级用户权限设置，基本实现城乡供水水源、制水、供水全流程在线监管，已入选观星台在建应用。山洪灾害监测预警应用已上线运行，基本完成预警监测功能建设；实现未来 3 小时、6 小时、24 小时、24～48 小时预警预报功能，完成向省级基层治理四平台预警数据推送技术路线搭建。江河湖库水雨情监测在线分析服务应用上线试运行，基本实现在线整编、业务分析、基础监测保障等三大体系功能。节水数字化应用启动开发建设，完成信息服务、目标管理、任务分解等功能模块原型设计。

【网上水利服务】 "互联网＋政务服务"改革。2020 年 3 月，省水利厅印发《浙

江省水利厅"互联网＋政务服务"运行管理工作规则（试行）》，进一步明确职责，切实提高政务服务事项的办理质量和效率。154 项水利政务服务事项在"浙里办"上线，"网上办、掌上办、跑零次"100％全实现。开展政务服务 2.0 改造，包括事项目录拆解、收件配置、共享标注、办件系统改造、业务验收、上线运行等环节，依申请事项于 9 月底全部上线运行，水利政务服务 2.0 建设完成率 100％，提前 1 个月完成省政府确定的目标任务，其中 3 个事项实现智能秒办。国家竞对指标。国家政务服务评估省级单位任务书涉及 7 大类 23 项 45 个指标，其中事项数、减时间、减跑动等 13 个指标需对标兄弟省份实现领跑。经多次优化后，确定竞对指标最终为：行政许可事项 23 项、依申请 6 类事项 60 项、公共服务事项 67 项；行政许可承诺时限压缩比为 87.68％、依申请 6 类承诺时限压缩比为 72.66％、政务服务事项承诺时限压缩比 75.44％；行政许可平均跑动为 0 次、依申请 6 类跑零次率为 100％、政务服务平均跑动为 0 次；行政许可即办率为 55％、依申请 6 类即办率为 41.67％、政务服务事项即办率 72.44％；全程网办率（事项办理深度Ⅳ级占比）100％。全国第一张取水许可电子证照落户浙江。

"互联网＋监管"改革。2020 年 3 月，省水利厅印发《浙江省水利厅"互联网＋监管"工作规则》，全力推进水利执法监管工作在浙江省行政执法监管平台的应用。制定《2020 年"互联网＋监管"工作实施方案》。及时调整双随机抽

查事项和执法人员库，动态开展监管事项认领和目录清单梳理，事项认领率、完备率和映射率及检查子项入驻率均达100%。完成51项许可事项和191项行政处罚事项关联。掌上执法率、监管主项覆盖率、双随机事项覆盖率达100%。完善风险预警监管、信用监管、投诉举报监管等实践应用，完成风险触发执法、投诉触发执法100%闭环处置，制定并应用《浙江省水利建设市场主体信用评价管理办法（试行）》。

【网络安全运行管理】　建设网络安全管理体系。强化责任制体系落实，与省水利厅厅属单位签订网络安全责任书，将网络安全工作纳入市、县年度水利工作综合绩效考评"三张清单"、水利"争先创优行动"考核指标。完善信息通报联络机制，依托钉钉工作群、水利网络安全监管平台和电子邮件，丰富信息通报渠道。对2021年申报立项项目重点开展网络安全专项费用预算安排、网络安全等级保护落实、网络安全设计方案等方面审查。

部署网络安全等级保护2.0工作。省水利厅印发《关于推进水利行业网络安全等级保护2.0标准实施工作的通知》，对组织领导、标准落地、等保测评、技术防护等方面工作进行部署。浙江水利网站、浙江省水管理平台等9个重要信息系统按网络安全等级保护2.0标准完成定级备案和等级测评。

开展网络安全隐患排查整改。深入开展省水利厅系统网络安全"百日攻坚"专项整治行动，组织省水利厅本级、市县水利部门对所属网站、重要业务系统开展互联网应用专项整治活动；组织开展勒索病毒排查和专项清理工作，对厅系统所属服务和信息系统进行检查分析，其间未发现勒索病毒感染情况。首次联合省公安厅开展2020年省级水利行业网络安全攻防演练，对全省23家水利单位104个网站和信息系统展开渗透测试，共发现9家单位17个系统存在不同程度的安全问题，累计上报防守成果报告47份，下发漏洞通报9份，逐一督促限期整改。组织开展厅系统网络安全检查，通过分级扫描、集中分析、隐患整改等方式，对厅机关及有关下属单位开展非涉密联网计算机保密自查工作。全年厅系统未发生网络安全重大事件，省水利厅获评"年度全省网络与信息安全通报工作成绩突出成员单位"。

开展网络安全宣传。组织开展省水利厅系统2020年"网络安全宣传周"活动，利用电子显示屏等多媒体载体，滚动播放10多个网络安全视频短片，编制并印发《网络安全科普手册》190多本。

（程哲远）

政 策 法 规

Policies And Regulations

197～209 页

水 利 改 革

【概况】　2020 年，全省水利改革工作围绕改革发展中的热点难点问题，组织开展《建设幸福河湖，推动我省江河流域高质量发展》等政策研究和课题调研，深入推进"互联网＋政务服务"改革，完成水利政务服务 2.0 建设，完成 8 个方面 25 项省级水利改革工作主要目标和任务。出台《浙江省节水行动实施方案》等重大政策，提出 12 个重点调研课题和 29 个专项调研课题计划，评选确定 2020 年度地方水利改革创新最佳实践案例 10 个、优秀实践案例 20 个。

【水利改革创新】　2020 年，省水利厅办公室印发《关于做好 2020 年度改革创新工作的通知》，组织市县水利部门推进水利改革创新工作。全省市县水利部门围绕数字化转型、工程管理、强监管、灾害保险、水域空间管控、水利工程三化改革、农村饮水管护、水利投融资等领域推进改革项目 91 个，各领域、多层级共抓改革新格局初步形成。

【"互联网＋政务服务"改革】　组织开展水利政务服务 2.0 建设，升级改造省、市、县三级统一事项库与办件库，切实做好减材料、减环节、减时间，63 个依申请政务服务事项实现事项标准全省统一，提前一个月实现省、市、县三级同步上线，58 个厅本级事项共精简办事环节 47 个、办事材料下降为 153 件。印发《"互联网＋政务服务"运行管理工作规则（试行）》和《关于进一步做好政务服务相关提升完善工作的通知》，明确工作责任和要求，不断促进水利政务服务便民高效。推动机关内部"最多跑一次"事项"应网办尽网办"，实现办件零突破、办理零超期。

【区域水影响评价改革】　2020 年，省水利厅印发《关于进一步深化区域水影响评价改革的通知》，督促指导各地全面深化区域水影响评价工作。至 12 月，水土保持、防洪、水资源论证区域评估均全面完成。

【相关领域改革】　开展"证照分离"改革试点，推行水利工程质量检测单位资格认定（乙级）告知承诺制，推进取水许可、水利工程检测单位乙级证书电子证照改造，做好《浙江省行政许可事项目录（2020 年）》和《市场准入负面清单（2020 年版）》编制工作。推进投资项目审批"一件事"办理工作，对投资项目在线审批监管平台 3.0 进行水利事项梳理、配置和应用改造提升。经积极争取，列入《浙江省投资项目审批事项目录（2020 年）》，水利事项由 7 项增加至 14 项。

【水利政策研究】　2020 年，省水利厅出台《浙江省节水行动实施方案》等重大政策，完成《浙江省用（取）水定额》修订等 5 个重大行政决策，出台《关于加强古井水源保护管理的通知》等 7 个规范性文件。制定《浙江省水利厅调查研究工作制度（试行）》，进一步推进省水利厅调查研究工作规范化、制度化、科学化。提出 12 个重点调研课题和 29 个专项调研课题计划。经过专家评选，从全省水利系统参评调研报告中选出优秀报告 100 篇，见表 1。

表 1　2020 年全省水利系统优秀调研报告

奖项	名　称	单　位	课题负责人	参加人员
一等奖	诗从何处来——浙江水脉上的唐诗之路	中国水利博物馆	任根泉	尹路、马长松、李雪、魏晓明、鲁頔
	淳安特别生态功能区水权交易可行性研究调研报告	淳安县千岛湖生态综合保护局（水利水电局）	陆发平	方志发、刘雨辰、俞发康、方辉、郑炜
	行业特色应用型高校治理现代化建设调研报告	浙江水利水电学院	华尔天	傅世平、李世平、滕川碧
	浅论民法典实施与农民权益保护——以横山水库防洪超蓄中农民权益保护实践为例	宁波市奉化区水利局	杨伟军	—
	"浙江水网"规划建设调研报告	省水利发展规划研究中心、钱塘江流域中心	方子杰	许志良、王挺、胡敏杰、仇群伊、刘俊威
	新时期浙江省"互联水网"需求与对策调研	省水利河口研究院（省海洋规划设计研究院）	刘立军	韩海骞、严杰、金玉、张扬
	水利工程遗产价值评估及保护发展策略研究——以湖州太湖溇港为例	湖州市水利局	罗安生	江涛、沈晓金、王旭强、巫剑
	勇担乡村振兴使命　打好水利兴农惠民组合拳——村振兴水利工作蹲点调研报告	省水利发展规划研究中心	朱法君	钱燮铭、陶建基、陈箖飞、陈宇婷、仇群伊、刘俊威
	浙江省水资源费改税改革政策机制调研	省水资源水电管理中心（省水土保持监测中心）	王磊	周鹏程、马洁、汤沂园
	浙江省水利水电勘测设计院转企改制后新公司法人治理结构调研报告	省水利水电勘测设计院	叶垭兴	徐必用、陆勇、余晓峰
二等奖	废弃采石矿山选址建库综合利用的梅山经验及其建议	宁波市水利局	张松达	王凯、马群
	以"三全育人"综合改革为抓手，加强改进大学生思想政治工作	浙江同济科技职业学院	江影	吴敏启、叶乐、阮红芳、梁莹

续表1

奖项	名　称	单　位	课题负责人	参加人员
二等奖	杭州市水旱灾害防御能力现状调研及能力提升对策措施	杭州市林业水利局	钱美仙	黄健勇、孙映宏、叶青、邹积平、鲍红艳
	新时代余杭区水利工程外观提升的建议与对策调研报告	杭州市余杭区林业水利局	蒋伟琦	张云超、刘翔、宗颖悄、肖健飞、杨柳
	抓"控、折"两头实现节水、增收、惠民——浦江县丘陵盆地地区农业水价综合改革探索实践	浦江县水务局	楼明政	张晓峰、周诗静
	浙江省高龄（老龄化）水库综合整治调研	省水利河口研究院（省海洋规划设计研究院）	吴修广	王良、于桓飞、吉顺文、郑敏生、苏玉杰、施齐欢、焦修明、李雪梅、胡亮
	小型水库工程安全鉴定对策研究	省水库管理中心	彭妍	唐燕飚、傅克登、赵仁奇
	新时期水利防汛应急抢险能力建设	省水利防汛技术中心（省水利防汛机动抢险总队）	陈森美	汪胜中、陈素明、彭周锋、姚瑶
	关于推动河口高位发展　加快椒江河口水利枢纽工程推进的调研报告	台州市水利局	李起福	董立翔、郭鹏、柯红革、王晓栋
	浙江省杭嘉湖区域圩区格局调研	省水利水电技术咨询中心	秦旭宝	李云进、唐瑜莲、于利均、聂旻
	义乌市全域分质供水探索与实践	义乌市水务局	邵志平	朱红斌、崔冬冬、龚庆钢
	余姚市防洪排涝面临的形势及对策分析	余姚市水利局	史勇军	吴劭辉
	松阳县滨水慢行系统建设与管理调研报告	松阳县水利局	吴子斌	李韬、阙欣欣、潘雄
	关于连通激活金华市区水系打造"浙中城市水网"的调研报告	金华市水利局	贾跃俊	贾宝亮、郑昊安、叶亮、余昌鹏
	长三角生态绿色一体化示范区水安全和水环境系统治理研究	嘉兴市水利局	潘侃	朱黎雄、谈勇

续表1

奖项	名　称	单　位	课题负责人	参加人员
二等奖	全省节水技术（产品）应用状况调研	省水利科技推广服务中心	陈毛良	刘滔、郝晓伟、徐昌栋、裴瑶、柯飔、袁闻、吴静、卢梦飞
	浅析当前水域保护和开发利用工作的途径探析	嘉善县水利局	马纳新	王兵华
	温瑞平原南部洪涝应对策略——基于202004号台风"黑格比"引发的塘下镇内涝问题	瑞安市水利局	贾建华	吴靖、唐劲松、宋培青、林元超、池万定、郑孙坚
	绍兴市区优质水资源承载力调研报告	绍兴市水利局	张宪疆	马阿祥
	"两袖清风"护航衢州水利现代化治理高质量发展	衢州市水利局	郑明福	邵建良、陈斌、吴红雨、林晗
三等奖	提高水利应对突发公共事件能力的对策建议——新冠肺炎防控对水利防汛的借鉴与启示	省水利发展规划研究中心	朱法君	陈筱飞、刘俊威、陈宇婷
	浦江县乡级河道划定的实践探索	浦江县水务局	楼明政	傅克平、李训朗
	开发性金融支持治水调研报告	宁波市水利局	史俊伟	
	钱塘江流域"20200707"洪水调研报告	省水利发展规划研究中心	朱法君	方子杰、夏玉立、仇群伊、张喆瑜、杨溢、刘俊威、王挺、刘志伟、王萍萍
	浙江省水利检测市场主体信用评价体系调研工作报告	省水利水电工程质量与安全管理中心	郁孟龙	葛瑛芳、张晔、佘春勇、李欣燕、吴阳锋、傅国强、徐尧权
	宁海县毛屿港小流域综合管理调研报告	宁海县水利局	何旭斌	王彬
	以白洋河为样本浅析海盐"幸福河"创建的构想与探索	海盐县水利局	刘志海	肖雪林、姜韩英、郭勤、俞晓叶、沈永吉
	关于主动适应长三角一体化高水平谋划嘉善县水利发展的调研报告	省水利发展规划研究中心	朱法君	夏玉立、杨溢、张喆瑜、陈筱飞、刘俊威、陈宇婷、刘志伟、王萍萍

续表1

奖项	名　　称	单　位	课题负责人	参加人员
三等奖	政府数字化转型背景下浙江省水管理平台建设与运维管理机制研究	省水利信息宣传中心	包志炎	姜小俊、骆小龙、黄康、金宣辰、魏杰
	浙江省大中型灌区建设与管理现代化调研	省农村水利管理中心	朱晓源	张清明、贾怡、鲍玲
	关于全域幸福河建设的思考和建议	建德市水利局	赖建军	童宵岭、俞昊楠
	安吉县西南片区水库集群规划建设调研报告	安吉县水利局	乐叶都	徐侃、戴泽胜、戴达华、胡耀华、章义江、江建、陈竿舟、官云飞
	提升感知能力　强化智能管理——桐乡市圩区数字化转型调研报告	桐乡市水利局	盛月良	范建成、范生虎、闫宝迎
	慈溪市水资源开发利用与保护的思考	慈溪市水利局	郑忠昂	陆乃群、陈罗凯、刘锋琴
	深入推进嘉兴市海塘安澜工程建设的思路与对策	嘉兴市水利局	潘侃	戴琪悦、张一平、吴鑫铃
	定海老城区内涝灾害问题的破解对策	舟山市定海区水利局	胡国海	童晓燕、顾玲科、徐国中、陈平
	柯城模式的新农田水利助农经验提炼和机制研究	省水利发展规划研究中心	孙伯永	陈筱飞、陈宇婷、刘俊威
	"黑格比"台风城市排涝情况和对策建议	温州市水利局	林统	贾海勇、程鹏、余玉龙、陈剑
	永嘉县楠溪江水利现状分析与构想	永嘉县水利局	陈群锋	戴顺光、陈志胜、盛敏勇
	湖州市吴兴区太湖溇港水利风景区发展调研报告	湖州市吴兴区水利局	席桂平	陈秋萍
	诸暨市山洪灾害防御形势分析	诸暨市水利局	杨华凤	孙晓峰、马婷
	舟山市深化水资源开发调研报告	舟山市水利局	丁夏浦	翁松益、叶珊君、侯婷、孙会玲
	以9孔泄洪后的"三江"治理提升为试点打造全域幸福河的探索与思考	建德市水利局	钱向军	周晓雷、张兰

续表1

奖项	名　称	单　位	课题负责人	参加人员
三等奖	加强支部规范化建设　提升党建引领作用	慈溪市水利局	陈永高	杨旭兰、岑佳飞、刘佳、唐迪未
	关于平湖市农村圩区自动化控制系统建设管理的调研报告	平湖市水利局	周国权	张峰、孙守松、胡静雅、张照明
	浅谈婺城区小水电建设管理的思考	金华市婺城区水务局	邱益奎	
	关于乐清市水利防灾减灾设施建设情况的调研报告	乐清市水利局	薛凯	陈贤挺、蔡齐平、张晓微、林佳、董卫洪、万成扬、卢乐胜
	基于平湖市智慧水利建设的调查与思考	平湖市水利局	刘叶军	宋成成、姚远、屠慧林、张照明
	关于生态河道管理工作的几点认识与思考	丽水市水利局	贾显武	
	水文测站北斗系统及安全网关升级调研	省水文管理中心	王淑英	钱克宠、倪宪汉、姚东、沈凯华
优秀奖	新昌县智慧水土保持监管的实践与思考	新昌县水利水电局	俞亚其	赵勇
	新时期河口海塘工程防御体系研究	钱塘江流域中心	余延芬	赵凡、李磊岩、叶建军、吴海泉、郎国君、周肖璐、金琛
	浙江省河湖水域空间管控问题与对策调研报告	省水利河口研究院（省海洋规划设计研究院）	刘立军	吴益、陈策、陈琦、孟祥永、张扬
	关于开化县中小型水库的调研与思考	开化县水利局	程军华	余雷、范海军、陈东、邵勇峰、陈萌
	浅析"利奇马"台风中型水库防洪效益	杭州市临安区水利水电局	方远洋	徐建华、祝宏伟、李留东、刘勇
	宁海县美丽河湖建设调研报告	宁海县水利局	王巍	侯冠
	关于泰顺县水利发展"十三五"规划实施情况的调研报告	泰顺县水利局	陶涛	张星海、赖晓锋、钱岁成、夏智渊、严飞鹏
	岱山县高质量饮用水方案	岱山县农业农村局	修海峰	徐海波、罗超晖、粟建勋、蔡武光、施传琪、周健、阚常庆

续表1

奖项	名　称	单　位	课题负责人	参加人员
优秀奖	德清县幸福河湖调研报告	德清县水利局	费丹丹	沈奇炜、孙红霞、丁云琴
	关于落实新理念打造"幸福河"的研究与思考	长兴县水利局	钱学良	徐建平、白炳书、尹华臻、吴贤敏
	关于应对太湖高水位对长兴平原防洪影响研究	长兴县水利局	钱学良	张文斌、茆学铭、方丹、王正祥、白炳书
	嵊泗县供水结构优化方案研究报告	嵊泗县农业农村局（水利局）	洪光裕	毛军、李尚科、王奔、袁琪
	水利工程建设助推岱山脱贫攻坚的思考与探索	岱山县农业农村局	修海峰	粟建勋、蔡武光、周健、阚常庆
	洞头海岛地区水资源利用调研报告	温州市洞头区水利局	陈国伟	吕志春、郭敏、吴正木、余玉龙、叶坤华、谢陈辉
	关于平湖市水资源综合管理工作的调研报告	平湖市水利局	柯杰	夏跃冬、沈杰、彭美根、张照明
	河湖淤泥处置的探索与实践	嘉兴市秀洲区农业农村和水利局	郑龙长	陈伟杰
	嘉善县重点区域防洪工程超标洪水防御能力调查	嘉善县水利局	徐雪良	杭根东
	构建"五化"监管体系着力提升丽水水利行业强监管水平	丽水市水利局	吴建云	
	遂昌十八里翠水利风景区建设情况调研	遂昌县水利局	叶名颉	上官章仕、朱苏华、叶名颉
	探索幸福河湖创建的"五地"实践	台州市路桥区农业农村和水利局	周建斌	李兆伟、陈浩
	为经济高质量发展提供坚强的水资源保障的建议与思考——以台州市玉环市为例	玉环市农业农村和水利局	王海滨	林青忠、林维仁、颜斌辉
	永嘉县农村饮用水现状及影响因素分析	永嘉县水利局	刘齐东	陈见伊
	绍兴市柯桥区农民饮水安全情况调研报告	绍兴市柯桥区农业农村局	沈小雷	茹国顺、夏利良、严邦飞
	党建引领强定力　风清气正聚合力——"建设清廉机关、创建模范机关"工作开展情况调研报告	江山市水利局	王建军	嫪运、严黎瑶

续表1

奖项	名　　称	单　位	课题负责人	参加人员
优秀奖	习近平总书记治水重要论述的内涵阐释与实践探索	台州市水利局	阮桂春	
	提升温岭市小流域山洪灾害防御的思考	温岭市农业农村和水利局	陈军华	王军志、何艳、苏成杰、刘文奎
	越城数字水利建设思考	绍兴市越城区水利局	章国荣	劳琦静、沈丹
	永康市水资源刚性约束协同推进机制探索与实践	永康市水务局	朱志豪	陈苏春、李进兴、温进化、李其峰、王士武
	海曙区智慧水利建设的研究与探讨	宁波市海曙区农业农村局	朱建元	谢霁芃
	浅谈海堤地基处理方法的应用	宁波市北仑区农业农村局	张永广	贺忠洲、张佳星
	关于武义县"饮水长"制的调研	武义县水务局	何武	潘国法、刘勇、叶文胜、胡荣、夏霖、王晖
	关于强化椒江沿岸水利工程及滩涂资源管理的建议	台州市椒江区农业农村和水利局	徐恒昌	赵昌东、张东
	全力推进百里钱塘安澜工程争当"重要窗口"最精彩板块示范表率	海宁市水利局	汤亦平	裴征艳
	突出重点领域　加大谋划力度　加快补上水利基础设施项目建设短板	磐安县农业农村局	张文明	张余平、陈飞、卢银传、张连新、厉富强
	缙云县农村饮用水达标提标工作调研报告	缙云县水利局	陶爱强	吕润杞
	关于仙居县河道采制砂现状及对策的调研报告	仙居县水利局	张金泉	吴天才、徐焕健
	农村饮用水达标提标工作要走得更深、更远	三门县水利局	何贤武	毛灵强、吴霞
	浅析全域秀美之美丽河湖建设	嘉善县水利局	马纳新	冯宇
	萧绍界河西小江清淤可行性调研报告	绍兴市柯桥区农业农村局	韩德利	茹国顺、冯柏松
	云和县水资源开发利用现状及优化配置研究报告	云和县水利局	毛连清	叶海平

【水利改革创新典型经验评选】　2020年4月13日，省水利厅办公室印发《关于做好2020年度改革创新工作的通知》，组织开展改革创新项目申报工作。各地上报改革项目91个，经评选确定2020年度地方水利改革创新最佳实践案例10个、优秀实践案例20个，见表2。

表2　2020年水利改革创新项目名单

奖项	单　　位	项　目　名　称
改革最佳实践案例	衢州市水利局	党建统领，集成模块化改革
	慈溪市水利局	慈溪市智慧水利项目
	常山县林业水利局	常山农村饮用水"两标准八提升"长效运维工程
	德清县水利局	浙江省现代水利示范区
	湖州市南浔区水利局	制定平原区幸福河湖建设与评价规范
	开化县水利局	创新打造水利风景区助推百里金溪绿富美
	诸暨市水利局	县级水网智慧监管体系建设
	桐乡市水利局	桐乡市"数字圩区"试点改革项目
	龙泉市水利局	供排一体，建管并重——打造农村供排水一体化建设
	苍南县水利局	区域合作联动破解跨区域水闸管护难题
改革优秀实践案例	湖州市水利局	安吉两库引水工程投融资改革
	绍兴市水利局	加强协调，以水资源的综合利用推进嵊新区域的协同发展
	义乌市水务局	义乌市水域"一张图"管理改革
	嘉善县水利局	长三角毗邻地区界河保洁合作机制工作
	温州市水利局	小流域山洪灾害气象风险预警预报平台
	湖州市吴兴区水利局	吴兴区水管理平台建设试点项目
	嘉兴市水利局	嘉兴市重大水利建设项目筹资机制
	丽水市水利局	顺利创成全国首个国际绿色水电示范区
	温州市鹿城区农业农村局	深化水行政审批制度改革，推进重点、民生工程"以评代批"
	宁波市奉化区水利局	改革防洪理念创新推进蓄滞洪区建设补齐防洪排涝短板
	余姚市水利局	创新排涝泵站管控模式，探索区域排涝与流域防洪新举措
	杭州市林业水利局	杭州市水利工程电子化招标投标
	金华市水利局	国家节水型社会创新试点改革
	杭州市临安区水利水电局	临安区太湖流域水资源"四定"管理改革试点
	宁波市水利局	宁波市全国智慧水利先行先试项目
	台州市水利局	台州市水管理平台试点建设

续表2

奖项	单 位	项 目 名 称
改革优秀实践案例	舟山市定海区水利局	定海区水库水权转换补偿机制改革试点
	台州市水利局	建立健全节水奖励机制
	舟山市水利局	集成涉水监管，实现"最多陪一次"
	嘉善县水利局	探索建立示范区水行政执法联动机制

依 法 行 政

【概况】 2020年，省水利厅配合省人大完成《浙江省水资源条例》立法修订。对16个规范性文件进行合法性审查，印发7个。配合做好5个重大决策事项的参谋工作，完成58个地方性法规、规章、政策性文件，以及省发改委等12个部门来函的征求意见答复。组织开展水利普法活动，河长制立法被列入法治浙江"重要窗口"实践100例。

【法规体系建设】 2020年，省水利厅配合省人大完成《浙江省水资源条例》立法修订，在水资源节约保护和开发利用的基本原则、规划引领、水资源刚性约束、生态补偿机制、水资源管理考核评价等方面取得立法突破。组织完成《浙江省海塘建设管理条例》《浙江省水利工程安全管理条例》评估论证。开展"十四五"立法规划调研和起草工作。开展水法规清理，对照上位法、"放管服"和"最多跑一次"改革精神、机构改革调整变化等，对8件涉水法规、5件涉水规章梳理出43条清理建议，其中41条建议被省人大采纳。

【规范性文件管理】 2020年，浙江省水利厅与江苏省水利厅建立协作机制，创新开展联合法制性审核。对《浙江省水利建设项目稽察办法》等16个规范性文件进行合法性审查并出具意见，7个报司法厅备案后印发，见表3。组织完成22件以省政府名义出台的涉水规范性文件和政策性文件清理工作。结合《民法典》《优化营商环境条例》《浙江省民营企业发展促进条例》等现行法，对67个厅规范性文件展开专项清理。

表3 2020年省水利厅印发的规范性文件目录

序号	文 件 名 称	文 号	统一编号
1	浙江省水利厅印发《关于进一步明确浙江省有关水域管理职责的通知》	浙水河湖〔2020〕6号	ZJSP18-2020-0001
2	浙江省水利厅关于印发《浙江省水行政主管部门随机抽查事项清单》的通知	浙水监督〔2020〕5号	ZJSP18-2020-0002

续表3

序号	文 件 名 称	文 号	统一编号
3	浙江省水利厅关于印发《浙江省水利工程数据管理办法（试行）》的通知	浙水运管〔2020〕7号	ZJSP18-2020-0003
4	浙江省水利厅关于印发《浙江省水利监督规定（试行）》的通知	浙水监督〔2020〕7号	ZJSP18-2020-0004
5	浙江省水利厅关于印发《浙江省水利建设项目稽察办法》的通知	浙水监督〔2020〕8号	ZJSP18-2020-0005
6	浙江省水利厅关于印发《浙江省水利建设市场主体信用信息管理办法（试行）》《浙江省水利建设市场主体信用评价管理办法（试行）》的通知	浙水建〔2020〕7号	ZJSP18-2020-0006
7	浙江省水利厅 浙江省文物局《关于加强古井水源保护管理的通知》	浙水农电〔2020〕22号	ZJSP18-2020-0007

【重大行政决策】 2020年，严格按规定程序落实重大行政决策专项行动，配合做好"海塘安澜"千亿工程行动计划制定、《浙江省水安全保障"十四五"规划》制定、《浙江省用（取）水定额》修订、水利工程"三化"改革实施方案制定、浙江水利水电学院南浔校区建设等5个重大决策事项的参谋工作。

【政策法规论证答复】 2020年，完成《杭州市钱塘江综合保护与发展条例》等58个地方性法规、规章、政策性文件，以及省发改委等12个部门来函的征求意见答复。对《中华人民共和国水法》《中华人民共和国河道管理条例》《河道采砂管理条例》《节约用水条例》《地下水管理条例》等5部全国性法规提出立法修改建议。

【普法宣传】 2020年，编印《依法治水月月谈》9期，聚焦工作矛盾，剖析管理需求，提出改进工作的着力点。配合开展法治建设"十五年"总结，完成水利"七五"普法工作总结，河长制立法被列入法治浙江"重要窗口"实践100例。以"世界水日""中国水周"等为契机，开展"防范流域大洪水，现在我们能干啥"建言献策、水法规知识学习竞赛等活动。积极开展民法典和宪法日专项宣传活动。组织参加全国水法规知识大赛和浙江省党内法规知识网络竞赛，均获优秀组织奖。

水 利 执 法

【概况】 2020年，省水利厅贯彻全省综合行政执法改革精神，积极指导市县水利部门完成61项处罚事项划转，研究确立钱塘江流域水行政执法协同机制。完成57件河湖违法陈年积案清理工作，组织开展水行政执法案卷评查和水事矛盾纠纷排查化解，抓好执法人员培训教育，不断提升水行政执法水平。全年未发生行政复议和行政诉讼案件。

【行政执法体制改革】 2020 年，省水利厅根据综合执法改革的精神，进一步落实全省综合行政执法改革，研究确立 61 项水行政处罚事项纳入综合行政执法统一目录。9 月，召开全省水行政综合执法改革视频会，部署推进相关工作，积极指导市县水利部门开展处罚事项划转。省水利厅会同省综合行政执法指导办，研究确立钱塘江流域水行政执法协同机制，印发《关于建立健全钱塘江流域水行政执法协同机制的意见》。

【日常执法工作】 2020 年，在全省组织开展以河湖违法陈年积案督查为重点的执法工作，并对湖州、嘉兴、绍兴和金华等市进行抽查督查。至年底，全省 57 件陈年积案按时完成清零，并向水利部报送台账和总结报告。开展日常水行政执法监督指导、高尔夫清理整治和自然保护区整改问题督查等联合执法工作，全年全省立案办结各类水事违法案件 275 件，巡查河道 253417km。

【行政执法案卷评查】 组织开展全省水行政执法案件评查工作，该次评查抽查杭州市临安区、象山县、瑞安市、长兴县、平湖市、诸暨市、永康市、衢州市衢江区、岱山县、温岭市、遂昌县水利局等 11 家单位的行政处罚案卷，并对每个案卷逐页进行评议，开展针对性指导，提出相应整改意见，办案单位和参会单位全程参与交流讨论。

【统一行政处罚办案系统建设】 按照认领上级目录、完善地方事项原则，组织开展全省统一行政处罚办案系统中行政检查、行政处罚和行政强制三类事项梳理，按时完成行政执法事项的目录和实施清单编制工作。

【水事矛盾纠纷排查】 2020 年，省水利厅制定印发《关于组织开展水事矛盾纠纷排查化解活动的通知》，以省际、市际、县际重点水事矛盾敏感地区和海塘安澜千亿工程、农村饮用水达标提标、美丽河湖建设、小水电清理整改等推进中出现的新情况、新问题为排查重点，组织开展全省水事矛盾纠纷排查化解工作。

【执法人员培训教育】 2020 年，举办全省水行政执法负责人和业务骨干培训班，执法人员 90 人参加培训，培训开设"节水优先、空间均衡、系统治理、两手发力"的治水思路解读、行政执法的浙江实践、民法典解读适用等专题讲座。组织省水利厅领导和公务员参加年度法律知识考试，组织机关工作人员参加行政执法资格培训考试。

（黄臻、谢圣陶）

能 力 建 设

Capacity Building

211～230 页

组织人事

【概况】 2020 年，省水利厅系统共有省管干部 23 人（除 9 名厅领导外，正厅 2 人，副厅 12 人）；厅管干部 154 人，其中，二级巡视员 1 人、县处级正职领导 48 人、一级调研员（不含兼任正处长）和二级调研员 12 人、县处级副职领导 55 人、三级调研员（不含兼任副处长）和四级调研员 35 人、下属单位党委委员 3 人。干部平均年龄 48.31 岁，最小年龄 34 岁；45 岁以下正处级领导干部 15 人，40 岁以下副处级领导干部 13 人；男干部 120 人，女干部 34 人；中共党员干部 134 人，党外干部 20 人。厅系统处级领导干部 40 周岁以下的占比 20%，除厅属高校的处级领导干部 40 周岁以下的占比 12.82%。

【干部任免】 2020 年，省委、省政府任免省水利厅干部 6 名。省水利厅系统交流提任干部 36 人次，安置军队转业干部 2 名，职级晋升 10 人次，其中晋升四级调研员及以上 2 人次。

【厅领导任免】 2020 年 4 月 13 日、4 月 24 日，浙委干〔2020〕36 号、浙政干〔2020〕7 号、浙组干任〔2020〕7 号文通知，范波芹任浙江省水利厅党组成员，浙江省水文管理中心党委委员、书记，浙江省水文管理中心主任；张日向任浙江省水利厅党组成员。

2020 年 12 月 27 日，浙组干通〔2020〕498 号文通知，免去裘江海的浙江省水利厅二级巡视员职级。

【其他省（部）管干部任免】 2020 年 7 月 13 日，浙组干通〔2020〕276 号文通知，周珊保留浙江水利水电学院本科高校副职待遇。

2020 年 6 月 24 日，水利部部任〔2020〕55 号、部党任〔2020〕40 号文通知，陈永明任中国水利博物馆馆长（试用期一年）、党委书记；免去张志荣的中国水利博物馆馆长、党委书记职务。

【厅管干部任免】 2020 年 1 月 15 日，浙水党〔2020〕3 号文通知，王淑英任浙江省水文管理中心副主任（试用期一年）。

2020 年 3 月 16 日，浙水党〔2020〕9 号文通知，黄黎明任浙江省水利水电勘测设计院党委委员、书记，免去其浙江省水利厅建设处处长职务；王卫标任浙江省水利厅建设处处长，免去其浙江省水库管理中心主任职务；柯斌樑任浙江省钱塘江流域中心党委委员、副主任，免去其浙江省水文管理中心党委委员、副主任职务；丁伯良任浙江省水文管理中心党委委员、副主任，免去其浙江省水利防汛技术中心（浙江省水利防汛机动抢险总队）主任（队长）职务；陈森美任浙江省水利防汛技术中心（浙江省水利防汛机动抢险总队）主任（队长），免去其浙江省水利水电工程质量与安全管理中心主任职务；免去唐巨山的浙江省水利水电勘测设计院党委副书记、委员、院长职务；免去李月明的浙江省水利水电勘测设计院党委书记、委员职务；免去陈燕萍的浙江省水利水电勘测设计院党委委员、副院长职务。

2020 年 4 月 3 日，浙水党〔2020〕12 号文通知，何雷霆任浙江省水利厅运行管理处副处长，免去其浙江省水利厅水库管理中心副主任职务；唐燕飚任浙江省水库管理中心副主任（主持工作），免去其浙江省水利发展规划研究中心副主任职务；丁伯良任浙江省水文管理中心党委副书记、纪委书记，免去其浙江省水文管理中心副主任职务；俞建军任中国水利博物馆党委委员、副馆长，免去其浙江省水文管理中心党委副书记、委员、纪委书记职务；胡乃利任浙江省钱塘江流域中心党委委员，免去其浙江省水情宣传中心副主任职务；黄海珍任浙江省水利河口研究院（浙江省海洋规划设计研究院）党委委员、副院长，免去其浙江省钱塘江管理中心党委委员、副主任职务；李艳丽任浙江省水利水电技术咨询中心副主任，免去其浙江省水利水电工程质量与安全管理中心副主任职务；孙伯永任浙江省水利发展规划研究中心副主任，免去其浙江省水利河口研究院（浙江省海洋规划设计研究院）党委委员、副院长职务；免去虞开森的浙江省水文管理中心党委委员、副主任职务；免去严甬的浙江省水文管理中心副主任级；免去叶永棋的浙江省水利河口研究院（浙江省海洋规划设计研究院）党委副书记、委员、院长职务；免去郑建根的浙江省水利河口研究院（浙江省海洋规划设计研究院）党委副书记、委员、副院长职务；免去徐庆华的浙江省水利河口研究院（浙江省海洋规划设计研究院）党委委员、副院长职务；免去潘存鸿的浙江省水利河口研究院（浙江省海洋规划设计研究院）党委委员职务；免去陈信解、唐毅的浙江省浙东引水管理中心党委委员、副主任职务；免去张月松的浙江省水利防汛技术中心（浙江省水利防汛机动抢险总队）副主任（副队长）职务。

2020 年 4 月 3 日，浙水党〔2020〕13 号文通知，根据《中共浙江省委机构编制委员会办公室关于印发浙江省水利厅所属浙江省水库管理中心等 10 家事业单位机构编制规定的通知》，将名称变更过的厅属单位的班子成员职务和有关干部职级予以任命。王安明任浙江省农村水利管理中心三级调研员，张清明、涂成杰任浙江省农村水利管理中心副主任，陈毛良任浙江省水利科技推广服务中心党委委员、副主任，郭秀琴任浙江省水利科技推广服务中心党委委员、纪委书记、副主任，杜鹏飞任浙江省水利科技推广服务中心党委委员、副主任，周小军任浙江省水利科技推广服务中心党委委员，包志炎任浙江省水利信息宣传中心主任，姜小俊、骆小龙、郑盈盈任浙江省水利信息宣传中心副主任，郁孟龙任浙江省水利水电工程质量与安全管理中心主任，江兴南任浙江省水利水电工程质量与安全管理中心副主任，廖承彬任浙江省水资源水电管理中心（浙江省水土保持监测中心）主任，林少青任浙江省水资源水电管理中心（浙江省水土保持监测中心）副主任（正处级），周伟彬、郑城、陈欣任浙江省水资源水电管理中心（浙江省水土保持监测中心）副主任，梅放任浙江省水利防汛技术中心（浙江省水利防汛机动抢险总队）副主任（副队长），葛培荣、江锦红、王扬彬任浙江省农村水利管理中心四级调研员。

2020年4月26日，浙水党〔2020〕20号文通知，朱晓源任浙江省农村水利管理中心主任（试用期一年），免去其浙江省水利厅建设处副处长职务；傅克登任浙江省水库管理中心副主任（试用期一年），免去其浙江省水利厅运行管理处一级主任科员职级；姚岳来任浙江省水文管理中心党委委员、副主任（试用期一年），免去其浙江省水利厅水旱灾害防御处副处长职务；黄健任浙江省水文管理中心党委委员、副主任（试用期一年）；陆列寰任浙江省钱塘江流域中心党委委员、副书记、纪委书记，免去其浙江省水利河口研究院（浙江省海洋规划设计研究院）党委委员、浙江省河海测绘院院长职务；章香雅任浙江省钱塘江流域中心副主任（试用期一年），免去其浙江省钱塘江管理中心副主任职务；张民强任浙江省钱塘江流域中心党委委员、副主任（试用期一年），免去其浙江省钱塘江管理中心党委委员、副主任职务；涂成杰任浙江省钱塘江流域中心党委委员、副主任（试用期一年），免去其浙江省农村水利管理中心副主任职务；徐红权任浙江省钱塘江流域中心党委委员，免去其浙江省钱塘江管理中心党委委员、副主任职务；叶垭兴任浙江省水利水电勘测设计院党委副书记、院长（试用期一年）；张永进、彭庆卫任浙江省水利水电勘测设计院党委委员、副院长（试用期一年）；曾甄任浙江省水利水电勘测设计院党委委员；胡国建任浙

江省水利河口研究院（浙江省海洋规划设计研究院）党委委员、副书记，免去其浙江省河海测绘院党总支书记职务；吴修广任浙江省水利河口研究院（浙江省海洋规划设计研究院）党委委员、副院长（试用期一年）；杨才杰任浙江省水利河口研究院（浙江省海洋规划设计研究院）党委委员、副院长（试用期一年），免去其浙江省水利厅办公室一级主任科员职级；葛瑛芳任浙江省水利水电工程质量与安全管理中心副主任（试用期一年）；汪胜中任浙江省水利防汛技术中心（浙江省水利防汛机动抢险总队）副主任（副队长，试用期一年），免去其浙江省水利厅直属机关党委四级调研员职级；陈书锋任浙江省钱塘江流域中心一级调研员，免去其浙江省钱塘江管理中心党委副书记、委员、纪委书记职务；周素芳任浙江省钱塘江流域中心三级调研员，免去其浙江省钱塘江管理中心党委委员、总工程师职务；免去梁国钱的浙江省水利水电干部学校校长职务；免去任根泉的浙江省水利厅机关服务中心副主任职务。

2020年4月30日，浙水党〔2020〕22号文通知，李轶玺任浙江省水利厅水资源管理处（浙江省节约用水办公室）副处长（试用期一年）；陆小勇任浙江省水利厅水旱灾害防御处副处长；免去孙寒星的浙江省水利厅规划计划处副处长职务。

2020年5月28日，浙水党〔2020〕24号文通知，免去范波芹的浙江省水利厅规划计划处处长职务、一级调研员职级。

2020 年 7 月 24 日，浙水党〔2020〕35 号文通知，免去邬越民的浙江省钱塘江管理局杭州管理处党总支书记职务。

2020 年 9 月 11 日，浙水党〔2020〕47 号文通知，许江南任浙江省水利厅规划计划处处长；唐燕飚任浙江省水库管理中心主任；邢云任浙江省水利厅规划计划处副处长；张扬军任浙江省水利厅建设处副处长；苗海涛任浙江省农村水利管理中心副主任，免去其浙江省水利厅农村水利水电与水土保持处一级主任科员职级。上述干部试用期均为一年。

2020 年 10 月 16 日，浙水党〔2020〕52 号文通知，免去俞月阳的浙江省钱塘江河务技术中心主任职务；免去汪劲松的浙江省钱塘江管理局杭州管理处主任职务；免去王建华的浙江省钱塘江管理局嘉兴管理处主任职务；免去许志良的浙江省钱塘江管理局宁绍管理处主任职务；免去陈兰川、陈飘的浙江省浙东引水管理中心党委委员职务；免去严雷的浙江省水利水电技术咨询中心党委委员职务。

2020 年 10 月 19 日，浙水党〔2020〕51 号文通知，免去孙清的浙江省水利厅财务审计处四级调研员职级；免去邬浩川的浙江省水利厅财务审计处一级主任科员职级。

2020 年 11 月 12 日，浙水党〔2020〕58 号文通知，根据天人大干〔2020〕16 号文件精神，经 2020 年 10 月 26 日天台县第十六届人民代表大会常务委员会第四十次会议通过，夏益杰任天台县人民政府副县长（挂职时间 2 年）。

2020 年 11 月 12 日，浙水党〔2020〕59 号文通知，免去韩连宏的浙江省水利厅河湖管理处二级巡视员职级。

（陈炜）

水利队伍建设

【概况】　至 2020 年 12 月 31 日，全省水利行业从业人员 79010 人。其中，水利系统内人员 17731 人，同比减少 2.8%。在水利系统内人员中，公务员（参公人员）1811 人，占比 10.2%；事业人员 11785 人，占比 66.5%；企业人员 4135 人，占比 23.3%。35 周岁及以下 4362 人，占比 24.6%；35~54 周岁 10205 人，占比 57.6%；55 周岁及以上 3164 人，占比 17.8%，平均年龄 44 周岁。水利系统内专业技术人员 12669 人，平均年龄 41 周岁，占比 71.5%；技能工人 3251 人，平均年龄 50 周岁，占比 18.3%。获得省部级以上荣誉称号的高层次专业技术人才、高技能人才共 306 人次，其中 2020 年新增高层次专业技术人才、高技能人才 3 人次。

【教育培训】　2020 年，省水利厅系统各单位围绕全省水利中心工作举办各类培训共 91 期，其中，举办学习贯彻党的十九届五中全会精神培训、厅系统党务纪检干部培训、水行政执法骨干培训、水资源管理培训、农业水价综合改革培训、基层水利员培训、水利规划工作培训等线下培训 85 期，水利工程运行管理系统暨水库安全运行管理大摸排视频培训、水利稽察专家线上培训、水利规划大讲堂等线上培训 6 期。发放水利行业继续教育学时登记证书 11209 人次，2020 年省水利系统各专业领域继续教育登记证书获证情况见表1。

表1　2020 年省水利系统各专业领域
继续教育登记证书获证情况

业务领域	获证数
农村水电	2138
职业技能培训	1802
运行管理	1590
水利工程建设	1476
农村水利	1148
监督	567
水文	469
水资源管理	461
质量安全	346
水旱灾害防御	248
党务	240
河湖管理	207
水土保持	184
财务审计	130
水情宣传	118
水行政执法指导	85

2020 年，全省水利系统专业技术人员在"浙江省水利人员在线学习系统"共完成课程学习 245384 门次，同比增长 184%；累计学习 341615.5 学时，同比增长 134%。

【院校教育】　2020 年，浙江水利水电学院设工学、理学、管理学、经济学和文学等 5 大学科门类，其中水利工程、土木工程、测绘科学与技术、电气工程、机械工程、软件工程等 6 个学科为浙江省 B 类一流学科。设有本科专业 29 个，专科专业 5 个，其中省级优势专业 1 个、省级特色专业 7 个、省级一流专业 7 个。国家精品资源共享课 7 门、省级精品在线开放课程 7 门，省级一流课程 30 门，省级教学团队 2 个，国家级教学成果二等奖 1 项，省级教学成果奖 14 项。拥有浙江省重点实验室 1 个，浙江省"一带一路"联合实验室 1 个，浙江省工程研究中心 1 个，浙江省院士专家工作站 1 个，浙江省新型高校智库 1 个，国家水情教育基地 1 个，浙江省水文化研究教育中心 1 个，浙江省高校高水平创新团队 1 个，省级实验教学示范中心 3 个，中央财政资助实训基地 2 个，省级校外实践基地建设项目 2 个，浙江省非物质文化遗产传承教学基地 1 个。全日制在校学生 10754 人，其中本科生 8869 人。教职工 746 人，专任教师 502 人，其中高级专业技术职务任职资格教师占 43.2%，硕士以上学历教师占 85.3%。拥有全国模范教师 1 人，享受国务院特殊津贴 1 人，全国教育系统巾帼建功标兵 1 人，省"五一劳动奖章"1 人，省部级人才 2 人，"省 151 人才"15 人，省高校领军人才培养计划培养对象 8 人，省师德先进个人 2 人，省教育系统"三育人"先进个人 5 人，省一流学科带头人 6 人，省中青年学科带头人培养对象 8 人，省教学名师 3 人，省优秀教师 3 人。2020 年，获批水利部强监管人才培养基地，获批中外合作办学本科教育项目，南浔校区获省政府批复并开工建设。2020 年招生 3942 人，其中本科生 3340

人，招收联合培养研究生31人。2020届毕业生2882名，初次就业率为95.94%，本科毕业生读研率15.21%。

2020年，浙江同济科技职业学院共录取新生3391人，其中普通高考录取1612人，单独考试录取864人，高职提前招生录取352人，"中高职一体化"五年制合作录取转入563人。响应高职扩招政策，面向社会招生400人。成人教育招生579人。共有毕业生2302人，就业人数2266人，就业率为98.44%。浙江同济科技职业学院2020年引进新教师37人，其中专业技术人员31人（含博士及副高人才6人）。学校有参加省教育厅访问工程师项目教师9人，在省高职高专院校访问工程师校企合作项目评审中获二等奖教师1名，参加省水利厅"三服务"专项服务专家5名，推荐浙江省安全工程专业高级工程师资格评审委员会专家1名，浙江省（市）长三角一体化水利工程建设与质量管理专家库人员3名。学校教师团队在2020年职业院校技能大赛教学能力比赛中获得省赛一等奖2项、三等奖2项，国赛一等奖1项。

【专业技术职务工作】　2020年8月1日，2020年全省水利专业高级工程师职务任职资格评价业务考试在浙江水利水电学院举行。共999人报名，实际参考人数855人。考试最高分91.5分，最低分11.5分，平均分63.53分，60分（含）以上人数532人。考试成绩合格线为60分，合格人数532人。

2020年10月17日，2020年全省水利专业工程师职务任职资格评价业务考试在浙江同济科技职业学院举行。共126人报名，实际参考人数94人。考试最高分90.5分，最低分60分，平均分73.6分，60分（含）以上人数94人。考试成绩合格线为60分，合格人数94人，考试通过率为100%。

2020年11月23日，印发《浙江省水利厅　浙江省人力资源和社会保障厅关于公布王海等36人具有正高级工程师职务任职资格的通知》，36人通过评审，取得正高级工程师职务任职资格；12月30日，印发《关于公布陈瑞根等49名同志具有水利专业工程师职务任职资格的通知》，陈瑞根等49名同志具有水利专业工程师职务任职资格；12月30日，印发《关于确认王一鸣等63名同志具有中级专业技术职务任职资格的通知》，确认63人具有中级专业技术职务任职资格；印发《浙江省水利厅　浙江省人力资源和社会保障厅关于公布丁忠芬等330人具有高级工程师职务任职资格的通知》，330人通过评审，取得高级工程师职务任职资格。2020年全省各行政区水利系统专业技术人员职务结构见表2。

【专家和技能人才】　2020年11月27—30日，省水利厅选派的浙江江能建设有限公司周忠辉和甘翼敏在第八届全国水利行业职业技能竞赛泵站运行工决赛中分别位列第五名、第六名，获全国水利技能大奖，省水利厅获优秀组织奖。12月，水利部人事司组织考察组开展第三批全国水利行业首席技师候选人考察，全国30个名额，浙江省3人入选，分别为嘉兴市水利局南排盐官枢纽管理所周伟丰、宁波市河道管理中心单海涛、武义县宣平溪水电工程管理处涂建胜。

2020年全省各行政区水利系统技能工人技能等级结构见表3。

表2　2020年全省各行政区水利系统专业技术人员职务结构

行政区	专业技术人员总量/人	正高级		副高级		中级		初级		无职称		副高及以上比例/%	副高及以上占比排名
		人数	比例/%	人数	比例/%	人数	比例/%	人数	比例/%	人数	比例/%		
杭州	800	7	0.9	148	18.5	216	27.0	160	20.0	269	33.6	19.4	2
宁波	1289	4	0.3	164	12.7	363	28.2	257	19.9	501	38.9	13.0	6
温州	1246	1	0.1	126	10.1	295	23.7	401	32.2	423	33.9	10.2	9
湖州	601	1	0.2	140	23.3	236	39.3	167	27.8	57	9.4	23.5	1
嘉兴	470	0	0.0	71	15.1	148	31.5	106	22.6	145	30.8	15.1	5
绍兴	950	4	0.4	117	12.3	277	29.2	231	24.3	321	33.8	12.7	7
金华	1318	3	0.2	228	17.3	359	27.2	360	27.3	368	28.0	17.5	3
衢州	586	1	0.2	55	9.4	96	16.4	93	15.9	341	58.1	9.6	11
舟山	161	0	0.0	26	16.1	39	24.2	24	14.9	72	44.8	16.1	4
台州	1124	1	0.1	111	9.9	283	25.2	288	25.6	441	39.2	10.0	10
丽水	758	1	0.1	94	12.4	186	24.5	181	23.9	296	39.1	12.5	8

表3　2020年全省各行政区水利系统技能工人技能等级结构

行政区	技能人才队伍总量/人	高级技师		技师		高级工		中级工		初级工及以下		技师及以上比例/%
		人数	比例/%	人数	比例/%	人数	比例/%	人数	比例/%	人数	比例/%	
杭州	188	0	0.0	44	23.4	94	50.0	35	18.6	15	8.0	23.4
宁波	336	7	2.1	78	23.2	111	33.0	23	6.8	117	34.9	25.3
温州	324	0	0.0	23	7.1	36	11.1	42	13.0	223	68.8	7.1
湖州	79	1	1.3	8	10.1	24	30.4	28	35.4	18	22.8	11.4
嘉兴	159	3	1.9	48	30.2	77	48.4	22	13.8	9	5.7	32.1
绍兴	388	6	1.5	100	25.8	94	24.2	43	11.1	145	37.4	27.3
金华	830	4	0.5	195	23.5	224	27.0	154	18.6	253	30.4	24.0
衢州	229	0	0.0	27	11.8	53	23.1	19	8.3	130	56.8	11.8

续表3

行政区	技能人才队伍总量/人	高级技师		技师		高级工		中级工		初级工及以下		技师及以上比例/%
		人数	比例/%	人数	比例/%	人数	比例/%	人数	比例/%	人数	比例/%	
舟山	6	0	0.0	2	33.3	2	33.3	1	16.7	1	16.7	33.3
台州	485	1	0.2	38	7.8	209	43.1	62	12.8	175	36.1	8.0
丽水	326	4	1.2	79	24.2	80	24.5	65	19.9	98	30.2	25.4

【老干部服务】 2020年，省水利厅厅机关慰问离退休干部60多人次，上门看望离休干部、生病住院老同志近40人次，协助料理7位老同志后事。7—8月，省水利厅领导班子成员带队，分批看望慰问厅机关80岁以上离退休干部，送上组织的关心问候。8月，省水利厅党组印发《关于推行干部荣誉退休制度的通知》，推行干部荣誉退休制度，制定荣誉退休仪式操作规程。8月26日，省委组织部副部长、老干部局局长鲍秀英到省水利厅调研老干部工作。10月20日，组织厅机关老同志赴江东灌溉试验基地"走、看、促"，带领老干部感受水利工作的丰硕成果。11月，省水利厅在全省老干部工作会议上做交流发言。省水利厅《银发专家强助力　银耀水利展风采》入选2020年全省离退休工作"双十佳"创新案例。

（陈炜）

财 务 管 理

【概况】 2020年，浙江水利财务审计工作对照重点工作目标，对标"重要窗口"建设，落实核心业务发展，不断强化资金保障和资金监管，加快建设以绩效为核心的财务管理机制，提升部门财务管理水平，提高财务信息化管理能力。获年度省级部门财政管理绩效综合评价先进单位，位列省政府部门第二名；国家审计协同及内审工作突出，获2017—2019年度全国内部审计先进集体。

【预决算单位】 2020年，省水利厅所属独立核算预算单位共16家，其中，行政单位1家，参照公务员管理的事业单位2家，公益一类事业单位8家，公益二类事业单位5家，决算单位数量与预算一致。至2020年年底，省水利厅本级及所属预算单位实有人数2045人，其中，在职人员2018人（含行政编制人员94人，参照公务员法管理人员75人，事业编制人员1849人），离休人员27人。

【部门预算】 2020年，省水利厅部门收入调整预算数189069.53万元，其中：一般公共预算财政拨款99239.36万元，占52.49％；事业收入51519.37万元，占27.25％；经营收入8850.88万元，占 4.68%；其他收入 16032.37 万元，占 8.48%；用事业基金弥补收支差额 3576.18 万元，占 1.89%；2019 年结转收入 9851.37 万元，占 5.21%。省水利厅 2020 年部门支出调整预算数 189069.53 万元，其中：基本支出 90178.02 万元（含人员经费支出 66082.62 万元，日常公用经费支出 24095.40 万元），占 47.70%；项目支出 89582.87 万元，占 47.38%；经营支出 9308.64 万元，占 4.92%。

2020 年，省水利厅部门财政拨款收入调整预算数 104335.06 万元，其中：2020 年一般公共预算财政拨款收入 99239.36 万元，年初结转结余 5095.70 万元（含一般公共预算结转结余 5095.70 万元，政府性基金结转结余 0 万元）。省水利厅部门财政拨款支出调整预算数 104335.06 万元，其中：基本支出 61168.61 万元（含人员经费支出 46722.40 万元，日常公用经费支出 14446.22 万元），占 58.63%；项目支出 43166.45 万元，占 41.37%。

【部门决算】 2020 年，省水利厅部门决算总收入 181038.64 万元，其中：2020 年收入 170162.40 万元，占 93.99%；使用非财政拨款结余 1024.87 万元，占 0.57%；年初结转结余 9851.37 万元，占 5.44%。全年累计支出 181038.64 万元，其中：2020 年支出 152507.96 万元，占 84.24%；结余分配 9303.81 万元，占 5.14%；年末结转结余 19226.87 万元，占 10.62%。

2020 年，省水利厅部门财政拨款收入 104261.19 万元，其中：2020 年一般公共预算财政拨款收入 99239.36 万元，年初结转结余 5021.83 万元（含一般公共预算结转结余 5021.83 万元，政府性基金结转结余 0 万元）。全年累计支出 104261.19 万元，其中：2020 年支出 98816.06 万元，占 94.78%；年末结转结余 5445.13 万元，占 5.22%。

【收入情况】 2020 年，省水利厅部门决算收入合计 170162.40 万元，其中：一般公共预算财政拨款收入 99239.36 万元（政府性基金财政拨款 0 万元），事业收入 49800.44 万元，经营收入 6525.07 万元，其他收入 14597.53 万元。比 2019 年部门决算收入增加 37648.27 万元，增长 28.41%。

【支出情况】 2020 年，省水利厅部门决算支出合计 152507.96 万元，其中：基本支出 82705.17 万元，项目支出 64430.52 万元，经营支出 5372.27 万元。比 2019 年部门决算支出增加 2553.39 万元，增长 1.70%。

基本支出 82705.17 万元，占总支出 54.23%，比 2019 年增加 15719.36 万元，增长 23.47%，其中：人员经费支出 62221.84 万元，占基本支出 75.23%，比 2019 年增加 14633.68 万元，增长 30.75%；日常公用经费支出 20483.33 万元，占基本支出 24.77%，比 2019 年增加 1085.67 万元，增长 5.60%。

项目支出 64430.52 万元，占总支出 42.25%，比 2019 年减少 12777.22 万元，下降 16.55%，其中：基本建设类项目支出 11290.03 万元，占项目支出

17.52％，比 2019 年增加 577.99 万元，增长 5.40％。

经营支出 5372.27 万元，占总支出 3.52％，比 2019 年减少 388.74 万元，下降 6.75％。

【年初结转结余】 2020 年年初省水利厅结转结余资金合计 9851.37 万元，其中：基本支出结余 2162.69 万元，项目支出结转结余 7688.68 万元，经营结余 0 万元。

2020 年年初省水利厅财政拨款结转结余资金合计 5021.83 万元，其中：基本支出结转 2162.69 万元，项目支出结转结余 2859.14 万元。

【结余分配】 2020 年，省水利厅结余分配合计 9303.81 万元，其中：交纳企业所得税 2231.66 万元，提取职工福利基金/专用基金 2184.54 万元，事业单位转入非财政拨款结余 4887.61 万元。

【年末结转结余】 2020 年年末省水利厅结转结余资金合计 19226.87 万元，其中：基本支出结转 3308.2 万元，项目支出结转结余 15918.67 万元，经营结余 0 万元。

2020 年年末省水利厅财政拨款结转结余资金合计 5445.13 万元，其中：基本支出结转 3204.35 万元，项目支出结转结余 2240.78 万元。

【资产、负债、净资产】 至 2020 年年底，省水利厅直属行政事业单位资产总计 496121.95 万元，比 2019 年增加 62221.1 万元，增长 14.34％；负债总计 30271.03 万元，比 2019 年减少 42240.66 万元，下降 58.25％；净资产总计 465850.92 万元，比 2019 年度增加 104461.76 万元，增长 28.91％。

【预决算管理】 机构改革后，省水利厅涉及部门预算编制的行政事业单位共 16 家，针对事业单位定额、信息化赋码、项目储备库、绩效指标库等一系列预算改革措施，省水利厅制订 2021 年部门预算编制总体思路、总体方案与实施步骤，并对 2021 年预算编制工作进行全面部署：加大各类资金统筹力度，持续优化支出结构，大力压减一般性支出及非刚性、非重点项目支出，从紧安排"五项经费"，优先保障重大战略、重大部署、重大政策和重大项目实施；参与部门整体绩效预算试点改革，强化项目预算评审，从项目入库、筛选、评选、申报等流程持续管控，提高项目政府采购编制质量；组织财务人员对项目经费测算、编制完整性等内容进行核实修改，保障预算编制基础牢靠，切实减少年中调整情况发生。

盘活有限资金。统筹年度结转结余资金，保障省水利厅省城乡清洁供水数字化管理系统、省江河湖库水雨情监测在线分析服务平台等重点项目资金需求；科学分配部门机动经费，2020 年分配机动经费保障厅属 7 家单位人员经费需求及浙江省海塘安澜千亿工程建设方案等 4 个急需项目开展；加大以前年度结转结余资金执行使用力度，对本年度资金及以前年度结转结余资金执行双向考量，综合考虑单位资金管理能力和实际使用效率。

推进预算执行。2020年年初，下发《关于做好2020年预算执行工作的通知》，对切实强化预算执行进度管理、提高财政资金绩效管理水平、加强项目支出进度监督管控、协调财政拨款结转结余资金使用、提前谋划2021年预算编制、严肃财经纪律和风险防控、加大预算执行督导问责力度等7个方面提出明确要求；4月开始，每月对预算执行进度进行通报，6月开始对厅属各单位分项目预算执行滞缓原因进行逐项分析并对各单位年度预算执行情况进行预测，由分管厅领导亲自约谈预算执行滞缓单位；4月开始，对可能影响厅系统整体预算执行的重点项目进行密切监控，特别是财政资金安排1000万元以上及长期未启动项目，重点分析原因，加强工作指导。2020年度，省水利厅系统年度一般公共预算资金总执行率达95.25%，其中，本年度资金执行率95.30%，以前年度结转结余资金执行率93.97%，超额完成财政要求达到91%的目标任务，省水利厅系统所有预算单位本年预算执行率均达到91%以上，整体预算执行进度在省级部门中位居前列。

统筹决算管理及信息公开。加强财务信息化管理和数据精准度审核，掌握厅属单位财务工作情况，把牢时间节点，做好档案管理，完成机构改革前26家厅属单位2019年度部门决算、政府财务报告等编报工作；按要求及时将部门预决算相关内容在省政府政务网、浙江水利网站向全社会公开，真实反映部门预算编制和年度执行情况。

【资产管理】　2020年，根据《浙江省财政厅关于调整省级行政事业单位资产管理权限和流程有关事项的通知》要求，及时将资产处置、使用审批权限和办理流程以清单形式下发，结合省水利厅实际就加强资产管理工作提出相关要求。组织完成行政事业单位2019年度国有资产报告、2019年度企业财务会计决算报表和2019年度企业国有资产统计报表编报工作；加强部门所属行政事业单位国有资产管理监督指导力度，组织开展厅属单位土地房产专项审计调查问题整改与制度制（修）订，完成2019年度公共基础设施报告的汇总编审，形成全省水利公共基础设施名录手册；及时办理厅属行政事业单位日常上报的资产出租、处置等审核或审批业务。

【财务审计】　2020年，印发《浙江省水利厅2020年内部审计工作计划》，组织完成领导干部经济责任审计、财务收支审计、绩效工资审计、清产核资专项审计、法人机构撤销清算审计、内控建设专项审计调查等六大类76个审计项目，实现对经济活动的总体全覆盖。完成省主要领导经济责任审计、浙江省重大政策贯彻落实跟踪审计、省级部门预算执行审计以及姚江西排工程等4项国家审计协同配合工作，获2017—2019年度全国内部审计先进集体；对2016年后国家审计署、省审计厅发现的主要问题审计整改落实情况组织开展"回头看"，全面复查涉及省水利厅主体责任的15个问题，对市县履行整改主体责任的53个问题整改落实情况逐一认定。

【水利资金监管】　2020年，按照省水利厅、省财政厅《关于开展面上水利建设与发展资金专项核查工作的通知》要求，全面核查温州、台州、衢州等3个设区市的29个县（市、区）2019年度面上水利建设与管理经费以及省级补助资金的使用情况，涉及资金113210.50万元。专项核查指出存在的主要问题20条，并针对相关问题，提出意见建议。

【水利财务数字化平台建设】 推进合同管理模块应用，2020年，厅本级使用合同管理模块签订合同数量200多份，完成简易合同功能开发，完善合同查询、打印模板、附件查看等辅助功能，进行新域名申请，推进平台安全升级、迭代更新。开展省水利厅财务集中管理平台整合工作，落实省级数据编目工作，加强协调组织，实现财务系统全面上云，统筹推动财务数字化转型发展升级。依托水管理平台，开展内审工作平台建设，实现审计立项、审计实施、审计问题、审计整改全过程动态管理，提升审计信息化技术支撑能力，实施阶段基本完成，进入数据测试阶段。谋划2021年财务信息化模块建设，根据预算申报需求，综合财务管理情况，有序推进财务辅助模块申报与建设。

【水利财务能力建设】 完善单位内部控制建设。组织编报2019年内控报告，制定2020年厅本级内控建设工作计划，完成《常用财务费用标准手册》《厅机关内部控制手册》等内控手册更新，基本形成覆盖预算、支出、采购、合同、资产和建设项目等六大经济活动的内控制度体系，省水利厅内控建设成果被纳入

全省内控建设指引示范案例在全省推广，并在省财政厅财务管理和内控建设座谈会上作交流发言。

规范工作指导。下发《关于全力做好疫情防控期间资金保障和财务服务工作的通知》，落实防疫经费保障；与财务强监管等紧密结合，打造水利财务"三服务"新载体、新特色；落实厅属单位重大财务事项报告制度，针对厅属事业单位的财务收支、经济活动、内部控制、风险管理等方面进行清单式报批和报备管理；严肃财经纪律，组织召开厅系统财务廉政教育等工作会议，对10大类152项财经事项进行负面清单整理。

严审政府采购。下发《关于进一步规范采购行为有关事项的通知》，对部分招标方式改变、非竞争性采购、自行采购、采购内控工作等事项进行明确；严格执行《浙江省水利厅政府采购项目档案管理办法》，加强政府采购项目档案管理，促进政府采购项目档案管理制度化规范化；开展政府采购培训，针对政府采购业务中的重点或难点问题邀请财政采购专家详尽讲解，并解读即将开始实施的政府采购意向公开等相关规定和工作要求。2020年政府采购所有应合同备案的政府采购项目均实行备案，政府采购执行率100%，无应采未采政府支出行为。

规范非税收入。每月梳理统计上月政府非税收入情况，编制《政府非税收入返还市县资金请款书》和《政府非税收入市县分成返还清单》，及时报送省财政厅审核并进行资金拨款；年初清理2019年全年政府非税收入资金返还情

况，编制《政府非税收入返还市县资金清算表》，并与省财政厅联合下发清算通知；申请办理财政电子票据开通，完成基本信息更新和开票员设置赋权等事宜，实现电子开票功能；向市（县、区）水利部门下发农村饮水安全工程税收优惠政策执行情况调研通知，收集审核各单位上报情况，形成汇总调研材料，上报水利部。

推进事业改革。完成厅属14家涉改事业单位的账务清理、清算审计等财务事项，协调涉改单位资产清查、处置等工作，及时开展涉改单位合同清理、托收业务清理、银行账户清理、账务合并等工作。

落实企业政策。发布《关于做好当前水利疫情防控服务稳企业稳经济稳发展九项举措》，落实省级水利房产租金减免政策，助推企业复工复产。落实经营性国有资产统一监管工作要求，研究制定所属企业分类处置实施方案，对服务于全省水利重大战略任务以及承担水利公共事业协同发展职能的6家企业经省政府同意后予以保留。

加强核算管理。指导行政事业单位财务核算管理，组织政府会计制度（政府财务报告）线上培训；加强决算工作管理，研究财报工作变化，完善核算云系统，开发清算核定表等个性化表单。

加强经费控制。履行资金支付审批程序和手续，按预算规定用途使用资金，每月动态监控预算执行情况，无截留、挤占、挪用、虚列支出等违规情况；坚持"厉行节约、注重效益"，严把支出关口，确保经费按规定、按标准、按要

求支出；规范公款竞争性存放，加强公款存放日常监管，启动厅本级等单位新一轮公款竞争性招投标存放工作，防范资金安全风险和廉政风险，实现资金保值增值。

（胡艳、陈黎、陈鸿清）

政 务 工 作

【概况】 2020年，省水利厅政务工作始终围绕中心，全力保障厅机关平稳运转。扎实做好新冠肺炎疫情防控，实现全水利系统零感染。起草各种会议发言、讲话、汇报材料600多份，收发文7000多件。组织办结省部领导批示24件，编发领导参阅70期。起草浙江水利"强宣传"行动方案，明确15个方面"强宣传"工作，落实38项具体任务。省水利厅网站发布各类信息8187条，同比增长23%。政务公开工作获全省第二名，获全省档案系统先进集体。

【政务服务】 2020年，全年组织党组会24次、厅长办公会6次，主办协办大小会议近百个。牵头起草、修改党建、业务、数字化转型等全国和省级大会典型发言材料近20份，节水、水利形势分析等调查研究性材料30多份，全省水利局长会议、全省农村饮用水达标提标推进会、冬春修水利等各类大会讲话材料60多份，以及省委、省政府即时督查督办类汇报材料500多份，累计超300万字。全年登记收文5428件、机要件618件，核稿发文1621多件，实现"零退文

零通报"。用时72小时研发上线水利疫情防控App，完成2.27万人信息采集，实现精密智控。开发上线无纸化办会系统，并多次在各类会议中实战优化。开发智慧访客门禁系统，做到省市县三级水利系统访客管理一站通，进一步提高办会效率、服务质量；全年完成纸质档案数字化扫描25.6万页，新增档案1338卷、文书档案4423件。

【协调督办】 2020年，及时化解、转送信访件673件，办结率100%，梳理公开事项49个，办理依申请公开15件，确保事事有着落、件件有回音。强化领导批示件办理的跟踪督办，做到登记、催办、销号全链条管理。全年组织办结省部领导批示24件，人大建议、政协提案37件，办结率、满意率均达100%。分解省政府对省水利厅43项考评指标，优化地方及处室、单位年度考评体系，层层传导压力。编发《领导参阅》70期，向省委、省政府报送政务信息106条，29条信息被省两办录用，多次获省领导批示。紧盯"四风"问题，落实厅党组反对形式主义切实减轻基层负担9项举措，坚持"四不两直"检查要求，建立月通报机制。倒逼厅系统减文、减会、减考核，全年印发"三类文件"80件、召开重要会议20个，严格控制在省两办规定红线内。与省委省政府办公厅、研究室对接，把水利工作写入省委全会报告、省政府工作报告等战略性文件，提高水利地位作用。省政府十大民生实事水利占两项，7项关键量化指标纳入省政府绩效考评，水利管理业投资调整为非刚性指标。牵头制定水利三服

务"百千万"行动方案、争先创优行动实施意见、"356"重点工作任务，把"三服务"、争先创优作为全省水利系统改进作风、推动工作的总抓手，累计解决问题2403个，办结事项满意率100%，服务总人次13472次。

【政务公开】 2020年，省水利厅政务公开工作不断强化制度建设、平台建设和模式创新，以公开推进工作落实，助力兴水惠民。

2020年，出台《浙江省水利厅重大行政决策程序规定》，建立重要行政决策事项公开发布机制。发布《浙江省水利厅2020年度重大行政决策事项目录》，制定《浙江省水利厅企业家参与涉企政策制定暂行办法》，出台《浙江省水利厅重大行政决策执行情况第三方评估实施办法》，跟踪了解重大行政决策执行情况，检验评估重大行政决策执行效果。系统梳理覆盖部门权责49个公开事项，科学编排政府信息主动公开基本目录，实现政务事项全流程公开。

加强新闻发布，围绕水利重点工作，举办防汛准备工作情况新闻发布会、《浙江省节水行动实施方案》解读新闻发布会等，为水利改革发展营造良好环境。强化门户网站管理和建设，对"浙江水利"门户网站进行调整和优化，省水利厅领导参与省政府新闻发布会2场，厅领导、处室负责人参加其他广播电视访谈节目4期。加强政务新媒体建设，进一步加强水利微信、微博等新媒体宣传平台建设，重点推送重大水利工程、水利政策、水利民生实事等重点领域政务信息，全年共推送微信信息741条，政

务微博发布信息 569 条。

牵头开发水利三服务"百千万"App，面向企业、群众、基层积极推送水利"服务码"，构建起全覆盖全天候的水利服务体系，着力解决涉水企业最期盼、广大群众最关注、一线基层最迫切的问题。2020 年，解决扫码提出的问题 82 个，满意率 100%。水利三服务"百千万"App 访问 26947 次，全省服务登记 13472 人次，共收集服务问题 2439 个、解决 2403 个，问题解决率 99%，办结事项满意率 100%。

【后勤服务保障】 2020 年，面对突如其来的新冠肺炎疫情，办公室党员干部放弃假期，连续无休值守 21 天，全力以赴投入疫情防控，组织党员志愿者积极参与社区联防联控。坚持"一把手"负责制、即收即办制、办后报告制的"三项制度"，快速响应上级部署，连续出台 30 多个新冠肺炎疫情防控文件。落实口罩等防疫物资 13230 件、消毒液 616kg。建立"一个分管领导＋一个管控员"联系机制，对重点管控人员严格落实 14 天居家观察，做到闭环管理，保障水利系统"不出事、不出大事"，实现全系统零感染。第一时间响应"一手抓疫情防控、一手抓复工复产"要求，组织印发水利疫情防控服务稳企业稳经济稳发展九项举措，推进"大担当、大作为、大争先"作风建设年活动，力争实现疫情防控、完成水利年度目标"双胜利"。管好"三公"经费，服务处室需求。全年支出 4.7 万元接待经费，接待省部领导调研、兄弟省市考察 73 批次 500 人次，做到热情周到，费用不超标。办好机关食堂，倡导节约，杜绝浪费；疫情期间坚持每日定时消杀、进出测温、食堂分餐等；筹办新春联欢会，全年组织体检 256 人次，个性化、精细化安排职工疗休养。做好办公用房加装整修、公有住房维护、周转房租赁。

（柳贤武）

水 利 宣 传

【概况】 2020 年是浙江水利落实"强谋划、强执行、强宣传"推进之年。全省水利宣传工作围绕中心，服务大局，精心谋划、主动作为、扎实工作，努力为浙江水利高质量发展营造良好的舆论氛围。制定《2020 年浙江水利"强宣传"行动实施方案》，发布水利"强宣传"通报 4 期，举办新闻发布会和通气会 6 场，组织、配合完成 4 场媒体采风活动，发布《浙水安澜》宣传片，在省级以上主流媒体发布稿件 755 篇。

【水利"强宣传"行动】 2020 年 5 月 7 日，省水利厅办公室印发《2020 年浙江水利"强宣传"行动方案》，明确 15 个方面 38 项具体任务，要求传统媒体和新兴媒介"两促进"，强化组织领导、机制保障、队伍建设，建立宣传成果"晾晒"机制，定期通报水利宣传工作进展情况，形成互学互比的浓厚氛围。2020 年，全省水利系统在省级以上主流媒体发布稿件 755 篇，同比增长 65%；在水利部网站发布稿件 133 篇，同比增长 146%；浙江水利网站采编信息 2829 条、微信微博采编稿件 1311 篇，分别同比增长17％、7％。举办 6 场新闻发布会和通气会，组织 4 场媒体采风活动。"浙江水利"微信公众号获全国水利系统政务新媒体矩阵传播力第 4 名，中国水利报浙江记者站获"优秀记者站"称号。

【媒体宣传】 2020 年，浙江水利宣传聚焦防汛防台，做好重大突发事件深度报道。面对 2020 年超长梅雨期里的 9 轮强降雨和第 4 号台风"黑格比"的正面登陆，坚持动态新闻报道和深度宣传"两手抓"、主动发布和舆情引导"两不误"、新媒体与传统媒体"双互动"。在备受关注的新安江水库泄洪期间，利用"浙江水利"微信公众号、微博等新媒体动态更新泄洪进展，并聚焦防汛一线上的水利人，发布《一线水利专家的"中场战事"》《风雨同舟，他们把初心写在防汛一线》《乘风破浪的姐姐们》《"超长梅"大考背后，那些坚守的面孔》等新媒体稿件；在新安江水库 9 孔泄洪后，第一时间组织水利专家召开新闻通气会，接受各个新闻平台的媒体专访，正面回应社会关切问题，央视《新闻联播》、《焦点访谈》、《新闻 1＋1》、新华社、浙江卫视、《浙江日报》等纷纷转发；在《浙江日报》深读版面刊发《新安江水库泄洪背后的浙江治水"秘笈"》，在《中国水利报》头版头条刊发《直面风雨化险为夷——浙江交出今年防汛高分答卷》，深度"复盘"汛期背后的故事；浙江新闻客户端弹窗发布《2020 梅雨这场硬仗：新安江水库开闸泄洪 173 小时背后的故事》，阅读量 34.5 万人次；《专家解答：从 3 孔到 9

孔，新安江水库泄洪变数不断的背后》，阅读量 33.8 万人次。

聚焦两大民生实事，做好重大主题新闻宣传策划。邀请水利部"逐梦幸福河湖"中央媒体采风团到湖州开展采访活动；策划组织"老乡喝好水、全民奔小康""美丽浙江幸福河湖"媒体采风活动，邀请新华社、人民网、中国网、中新社、中国水利报、浙江日报、浙江在线等媒体，深入安吉、德清、建德、柯城、开化等地，走访百姓、询问变化、感受成效。《人民日报》刊发《咱家乡的河流变清了》，新华社刊发《在"美丽河湖"中留住一抹乡愁》，《中国财经报》刊发《守望绿水青山逐梦幸福河湖——浙江省加强水生态综合治理助推经济社会高质量发展纪实》，《科技日报》刊发《新技术加持浙江湖州"幸福河湖"正在迭代升级》等，新华社刊发《浙江解决 791.3 万农村人口饮水安全问题》，《浙江日报》刊发《全省农村饮用水达标提标任务完成率超九成农村水站成了"新风景"》，《中国水利报》刊发《清水入乡村幸福满心田——浙江全力打好农村饮用水达标提标收官战》等。

聚焦国家节水行动，做好重大政策解读宣贯。2020 年 6 月，《浙江省节水行动实施方案》正式出炉，省水利厅、省发改委、省经信厅、省建设厅、省农业农村厅等五部门在省政府新闻发布平台联合召开新闻发布会，解读《浙江省节水行动实施方案》，各大媒体在多媒体端刊登《浙江出台节水行动实施方案明确节水行动时间表路线图》《光盘知道，但你"光瓶"了吗？浙江"节水三十六计"出炉，招招实用》《江南水乡竟是中度缺水地区！浙江发布节水行动实施方案》等具有影响力的报道。

【新闻发布会】　2020年4月15日，全省水利防汛准备工作情况新闻发布会在省水利厅召开。省水利厅党组成员、总工程师施俊跃担任主发布人，通报全省防汛备汛有关情况。新华社、浙江日报、浙江电视台、浙江之声、浙江发布等10多家中央及省级媒体参加。

2020年7月6日，省水利厅、省应急管理厅联合召开浙江省汛情通报新闻发布会。省防指办副主任、省水利厅总工程师施俊跃出席发布会，介绍新安江水库泄洪相关情况。新华社、中新社等30多家中央及省级媒体参加报道。

2020年7月8日，省水利厅组织召开新闻发布会，回应新安江水库防汛调度工作中的热点问题。省水利厅水旱灾害防御处处长陈烨兴、副处长陈志刚出席发布会并答记者问。新华社、浙江日报、浙江之声、浙江卫视等10多家媒体到场。

2020年7月11日，省应急厅、省水利厅联合召开媒体通气会，通报最新汛情防御情况。省水利厅水旱灾害防御处副处长陈志刚就当前江河湖库水势及防汛重点答记者问。

2020年7月20日，省政府新闻办组织召开浙江省2020年防汛防台抗旱工作新闻发布会，通报2020年梅雨期的主要特点、梅雨防御工作主要成效及下一步防汛防台工作准备。省防指办副主任、省水利厅总工程师施俊跃出席发布

会，并就新安江水库调度情况答记者问。新华社、中新网、浙江日报、浙江卫视、浙江发布等20多家中央及省级媒体参加。

2020年9月3日，省水利厅在杭州举行《浙江省节水行动实施方案》解读新闻发布会，省水利厅党组成员、副厅长冯强担任主发布人，围绕节水行动的总体目标、重点任务、特色亮点及下一步工作打算等方面对行动方案进行解读，并回答记者提问。新华社、中央广播电视总台、中国青年报、中国新闻社、浙江日报、浙江发布等20多家中央及省级媒体参加。

【媒体采风】　2020年8月26—27日，省水利厅组织开展"'老乡喝好水　全民奔小康'农村饮用水达标提标行动媒体采风活动"。新华社、中新社、浙江日报、浙江在线、中国水利报等7家中央及省级媒体记者到临安、德清、安吉等地，实地感受浙江农村饮用水达标提标行动成效。

2020年10月14—16日，水利部宣教中心组织新华社、中新社、科技日报、中国财经报、央视网、中国水利报等中央媒体，到湖州市的吴兴区、德清县和长兴县，开展"逐梦幸福河湖"媒体采风活动。

2020年10月27—28日，省水利厅组织开展"美丽浙江　幸福河湖"媒体采风活动。新华社、中国网、中国水利报、浙江日报、浙江在线等5家中央及省级媒体记者到建德、开化、柯城等地，见证浙江推进美丽河湖向"幸福河"的迭代升级。

2020 年 11 月 10—11 日，省水利厅组织开展"海塘安澜千里行"媒体采风活动。人民网、中国网、中新社、中国水利报、浙江日报、钱江晚报等 10 多家中央及省级媒体记者到海宁、宁海、温州等地，探访沿海各地推进海塘安澜千亿工程的进展与经验亮点。

【2019 年度浙江水利优秀作品】　2020 年 8 月 14 日，省水利厅、省新闻工作者协会联合召开 2019 年度浙江水利优秀新闻作品评审会议，分为报刊、广播电视、新媒体三大类，共评选出 24 件作品，分获一等奖、二等奖、三等奖。2019 年度浙江水利优秀新闻作品名单见表 1。

表 1　2019 年度浙江水利优秀新闻作品名单

类别	奖项	作品标题	作者	刊发媒体
报刊作品	一等奖	《"好水进万家"的浙江路径》	李海川、陈萌、邱昕恺	中国水利报
		《历时近五年的杭州千岛湖配供水工程正式通水运行——今天，杭州的水有点甜》	方臻子、王世琪、吴佳妮	浙江日报
	二等奖	《腾空 75 个"西湖"，迎战"利奇马"》	施雯	钱江晚报
		《首张水利工程审批流程图出炉》	徐志刚、熊艳	杭州日报
		《温州"水缸"变迁记》	陈彩霞	温州晚报
	三等奖	《印染企业要做护水领头雁》	周国勇	绍兴日报
		《聚焦建好"盛水的盆"和管好"盆里的水"》	何峰、任宓娜	宁波日报
		《饮水思源　让我们自觉节水》	刘浩	舟山日报
		《赵士良：才下"二线"　又上"火线"》	潘春燕、奚巧芝	台州日报
		《打造美丽河湖　扮靓丽水"大花园"》	樊文滔、傅张俊	处州晚报
		《我省深入推进农村饮用水达标提标工程》	李军	农村信息报
广播电视作品	一等奖	《太浦河之变（系列报道）》	赵奕、吴莎、许勤、李婷、王西、巫小丽	浙江卫视
	二等奖	《千里海塘：浙江沿海的"生命线"》	袁奇翔	浙江之声
		《70 年，湖海塘的光明蝶变》（广播）	何佳桦	金华新闻综合频率
	三等奖	《记者提前探秘输水隧道　全国最大蝶阀控制水流大小》	张游锡、沈侃	杭州电视台
		《古城内河：创建"美丽河湖"助力"五水共治"》	余斌、张玥	绍兴电视台
		《农村饮用水改造　筑起农民用水"安全网"》	涂文东	丽水电视台
		《台州：加快推进水毁水利工程修复　提升防洪排涝御潮能力》	蒋荣良、罗志勇	台州电视台

续表1

类别	奖项	作品标题	作 者	刊发媒体
新媒体作品	一等奖	《杭州市区啥时喝上千岛湖的水？美丽河湖都可游泳吗？桃花水母为何现身浙江？省水利厅新闻发言人权威解答》	李洲媚、徐一嘉	浙江发布
	二等奖	《你家门口那条河变网红啦！60秒来看浙江美丽河湖》	高唯	浙江新闻客户端
		《花香蝶自来　水利工程带来"美丽经济"》（网站）	张丽玮	人民网
	三等奖	《这项行动浙江要成为全国标杆》	缪歌妮	浙江发布
		《壮丽70年·奋斗新时代——温州水利网络展示馆》（网站）	叶双莲、张浩、郑强	温州新闻网
		《巧施"三十六计"打造"幸福水龙头"》	胡文佳、柳丹霞	掌上衢州客户端

【"浙水安澜"宣传片拍摄制作发布】
2020年4月，省水利厅委托创作团队负责水利形象片拍摄制作工作。制作团队辗转全省各地，以4K超高清标准进行取景拍摄，历时6个多月，最终完成《浙水安澜》的拍摄制作。11月27日，浙江水利首个行业形象片《浙水安澜》发布，该片分为"古韵·溯水之源""气韵·兴水之利""流韵·润水之泽"3个篇章，时长6′21″，以大量鲜活的镜头呈现浙江深厚的水文化底蕴和丰硕的水利改革发展成就。片中，既有世界灌溉工程遗产通济堰、世界文化遗产大运河、大禹治水、苏轼疏浚西湖等水文化元素，又有千岛湖景区、三堡排涝站、千岛湖配水工程、农村饮用水达标提标、水利数字化转型等现代水利工程，凸显撸起袖子加油干的水利本色，闪耀着新时代水利精神光辉。该宣传片打破之前惯用的宏大叙事模式，从老百姓的角度出发，以受众思维，展示浙江上千年的厚重治水史，是一部集合行业特色、艺术审美、文化内涵和社会传播等四大价值于一体的优良制作，在学习强国、中国网、水利部官微、省水利厅官微、浙江新闻客户端等媒体平台联动播出，总阅读量突破20万次。

【水文化】　2020年11月，《浙江通志·水利志》出版问世，全书173万字，是浙江水利史上首部出版的通志，全面展现浙江治水成果，提升水利行业形象。11月13日，全国水文化工作建设座谈会在丽水市举行，来自全国各地水文化领域的领导和专家参加会议。12月17日，全省水文化工作座谈会在宁波奉化召开，省水利厅相关处室、单位负责人，各设区市水利局、部分县（市、区）水利局负责人及水文化职能部门负责人参加会议，会议传达落实水利部水文化建设有关精神，交流各地2020年水文化工作经验，谋划2021年全省水文化工作要点。

（郭友平）

党 建 工 作

Party Building

231～235 页

党 建 工 作

【概况】 2020年，省水利厅紧紧围绕中央、省委、省直机关工委部署的党建工作任务，以党的政治建设为统领，忠实践行"八八战略"，奋力打造水利"重要窗口"，以"建设清廉机关、创建模范机关"为总牵引，一以贯之全面从严治党，在政治理论学习、党支部标准化2.0建设、深化"清廉水利"建设、水利"双建"工作创新等方面取得新成效，为争创水利现代化先行省提供坚强政治保证。省水利厅被评为2020年度省直机关党建工作综合考核优秀单位。

【党务工作】 组织学习培训。2020年，省水利厅党组理论学习中心组学习21次，8月11日，开展省市县三级中心组联动学习习近平总书记关于治水重要论述精神，省水利厅党组书记、厅长马林云做专题辅导，全省2100多名水利厅系统领导干部参加学习。开展党的十九届四中全会精神线上培训1期和五中全会精神集中轮训2期，印发各类学习资料1400多册；开展对党忠诚教育活动285场次。7月1日，省水利厅召开厅系统"两优一先"表彰大会，共设1个主会场13个分会场，2000多名党员干部集中观看，表彰优秀共产党员100名、优秀党务工作者23名、先进基层党组织30个。

深化"双建"工作。2020年8月，省水利厅党组印发《关于深化"建设清廉机关、创建模范机关"工作的实施意见》（以下简称《实施意见》），提出争做"五个模范"要求，即做对党忠诚的模范，在践行"节水优先、空间均衡、系统治理、两手发力"的治水思路上走在前、做表率；做为民服务的模范，在守初心惠民生上走在前、做表率；做勇于担当的模范，在做贡献出成果上走在前、做表率；做求真务实的模范，在转作风提效率上走在前、做表率；做清正廉洁的模范，在讲纪律守规矩上走在前、做表率。构建"三联三建三提升"机制，即厅党组成员联片，建立季度分析机制，提升基层组织的领导力；厅机关处室与直属单位联线，建立协作共建机制，提升基层组织的组织力；党员干部联点，建立服务指导机制，提升党员干部战斗力。《实施意见》中还明确"建设清廉机关、创建模范机关"工作4张清单、67项工作任务。

深化党支部标准化2.0建设。紧紧围绕中心、服务大局，在指导思想上紧扣机关党建核心任务，深化党支部标准化建设。2020年9月，印发《2020年直属单位党委党建工作考评实施方案》，开展党建工作考核，进一步压实责任。党支部标准化分类指导工作被评为全省机关党建工作十佳创新成果，党支部标准化建设分类指导调研报告获水利思想政治建设一等奖，清廉水利建设实践与思考调研报告获省直机关党建研究会二等奖。

加强基层党组织建设。完成浙江省水文管理中心、浙江省钱塘江流域中心、浙江省水利水电勘测设计院、浙江省水利河口研究院（浙江省海洋规划设计研究院）等4家单位党委换届。做好部分党支部设置和支部书记调整。

做好党员发展工作。省水利厅系统基层党组织发展新党员 450 名、审批办理预备党员转正 163 名、党员组织关系接转 538 名。编制《2020 年度基层党组织党建活动计划》。举办两期党的十九届四中、五中全会精神在线学习培训和一期厅系统党务干部业务培训班，285 名党员干部参加。

加强宣传工作。在水利部、省委巡视巡察工作会议、省委双建工作推进会上进行 3 次典型发言，在省直机关纪工委会议、省直机关新任纪检干部培训会上做 2 次工作交流，新冠肺炎疫情防控和复工复产工作在《机关党建》、清廉水利建设工作在《中国水利报》、党支部标准化建设工作在《今日浙江》、巡察工作在《巡视巡察工作》、日常监督管理工作在《反腐败导刊》等媒体对外宣传报道，共 5 次。

助力疫情防控。组织党员为新冠肺炎疫情防控自愿捐款，厅系统 3261 人参加，共捐款 28 万元支持疫情防控工作。

【纪检工作】 履行主体责任。2020 年，制定厅党组全面从严治党主体责任清单，印发《深化推进"清廉水利"建设 2020 年重点工作任务》，推动全省水利系统党风廉政建设工作向纵深发展。3 月 12 日，召开全省水利系统党风廉政建设工作视频会，层层签订党风廉政建设责任书和承诺书。6 月 12 日，召开厅系统党风廉政警示教育会议，厅党组书记、厅长马林云以《以案为鉴、以案明纪，不断提高拒腐防变和抵御风险能力》为题上专题党课，用身边的案例教育身边人，切实做到严抓严管。建立分片廉情分析会制度，每季度每个片区召开 1 次由厅党组成员参加的廉情分析会，推动厅党组成员"一岗双责"落实。

开展第二轮厅系统内部巡察。建立巡察机制，实行党组成员交叉巡察。组建巡察队伍，保证巡察有力量。制定工作手册，明确巡察岗位职责、工作流程、操作标准。修订完善《中共浙江省水利厅党组巡察工作实施办法》。完成浙江省钱塘江流域中心、浙江省水利水电勘测设计院、浙江省水利河口研究院（浙江省海洋规划设计研究院）、浙江省水利科技推广服务中心和浙江省水利水电工程质量与安全管理中心 5 家单位的巡察工作。

落实监督检查。落实厅党组全面从严治党专项检查办法，将正风肃纪检查内涵和外延进一步扩展，聚焦疫情防控、节约粮食、杜绝浪费，聚焦工作中存在的短板和漏洞以及群众反映强烈的突出问题，形成常态化的日常监督机制。由厅直属机关纪委委员带队，担任组长；建立由厅系统各级党组织的纪检委员、民主党派、无党派人士等组成的监督员库，共 42 人。坚持每月组织一次，实现每个季度对厅系统所有直属党组织的检查全覆盖。开展正风肃纪检查 11 轮，检察厅属单位 50 多家次，发现问题 38 个，及时督促整改，坚决杜绝"四风"现象反弹回潮。9 月，组织开展为期 1 个月的纪律作风突出问题专项整治工作，整治范围覆盖厅属单位及其下属企业所有工作人员。坚持"五个一"的做法：开展一次干部职工廉洁自律教育，建立健全一批国企人员廉洁从业制度，开展一次企事业单位内部管理责任再落实，开展一次兼职取酬和收受礼品礼金问题专项治理，开展一次纪律作风突出问题专项整治情况大督查。

【精神文明建设】 推进文明单位建设，曹娥江大闸管理中心获全国文明单位称号。浙江水利水电学院、浙江同济科技职业学院、浙江省水利水电勘测设计院、浙江省水利河口研究院（浙江省海洋规划设计研究院）通过全国文明单位复评。浙江省水文管理中心、浙江省钱塘江流域中心、浙江省水利科技推广服务中心通过省级文明单位复评。"同一条钱塘江"志愿者服务活动获中央、中央文明办等7部委联合组织的中国青年志愿服务项目大赛金奖；钱塘江流域中心入选中央文明委重点工作项目基层联系点。推荐德清县十字港水系综合治理工程、杭州三堡排涝工程、上虞曹娥江城防工程参加水利部文明办第三届水工程与水文化有机融合案例评选展示。开展省志愿服务专家人才库人才推荐活动。

【群团及统战工作】 工会工作。健全完善组织，做好机构改革，浙江省钱塘江流域中心、浙江省水利河口研究院（浙江省海洋规划设计研究院）、浙江省水利水电工程质量与安全监督管理中心、浙江省水资源水电管理中心（浙江省水土保持监测中心）、浙江省水利防汛技术中心（省水利防汛机动抢险总队）等5家单位工会组织更名。浙江省水利水电勘测设计院、浙江省水利科技推广服务中心、浙江省水资源水电管理中心

（浙江省水土保持监测中心）、浙江省水利水电工程质量与安全管理中心、浙江省水利防汛技术中心（省水利防汛机动抢险总队）等5家单位完成工会选举工作。参与竞赛评选，会同建设处、河湖处参加长江经济带重大水利工程建设劳动和技能竞赛，杭州市南排工程建设管理服务中心、绍兴市上虞舜惠水利工程有限公司、丽水市松阳县黄南水库发展有限公司3家单位被评为重大水利工程建设劳动和技能竞赛先进集体；杭州市南排工程建设管理服务中心孟金波、绍兴市上虞水利局王海2人被评为重大水利工程建设劳动和技能竞赛先进个人；台州市温岭市松门镇"五水共治"（河长制）办公室被评为全面推行河（湖）长制先进单位；兰溪市科协党组书记、市"五水共治"办（河长办）专职副主任吴胜忠和温州市鹿城区区长白洪楞被评为最美护河（湖）员。服务基层会员，为合理平衡工会经费收支，编制年度工会经费预算方案；安排3400多名职工疗休养，向基层工会下拨购买疫情防控物资经费158万元。

团工委工作。组织青年干部"书缘青春、书香水利"系列读书活动。5月，举办《浪潮之巅》书友会；6月，举办"智慧＋水利技术与实践"读书会活动。结合"世界水日""中国水周"宣传活动，组织各单位团组织以"节水、护水、亲水"为主题，开展"我们的亲水课"志愿服务活动。浙江水利水电学院、浙江同济科技职业学院、浙江省水利水电勘测设计院、浙江省水利科技推广服务中心等4家单位团组织完成换届。

统战工作。做好厅系统无党派人士信息更新登记工作，完成22名无党派人士信息更新，推荐浙江水利水电学院朱丽芳、段红鹰、王心良、葛双成，浙江同济科技职业学院金斌斌，省水利水电勘测设计院潘卫平、石海荣7人为省直机关工委重点联系的无党派人士。开展厅系统处级（高工专业技术职务任职资格）以上少数民族干部信息登记工作。

（郭明图、吴伟芬、孙瑜）

学 会 活 动

Learning Activities

237～248 页

浙江省水利学会

【学会简介】　浙江省水利学会于1958年由省水利厅、华东勘测设计院、中国水电十二局共同发起成立。它是由浙江省水利科学技术工作者和单位自愿结合组成的学术性、地方性的非营利性社会团体，是省水利科学技术事业的重要社会力量。省水利学会依托浙江省水利厅，党建领导机关是中共浙江省科学技术协会机关委员会，接受业务主管单位省科学技术协会的领导和社团登记机关省民政厅的监督管理，并接受中国水利学会的业务指导。2020年，省水利学会领导机构为第十一届理事会，共有理事51人，其中常务理事17人，监事3人。至2020年年底，学会有单位会员123家，个人会员2333名。下设19个专业委员会，分别是水工建筑与施工技术专业委员会，地质与勘测专业委员会，河口海岸与泥沙专业委员会，水文、水资源与水环境专业委员会，水旱灾害防御专业委员会，农村水利专业委员会，水利信息技术专业委员会，滩涂湿地保护与利用专业委员会，水利科技推广专业委员会，工程造价专业委员会，水文化专业委员会，水利风景区专业委员会，水利科普专业委员会，水利工程管理专业委员会，水利规划与政策专业委员会，引调水工程管理专业委员会，海塘工程专业委员会，河道与水生态专业委员会，涌潮研究专业委员会。全省11个设区市均建立市级水利学会。

　　省水利学会的业务范围包括：开展学术交流和科学考察活动，组织重点学术课题和重大技术经济问题的探讨；编辑出版学术书刊、学会通讯；普及科技知识，推广先进技术经验；积极开展技术开发、技术推广和技术咨询活动，向有关部门提出合理化建议，接受委托开展项目评估与论证、项目管理与咨询、科技成果鉴定、技术职务资格评审等；开展国（境）内外学术交流活动，加强同国（境）内外水利科学技术团体和科技工作者的友好往来与合作；加强与兄弟学会的联系与交流；举荐科技人才，积极发展新会员，通过各种形式的技术培训，不断提高会员的学术与业务管理水平；积极开展为水利科技工作者服务的活动，反映会员的意见和要求，维护他们的合法权益；奖励在学会活动和科技活动中取得优异成绩的集体和个人。

【概况】　2020年，省水利学会以学会能力建设为抓手，扎实推进学术交流、科学普及、人才举荐、科技奖励、决策咨询、组织建设等工作。联合滨江区人民政府主办"建设幸福河湖，打造全国标杆"主题学术年会暨科技治水峰会。组织召开第十次会员代表大会，完成学会换届工作。组织完成2020年度水利科技创新奖评选和大禹奖提名，共评选出获奖项目18项，提名大禹奖10项。全国科普日期间，依托"水利科技云讲堂"以线上直播方式开展节水科普。出版《地方水利技术的应用与实践》第30辑、《浙江水利水电》4期，与省水科院联合主办《浙江水利科技》双月刊。推荐1人入选浙江省突出贡献青年科技人才，2人入选之江科技智库首批学术委员会委员，水利创新研究基地入选之江科技智库首批研究基地；学会申请加入长三角助力创新联盟团体会员，推荐 10 位专家和 3 项技术成果。省水利学会入选省科协"学会能力提升工程第一批试点学会"。

【学会建设】 2020 年 11 月 9 日，省水利学会第十届理事会第五次会议在杭州召开。会议审议通过《浙江省水利科技创新奖奖励办法（修订稿）》，表彰学会工作先进集体和积极分子，通过关于召开浙江省水利学会第十次会员代表大会的决议。11 月 11 日，省水利学会第十次会员代表大会在杭州召开。会议审议通过第十届理事会工作报告、财务报告、新修订的学会章程，选举产生新一届理事会和监事会，李锐当选为理事长，吴关叶、沈益源、陈韵俊、严齐斌、陈舟、王杏会、李云进、朱法君、何中辉等 9 人当选为副理事长，陈毛良当选为秘书长，表决同意陈韵俊任学会法定代表人，推选产生学会党的工作小组，并通过有关决议。

完善学会制度，修订《浙江省水利学会会费收取标准及收缴办法》。开展会费收缴，收取会费 36.5 万元。发展单位会员和个人会员，共吸纳浙江水专工程建设监理有限公司、江苏科凯新材料科技有限公司等 14 家单位会员和郭馨、叶飞等 14 名个人会员加入学会。做好学会网站信息更新，学会动态、学术交流、科普园地栏目信息更新 40 条。报送大众科技网信息 13 条，省水利厅网站信息 10 条，中国水利学会网站信息 5 条。完成《浙江水利水电》准印证换证和学会年检工作。

【学术交流】 2020 年，面对新冠肺炎疫情防控新形势，开辟学术交流新途径，省水利学会推出"水利科技云讲堂"线上实时网络直播课堂，全年举办以农村饮用水净化、一体化泵闸、白蚁防治、饮用水消毒、节水技术与管理为主题的 6 期云讲堂，4200 多人次参与线上学习和讨论，受到参会者一致好评。

2020 年 8 月 26—27 日，在绍兴市上虞区组织召开重大水利工程建设技术交流会，来自重大水利工程建设、设计、施工、监理及技术持有单位的 80 多名代表参加会议。会议围绕工程建设、设计、科研、施工管理等方面的新技术应用和典型经验做专题报告和经验交流，15 家技术持有单位的新技术、新工艺、新工法和新系统在会场同步展示交流。10 月 30 日至 11 月 1 日，省水利学会协办中国现代水利科学家学风传承学术研讨会，与会专家和学者就学风传承工作进行交流讨论。

组织会员参加第十七届长三角科技论坛、中国水博览会、中国水利学会学术年会、第十七届国际先进实用技术推介会、生态河湖云论坛、水利信息化技术推介会等线上、线下学术交流活动。

【科普宣传】 在世界水日、中国水周、科技工作者日、全国科普日、防灾减灾日、世界环境日等期间，围绕主题开展水利科普活动。全国科普日期间，依托"水利科技云讲堂"以线上直播方式开展节水科普，让社会公众足不出户了解节水技术和知识。"节水技术及管理"云课堂被评为 2020 年全国科普日优秀活动，中国科协给予通报表扬。邀请全国劳动模范、国务院政府特殊津贴专家、国际节水技能奖获得者奕永庆教授作为"网络主播"，线上为杭州市萧山衙前仁和小学、江寺小学、瓜沥第三小学等 5 所小学以及高等院校共千余名学生直播节水知识。科普专委会联合市县两级水利部门走入千余个基层社区和乡村，发放节水宣传知识手册 10000 多份。

围绕《浙江省节水行动实施方案》和新修订的《浙江省水资源条例》，组织会员从水资源状况、为何节水、如何节水等方面编制《浙江节水科普手册》，主要包括浙江水资源状况、节水管理、节水技术、节水典型做法和浙江节水行动等内容，为节水科普提供素材。科普专委会编制科普读物《节水小当家》，传播节水知识。

【创新发展】 2020 年，省水利学会组织开展 2020 年水利科技创新奖评选活动，经形式审查、评前公示、专业评审、会议评审、结果公示等流程，共评选出获奖项目 18 项。其中，"穿江隧洞遇断层带及长大深基坑施工关键技术研究""万吨级海水淡化节能高效工艺研究及智能控制系统开发" 2 个项目获一等奖，"杭州市市区河道水环境整治工程技术研究及应用""滨海水闸新型消能防冲技术研究及应用技术"等 7 个项目获二等奖，"钱塘江河口水体交换能力评估关键技术研究及应用""浙东低山区典型经济林水土流失特征及防治措施体系研究"等 9 个项目获三等奖。

省水利学会提名 10 项科技成果参评 2020 年大禹水利科技奖，其中"万吨级海水淡化节能高效工艺研究及智能控制系统开发"获二等奖，"穿江隧洞遇断层带及长大深基坑施工关键技术研究"获三等奖。

省水利学会组织开展第四届学会优秀论文评选活动，经论文征集、专家初审和综合评价，最终评选出第四届学会优秀论文 19 篇。其中，*Morphodynamic Modeling of a Large Inside Sandbar and Its Dextral Morphology in a Convergent Estuary：Qiantang Estuary，China*、《杭州八堡泵站斜式泵装置流道水力优化》和《钱塘江河口保护和治理研究》3 篇论文获一等奖，*Consolidation Theory for Prefabricated Vertical Drains With Elliptic Cylindrical Assumption*、*Developing a 2D Vertical Flow and Sediment Transport Model for Open Channels the Youngs－VOF Method* 等 6 篇论文获二等奖，*Optimization of Revised Universal Soil Loss Equation of Ecological Forest Lands in the Hilly Areas of the Eastern Zhejiang Province*、《杭州八堡排水泵站工程影响数值模拟研究》等 10 篇论文获三等奖。

省水利学会组织完成"杭州市第二水源千岛湖配水工程关键技术研究""区域水资源供求预警管理技术体系研究""基于'物联网＋'技术的浙江省水利工程质量检测管理的研究和应用"3 项科技成果评价。

【能力提升】 2020 年，组织"千名专家进万企"服务活动。省水利学会联合水利部科技推广中心、省水利厅和省水利科技推广服务中心等单位组织专家赴华欣控股集团开展服务企业活动。针对企业反映的政府政策鼓励、市场平台搭建、辐射示范效益等方面的问题和困难、集思广益、出谋划策、提出可行性建议。帮助企业把握契机，发挥优势，推动行业发展取得突破。

组织会员参加"三服务"活动。广大会员积极参加水利三服务"百千万"行动，深入企业、群众、基层精准指导帮扶，解决实际困难和问题，在推动工程复工复产、应对超长梅汛和第4号台风"黑格比"、实施民生实事工程等方面发挥重要作用，得到广大群众好评。学会秘书处2位专家帮助温州洞头和平阳协调解决显桥水闸恢复河道通水泄洪等问题，指导鳌江干流治理水头段防洪工程设计变更和概算调整等。

【会员服务】　2020年，面向会员征集并遴选34篇论文，出版第30辑《地方水利技术的应用与实践》，宣传基层技术应用和实践经验。围绕全省水利工作进展，出版4期会员刊物《浙江水利水电》，优化刊物内容，提升刊物质量，宣传全省水利水电工作重要政策、科研成果及科普知识。与省水科院联合主办《浙江水利科技》双月刊，发表会员最新水利科技进展论文。

组织会员参观考察姚江上游西排工程、上虞城市阳台、杭州滨江华家排灌站、聚光科技展示中心，开阔会员视野。与中国知网沟通，为学会会员免费提供中国知网水利科技创新知识服务平台检索服务。

推荐3名浙江省突出贡献青年科技人才，其中1人获荣誉称号；推荐27名之江科技智库首批学术委员会委员，2个首批研究基地，其中2人入选委员，水利创新研究基地入选之江科技智库首批研究基地；学会申请加入长三角助力创新联盟团体会员，推荐10位专家和3项技术成果。

【重点工作】　2020年11月10—11日，省水利学会2020学术年会暨科技治水峰会在杭州召开，峰会由省水利学会和杭州滨江区人民政府主办。省内外美丽河湖建设领域专家学者、兄弟学会代表、技术成果持有单位代表及全省水利科技工作者400多人线下参加会议，线上同步"云直播"。中国工程院院士王浩、中国科学院院士刘昌明分别以《安全化、生态化、智慧化——浙江省水利工作走在前列的重点和方向探析》《水环境模拟：基于水系统和水循环理念的研发》为题做特邀报告。会议设置"美丽河湖"建设向"幸福河湖"迭代升级主题论坛、"幸福河湖，科技助力"科技治水峰会、"浙江水利十四五高质量发展"专家沙龙、滨江区科技治水成效实地考察等环节。来自省内外近30家企事业单位展示水利新技术成果。

开展节水技术专题调研。围绕《浙江节水行动实施方案》，组织开展节水技术产品应用情况调研，为落实"节水优先"和浙江节水行动实施提出对策建议，调研成果被评为2020年全省水利系统优秀调研报告二等奖。

（郝晓伟、柴轶）

浙江省水力发电工程学会

【学会简介】　浙江省水力发电工程学会

（以下简称省水电学会）成立于1983年，是浙江省水电科学技术工作者自愿组成的学术性、地方性的非营利性的社会团体，也是全省水力发电科学技术事业的重要力量。省水电学会的业务主管单位为省科学技术协会，党建领导机关是省科学技术协会社团党委，接受中国水力发电工程学会的业务指导和社团登记管理机关省民政厅的监督管理。省水电学会挂靠在省水利厅，办事机构设在省水利水电勘测设计院。2020年，省水电学会领导机构为第七届理事会，共有理事46人，其中常务理事15人。至2020年年底，学会有单位会员48家，个人会员1800名。下设4个专业委员会，分别是绿色水电专业委员会、大坝安全监测专业委员会、水电站运行管理专业委员会、机电设备专业委员会。

省水电学会的业务范围包括：围绕全省水电开发的生产建设和运行管理中的问题，开展学术交流活动，组织重点学术课题攻关和重大技术经济问题的探讨及科学考察活动；及时总结、评价科研成果和先进生产管理经验；普及科学技术知识，推广科技成果和传播生产技术经验；积极开展中介业务，搞好科技咨询服务，向有关部门和单位提出合理化建议，接受委托进行工程项目评估、论证与咨询、科技成果鉴定、技术职务资格评审等；编辑刊印学术书刊和学术资料，出版学会通讯；开展技术培训和继续教育工作，通过各种形式努力提高会员的学术和业务水平，培养、发现和推荐水电科技人才；加强与省内外、国内外有关科学技术团体、科技工作者的

友好往来与合作交流；积极开展为水电科技工作者服务的活动，反映会员的意见和要求，维护会员的合法权益；奖励在学会活动和科技活动中取得优异成绩的科技工作者；上级交办的其他业务。

【概况】　2020年，省水电学会组织召开第七届第三次理事会、2次常务理事会。举办培训班1场、学术交流会1场。在"世界水日""中国水周"等活动期间，参加省水利厅、省科协组织的科普活动，宣传水电法律法规。与省水利学会联合编辑出版发行《地方水利技术的应用与实践》论文集1辑（第30辑）、学会会刊《浙江水利水电》4期。在2020年度浙江省科协"育才工程"资助培养人员推荐选拔工作中，完成2名人员的推荐；在省科协浙江省志愿服务专家人才库人选推荐工作中，完成1名专家推荐；在浙江省科协开展的推荐省科协学会部项目评审专家活动中，完成1名专家推荐。

【学会建设】　2020年，省水电学会发文通知会员单位和个人会员在省水电学会信息系统（一期）网络远程填写个人会员详细信息，完善学会基础数据，初步形成学会数据中心。受新冠肺炎疫情影响，为减轻会员单位负担，根据《中共浙江省委　浙江省人民政府关于坚决打赢新冠肺炎疫情防控阻击战全力稳企业稳经济稳发展的若干意见》《浙江省水利厅关于做好当前水利疫情防控服务稳企业稳经济稳发展九项举措的通知》精神，省水电学会于11月下发浙水电学秘〔2020〕4号通知，免除全体会员单位

2020年度会费，给会员带来实效，得到会员一致好评。

【学术交流】 2020年11月，省水电学会和省水利水电勘测设计协会在杭州联合举办水利工程"失误问责办法、强制性条文"宣贯培训班，旨在进一步规范水利水电行业勘测设计及运行管理行为，强化勘测设计责任，保障全省水利工程勘测设计质量。该次培训为期2日，来自省内各会员单位和地市县水利局共219名学员参加。水规总院何定恩教授对《水利工程勘测设计失误问责办法（试行）》进行宣贯，并结合案例对强制性条文执行过程中应注意的问题进行分析讲解；水规总院教授李小燕、李广诚，中水北方勘测设计研究有限责任公司教授张军劳、龚长年，分规划、水工、勘测和机电金结4个专业解读《水利工程建设标准强制性条文（2020版）》，并进行深入的案例分析。

2020年12月，在杭州举办电站运维技术交流会，来自淳安枫树岭水力发电有限责任公司、天台县龙溪水力发电有限公司、浙江景宁上标水力发电有限责任公司等电站管理单位及省水利水电勘测设计院的专家领导参加会议。交流会上，围绕运维管理平台建设主题，与会的专家结合各电站实际运行、维护情况，发表想法，并提出意见和建议。

2020年，与省水利学会合作，面向会员开展论文征集，完成《地方水利技术的应用与实践》第30辑论文集的编辑、出版和发行工作，收录论文34篇。该论文集作为行业学术信息和成果的交流平台，总结和推广全省水力发电科技工作者工程建设、管理实践经验，受到全省水利水电科技工作者广泛欢迎。

【创新发展】 2020年，省水电学会开发完成省水电学会信息系统（一期），建立完善学会会员电子档案体系，实现会员档案的信息化采集和标准化管理、会员资料的快速检索、会员名单的自动整理、信息变更自动同步，以微信服务号作为学会会员用户的登录入口及信息录入接口，实现互联网远程信息获取。网页版信息系统实现学会秘书处的信息审批及日常系统维护。

【能力提升】 2020年，以"世界水日""中国水周"等公众活动日等大型活动为契机，支持省水电学会会员单位开展科普活动。参加省水利厅、省科协组织的科普活动，宣传水电法律法规，普及水电知识，取得较好的社会效果。为进一步推进青年科技人才培育工作，在2020年度省科协"育才工程"资助培养人员推荐选拔工作中，完成2名优秀青年个人会员的推荐；为全面深化拓展新时代文明实践中心建设，加强志愿服务专家人才培养，在省科协浙江省志愿服务专家人才库人选推荐工作中，完成1名专家推荐；为更好发挥专家在科技创新中的决策咨询和引领示范作用，提高省科协学会部各类项目咨询论证、评审立项、评估验收工作的科学性和精准性，进一步促进项目管理工作的规范化、科学化和制度化，在省科协开展的推荐省科协学会部项目评审专家活动中，完成1名专家推荐，不断充实学会专家服务团队，提升学会服务能力。

根据省水电学会第七届第二次理事会议决定，按照《浙江省水力发电工程学会优秀论文奖奖励办法（暂行）》规定，2020年11月，启动第三届浙江省水力发电工程学会优秀论文奖的评选奖励工作，至年底，基本完成论文申报工作，共收到9家会员单位的上报材料，总计61篇论文、1部著作。其中，检索收录于SCI、EI的论文有10篇。

【会员服务】　在中国水力发电工程学会组织开展的2020年度水力发电科学技术奖申报工作中，完成会员单位的2个项目的网上申报工作，分别是水利水电工程建设征地移民信息采集和管理系统开发研究、AGI－T3在输水隧洞超前地质预报中的应用。其中，省水利水电勘测设计院完成的"水利水电工程建设征地移民信息采集和管理系统开发研究"项目获得水力发电科学技术奖三等奖。

2020年，出刊学会会刊《浙江水利水电》4期，从把稳政策与行业发展积极引导方向，搭好信息桥，以报道水利行业热点关注、行业要闻、学术研讨等为主，同时，发布学会动态、专业培训等信息，刊登会员单位科技论文。该会刊向会员免费赠阅，为会员间学术交流和信息传递提供良好平台，促进学会与会员之间的联系和沟通。

【重点工作】　2020年，省水电学会秘书处和各分支机构积极履行"服务科技工作者""服务创新驱动发展""服务全民科学素质提高""服务党和政府科学决策"4个服务方向职责，以加强学术引领广泛凝聚人心，以深化学会治理增

强服务效能，加快学会自身建设。加强学会党的建设，深入贯彻落实党的十九大和十九届五中全会精神，发挥学会的党工作小组领导作用，强化党对学会的政治引领。

增强与中国水力发电工程学会的联络，做好与中国水力发电工程学会的日常沟通联络等工作。3月，协助中国水力发电工程学会参与编纂《中国电力工业史·水力发电卷》。5月，参加2020年中国水力发电工程学会专业委员会和省级水力发电学会秘书长工作会议，34家分支机构、20家省级水电学会的秘书长和管理人员以及学会秘书处工作人员共110多人参会。会议传达学习中国科协九届七次全委会议、《中国科协所属全国学会财务管理指引大纲》文件精神，对水电学会系统共同抗击新冠肺炎疫情、全力服务行业复工复产等所取得的成绩给予肯定，听取袁柏松所作题为《牢记初心使命　坚持守正创新　为推动学会事业健康蓬勃发展而继续奋斗》的秘书长工作报告。

（黄艳艳）

浙江省水土保持学会

【学会简介】　浙江省水土保持学会（以下简称省水保学会）由省水利厅、省林业厅、省环保厅、浙江农林大学等共同发起，于2011年经省科学技术协会批准成立。省水保学会是省水土保持科学技术工作者自愿组成的学术性、地方性的非营利性社会团体，是省水土保持科学

技术事业的重要力量。省水保学会接受省科协的领导和社团登记机关省民政厅的监督管理，并接受中国水土保持学会的业务指导。秘书处设在省水资源水电管理中心（省水土保持监测中心）。至2020年年底，省水保学会有单位会员152家，个人会员1383人。下设7个专业委员会，分别是：水土保持预防监督专业委员会，水土保持规划设计专业委员会，水土流失综合治理专业委员会，水土保持监测专业委员会，水土保持科普教育专业委员会，水土保持信息化（遥感遥测）专业委员会，城市、平原河网水土保持生态建设专业委员会。

省水保学会的业务范围包括：组织水土保持学术交流活动和科技考察活动，开展与境内外水土保持相关科研团体、科技组织和个人的合作和交流；研究和推广水土保持先进技术，普及水土保持科技知识；编辑出版会刊和有关学术刊物、技术专著与科普读物及相关的音像制品，开展优秀科技项目、论文与书刊的评选活动；开展职业培训及相关从业人员业务培训工作，举办科技讲座及科技展览等相关活动；受有关部门的委托，进行水土保持技术资格评审、科技项目的评估与论证、科技文献编纂与技术标准的编审等工作；组织科技工作者参与水土保持科技政策、发展战略及有关政策法规的制定，为各级决策部门提出合理化建议；承担相关业务主管部门委托的工作；为会员和水土保持科技工作者服务，反映会员的正当要求，维护会员的合法权益，促进会员的职业道德建设、学科的学风建设，做好行业自律。

【概况】　2020年，省水保学会组织召开第二届第三次理事会，举办培训班2场，完成第二届学会优秀论文评选，指导德清县、常山县水土保持科技示范园建设，完成中介服务机构105份水土保持方案报告书质量核查，完成在建50个省级以上审批项目的水土保持监督性监测，组织部分会员赴陕西省考察梁家河国家水土保持示范园和南沟国家水土保持示范园，为会员单位发放生产建设项目水土保持方案编制或监测单位水平评价证书32份。

【学会建设】　2020年9月，省水保学会召开第二届第三次理事会，根据《浙江省水土保持学会章程》规定，经理事会选举，王亚红、陈舟兼任学会副理事长（钱燮铭、李月明不再兼任），廖承彬兼任学会秘书长，俞飚兼任学会副秘书长，彭庆卫兼任学会常务理事，俞建军、严雷、张丽萍、潘桂娥、方继清不再兼任学会理事，新增牛俊文、何晓辉2名理事。同时，对学会党的工作小组成员进行调整。经选举后，学会理事共59人，其中男性50人，女性9人。把水土保持从业人员技术培训与发展学会会员结合起来，吸纳新会员加入，2020年新增单位会员12家，个人会员98人。

根据《中共浙江省委　浙江省人民政府关于坚决打赢新冠肺炎疫情防控阻击战全力稳企业稳经济稳发展的若干意见》《浙江省水利厅关于做好当前水利疫情防控服务稳企业稳经济稳发展九项举措的通知》精神，省水保学会减免全体会员单位2020

年度会费，共计 16.3 万元。

【能力提升】 2020 年 9—11 月，省水保学会组织开展全省水土保持方案编制质量抽查和全省生产建设项目监督性监测工作。对各级水行政主管部门审批的 1700 多份水土保持方案报告书，按比例随机抽取 105 份，组织专家进行质量评定。由于市场准入条件变化，从事水土保持方案编制的机构和人员比以往增加较多，部分项目由建设单位自行编报水土保持方案，方案质量有待进一步提高。从方案质量核查情况来看，水平评价 5 星级单位编制的水土保持方案质量较好，平均分较高，3 星级和 4 星级单位编制水平参差不齐，2 星级以下和无星级单位编制水平整体偏低。经核查评分，方案报告书得分 80 分及以上的有 59 项，占 56.2%；80 分以下、70 分及以上的有 40 项，占 38.1%；70 分以下有 6 项，占 5.7%，其中 60 分以下 1 项。得分在 85 分以上的单位有宁波市水利水电规划设计研究院有限公司、省水利水电勘测设计院、中国电建集团华东勘测设计研究院有限公司、浙江广川工程咨询有限公司、杭州大地科技有限公司、浙江中冶勘测设计有限公司、台州市水利水电勘测设计院、温州市水利电力勘测设计院。

对全省开展监测的近 500 个监测项目，按比例选取 50 个项目开展监督性监测。从监督性监测情况来看，全省生产建设项目建设单位对水土保持工作的重视程度逐年提高，积极履行水土流失防治义务，委托开展水土保持监测工作，及时足额缴纳水土保持补偿费，大部分

项目安排专人负责协调工程建设过程中的水土保持问题，严格按防治责任范围控制扰动，认真组织落实各项水土保持措施，对各级水行政主管部门和监测单位提出的建议进行整改落实。各水土保持监测单位开展各类地表扰动和水土保持措施落实的监测工作，及时上报监测季报，较为真实地反映工程建设现场存在的问题，开展"绿黄红"三色评价，加强和建设单位、当地水行政主管部门的沟通，强化监测成果的运用。根据监督性监测的评分指标体系，经专家组评分，27 家监测单位得分均在 60 分以上，其中得分在 80 分及以上的 9 家，80 分以下、70 分及以上的 15 家，70 分以下、60 分及以上的 3 家。得分在 80 分以上的单位分别是浙江广川工程咨询有限公司、中国电建集团华东勘测设计研究院有限公司、省水利水电勘测设计院、浙江九州治水科技股份有限公司、浙江中冶勘测设计有限公司、上海勘测设计研究院有限公司、台州市水利水电勘测设计院、杭州大地科技有限公司、金华市水利水电勘测设计院有限公司。

【创新发展】 2020 年，省水保学会推进信息化管理，完善浙江省水土保持中介服务信息平台，对平台信息进行核对和定期更新，并纳入水管理平台统一管理，逐步实现水土保持中介服务的长效管理，充分发挥平台的信息公开和咨询作用，服务全省水土保持事业。组织开展第二届省水保学会优秀论文评选活动。经会员自愿申报、资格审查、专家评选、公示等环节，评选出一等奖 1 项、二等奖 3 项、三等奖 12 项。《不同配置

模式毛竹林水土流失特征》获优秀论文一等奖，《宁波市水土保持区划研究》《人工降雨和放水冲刷试验下红壤坡面径流与泥沙特征分析》《红壤丘陵区坚果林不同水土保持措施效益研究——以浙江临安山核桃为例》获二等奖，《小流域典型降雨过程的水沙关系分析》《生产建设项目表土资源的保护与利用》《太湖流域片水土流失生态脆弱区划分探究》《基于 RUSLE 的线状开发建设项目区土壤侵蚀动态监测——以宁波市北环快速路工程为例》《浙江省低山丘陵区典型经济林土壤养分评价》《长距离输水工程弃渣处置方案研究》《毛竹林地不同植被恢复模式的土壤物理性质评价》《北京市 3 种配置模式绿化带降噪效果的空间变化规律》获三等奖。组织开展第二届省水保学会优秀设计评选活动，各会员单位积极推荐优秀设计成果参评，共收到设计成果 23 篇。

【会员服务】 2020 年 9 月 23 日，省水保学会举办遥感监管现场复核技术视频培训，部分市县水土保持管理部门、水土保持技术服务机构共 200 多人参加培训。培训内容包括现场核查要点、信息系统 App 和电脑端操作、成果要求等内容，为浙江在全国率先完成遥感核查任务提供技术服务。

2020 年 11 月 10—12 日，省水保学会举办生产建设项目水土保持从业人员技术培训班，针对 2020 年颁布实施的《水利部办公厅关于实施生产建设项目水土保持信用监管"两单"制度的通知》《水利部办公厅关于做好生产建设项目水土保持承诺制管理的通知》《水利部

办公厅关于进一步加强生产建设项目水土保持监测工作的通知》《水利部办公厅关于印发生产建设项目水土保持问题分类和责任追究标准的通知》等文件，进行系统培训。培训内容包括水利部水土保持司强监管有关文件解读、浙江省生产建设项目水土保持方案技术审查要点解读、生产建设项目水土保持生态文明示范工程创建技术、生产建设项目的水土保持监测及监督、生产建设项目的水土保持信息化工作等。

配合中国水土保持学会做好生产建设项目水土保持方案编制和水土保持监测星级评价工作，一方面为会员单位提供星级评价咨询服务，指导完成星级证书申报的材料准备和网上填报工作，另一方面受中国水土保持学会的委托，完成水平评价证书的发放工作，2020 年共发放生产建设项目水土保持方案编制星级证书 12 份，生产建设项目水土保持监测星级证书 20 份。

至 2020 年 12 月底，全省持生产建设项目水土保持方案编制证书的单位有 49 家。其中，中国电建集团华东勘测设计研究院有限公司、省水利水电勘测设计院、浙江广川工程咨询有限公司、宁波市水利水电规划设计研究院有限公司、浙江中冶勘测设计有限公司等 5 家公司持五星级证书；水利部农村电气化研究所、浙江中水工程技术有限公司、浙江九州治水科技股份有限公司、台州市水利水电勘测设计院、金华市水利水电勘测设计院有限公司、杭州大地科技有限公司、浙江华安工程设计咨询有限公司、浙江海滨生态环境工程有限公司、

宁波弘正工程咨询有限公司、杭州世达科技有限公司10家公司持四星级证书；中国能源建设集团浙江省电力设计院有限公司、浙江数智交院科技股份有限公司、杭州水利水电勘测设计院有限公司、温州市水利电力勘测设计院、绍兴市水利水电勘测设计院、慈溪市水利建筑勘测设计院有限公司、杭州科谐科技咨询有限公司、桐乡市水利勘测设计咨询有限公司、杭州舜禹水利工程设计咨询有限公司、宁波中流工程设计咨询有限公司、绍兴中源设计咨询有限公司、浙江永保建设工程咨询有限公司12家公司持三星级证书。全省持生产建设项目水土保持监测证书的单位有44家。其中，中国电建集团华东勘测设计研究院有限公司、省水利水电勘测设计院、浙江广川工程咨询有限公司3家公司持五星级证书；浙江中冶勘测设计有限公司持四星级证书；浙江数智交院科技股份有限公司、宁波市水利水电规划设计研究院有限公司、金华市水利水电勘测设计院有限公司、浙江海滨生态环境工程有限公司4家公司持三星级证书；水利部农村电气化研究所、中国能源建设集团浙江省电力设计院有限公司、浙江中水工程技术有限公司、温州市水利电力勘测设计院、台州市水利水电勘测设计院、杭州大地科技有限公司、浙江九州治水科技股份有限公司、浙江华安工程设计咨询有限公司、杭州科谐科技咨询有限公司、浙江厚诚工程设计咨询有限公司、宁波中流工程设计咨询有限公司、金华振通水保科技有限公司12家公司持二星级证书。

【学术交流】　2020年，省水保学会组织会员赴陕西省调研梁家河国家水土保持示范园和南沟国家水土保持示范园，学习水土保持科技宣传示范创建技术、水土保持示范园申报条件等，努力开展常山县、德清县创建国家水土保持科技示范园创建工作；学习水土保持科技宣传示范运行管理的经验和做法，更好地服务于浙江省水土保持科技示范园的建设和运行管理，提升示范、推广和科普服务。学会组织会员参加中国水土保持学会主办的第三届中国水土保持学术大会、2020年海峡两岸水土保持学术研讨会、南方水土保持研究会年会等，并进行学术交流。

（陈国伟、崔丹）

地 方 水 利

Local Conservancy

249～318 页

杭 州 市

【杭州市林业水利局简介】 杭州市林业水利局（以下简称杭州市林水局）是主管杭州全市林业水利工作的政府工作部门。主要职责是：负责生活、生产经营和生态环境用水的统筹和保障；负责节约用水和水土保持工作；指导全市水资源保护和水文工作；指导农村水利工作；负责落实综合防灾减灾规划相关要求，组织编制洪水干旱灾害防治规划和防护标准并指导实施；指导水利设施、水域及其岸线的管理、保护与综合利用；制定水利工程建设与管理的有关制度并组织实施；组织开展水利行业质量监督工作；指导全市水利人才队伍建设。杭州市林水局在编人员 229 人，内设 9 个职能处室，分别是办公室、法规计财处、水利规划建设处、水旱灾害防御与运行管理处、水资源与水土保持处、国土绿化处、森林和湿地管理处、自然保护地管理处、森林防火处。局系统直属事业单位 8 家，分别是杭州市林业水利综合行政执法队（参公单位）、杭州市林业科学研究院、杭州市森林和野生动物保护服务中心（参公单位）、杭州市河道与农村水利管理服务中心（挂杭州市水利水电工程质量安全管理服务中心牌子）、杭州市水文水资源监测中心、杭州市水利发展规划研究中心、杭州市水库管理服务中心、杭州市南排工程建设管理服务中心。

【概况】 2020 年，杭州市完成水利建设投资 77.7 亿元，完成江河干堤加固 21.9km，新增农村饮用水达标人口 67.6 万人，累计完成达标人口 139 万人。农田水利基本建设加快推进，持续推进 14 个重大水利工程建设。2020 年，钱塘江流域洪水调度得到水利部通报表扬，"京杭运河百年水文联盟"活动入选"2020 年全国水文十件大事"。闲林水库被评为"全国水土保持生态文明工程"，三堡排涝工程管理考核通过水利部验收，局系统 1 名同志获"全国河湖长制先进个人"称号。

【水文水资源】

1. 雨情。2020 年，杭州市平均年降水量 2041.9mm，较多年平均值偏多 12.1%。汛期全市面平均降雨量 1358.6mm，比 2019 年偏多 27.6%，比常年面平均降雨量偏多 26.7%。5 月 29 日入梅，7 月 18 日出梅，梅雨期长，梅雨期长达 50 天。入梅前有 3 次较明显降雨过程；梅雨期出现 9 轮强降雨过程，分别出现在 5 月 29—31 日、6 月 2—3 日、6 月 10 日、6 月 18—21 日、6 月 24—25 日、6 月 29—30 日、7 月 2—3 日、7 月 4—6 日、7 月 9—10 日，梅雨量 808.7mm；出梅后至汛期结束，杭州市未受到台风明显影响，仅有 3 次集中降雨过程。

2. 水情。2020 年，杭州市入梅前总体水情较为平稳。梅雨期间，全市主要江河水位全面超警戒，除闲林水库外，其余 17 座大中型水库水位全部超汛限。新安江水库最高水位达 108.39m，超汛限 1.89m，最大下泄流量 7700m³/s，创建库 61 年来历史最高水位、历史最多泄洪孔数（9 孔）、历史最大泄洪量三个历

史之最；富春江水库最大下泄流量
14900m³/s；分水江水库最大下泄流量
4000m³/s；青山水库最大下泄流量
317m³/s；霞源水库最高水位308.59m，
时隔12年再次溢洪。钱塘江流域三河站
最高水位27.27m，超保证水位0.77m；
富阳站最高水位9.09m，超保证水位
0.09m；分水江站最高水位25.03m，超
保证水位0.53m，实测最大流量
5040m³/s；之江站实测最大流量
18000m³/s；东苕溪瓶窑站最高水位
6.89m，超保证水位0.23m，实测最大
流量555m³/s；北湖分洪闸开6孔分洪，
最大分洪流量360m³/s。梅雨期后至年
底，杭州市未受到台风明显影响，全市
大部分主要江河水位基本处于警戒水位
以下，总体汛情较为平稳，未出现流域
性洪水。

3. 水资源。2020年，杭州市水资源
总量218.89亿m³，比2019年多16.4%，
比多年平均值偏多51.7%。全市18座大
中型水库年末蓄水总量为144.21亿m³，
年末蓄水总量比年初减少0.61亿m³。
全市总供水量29.76亿m³（不包括环境
配水量）。全市总用水量29.76亿m³
（不包括环境用水量），比2019年减少
1.2亿m³，其中农田灌溉用水量为8.94
亿m³，较2019年增加0.05亿m³；林
牧渔畜用水量为2.26亿m³，较2019年
增加0.08亿m³；工业用水量为5.25亿
m³，较2019年减少2.42亿m³；居民生
活用水量为5.93亿m³，较2019年增加
0.35亿m³；城镇公共用水量为6.08亿
m³，较2019年增加0.34亿m³。全市总
耗水量16.23亿m³，总退水量8.92亿

m³。全市平均水资源利用率13.6%。全
市人均年综合用水量为249.4m³，万元
工业增加值用水量12.4m³（现价），万
元GDP用水量18.5m³（现价），同比分
别下降3.9%、30.7%和8.0%。

【水旱灾害防御】 2020年，杭州市遭
遇罕见"超长梅"，梅雨总量列历史第二
位。钱塘江、东苕溪、运河流域汛情全
面暴发，新安江水库9孔泄洪，北湖滞
洪区、德清大闸开闸泄洪，三堡排涝泵
站超历史连续排涝1440台时。杭州市林
水局科学研判，精准调度，完成《杭州
市2020年水雨情趋势预测》《2020年钱
塘江（杭州段）潮汐趋势分析》等中长
期分析报告，对全市汛期及全年水雨情
趋势进行预测，预测成果精度较高，与
实况基本吻合。汛期组织发送书面雨量
预警单358份、山洪预警短信18.9万
条，预警及时率100%、准确率100%；
开展东苕溪、分水江、钱塘江杭州段和
主城区等主要江河湖库代表站洪水预报
共61期，发布江河洪水预警18期，64
个省级报汛站共上报人工报文1.3万份，
人工报汛及时率和准确率100%；编制
《水旱灾害防御动态简报》34期，开展
洪水预报128期，实施流域错峰调度，
分水江上4座水库关闸22小时"零下
泄"。钱塘江流域洪水调度得到水利部通
报表扬。全市出动22万余人次，检查水
利工程14.5万余处次，问题隐患及时整
改到位。水利部门派出293个工作组、
1500多名技术人员下沉一线指导抢险，
分别历时15天、4天果断处置西险大
塘、浦阳江堤防险情，有力保障度汛
安全。

【水利规划计划】　2020 年，杭州市林水局全力推进水安全保障规划与国土空间规划有机融合，协调落实重大水利项目建设，于年底前完成《杭州市水安全保障"十四五"规划》思路编制；修改完善城市防洪排涝、城乡饮用水源地安全保障等其他重大规划初稿。10 月，杭州市钱塘江干流堤塘安澜技术导则、杭州市钱塘江海塘安澜工程实施方案的两个专题通过杭州市林水局与杭州市拥江办的联合审查。其中，杭州市钱塘江干流堤塘安澜技术导则对全面落实钱塘江干流沿线提升发展新任务，统一沿线堤塘结构提升提标及规划方案，指导地方干堤结构提升等，起到积极作用；杭州市钱塘江海塘安澜工程方案是浙江省海塘安澜千亿工程建设规划的重要组成部分，以建设"安全、生态、融合"的"安全＋"高标准生态海塘为目标，谋划提出"安全＋"海塘安澜工程建设思路和总体布局。

【水利基本建设】　2020 年，杭州市全年完成水利建设投资 77.7 亿元，占省计划 64.3 亿元的 121％，其中"百项千亿"防洪排涝工程完成投资 29.4 亿元，完成率 116％。完成钱塘江等江河干堤加固 21.9km。农村饮用水达标提标行动全面收官，新增达标人口 67.6 万人，累计完成达标人口 139 万人。农田水利基本建设加快推进，完成水库除险加固 19 座、山塘整治 85 座。杭州市"上蓄、中防、下排"的防洪排涝工程体系进一步完善，为"拥江发展""乡村振兴""三江汇"等重大战略决策提供坚实基础保障。

【重点水利工程建设】　2020 年，杭州市持续推进防洪排涝重大水利工程建设，14 个重大水利工程持续推进，如期完成年度建设进度要求。建德市新安江兰江治理二期工程完工，萧山区浦阳江治理工程堤防部分完成，扩大杭嘉湖南排工程（八堡泵站）、大江东片外排东湖防洪调蓄工程、西湖区铜鉴湖防洪排涝调蓄工程、临安区双溪口水库工程开展主体工建设，富阳区富春江治理工程、富阳区北支江综合整治工程、桐庐富春江干堤加固二期和三期工程加快推进，青山水库防洪能力提升工程、扩大杭嘉湖南排后续西部通道工程、东苕溪防洪后续西险大塘达标加固工程、萧围西线提标加固工程、富阳区南北渠分洪隧洞工程和临安区里畈水库加高扩容工程等 6 个项目前期工作有序推进。

【水资源管理与节约保护】　2020 年，杭州市完成省市最严格水资源管理制度考核，有效推动水资源消耗总量和强度双控制，获"十三五"省考核优秀等次（第三名）。全面加强节约用水管理，经中共杭州市委全面深化改革委员会审议，印发《杭州市节水行动实施方案》，提出通过实施"六大行动"（总量强度双控行动、农业节水增效行动、工业节水减排行动、城乡节水降损行动、节水标杆示范行动、科技创新引领行动），完善"六项机制"（水价动态调整机制、节水奖惩机制、取水权交易机制、节水服务机制、水效标识管控机制、用水监测统计机制），落实"六项保障措施"（加强组织领导、保障资金投入、推进部门协作、加强日常督查、强化绩效考核、提升节水意识），建设国际一流节水城市。县域节水型社会建设实现"全覆盖""全达标"，余杭区、淳安县、桐庐县达到国家级标准，萧山区、富阳区、临安区、建德市达到省级标准。完成杭州高士达印染有限公司、杭州传化日用品有限公司、达利（中国）有限公司、杭州萧山经济技术开发区热电有限公司、浙江传化华洋化工有限公司等 106 家企业水平衡测试；通过浙江威星智能仪表股份有限公司、杭州明杰钢构有限公司、浙江杭钻机械制造股份有限公司、杭州天子岭发电有限公司、杭州杭化哈利玛化工有限公司等 193 家企业清洁生产审核；建成杭州余杭新奥能源发展有限公司、杭州东华链条集团有限公司、杭州余杭恒力混凝土有限公司、杭州福达纺织品印染有限公司、杭州三星工艺玻璃有限公司等 119 家节水型企业，上城区建国南苑、下城区云裳公寓、江干区普升福邸、拱墅区蔡马人家、西湖区紫郡西苑等 119 个节水居民小区，杭州海关、银江宾馆、杭州市红十字会医院、杭州市西溪医院、浙江水利水电学院等 69 个公共机构节水型单位，杭州市、萧山区 2 个节水宣传教育基地，建德大同、淳安浪川乡全朴、淳安梓桐镇龙门山 3 个节水型灌区；新增高效节水灌溉面积 1260hm²。

【河湖管理与保护】 2020 年，杭州市统筹山水林田湖草系统治理，推进美丽河湖（幸福河湖）建设，创建浙江省美丽河湖 23 条（个），杭州市美丽河湖 62 条（段、个），乐水小镇 33 个，水美乡村 239 个。完成河道管理范围划界 12182km，河湖库塘清淤 263 万 m³，全市清淤轮疏机制建立实现全覆盖。江干区和建德市以"标准化＋"为引领，完成"河湖标准化管理"省级试点改革任务。持续推进河湖"清四乱"常态化规范化工作，精心守护"美丽河湖"。

【水利工程运行与管理】 2020 年，杭州市水利工程标准化管理创建全面收官，全市完成标准化管理创建任务 78 项，完成标准化管理创建复核，通过率 100％。开展全市水利工程管理"三化"（水利工程管理产权化、物业化、数字化）现状摸底调查，全市规模以上水利工程 1543 个，划定管理和保护范围的 907 个，划定率 58.7％；确权颁证 540 个，颁证率 35％。推行物业化管理 948 个，物业化管理覆盖率 61.4％。萧山、余杭、临安、富阳、桐庐、建德、淳安 7 个县（市、区）完成"三化"改革方案编制，滨江区和余杭区完成"三化"改革省级示范县创建，水库、水闸、泵站、电站、堤防等 5 个类别 15 个工程完成"三化"改革示范工程创建。全面推进水利工程安全鉴定和除险加固常态化，以清零为目标，全年完成安全鉴定水库 127 座、水闸 4 座、海塘 6 条、堤防 5 条；实施水库除险加固 35 座，完工 20 座；报废小型水库 2 座，降等小型水库 1 座，降等报废山塘 45 座。淳安县被评为小型水库管理体制改革全国样板县，余杭区被评为小型水库管理体制改革省级样板县。

【水利行业监督】 2020 年，杭州市水利工程质量监督加强"全行业、全周期"监管，全市累计对241个工程开展质监活动395次，出动检查人员1196人次，发现并整改质量安全隐患1508个。市级统筹水利工程施工前、中、后各环节监管，以整改闭合复查为突破，加强以被稽察水利工程为代表的各类水利工程质量安全隐患整改；以推行标化工地为亮点，加强以双溪口水库工程为代表的市本级重点水利工程质量安全管理；以监督技术服务为纽带，提升以北支江治理工程为代表的区县重点水利工程质量安全水平；以强化巡查抽查为措施，保证以河道治理工程为代表的全市面上水利工程安全状况稳定；以组织监督检测为手段，量化保障以农饮等民生工程为代表的全市水利工程质量受控，市本级全年开展各类质量监督、技术指导和验收监管共92次，逐步实现从"重点工程受理监督"向"在建工程全覆盖监督"和"施工质量监督"向"包括质量安全在内的水利建设行业监督"的两转变，有力保证全市水利工程建设稳步推进。

【水利科技】 2020年，杭州市林水局积极申报水利科技创新项目，开展水利科技研究，推广应用水利科技成果。全年共申报厅级水利科技项目6项，其中《杭嘉湖平原杭州城市防洪格局研究》《杭州钱塘江拥江发展堤岸提升技术导则研究》列入防灾减灾类项目重点，《千岛湖饮用水源安全影响要素及治理对策研究》《海岛地区分质供水关键技术研究及应用》列入水资源（水能资源）开发利用与节约保护类重点。2018年申报的省水利厅科技项目《基于人工智能的平原河网洪水实时在线预报技术研究》于2020年6月通过验收，《杭州市应急备用水源挡水及输水建筑物服役期健康诊断评价技术》于2020年11月通过验收，2019年申报的项目《农田灌溉水有效利用系数水量设施率定辅助设备研究》于2020年12月通过验收。

【依法行政】 2020年，杭州市林水局依法履行行政审批职能，参与制定《杭州市工程建设项目"清单制＋告知承诺制"审批制度改革试点实施方案》，探索开展工程建设项目涉林涉水审批"清单制＋告知承诺制"改革。全面推行区域水影响评价工作，特定区域水影响评价完成率达100%。市本级办结行政许可44件，其中开发建设水土保持方案40件、涉河涉堤建设项目2件、取水许可2件。加强"互联网＋监管"，完成监管事项认领和责任清单制定，开展监管业务和系统应用培训，审批项目监督检查140户次，覆盖率、及时率达100%。强化水土保持重点项目审批后监管，对杭州地铁工程、矿山类水保整治等28个省、市审批项目进行监督检查，下发并督促落实检查意见5份。

【农村饮用水达标提标行动】 2020年，杭州市农村饮用水达标提标三年行动圆满收官，全年完成达标提标项目326个，受惠人口67.6万，供水保证率达95%以上，水质达标率达90%以上，水费收缴率达99.5%以上，城乡规模化供水工程覆盖人口比例达94.8%，超额完成各项目标任务。全市1212处水厂基础信息入库管理，56处规模以上水厂和120处规模以下水厂实现水质和流量实时在线监管，出厂水流量、pH 值、余氯、浊度、监控视频等供水实况实现在线查看，基本实现城乡供水数字化"一库一图一网"行业监管。2018—2020 年，全市建设达标提标农村饮用水项目 694 处，受益人口 139.3 万，农村供水事业取得长足进步，基本实现从"有水喝"到"喝好水"的转变。

【农业水价综合改革】 2020 年，杭州市圆满完成农业水价综合改革，全年完成改革面积 2.07 万 hm²。相关区、县（市）全面通过市级验收，市本级和建德等 5 个区、县（市）省级考评优秀，桐庐县改革经验获水利部批示肯定。农业节水意识显著提高，农田灌溉水有效利用系数达到 0.608，大力助推粮食安全和乡村振兴。

【京杭大运河百年水文联盟成立】 2020 年 11 月 29 日，京杭大运河百年水文联盟（以下简称联盟）在杭州成立。联盟由杭州市倡议发起，京杭大运河沿线北京、天津、河北、山东、江苏等省市共同参与。作为联盟成员，14 座百年水文站代表在活动现场进行汇水结盟，并共同定下盟约，树立共同保护、共同传承、共同利用理念，建立共识共保机制、推进数字赋能智慧共享，活动入选"2020年全国水文十件大事"。

【杭州市水利科普馆开馆】 2020 年 3 月 22 日第 28 届"世界水日"，杭州市水利科普馆揭牌开馆。该展馆是浙江省首个、全国鲜有利用大型泵站工程实体布展的水利专业科普馆，以"水与杭州"为主题，通过"序厅""水之利""水之治""水之灵""水之梦""水之苑"六大展区，讲述杭州江、河、湖、海、溪、泉、井等多水共导的江南水乡历史。全年共接待参观人员 116 批 2079 人次。场馆加入中国水博馆联盟，被列为第三批"杭州市党员教育示范基地"。

（裘靓）

宁 波 市

【宁波市水利局简介】 宁波市水利局是主管宁波全市水利工作的市政府工作部门。宁波市水利局的主要职责是：负责保障水资源的合理开发利用；负责生活、生产经营和生态环境用水的统筹和保障；按规定制定水利工程建设与水利水务设施管理的有关制度并组织实施；指导水资源保护工作；负责全市排水行业监督管理，指导全市城镇排水和污水处理、再生水利用工作，指导市级污水处理厂建设；负责节约用水工作；指导水文工作；指导水利水务设施、水域及其岸线的管理、保护与综合利用；指导监督水利工程建设与水利水务设施的运行管理；负责水土保持工作；指导农村水利水务工作；指导水政监察和水行政执法；开展水利水务科技、教育和对外交流工作；负责落实综合防灾减灾规划相关要求，组织编制洪水干旱灾害防治规划和防护标准并指导实施。内设职能处室 8 个，分别为办公室、组织人事处、规划计划处、水资源管理处（挂市节约用水办公室牌子）、建设与安全监督处、河湖管理处（挂行政审批处牌子）、水旱灾害防御处、排水管理处，另设机关党委，行政编制 32 名。2020 年，直属事业单位共 8 家，原宁波市水利发展研究中心更名为宁波市水利发展规划研究中心，级别升为正处级；宁波市周公宅水库管理站、宁波市白溪水库管理站和宁波市皎口水库管理站 3 家事业单位整合为宁波市水库管理中心，将全市水库工作纳入统一的管理体系。8 家直属事业单位分别为宁波市水政监察支队、宁波市水文站、宁波市水务设施运行管理中心、宁波市水利工程质量安全管理中心、宁波市水资源信息管理中心、宁波市河道管理中心、宁波市水库管理中心、宁波市水利发展规划研究中心。

【概况】　2020 年，宁波市水利系统全面冲刺"十三五"规划目标任务，持续推进水利事业高质量发展，全年投资创新高达 108.8 亿元，同比增长 7.8%，连续 4 年破百亿。全年水利管理业完成投资 66.8 亿元。出台水利 10 条惠企政策，全年为企业减免水费约 1.8 亿元。成功防御超长超量梅暴雨（历史第二）和第 4 号台风"黑格比"，做好汛后秋冬连旱抗旱保供工作。不断优化营商环境，全面实行"一窗式受理、一站式服务"，实现用水报装"1000"（指"一日办结，即办即通""零材料、零跑腿、零收费"），该项工作在省内处于前列。推动智慧水利建设，成功列入全国智慧水利先行先试 3 个试点城市之一，3 项全国智慧水利先行先试任务通过水利部中期评估，其中山洪灾害预报预警平台被

水利部列为智慧水利优秀应用案例，在先行先试中期评估中认定为最佳实践之一。

【水文水资源】

1. 雨情。2020 年，宁波市平均降水量 1507mm，比 2019 年少 28.3%，接近多年平均值（1525mm）。汛期降雨梅丰台枯，梅雨期长且雨量大，其中梅雨期长达 50 天，比多年平均多 26 天，为 1956 年以来最长，梅雨量为 1956 年以来第二大值。降雨呈现北多南少的格局。上半年偏多，下半年偏少。上半年除了 4 月降水量比多年平均少 60% 外，其余月份均偏多，其中 1 月多 1 倍，6 月多 80%；下半年各月均偏少，其中 10—12 月降水量显著偏少，比多年平均偏少 60%，位列近 60 年来倒数第三位。

2. 水情。2020 年，宁波市除受"6·18"暴雨、第 4 号台风"黑格比"暴雨、"9·18"暴雨影响，局部地区出现 3 次较为明显的汛情外，其他时间段平原河网水位均较平稳。梅雨期"6·18"暴雨影响期间，姚江流域发生较大洪水，上姚江永思桥、余姚站最高水位均超保证水位，下姚江丈亭站最高水位超保证水位，下姚江姚江大闸站最高水位超警戒水位；江北镇海平原、海曙平原、鄞南平原最高水位普遍超警戒水位。姚江干流普遍超过警戒水位 0.5～0.8m；余姚站最高水位 2.88m，重现期超 10 年；姚江大闸最高水位 2.58m，重现期超 10 年。

3. 水资源。2020 年，宁波市水资源总量 80.68 亿 m³。其中地表水源供水量

20.59 亿 m³。全市 33 座大中型水库年末蓄水总量为 5.775 亿 m³，比年初减少 2.341 亿 m³。全市总供水量为 21.01 亿 m³，较 2019 年增加 2.8%。全市总用水量为 21.01 亿 m³，比 2019 年增加 2.8%。其中，居民生活用水量为 5.07 亿 m³，比 2019 年增加 1.2%；生产用水量为 15.36 亿 m³，比 2019 年增加 1.2%；生态环境用水量为 0.58 亿 m³。另外，全市实现河湖生态配水量（河道内用水）5.21 亿 m³，较 2019 年增加 6.5%。全市总耗水量为 11.39 亿 m³，总耗水量占总用水量的 54.2%。全市集中式城镇生活污水处理厂污水处理量为 7.23 亿 m³，万元 GDP 用水量为 18.5m³，万元工业增加值用水量为 12.2m³，农田（包括水田、水浇地和菜地）灌溉水有效利用系数 0.618，亩均用水量为 246m³，城镇居民人均生活用水量为 61.5m³/a，农村居民人均生活用水量为 53.8m³/a。全市节约水资源量达到 0.93 亿 m³。

【水旱灾害防御】 2020 年 3 月，宁波市组织开展 2020 年度水旱灾害防御汛前大检查，市县两级共查出各类问题 139 个，均在汛前整改完毕或落实措施。6 月，宁波市防汛防台抗旱指挥部联合宁波市水利局组织编制完成城市和甬江流域超标准洪水防御预案，制定遭遇超标准洪水后的应急调度和防御措施。汛期，结合"智慧水利"系统建设，通过科学预报、准确研判，精准实施水库预泄、河网预排等措施，成功防御超长超量梅暴雨（历史第二）、第 4 号台风"黑格比"，其中梅雨期间大中型水库拦洪

1.9 亿 m³，供水水库实现洪水全拦，为后续用水提供保障。10 月 19 日，宁波市水利局印发《宁波市水旱灾害防御能力提升三年行动计划（2020—2022）》，通过提升监测预警、工程调度、设施防御、防御应急等能力，系统提升全市水旱灾害防御能力。全年全市累计发送各类预警短信 186000 条次。7 月中下旬后持续少雨，10 月局部地区出现干旱，宁波市水利局增调钦寸水库日供水量，合理调配东西线水网取水，实施白溪水库应急引水，启用备用水源，强化水质监测，加大节水宣传，强化供水保障。新建 59 处积水监测站点，全市累计共建积水监测站点 140 处，实现中心城区内涝风险区域积水监测全覆盖。建成市级小流域山洪灾害风险预报预警系统，并积极发挥山洪灾害监测预警平台作用。

【水利规划计划】 2020 年，宁波市全面开展《宁波市水利综合规划》《水利发展"十四五"规划》《宁波市水资源综合规划（2020—2035）》《宁波市节约用水专项规划》《排水专项规划》等综合性规划编制工作。《蓄滞洪空间建设与管理相关政策研究》课题项目落地实施，充分发挥洪涝水"中滞"效益，4 月，奉化区龙潭滞洪分洪改造工程实施。12 月，宁波市奉化江上游南排象山港课题研究全面完成，为下步南排项目上马奠定基础。姚江北排四通道课题持续深化，多方案多思路尚在研究比选中。按照宁波市水利局"争做宁波水利窗口模范生"的部署要求，12 月，宁波争当"节水优先、空间均衡、系统治理、两手发力"

的治水思路的示范区课题研究项目完成初稿。

【水利基本建设】 2020 年，宁波市防洪排涝"2020"行动计划完成投资 63.9 亿元，为年度计划的 103.3%；省"百项千亿"工程投资完成 46.4 亿元，为年度计划的 136.5%；面上工程完成 22.6 亿元，为年度计划的 125%。全省唯一跨流域引水、跨地区合作共建的水利设施，宁波市与绍兴市新昌县联合建设的钦寸水库工程正式通水，将宁波中心城区日供水能力从 150 万 m³ 提升至 190 万 m³，提高未来发展的供水保障需求。9 月底，完成农业水价综合改革 4 万 hm² 的年度任务，并提前 3 个月完成三年 16.33 万 hm² 总体改革目标，该项工作全市以平均分 95 分以上高分通过验收。10 月底，2020 年度农村饮用水达标提标工程涉及的 20.54 万人已全部受益，所有水站均已实行收费，其中千人以上水站实收水费率达到 99%，千人以下水站达到 99.4%；农村饮用水达标提标所涉及的 52.16 万人全部受益，实现农村自来水普及率 100%、省定标准达标率 100%、农村供水县级统管长效管护机制覆盖率 100% 三个"百分百"目标，确保从"喝上水"到"喝好水"的转变。在宁波市十五届人大五次会议第三次全体会议上，农民"喝好水"工程连续第二年入选宁波市十件民生实事项目。

【重点水利工程建设】 2020 年，宁波市重点水利工程完成投资 86.2 亿元，为年度计划的 105.1%，同比增长 10.3%。

2020 年，流域"6＋1"工程计划建设 6 个项目，计划投资 23.1 亿元，至 12 月底完成投资 23.1 亿元。其中，葛岙水库大坝主体工程完成工程量的 45%，迁建公路 A 线、B 线全线完工，安置房一期工程完成验收；姚江上游余姚西分工程 I 标瑶街弄调控枢纽工程完成通航验收、航道转换，上下游堤防在建，Ⅱ标无压隧洞全线贯通，有压隧洞有序开挖，跨江桥梁、贺墅江和西横河闸泵等全面在建；姚江二通道（慈江）工程慈江闸泵、化子闸泵、澥浦闸泵均已完工，沿线堤防扫尾施工；余姚北排陶家路江三期一标段 1.5km 河道基本完工；二标段宏图桥通过完工验收，汝虹桥开工建设；三标段完成后海舍闸主体工程，交通桥架设完成，上下游翼墙施工中；四标段完成挡墙 1.2km，土方冲挖约 29 万 m³；姚江上游西排工程完成机组启动验收，已具备应急排涝、引水能力，在进行扫尾工作。

2020 年，水环境综合治理工程计划建设 12 个项目，计划投资 14.6 亿元，至 12 月底完成投资 14.7 亿元。其中，柴桥净化水厂项目已完工，完成通水调试；江东北区污水处理厂提标改造工程、鄞西污水厂一期扩容及提标工程、北区污水处理厂三期工程等 6 个项目进展较顺利，均已完成年度投资计划目标；北部污水处理厂提标改造工程、奉化城区污水处理厂扩建改造工程等其他 3 个项目有序开展中，清水环通一期部分项目已在建，新周污水处理厂二期工程已办理设备施工许可证，在进行土建招标及场地整理。

2020 年，分洪与排涝工程计划建设

15个项目，计划投资20.1亿元，至12月底完成投资21.7亿元，完成率108%。其中，镇海新泓口闸外移工程、北仑梅山磨头碶移位及配套河道工程等4个工程已完工；樟溪河干流整治工程（龙王溪段）、鄞州九曲河整治工程（城区段）主体工程完工，景观绿化等附属工程在实施中；四灶浦南延（新城河）拓疏工程一期开发大道以北段基本完工，开发大道桥开工在建，二期东横河—南三环段水利基本完工，其他标段陆续推进中；慈溪市中心城区防洪排涝工程二期一标、二标开工建设，完成二期工程量的26%；中部三塘横江拓疏工程（陆中湾至水云浦）完成河道整治5km，为工程量的60%；东江剡江奉化段堤防整治（二期）工程三泵站一闸完成，上游段一期堤防完成河道主体工程30%，二期准备开工建设；奉化区龙潭滞洪分洪区改造工程农业项目初步框架已形成；海曙鄞江堤防整治工程一期一标、二标、四标有序开展防洪墙、碶闸施工，二期招标工作进行中；江北大河（城区段）河道整治工程甬江段完工，庄桥段完成总工程量的86%，孔浦段完成总工程量的90%；规划河道及周边绿带整治（望海大道—耕渔南路）已进场施工，河道主体工程开挖中。

2020年，闸泵工程计划建设3座闸泵，计划投资1.2亿元，至12月底完成投资9380万元。其中楝树港泵站工程完成泵室土方开挖及底板垫层浇筑；海曙区内河水体调控工程庙后河节制闸完成闸室段浇筑，屠家沿泵房及管理房上部结构完成浇筑，进行交通桥施工；下梁闸工程完成项目部搭建，灌注桩完成30%。

2020年，独流入海河道及堤防工程计划建设8项，计划投资10.3亿元，至12月底完成投资10.2亿元。其中，宁海县五市溪治理二期工程河道堤防整治已完工；宁海中心城区防洪排涝工程槐路河水产城支流完工，槐路河、龙眼溪、竹溪有序施工中；宁海东部沿海防洪排涝工程继续开展十字河新塘村段河道、淡水闸施工；宁海县海塘除险加固及提标工程宏大塘、下拦塘基本完工，汶溪周塘、高湖塘正在施工中；象山中心城区防洪排涝东陈片河道整治工程7座桥梁、1座水闸完工，完成挡墙护岸3.5km等；象山下沈海塘维修加固工程万青塘闸、荣庆塘闸完工，柴溪新闸、下沈港闸在施工中；滨海新区沿海中线以南基础设施配套工程完成80%的河道开挖、60%的石渣填筑等，鄞州区大嵩标准海塘维修加固工程完成项目名称变更，调整总投资估算，招投标准备中。

2020年，水源及引调水工程计划建设项目5个，计划投资11.4亿元，至12月底完成投资9.8亿元。桃源水厂及出厂管线工程已完工，设备调试及缺陷修补中；干岙水库累计完成隧洞开挖7.9km，主坝混凝土浇筑完成，副坝施工中；宁波至杭州湾引水工程累计铺设管道长度28km，占年度目标的93%；慈溪东部地区引水工程因项目类别调整为水利工程，预概算及施工图等重新调整，审核进行中；杭州湾新区自来水厂已勘察进场。

2020年，围垦工程计划建设项目1

个，为宁海县西店新城围填海项目，计划投资 2 亿。至 12 月底完成投资 2.2 亿元，基本完成海堤水闸工程。

【水资源管理与节约保护】 2020 年，完成浙江省对宁波市最严格水资源管理制度考核的迎检工作，2019 年度宁波市考核为省级优秀。落实水资源"强监管"要求，制订水资源管理监督检查工作方案，组织专业技术力量，对各县（市、区）开展全覆盖水资源管理专项检查，并提出"一县一单"整改意见和要求。开展《甬江流域水量分配方案》《宁波市主要断面生态流量管控方案》等编制工作。组织开展取用水管理专项行动，全市登记取用水工程（设施）总数 674 个。在 3 月 22 日前发布《2019 宁波市水资源公报》。开展水源地保护治理工作，督促和指导全市农村饮用水水源地名录公布、200t 以上农村饮用水水源保护范围划定等工作，落实保护职责。推进饮用水水源地安全保障达标建设，白溪、周公宅皎口、亭下、横山 4 个国家级水源地实现封闭管理。继续实施用水城区与供水库区挂钩结对工作。

2020 年，宁波市实现国家节水型城市"四连冠"，万元 GDP 用水量和万元工业增加值用水量分别下降至 18.6m³ 和 12.1m³，再生水利用量突破 1 亿 m³/a，全年共创建省级节水型单位 56 家，省级节水型居民小区 35 家，省级节水标杆 17 家。11 月，起草出台《宁波市节水行动实施方案》，主要通过做好"双向管控"（总量强度双控、用水全过程管控）、实施"五大行动"（农业节水增效行动、工业节水减排行动、城镇节水降损行

动、节水开源行动、节水示范创建行动）、完善"五项政策机制"（水价综合改革、节水标准体系、节水奖励机制、节水统计和信息共享机制、水效标识制度）等工作措施实现宁波市中长期节水工作目标，形成健全的节水法规体系和标准体系，节水护水惜水观念深入人心，成为全社会的自觉行动。开展《宁波市用水定额（城市生活及服务业用水部分）》修订，在计划用水的工作基础上，稳步推行用水定额管理、精细化管理，完成符合宁波市用水实际的定额编制工作。完成宁波市水利局，鄞州区、余姚市、宁海县、象山县水利局的节水机关创建。超额完成年度居民家庭节水器具改造 3436 套，完成率 171%。

【河湖管理与保护】 2020 年，宁波市完成河道划界 12420km，初步摸清全市河道条数长度、水域面积、水域容积等基础情况。新增水域面积 47 万 m²，开展涉河问题大排查专项行动，完成无违建河道共 39 条 292km、中小河流治理 66.34km，创建生态示范河道 14 条 44.32km。完成市级美丽河湖创建 15 条，其中获评省级美丽河湖 13 条。以美丽河湖创建为契机，在满足行洪排涝、输水蓄水的功能基础上，强化沿河景观绿化、休闲游憩、健身步道、文化娱乐等设施建设，实现河道建设品质化。开展市区河道生态调水工作，全年调水继续超过 3 亿 m³；加强河道保洁，三江河道打捞垃圾 6600 多 t，基本确保水域清洁。启动清水环通一期工程，计划通过新建引排闸泵、引水净化、内河节制闸、局部微循环提升河网水质。成立宁波市

河道水环境治理专家组，为科学开展河道水环境治理提供专业保障；启动奉化江引水试点实验、姚江高桥翻水站引水净化方案研究，推进城区内河治理等一批专题研究。

【水利工程运行与管理】 2020年，宁波市全年完成各类水利工程安全鉴定数117个，其中水库64座，海塘37条，水闸16座。宁波市水利工程确权颁证率38%，物业化管理覆盖率54%，超额完成年度任务。创建"三化"改革示范工程9个。水库"三个责任人"落实率达到100%。开展水库除险加固13座，年底完成6座；完成山塘全面整治49座。编制《宁波市水库降等与报废三年工作计划》，2020年度完成小型水库降等报废12座，完成14座大中型水库的年度管理考核检查工作。通过公开招标与第三方专业机构签订《宁波市水利工程运行管理检查验收及评估等技术服务》合同，对大中型水库和30%的小型水库及其他水利工程开展检查指导服务。完善海塘和沿塘水闸工程名录，省平台海塘总基数187条，管理保护范围划定和批复按照标准化创建时已划定和批复110条，完成率58%；确权颁证完成率40%；物业化推行率65%。沿塘水闸总基数528座，管理保护范围划定和批复完成率63%，确权颁证率26%；物业化推行率65%。梅山湾海塘（南堤、北堤）标准化管理通过省级验收；梅山湾水闸、梅东大闸、奉化山林塘、小狮子闸标准化管理通过市级验收。

【水利行业监督】 2020年，宁波市开展2次年度综合督查，全年开展检查督查活动5882次，发现各类问题3617个，年底已基本整改到位。常态化开展供水安全检查和专项督查，全年出动检查人员7528人次，检查供水企业（单位）1125家次，排查隐患365处，已全部完成整改。开展河湖执法专项巡查1700次，累计巡查河道长度1万多km；处理各类水事违法案件91起，共处罚款58.46万元。抓好"互联网＋监管"工作，人员账号开通率和激活率100%，监管事项入驻率100%；开展各类执法检查2528次，"双随机"（监管过程中随机抽取检查对象，随机选派执法检查人员）事项覆盖率100%，"双随机"任务完成率93%，举报投诉事件处置率100%。制定《宁波市水利安全生产专项整治三年行动实施方案》，开展水利安全生产集中整治和水利"安全生产月""质量月""消防安全月"宣传活动。建设"双控"预防系统，实现对在建和运行工程的风险辨识评估、隐患排查的动态监管功能，系统已在试点单位开展试运行。进一步修订《宁波市水利建设市场主体施工、设计、监理企业信用动态评价标准》，简化平台功能上报及审核环节，对210个项目进行信用评价，其中对设计、监理、施工企业评价次数分别为24次、68次、527次。

【水利科技】 2020年，宁波市下达38个水利科技项目，开展10个重点水利项目研究，年度全市水利科研经费达6000万元。培育高新技术企业，已有1家涉水企业通过高新技术企业评审。加强新技术在水利"强监管、补短板"中的应用,水利科技成果转化率在 80% 以上。《基于大数据的台风多元信息智能跟踪关键技术研究及应用》获浙江省水利科技创新奖二等奖,《浙东低山区典型经济林水土流失特征及防治措施体系研究》《宁波地区水文资料在线整编技术研究与应用》获浙江省水利科技创新奖三等奖。《基于 5G 无人船的水体监测项目》获工信部第三届"绽放杯"5G 应用大赛总决赛三等奖。水利部公布 2020 年度"水利先进实用技术重点推广指导目录",由宁波市水利科技企业阅水科技有限公司研发的"闸门启闭机应急装置"成果入选。

【政策法规】 2020 年,宁波市水利局开展《宁波市城市排水和再生水利用条例》修订工作和《宁波市水资源管理条例》《宁波市城市供水和节约用水管理条例》修订调研。委托第三方开展并完成《宁波市城市供水管网外农民饮用水建设管理办法》立法后评估。对宁波市水利局 2011 年制定的《宁波市水利局行政规范性文件制定及管理办法》进行修订,进一步规范行政规范性文件制发各项程序要求,进一步明确局行政规范性文件制定处室(单位)、法制机构、办公室等在行政规范性文件制定管理中的具体职责。修订《宁波市地方性水法规规章设立的行政处罚事项裁量权实施标准》。印发《宁波市水利局 2020 年度重大行政决策事项目录》,依照规定在宁波市水利局网站对外公布。

【行业发展】 2020 年,宁波市继续深化水务一体化改革,宁波市水务环境集团挂牌成立,形成集蓄水、输水、制水、供水、净水、排水、污水处理、中水回用等于一体的水务全产业链。亭下水库、四明湖水库参加水库超蓄保险,并在象山探索实施海塘灾害综合保险。继续深化水利工程第三方担保制度,累计服务水利施工企业 581 家,为企业释放现金流 8.3 亿元。加强供水水质监管,实现监管范围内制、供水企业出厂水质全分析检测全覆盖。委托第三方检测机构每月开展水质常规检测及水质全分析检测,2020 年全市水质综合合格率 99.84%。推动 25 座城市水厂和 33 座千吨万人以上水厂供水数据实时共享。开展供水行业环保问题、公共供水管网安全专项行动,坚决消除安全隐患。排水许可办证创新制度,对中、小型规模并且排水危害程度较轻的餐饮店采取承诺制形式办理排水许可,结合部分地区试点的网上登记系统,群众办证更加便利。2020 年,共发出排水许可证 6939 份,同比增长 21.6%。采取高洽会、公开招聘、选调等多种方式,引进宁波市领军和拔尖人才培养工程第二层次人才 1 人,博士(高级工程师)1 人,高级工程师人才 5 人。在水利部主办的全国水利青年"深研总基调 建功新时代"决赛中,宁波市水利局代表队在 90 支代表队中脱颖而出,获二等奖,总分排第三名。

(汪晨霞、张歆雨)

温 州 市

【温州市水利局简介】 温州市水利局是

主管温州全市水利工作的市政府工作部门。主要职责是：负责保障水资源的合理开发利用；负责生活、生产经营和生态环境用水的统筹和保障；按规定制定水利工程建设与管理的有关制度并组织实施；指导水资源保护工作；负责节约用水工作；指导水文工作；指导水利设施、水域及其岸线的管理、保护与综合利用；指导监督水利工程建设与运行管理；负责水土保持工作；指导农村水利工作；开展水利科技、教育和对外交流工作；负责落实综合防灾减灾规划相关要求，组织编制洪水干旱灾害防治规划和防护标准并指导实施；完成市委、市政府交办的其他任务。内设机构6个，分别为办公室、规划计划处、行政审批处（挂政策法规处牌子）、水资源与运行管理处（挂市节约用水办公室牌子）、建设处（挂监督处牌子）、人事处，另设机关党委。下属事业单位9家，分别是：温州市温瑞平水系管理中心、温州市珊溪水利枢纽管理中心、温州市水文管理中心、温州市水利规划研究中心、温州市水利建设管理中心、温州市水利运行管理中心、温州市水旱灾害防御中心、温州市水情数据服务中心、温州市水政监察支队。至2020年年底，核定机关编制25名，事业编制233名（其中参公编制15名），实有239人。

【概况】　2020年，温州市完成水利基本建设投资77.4亿元，完成率超120%；水利管理业投资增速保持领先，重大项目完成投资31.5亿元。升级保险风控平台，实现保险定损理赔数字化，水利设施灾害保险做法获评全国十大基层治水经验。深入推进县域节水型社会达标建设，洞头区正式获得国家级县域节水型社会命名。圆满完成农村饮用水达标提标三年行动任务，三年累计建成1719处农村饮用水工程。完成435座小水电清理整改销号任务，年度任务销号量全省第一。全年完成病险水库除险加固8座，山塘整治51座，创成市级美丽河湖22条（其中省级11条），创建"无违建"河道36条229km，完成中小流域治理21.47km，完成干堤加固12.7km。

【水文水资源】

1. 雨情。2020年，温州市平均降水量1428.3mm，折合水量172.65亿 m^3，比多年平均偏少22.66%，比2019年减少25.74%，属枯水年。各县（市、区）降水总量空间分布不均匀，泰顺县、永嘉县降水量相对较大，龙湾区、洞头区相对较小。入梅早，降水天数多，午后短历时暴雨较多，梅雨量279.4mm，比多年平均（252.4mm）偏多11%。第4号台风"黑格比"影响期间全市平均降水量118.3mm，各县（市、区）平均降水量较大的有龙湾区277.5mm，乐清市268.3mm，永嘉县212.1mm，较大降雨量站点为乐清硃头503mm。受"拉尼娜"现象影响，全市秋冬季节降雨稀少，形成1949年后最为严重的秋冬气象干旱。自2020年10月至2021年2月8日，全市平均降水量80.4mm，与常年同期（262.2mm）相比偏少69.3%。

2. 水情。梅雨期，鳌江内河6月7日最高水位3.01m，略超警戒水位；第4号台风"黑格比"影响期间，平原河网站点永强、塘下、乐清超过保证水位，西山站超过警戒水位。温瑞平水系、乐柳虹水系和江西垟、江南垟平原开闸预排，全市河网共预排 10397 万 m^3。

3. 水资源。温州市水资源总量为 83.93 亿 m^3（其中：地表水资源量为 82.27 亿 m^3，地下水资源量为 1.66 亿 m^3），产水系数为 0.47，产水模数为 69.4 万 m^3/km^2。全市平均水资源利用率为 19.6%，人均拥有水资源量为 902m^3。全市 20 座大中型水库年末蓄水总量为 9.66 亿 m^3，比 2019 年减少 0.63 亿 m^3，其中珊溪水库蓄水量比 2019 年减少 0.37 亿 m^3。全市总供水量为 16.43 亿 m^3，其中，地表水源供水量为 16.37 亿 m^3，地下水源供水量为 0.03 亿 m^3，其他水源供水量为 0.03 亿 m^3。全市总用水量为 16.43 亿 m^3，其中，农田灌溉用水量为 5.43 亿 m^3，林牧渔畜用水量为 0.24 亿 m^3，工业用水量为 2.93 亿 m^3，城镇公共用水量为 2.15 亿 m^3，居民生活用水量为 4.22 亿 m^3，生态与环境用水量为 1.46 亿 m^3。全市耗水量为 9.60 亿 m^3，平均耗水率为 58.4%。全市日退水量为 116.69 万 m^3，年退水总量为 4.26 亿 m^3，其中年入河退水量为 2.34 亿 m^3。

【水旱灾害防御】 2020 年 8 月 2 日 9 时 30 分，温州市水利局启动 Ⅳ 级应急响应后，根据第 4 号台风"黑格比"发展动态，及时提升响应等级，3 日 17 时应急响应提升到 Ⅰ 级。组织 24 小时水雨情监测预警，分析洪水风险，开展潮位预报，密切关注山区小流域山洪灾害，多次发布预警信息，及时组织专家会商，研判防汛形势，提出防御要求。根据台风动态和气象预报信息，科学调度水利工程，确保防汛防台安全。台风过后，立刻组织灾情核查及洪水调查，指导各地水毁抢修。9 月初，启动珊溪水库抗旱调度方案，为后续的旱情应对赢得主动。11 月 6 日开始，每周定期分析旱情发展和分片区供水情况，供温州市委、市政府领导决策。珊溪水库在执行"以水定电"调度基础上，进一步实施每日精准调度，与上下游关联水库联合调度。乐清市投入 3500 万元，7 天时间完成白石水库到乐楠水厂管道建设，顺利实施原水切换。文成县投入 3000 万元，完成珊溪水库到黄坦坑镇水厂的应急提水工程建设，源头上解决黄坦镇 1.5 万名城镇居民用水困难问题。

2020 年，温州市水利局进一步优化水利设施灾害保险方案，扩大投保范围，完善保险内容，升级保险风控平台，实现保险定损理赔数字化。水利设施灾害保险做法获评全国十大基层治水经验。省水利厅将温州市水利设施灾害保险做法在全省会议上做介绍推广。中国水利报社赴温州进行专题调研，并在《中国水利报》头版头条进行报道。

【水利规划计划】 2020 年 1 月，温州市水利局启动编制《"十四五"水安全保障规划》《江南垟综合规划》，11 月完成《江南垟综合规划》初稿，规划根据江南垟平原经济社会发展需要和水资源开发利用现状，对防洪排涝、水资源节约保护和开发利用等做出合理安排。12 月 4 日，温州市水利局组织召开《温瑞平原防洪排涝规划》联审会，对《温瑞平原防洪排涝规划》进行审查。争取省级资金 13.85 亿元，占全省的 19.3%，居全省之首。全面完成省级以上年度资金目标任务。

【水利基本建设】 2020 年，温州市完成水利基本建设投资 77.4 亿元，完成率超 120%，水利管理业投资增速保持领先，其中中央投资完成 9235 万元，完成率 100%，重大项目完成投资 31.5 亿元。全年完成病险水库除险加固 8 座，山塘整治 51 座，创建市级美丽河湖 22 条（其中省级 11 条），完成中小流域治理 21.47km，完成干堤加固 12.7km。大力提升工程质量安全管理水平。印发《关于深入推进全市水利建设工程安全文明施工标准化工地创建工作的实施意见》《温州市水利工程建设质量监督检查常见问题清单》，对全市 30 个项目（标段）开展标化工地督查 59 项次，达标验收 10 项次，发现并完成整改问题 777 个；开展质量监督 196 人次，检查工程 29 个，出具质监意见 61 份，发现并完成整改问题 421 个。南湖分洪和白龙港泵站 2 项工程获 2020 年度浙江省水利文明标化工地示范工程，瓯飞一期围垦（北片）、卧旗山至绕城高速海塘 2 项工程获 2020 年度浙江省"钱江杯"优质工程奖。

【重点水利工程建设】 2020 年，平阳水头水患治理工程取得重大进展。南湖分洪工程应急段完工，主体工程开工建设，显桥水闸具备通水条件，水头段防洪工程基本建成，7 座水闸（泵）完成通水（机组启动）验收。瓯江引水工程可行性研究报告获省发改委批复并开工建设；鹿城区戍浦江（藤桥至河口段）

河道整治工程可行性研究调整报告和龙湾区瓯江标准海塘提升改造工程（南口大桥—海滨围垦）可行性研究报告获省发改委批复；江心屿北汉治理应急工程开工建设，温瑞平原西片排涝、永嘉县瓯北三江标准堤工程、温州市乌牛溪（永乐河）治理、乐柳虹平原排涝一期等工程顺利推进。温瑞平原南部排涝一期等工程加快推进，瑞安市飞云江二期（桐田段）可行性研究报告获省发改委批复。平阳县鳌江干流治理水头段防洪工程提前完成主体工程建设，平阳县南湖分洪工程加快推进；鳌江南港流域江西垟平原排涝一期工程顺利推进，二期可行性研究报告获省发改委批复。全年共争取省级以上资金补助 14.6 亿元，其中瑞安南部排涝一期、江西垟平原排涝一期等工程，作为城市、县城排水防涝设施项目，获中央补助资金 4728 万元。温瑞平原西片排涝工程、温瑞平原东片排涝龙湾一期工程和鳌江干流水头段治理等 3 个工程农转用获批；江西垟一期和江南垟平原排涝工程获省统筹耕地指标 18hm²、水田 16hm²。泰顺樟嫩梓水库输水隧洞全线贯通。11 月，提前完成 31 项重点水利工程竣工验收任务。瓯飞一期围垦（北片）、龙湾二期围涂、鹿城瓯江治理一期、卧旗山至绕城高速段海塘省级重点工程及时完成竣工验收，西排工程、城区防洪堤（二期、三期）、龙湾天成围垦等已完工多年项目完成竣工验收，市本级新建项目龟湖街坊涉河工程、下新田水闸瓯江翻水站改造等工程，严格按照规范要求限期完成竣工验收。

【水资源管理与节约保护】　2020 年，温州市水利局全面推进水资源管理专项行动，完成全部取水工程（设施）核查登记工作。完成最严格水资源管理制度考核。深化落实规划水资源论证、节水评价等制度，强化用水定额和计划用水管理，严格新增取水许可审批。印发《鳌江流域水量分配工作方案》《鳌江流域生态流量保障实施方案》，强化流域用水总量和强度管控。印发《温州市节水行动实施方案》，创成温州市职业技术学院等 12 家节水标杆；深入推进县域节水型社会达标建设，新增鹿城区、龙湾区、文成县 3 个省级达标县，瑞安市、永嘉县、平阳县 3 个国家级达标县，洞头区正式获得国家级县域节水型社会命名。全面完成水土保持目标责任制考核，加强水土流失治理，完成治理面积 97.75km²。

【河湖管理与保护】　2020 年，温州市水利局开展河湖"清四乱"拉网式排查，重点针对瓯江、飞云江和鳌江三大江沿岸开展"清四乱"专项行动，印发《温州市深入推进河湖"清四乱"常态化规范化实施方案》及《关于开展瓯江、飞云江、鳌江"清四乱"专项行动的通知》，形成属地部门自查自纠、市级部门督查复核和省级平台挂牌销号三级联防机制。共排查发现河湖"四乱"问题 430 多处，基本实现河湖"四乱"问题动态监管、动态治理、动态清零；创建"无违建"河道 36 条 229km，实现县级及以上河道无违建；复核全市水域变化图斑 177 处，岸线保护工作持续常态化、规范化；推进采砂船拆解处置工作，瓯江水域 24 艘采砂船均已处置完成，瓯江水域采砂船安全隐患基本消除。开展涉河建设项目批后监管工作，全年共对 161 个涉河建设项目开展监督检查 217 次，发现并整改问题 38 处，印发《温州市涉河建设项目许可后监督检查办法》，破解涉河建设项目许可后监督检查过程中遇到的职责不清、权责不一、监管不严等难题，推进涉河批后监管制度化。

【水利工程运行管理】　2020 年，温州市农村饮用水达标提标新增受益人口 62 万人，规模化供水工程覆盖人口比例达到 79% 以上，圆满完成农村饮用水达标提标三年行动任务，三年累计建成 1719 处农村饮用水工程，占全省农村饮用水工程的 23%，新增受益人口 161 万人，占全省人口的 15%，让全市农村群众实现从"喝上水"到"喝好水"的转变。争取省级专项债券资金 12.14 亿元、省水利厅专项补助资金 1.96 亿元，市级财政下达 2500 万元以奖代补资金。全市建成城镇（联村）管网延伸工程 182 处，新增主干供水管道 13.5km，提高规模化供水覆盖范围，连片联网的城乡供水格局加快形成；改造提升山区单村供水站 374 处，安装消毒、净化、监控等配套设施设备 948 套，有力提高山区农村饮用水水量、水质、服务等保障。全面深化"美丽水厂＋智慧监管"模式，出台温州市《农村饮用水工程运行管理规范》地方标准，持续加强工程远程监测、智能预警、实时感知、专业服务等工作，稳步夯实县级统管机制。苍南县、乐清市实现所有水厂（站）智慧管理全覆盖。

2020 年，温州市重要水利工程确权颁证率达到 38%、物业化管理覆盖率达到 69%，实现 631 个重要水利工程、560km 海塘堤防视频监控全覆盖，324 座水库水雨情自动化监测全覆盖，重要水库实现工情自动监测，省水利厅编发参阅件肯定温州做法，宁波、嘉兴、衢州等市赴温州考察学习。温州市政府印发《温州市水库山塘安全管理办法》，全面落实行业监管责任人，实行巡查检查十个"必报告"制度，省水利厅将温州做法作为典型经验在全省书面通报；调查核实 7000 多处水利工程名录，出动 3200 多人次，对 2357 处水利工程进行拉网式排查，实现 1 万余位责任人培训全覆盖，完成水库、水闸、海塘、堤防安全评价报告审查 83 个，完成率达 166%。重点推进 53 处水利工程标准化管理创建工作，实现重要水利工程标准化管理创建存量清零，1054 个水利工程通过标准化管理考核，开展水利工程标准化管理"回头看"120 处，发现整改问题 889 处。

2020 年，温州市推进水电站生态泄放设施改造和监测设施建设，统筹建立市级小水电生态流量监管平台，实现水电站生态流量在线监测，全部完成 435 座小水电清理整改销号任务，年度任务销号量全省第一。全市 32 座水电站补办环评备案手续，72 座水电站完善环保验收手续，176 座水电站完成竣工验收。绿色小水电发展成效初显，累计获评国家级绿色小水电示范电站 28 座。率先在乐清市开展"全物业化"管理试点，探索农村水电管理体制创新，受水利部邀请在全国小水电绿色发展培训班上做专题讲座。

【水利行业监督】　2020 年，温州市水利局成立水利督查工作领导小组，建立督查检查队伍，明确各单位职责。印发《温州市水利监督规定》，规范温州市水利监督工作。温州市政府出台《温州市水库山塘安全管理办法》，温州市水利局印发《水利工程巡查检查十个"必报告"》等 12 项制度，加强水利工程建设与运行、河湖管理等各项监管工作。利用水利部常见问题开展监督检查，结合实际，形成《温州市小型水库安全运行监督检查常见问题清单》等 3 张清单，应用于监督检查工作。开展监督检查，制定强监管工作要点，印发督查检查考核工作计划。完成水旱灾害防御汛前督查等 3 次综合督查。由温州市水利局领导带队，组织 6 个服务督导小组，检查督导水利工程 79 项，发现并完成整改问题 356 个。开展农村饮用水达标提标行动、"美丽河湖"建设、水利工程建设与运行等专项督查，督查 4755 个水利工程（对象），发现并整改问题 3760 个。提前介入指导服务，加强现场踏勘和专家把脉，保证设计文件质量，突出"补短板、提标准"，实现水利工程保障安全、优化配置、人水和谐。完成初步设计审查 5 项，重大设计变更审查 8 项。开展农民工工资支付夏季、冬季攻坚行动，指导督促重点项目全部接入农民工工资支付监管平台，实现线上线下协同监管。配合省水利厅督促项目法人应用水利建设市场主体信用评价系统开展信用履约评价，对 4 家履约不到位的市场主体进行约谈，对 2 家市场主体进行一般不良行为记录。2020 年，全市未发生水利安全生产责任事故，温州市水利局获得全省水利安全生产考核优秀。

【水利科技】　2020 年，温州市持续开展瓯江、飞云江和鳌江三大江治理基础性研究工作。完成瓯江地形测量工作，并完成项目审查，编制《瓯江河口简报》，探究瓯江河口近期的水文情势变化、河势变化趋势、堤防安全、水环境与生态河口建设等，分析存在的问题，为"十四五"瓯江河口的保护和治理提供对策和建议。组织开展鳌江河口水文地形基础测量及鳌江河口现状评估和治理思路研究，分析近年来鳌江河口洪潮水位变化过程、河口形态历史演变过程及不同历史时期河口冲淤变化规律，对涌潮现状进行观测和评估，探讨河口形成涌潮的条件，研究分析新形势下鳌江河口防洪御潮对策。申报省水利厅重大科技项目 1 项——《基于 DPSIR 模型的温州市用水结构变化趋势及对策研究》，一般科技项目 2 项——《"互联网＋"背景下全民水情教育开展方式研究》《飞云江流域超标准降雨下洪水调度及风险预警》。

2020 年 12 月 1 日，温州市水利局与河海大学水文水资源学院签署合作框架协议，双方将积极探索建立以科技创新为重点、以人才培养为基础、以项目建设为载体、以决策咨询为支撑的校地合作机制。12 月 10 日，温州市水利局与浙江省水利河口研究院签署合作框架协议，双方将在三大江河口研究、水旱灾害防御、海塘建设与管理、水利数字化转型、水利重大战略研究及人才交流与培养等方面全力合作。

【政策法规】　2020 年，温州市水利局对 4 个行政规范性文件、24 个总值 3904.8 万元的行政经济合同、1 个重大行政决策进行合法性审查；聘用法律顾问 2 名、公职律师 1 名，有效提升规范性文件及行政合同合法性。建立内部审查工作机制，对涉及市场主体经济活动文件进行审查并形成书面审查结论和相关文件材料，规范公平竞争审查。严格按照"三项制度"（行政执法公示制度、执法全过程记录制度、重大执法决定法制审核制度）要求，梳理行政权力清单、责任清单，完善执法决定事后公开制度。全力推进综合执法改革，梳理排摸全市水利执法体制建设、编制人员等情况，与温州市综合执法局多轮会商后签订《行政执法事项交接协议》，进一步厘清权责边界，确保水行政监督与处罚不缺位、不失位。梳理印发《涉企行政指导目录》及方案，针对情节轻微并及时纠正、未造成社会实际危害结果的 8 项水事违法行为，制定涉企免罚清单。

【行业发展】　2020 年，温州市水利局加大高层次专业型优秀人才培养引进力度，改善水利专业技术队伍素质结构。单独成立温州市工程技术人员水利职称评审委员会，新增水利职称评委会专家库成员 66 名，建立水利中高级网络评审系统，实行"背靠背"评审方法，确保评审过程更加科学公正。全年评审水利中级专业技术职务任职资格 77 人、水利高级专业技术职务任职资格 34 人。更新充实讲师团师资力量，打通市县水利行业师资输送途径，切实解决基层师资力量"请不到""出不去"的问题。组织制定《2020 年度干部职工教育培训计划》，结合疫情防控要求，采取网上办班方式，开展全市水利技术人员继续教育全员培训，培训人员达 966 人次。探索开展水利专业技术职务任职资格评聘新机制，积极争取市人社部门政策支持，对 5 家 20 人以下局属事业单位专业技术岗位实施联合设置，新增教授级高工岗位 1 个（实现从无到有），增加高工岗位 3 个、工程师岗位 5 个；对 6 家 20 人以下科级事业单位人事工作实行集中管理，制订《工资发放口径及流程办法》，切实做好事业单位改革"后半篇文章"。组织开展人才状况和需求调查，加大水利人才引进力度，引进各类人才 13 人，其中具有硕士研究生以上学历 9 人。至 2020 年年底，温州市水利局有本科以上学历 196 人，占 83.4%；其中研究生学历 55 人，占 23.4%。工程师 46 人，占 19.6%；正、副高级工程师 52 人，占 22.1%。

【珊溪水源保护】　2020 年，温州市持续深入开展珊溪水源保护工作，坚持"人员全参与、库区全覆盖、巡查全天候"，全年 365 天、每天 24 小时巡查不间断、无死角，有力维护珊溪、赵山渡水库水源地水事秩序；在全国大型水源地率先建成"数字珊溪·智慧监管"平台，作为典型案例在太湖流域片信息化工作会议上汇报演示；提前半年完成珊溪库区水土流失治理工程并通过竣工验收，工程质量达到优良；坚持"抓党建带队伍，强履职促保护"的思路，着力打造珊管铁军，珊溪水利枢纽管理中心被人社部、水利部联合授予"全国水利系统先进集体"称号，该中心党支部被评为温州市首批"四化"（阵地标准化、活动制度化、工作规范化、服务常态化）示范支部、双强支部。珊溪水库水质全年稳定保持在 II 类以上，在下半年特别严重的干旱灾情下，确保温州市近 600 万人口的供水安全。

（陈晔）

湖 州 市

【湖州市水利局简介】　湖州市水利局是主管湖州全市水利工作的市政府工作部门。湖州市水利局主要职责是：拟订并组织实施水资源、水利工程、水旱灾害等方面的规划、计划，以及政策、制度和技术标准等；组织实施最严格水资源管理制度，实施水资源的统一监督管理；监督、指导水利工程建设与运行管理；负责提出水利固定资产投资规模、方向、具体安排建议并组织指导实施；负责和指导水域及其岸线的管理、保护与综合利用，重要江河、水库、湖泊的治理、开发和保护，以及河湖水生态保护与修复、河湖生态流量水量管理和河湖水系连通等工作；负责落实综合防灾减灾规划相关要求，组织编制重要江河湖泊和重要水工程的防御洪水抗御旱灾调度及应急水量调度方案，并组织实施；指导水文水资源监测、水文站网建设和管理，发布水文水资源信息、情报预报和湖州市水资源公报；负责、指导水土保持工作，组织实施水土流失的综合防治、监测预报并定期公告；指导农村水利改革创新和社会化服务体系建设；负责、指导和监督系统内行政监察和行政执法，负责重大涉水违法事件的查处，协调、指导水事纠纷的处理；组织开展水利科学研究、科技推广与引进，以及涉外合作交流等工作。推进水利信息化工作；负责、指导系统内安全生产监督管理工作。内设机构 6 个，分别为：办公室、规划计划处、建设处（挂监督处牌子）、水资源管理处（挂河湖管理处、政务服务管理处牌子）、水旱灾害防御处（挂运行管理处牌子）、农村水利水电与水土保持处。下属事业单位 7 家，分别为：湖州市太湖水利工程建设管理中心、湖州市水情监测预警与调度中心、湖州市水政监察支队、湖州市农村水利水电管理中心、湖州市水利工程质量与安全管理中心、湖州市水文水源地管理中心、湖州市直属水利工程运行管理所。至 2020 年年底，湖州市水利局有在编干部职工 136 人。

【概况】 2020 年，湖州市水利完成投资 35.6 亿元，完成年度计划（31.7 亿元）的 112%，同比增长 32%，水利管理业投资增幅达到 11%。成功应对超长梅雨、超强干旱连续考验，实现"不死人、少伤人、少损失"的总目标。"上轮治太"四大工程全面建成，新一轮重大水利项目加快推进。全面完成农村饮用水达标提标、美丽河湖建设、水库除险加固等水利民生实事，赢得群众良好口碑。探索建立的"一单、一报、一环"的湖州水利"强监管"模式，得到水利部监督司充分肯定。农业水价改革、农饮水达标指标等改革试点走在全省乃至全国前列。水利工作连续 7 年在全省水利综合考核中获得优秀，是全省唯一"七连冠"设区市；连续 7 年在全省"五水共治"水利考核中名列前茅，助推全市夺得"大禹鼎"（金鼎），湖州市水利局先后获"全国水利系统先进集体""全国推行河湖长制先进集体"称号。

【水文水资源】

1. 雨情。2020 年，湖州市平均降水量 1723.2mm，比多年平均 1388.9mm 多 24.1%，属丰水年，比 2019 年 1563.6mm 多 159.6mm。其中，5—9 月全市平均降水量 1130.2mm，占全年降水量的 65.6%。降水量自东北向西南随地势增高而递增，年降水量变化范围为 1500～2100mm。降水量年内分配不均，与常年同期相比 5 个月偏少、5 个月偏多，2 个月基本持平。4 月、8 月、10 月、11 月、12 月偏少，其中 8 月降水量是常年的 1/4，偏少量最多；1 月、3 月、6 月、7 月、9 月偏多，特别是 1 月降水量是常年的 2.9 倍，7 月降水量是常年的 2.7 倍。5 月 29 日入梅，7 月 18 日出梅，梅雨期 50 天，是常年的 2 倍多，为 1956 年来最长的梅雨期；平均梅雨量 722.5mm，是常年梅雨量 228.0mm 的 3 倍多。2020 年全市无明显台风影响。

2. 水情。2020 年，东苕溪代表站德清大闸站发生 2 次超警戒水位洪水，其中 1 次超保证水位，最高洪水位 4.52m，仅低于历史最高水位（4.62m）0.10m；西苕溪港口站发生 2 次超警戒水位洪水，其中 1 次超保证水位，最高洪水位 5.22m，低于历史最高（6.06m）0.84m；东、西苕溪汇合处代表站湖州杭长桥站发生 2 次超保证水位洪水，最高洪水位 3.61m，仅低于历史最高水位（3.77m）0.16m；东部平原河网代表站菱湖站发生 2 次超保证水位洪水，最高水位 2.56m，超保证水位 0.20m。

3. 水资源。2020 年，湖州市水资源总量 59.85 亿 m^3，比多年平均 40.40 亿 m^3 增多 48.1%，比 2019 年 52.03 亿 m^3 增多 15.0%。全市平均产水系数 0.60，产水模数 102.8 万 m^3/km^2。人均拥有水资源量 1777m^3，耕地亩均拥有水资源量 2516m^3。全市境外流入水量 47.68 亿 m^3，区域内自产水量 59.85 亿 m^3，年初年末水库、山塘、河道及地下滞水蓄水变量－1.13 亿 m^3，耗水 6.75 亿 m^3，出境水量 101.91 亿 m^3。供水总量 12.44 亿 m^3，其中地表水供水 11.88 亿 m^3，地下水供水 0.01 亿 m^3，中水回用 0.55 亿 m^3，供水量满足各行业用水需求。用水总量 12.44 亿 m^3，其中农林牧渔畜用水量 7.53 亿 m^3，工业用水量 2.08 亿 m^3，居民生活用水量 1.64 亿 m^3，城镇公共用水量 0.94 亿 m^3，生态用水量 0.25 亿 m^3。各行业耗水总量 6.75 亿 m^3，耗水率 51.6%。城镇居民、城镇公共用水、工业用水年退水量 2.26 亿 t，途中渗失后，年退水入河总量 1.24 亿 t。

【水旱灾害防御】 2020 年，湖州市遭遇历史罕见的梅雨洪水袭击，全市各级水利部门始终坚持"人民至上、生命至上"工作理念，积极主动开展各项防御工作。汛前，湖州市水利局结合安全生产督查、开复工检查、"三服务"等行动，组织全市水利系统开展汛前大检查，排查出 128 处风险隐患，逐项列表，实行清单式销号整改，确保在汛前全部整改落实到位；组织对全市所有水库、重点水闸、堤防、泵站等水利工程的安全度汛责任人进行全面更新落实，共计 3543 人次，并按管理权限在汛前行文公布；组织开展以西苕溪流域超标准洪水防御预案、市县两级中心城区超标准洪水防御预案为重点的预案体系编制完善工作，为年度水旱灾害防御提供参考依据；开展水旱灾害防御宣传培训演练，全市县级以上水利系统共组织培训 14 场次、培训人员 1552 人次，组织演练 22 场次、参演及观摩人数 1395 人次；更新落实水利工程抢险专家 155 名，并在入梅前组织参加抢险技术培训；开展山洪灾害防御能力提升项目建设，并在全省率先形成"防御形势一张底图、防御对象一张清单、预警发布一套系统"的山洪防御工作架构。汛期，市、县两级水利部门严格执行汛期 24 小时值班制度，密切监视雨情、水情、工情变化，及时开展洪水和山洪预报预警，为防汛指挥决策和工程调度提供重要依据；科学调度水库、水闸、城防等水利工程，充分发挥其防洪减灾作用，尤其是太湖发生超标准洪水期间，湖州市水利局统筹调度导流东大堤 4 座水闸为太湖实施应急分洪，累计分洪水量 4.64 亿 m^3，相当于降低太湖水位 20cm；洪水期间，市、县两级累计派出水利专家 152 组次 506

人次，分赴三区三县蹲点指导服务；督促指导基层加强山洪灾害防御，确保各类责任人及时进岗到位，切实做好危险区域的巡查、监测、预警等工作，及时转移危险区域人员。

【水利规划计划】　2020 年，湖州市水利局组织各区、县谋划"十四五"规划，基本完成总报告、思路报告和 9 个专题报告的编写工作。完成环湖大堤（浙江段）后续工程的可研审批；完成南太湖新区启动区防洪排涝工程项目建议书的行业审查。做好 2020 年市级水利建设专项资金上会、网上公示、行文下达等工作，并及时审核、拨付水利建设资金；全面建立 2020 年市级项目储备库及补充库，并完成 2020 年第一批、第二批省级任务和切块资金分配方案公示及下达工作；完成《2021 年市级水利建设专项资金预算方案》编制，保障 2021 年重大水利工程建设和市直管水利工程运行管理和部分重点工作资金需求。全市全年累计争取省级以上资金共计 6 亿元，其中中央资金 1.6 亿元、省级资金 4.4 亿元。

【水利基本建设】　2020 年 8 月 27 日，全省农村饮用水达标提标行动决战决胜及清盘验收推进会在湖州市召开。湖州市全年改善农村饮用水安全人数 23.4 万人，累计完成达标提标人数 75.4 万人，基本实现城乡同质饮水。长兴县永达水务西苕溪水厂、安吉县石坞岭水站分别入选 2020 年度全国百佳"农村供水规范化水厂"。老虎潭水库全面关停二级保护区内的企业及餐饮项目，实施大陈小流域水生态修复工程、库周隔离工程等

生态修复工程，水库供水规模日趋稳定，水质稳中向好。至 2020 年年底，老虎潭水库向湖州中心城区年供水总量 7319 万 m³，日均供水量 20.5 万 m³。取水口水质稳定在国标二类，29 项水质指标中，有 27 项稳定在 I 类水标准。美丽河湖提档升级，南浔区出台全国首个幸福河指标体系，德清县蠡山漾建成全国首个示范河湖。湖州市全年完成中小河流整治 128km，超额完成年度任务；高品质建成 12 条省级美丽河湖。推进山塘病险"清零"专项行动，整治完工 23 座。推进吴兴区埭溪圩区、南浔区菱湖圩区等圩区建设，完成圩区整治 44.07km²。开展长江经济带小水电清理整改工作，累计完成 110 座小水电销号整改任务。在全省率先完成农业水价改革验收工作，10 月，市本级和南浔区被省水利厅推荐在全国农业水价综合改革研讨会上做典型发言。全面建立农业水价形成机制、农业用水节水奖励和精准补贴机制，推进农村水利工程的建后管护工作。

【重点水利工程建设】　2020 年，湖州市重点水利工程完成投资 12.3 亿元，完成率 103%。其中，太嘉河及环湖河道整治后续主体工程全面开工，完成堤防填筑约 48.56km，水下疏浚约 69.05 万 m³，水闸闸站开工建设 10 座，桥梁开工建设 8 座；基本完成土地征收，房屋拆迁完成 89%。当年完成投资 3.3 亿元，完成率 111%；苕溪清水入湖河道整治后续工程（开发区段）工程建设全线拉开，高铁新城排涝工程基本完成，施工 I 标完成 90%，施工 II 标完成 67%，全年完成投资 2.2 亿元，完成率 110%。安吉两库

引水工程政策处理工作基本完成，32 个作业面已全面动工 30 个，全年完成投资 4.2 亿元，完成率 70％。环湖大堤（浙江段）后续工程完成初设审查，上报待批；先行段开工建设，全年额外完成投资 1.3 亿元。德清县东苕溪湘溪片中小河流综合治理工程一期工程基本完成，二期工程完成 75％，全年完成投资 1.3 亿元，完成率 130％。苕溪清水入湖河道整治后续工程（三县及市直管段）完成可行性研究报告编制，上报待批。杭嘉湖北排通道后续工程（南浔段）完成可行性研究报告编制，上报待批。积极谋划南太湖新区启动区防洪排涝项目，完成项目建议书（报批稿）；谋划河湖水域有效管控和岸线科学合理利用新手段，打造工程带水文化挖掘传承和涉水监管事项，展开多方面深入合作。

【水资源管理与节约保护】 2020 年，湖州市深入实施水资源消耗总量和强度"双控行动"，加快推进节水型社会建设，以节水型机关、企业、灌区等节水型载体建设为抓手，推动湖州市各项节水工作。吴兴区、南浔区和安吉县完成国家节水型社会达标县建设，实现全市范围内节水型社会建设全覆盖。全面完成水平衡测试 35 家、清洁生产审核 77 家，创建节水型灌区 4 个、节水型企业 35 个、节水型居民小区 20 个、公共机构节水型单位 9 家、水利行业节水机关 2 个。创建节水型标杆酒店 1 个、企业 3 个、居民小区 10 个、学校（非高校）1 个。湖州纳尼亚实业有限公司、盛发纺织印染有限公司 2 家企业入选国家级水效领跑者工业企业。完善水资源强监管体

系，强化取用水监管，提升管理水平。严格控制用水规模，加强取用水管控，保障可持续利用。执行规划和建设项目水资源论证制度，严格建设项目取水许可审批和取用水计划管理。加强计量设施的日常维护和长效管理，取用水管理水平进一步提升。全面完成取水工程（设施）整改工作。规范水规费征收，依法规范水资源费征收，确保应收尽收。全年市本级共征收水资源费 2560 万元、水土保持补偿费 1497 万元。

【河湖管理与保护】 2020 年，湖州市推进省级"无违建河道"创建工作，全面开展河湖水域排查，建立和完善"一河一档""一案一档"等工作台账。对存在违建问题的河道进一步细化分解，落实责任，明确拆除期限。依托河长制工作平台和属地政府依法推进河道拆违工作。全面完成 2020 年省级下达"无违建河道"创建任务 186.99km，全部拆除 22 条河道排查出的 15 处违建点位，拆除违建面积 5966m²，共完成省级创建任务 186.99km。深入推进河湖"清四乱"常态化、规范化，加强水域管理与保护，通过自查、无人机航拍、暗访等立体排查方式，每季度对规模以上和规模以下河湖进行全面排查。对 49 个"四乱"问题进行分类管理，建立问题处置清单、销号时间及整改措施，对执法检查中发现的违法行为，加强与属地政府对接，拟定处置方案，限期整改到位。全面完成 49 处"四乱"问题整改销号，清理非法占用河道岸线 22.9km，清理建筑和生活垃圾 1589t，清除非法网箱养殖 6050m²，恢复水域面积约 2 万 m²。履

行西苕溪河长、太湖湖长办工作职责，制定一河一策方案，组织开展日常巡查，督促各级河长切实履职，共开展市级巡查15次，河湖长制工作专项暗访检查问题通报15份，协调解决问题57个。

【水利工程运行管理】 2020年，湖州市全面落实水利工程安全管理责任，落实水利工程安全管理政府责任人、主管部门责任人、技术责任人、巡查责任人等，并在《浙江日报》《湖州日报》等报刊上进行公示，接受社会监督。实施水库提能保安专项行动，辖区内所有水库的"三个责任人""三个重点环节""三项安全措施"均已实现落实与保障。推进水利工程安全鉴定（认定）工作常态化，完成安全鉴定（认定）57项，其中水库49项、水闸5项、闸站1项、堤防2项，全市水库安全鉴定超期存量实现"清零"。定期组织开展对水利工程安全运行的督查检查，重点加强对水利工程安全隐患缺陷和运行管理违规行为的检查，列出问题清单，逐一整改销号，2020年水利部安全运行督查发现问题全省最少。完成标准化管理创建并通过验收工程33个，标准化管理省级工程名录内466项均已完成创建并通过验收；组织开展水利工程标准化管理创建复核，标准化管理创建复核通过率达到91%以上。全面启动水利工程管理"三化"改革，德清县、长兴县、安吉县、吴兴区、南浔区均被列入"三化"改革省级试点县；开展水利工程名录梳理，将1143项规模以上水库、水闸、堤防等工程基础信息纳入省水管理平台工程运管模块；

全市规模以上水库、水闸、堤防等工程产权化覆盖率达到42%，物业化覆盖率达到41%，在全省排名靠前。完成2020年度湖州市水管单位水利工程管理考核，全市19家水管单位考核结果全部达到优秀。

【水利行业监督】 2020年，湖州市构建以领导小组统筹协调，业务处室条线负责，事业单位技术支撑，社会化服务有效补充的监督体系。通过创新"一单、一报、一环"的监管模式，明确监管重点任务、建立内部运行机制，明确市、县监督工作分工。全年开展综合监督8次，检查对象数量212个，发现并整改问题212个；专业监督686次，检查对象数量889个，发现并整改问题917个；日常监管检查8333次，检查对象数量7284个，发现并整改问题1911个。经验做法形成参阅件，得到上级领导认可，水利部监督司司长赴湖州调研。全省11个设区市和11个典型县监督会议在湖州市长兴县召开，交流湖州市先进做法。长兴县水利局获2020年度全省强监管成绩突出集体。湖州市首次组织开展市级在建工程项目稽察，按照水利部印发的《水利工程建设稽察常见问题清单》对重点工程开展稽察服务，发现并整改问题26个。把发现问题、整改问题、解决问题作为强监管的出发点和落脚点，落实"销号式"管理、"回头看"制度、"数字化"监管等，实施靶向监管和定向督改，确保问题整改落实到位。实现省级以上检查发现问题100%整改到位，整改情况区县自查、市级复查100%覆盖。2019年省水利厅稽察发现问题整改情况经复查，完成整改率达 100％，领跑全省。创新"天地一体化"监管（综合应用卫星或航空遥感、无人机、移动通信、互联网、智能终端、多媒体等多种技术，开展的生产建设项目水土保持监管及其信息采集、传输、处理、存储、分析、应用），开展水土保持专项执法行动，全年治理水土流失 58.75km²，完成率 145％。开展水域强监管工作，通过遥感和无人机技术对全市省级河道 7 条、市级河道 20 条、县级河道 74 条、大中型水库 154 座、湖泊 20 个进行监测，摸排 2020 年水域变化情况，全市共发现疑似侵占水域行为 247 个，建立问题台账，抓好任务分解，落实属地责任，全部完成整改销号。

【水利科技】　2020 年 6 月，湖州市制定《2020 年湖州市水利数字化转型工作要点》，明确 16 项重点任务 120 项具体指标，细化责任分工，每月督查通报，确保顺利推进。7 月，出台《湖州市水管理平台（一期）试点建设方案》，明确各项任务的时间节点和具体内容。9 月，水管理平台一期建设启动，11 月底前通过完工验收，在局系统试运行，5 个区县试点任务全面完成并进入试运行。

【依法行政】　2020 年，湖州市水利局严格落实规范性文件备案审查清理制度，逐一对规范性文件进行专项清理，先后清理 3 次，全部及时上报，实现规范化管理。全力助推法治政府建设，针对反馈问题，认真制定整改计划、整改清单，实行闭环管理，同时举一反三，抓好长效管理。全面落实水法治宣传教育，以"世界水日""中国水周"为重点，开展"以人水和谐之态，共享河湖生态之美"主题宣传活动，累计发放节水宣传资料、水利法律法规和节水器具等共 5000 多份，组织亲水志愿队进学校 10 多次，营造浓厚水法治宣传氛围。全年无行政复议案件被纠错、无行政诉讼案件败诉情况。

【行业发展】　2020 年，湖州市持续深化推进水利"最多跑一次"改革，实现政务服务 2.0 平台办理率、机关内部"最多跑一次"上线率、投资在线平台 3.0 全流程审批率、电话抽查回访满意率 4 个 100％。德清蠡山漾率先通过全国示范河湖验收，南浔区在全国率先出台幸福河建设标准。吴兴区获得全省数字化转型最高奖"观星台"。水利工程管理体制改革形成示范，安吉县、长兴县成为全省样板县。"最多跑一次"改革、涉水审批承诺制改革、水利工程"三化"改革持续扩面深化。

（巫剑）

嘉 兴 市

【嘉兴市水利局简介】　嘉兴市水利局是主管全市水利工作的市政府工作部门。主要职责是：指导水文、水资源保护工作，负责保障水资源合理开发利用；制定水利工程建设与管理制度并组织实施；指导农村水利工作；指导水利设施、水域及其岸线的管理、保护与综合利用；负责节约用水与水土保持工作；指导监督水利工程建设、运行管理、水政监察和水行政执法；负责涉水违法事件的查处；指导协调水事纠纷处理与水利行业安全生产监督管理；开展水利科技、教育和对外交流工作；落实综合防灾减灾规划相关要求，组织编制洪水干旱灾害防治规划和防护标准并指导实施；承担水情旱情监测预警工作。市水利局内设机构4个，分别为办公室、规划计划与建设处（监督处）、水资源水保处（市节约用水办公室）、人事教育处，另设机关党委。下属事业单位10家，其中嘉兴市杭嘉湖南排工程管理服务中心（公益一类正处级）内设机构4个：综合处、基本建设处、工程管理处、科技安全处。其他9个下属事业单位分别为市水行政执法队（参公）、市河湖与农村水利管理服务中心（市水旱灾害防御中心）（参公）、市水利水电工程质量管理服务中心、市水文站、南排工程南台头枢纽管理所（海盐河道管理站）、南排工程盐官枢纽管理所（海宁河道管理站）、南排工程独山枢纽管理所（平湖河道管理站）、南排工程长山河枢纽管理所、南排工程桐乡河道管理站。至2020年年底，嘉兴市水利局行政编制10名，下属事业单位共有编制170名。

【概况】 2020年，嘉兴市水利局成功应对超长梅汛洪水影响和第4号台风"黑格比"带来的挑战，实现"不死人、少伤人、少损失"，在2020年梅雨期雨量历史第一的情况下，嘉兴站最高水位2.27m，位列历史第九，低于历史最高水位0.31m，发挥水利工程减灾效益。深入落实"长三角一体化"首位战略，

编制完成《长三角生态绿色一体化发展示范区嘉善片区水利规划》。秀洲区与江苏省苏州市吴江区建立边界水环境联防联治机制，入选地方改革创新实践案例。在市域内坚持联防联治，实现县域间、镇域间、村域间联防联治全覆盖，构建了"上下游、左右岸一盘棋"的治水联动新格局。推进水资源管理和河湖水环境治理，通过工程调度有效维持河湖生态水量，全年入境水量75亿 m³。创建省级美丽河湖9条，完成河湖清淤757.5万 m³、百河综治95.8km，水质改善率居全省前列。加强水利行业专业技能人才培养，全省首个闸门运行工首席技师工作室获水利部考核优秀。成立"呵护美丽河湖"党员志愿服务队，全年共志愿参与550多人次、巡河650多 km。

【水文水资源】

1. 雨情。2020年，嘉兴市年平均降水量1640.7mm（折合水量69.29亿 m³），较2019年偏多8.5％，较多年平均偏多34.3％，属丰水年。降水时空分布不均，主要集中在6月、7月，占全年降水量的39.9％；其中最大年降水量出现在平湖站（1915.5mm），最小出现在乌镇站（1423.1mm）。从水源分区看，杭嘉湖平原（运河水系）年平均降水量1641.5mm（折合水量66.2526亿 m³），较多年平均偏多34.6％；钱塘江河口水域年平均降水量1624.9mm（折合水量3.0353亿 m³），较多年平均偏多27.1％。

2. 水情。2020年梅雨期，嘉兴站洪峰水位达2.27m，超保证水位0.41m，

停留在 2.20m 以上高水位长达 19h。7 月 17 日，太湖水位达保证水位，太浦闸全力排水，导致河网退水缓慢。受第 4 号台风"黑格比"影响，8 月 4 日夜里平湖市遭遇特大暴雨，平湖站洪峰水位达 2.41m，超保证水位 0.65m，位列该站有水文历史记录第 4 位，超 1999 年最高水位。9 月中旬发生秋雨但影响较小。12 月开始，全市降雨量持续偏少，河网水位持续走低，嘉兴站于 12 月 27 日第一次出现最低水位 0.76m，但全市范围供水正常，均未发生旱情。

3. 水资源。2020 年，嘉兴市水资源总量 42.1727 亿 m³，产水系数为 0.61，产水模数 99.86 万 m³/km²。其中地表水资源量 37.8757 亿 m³（径流深 897mm），较 2019 年偏多 19.7%，较多年平均偏多 81.9%；地下水资源量 8.8744 亿 m³，地表水与地下水资源重复计算量 4.5774 亿 m³。从水资源分区看，杭嘉湖平原（运河水系）水资源总量 40.5795 亿 m³，较多年平均偏多 76.1%；钱塘江河口水域水资源总量 1.5932 亿 m³，较多年平均偏多 59.0%。全市总供水量 17.9950 亿 m³，其中地表水源供水量 17.8909 亿 m³，占总供水量的 99.4%；污水处理回用量 0.1041 亿 m³，占总供水量的 0.6%。地表水水源供水方式为河网提水，其中全市 14 座城市水厂（总供水能力 254.3 万 t/d），2020 年提水量 6.21 亿 m³；8 座工业水厂 2020 年提水 0.43 亿 m³。全市用水总量 17.9950 亿 m³，比上年增加 0.8%，其中居民生活用水 2.41 亿 m³；生产用水量 15.30 亿 m³，其中第一产业用水（包括农田灌溉、林牧渔畜用水）9.42 亿 m³、第二产业用水（包括工业和建筑业用水）4.81 亿 m³、第三产业用水 1.06 亿 m³；生态环境用水量 0.29 亿 m³。全市人均综合年用水量为 333m³（按 2019 常住人口计算）；万元 GDP 用水量为 32.7m³（现价），万元工业增加值用水量为 17.7m³（现价）；农田灌溉水有效利用系数 0.662，亩均用水量为 399m³。

【水旱灾害防御】　2020 年汛前，嘉兴市水利局根据局领导和中层干部人事变动情况，印发《嘉兴市水利局关于印发调整局水旱灾害防御领导小组成员的通知》，出台《嘉兴市水利局关于印发水旱灾害防御工作规划（试行）的通知》。组织开展汛前检查，全市共出动检查人员 4610 人次，检查水利工程 3899 处，结合安全生产排查出各类隐患 282 处，其中：立行立改 248 处，上报至钱塘江流域防洪减灾数字化平台隐患管控项目 34 处。至 7 月底，上报平台的 34 处安全隐患全部整改完成或落实安全度汛措施。完成嘉兴市杭嘉湖南排工程和嘉兴市区城市防洪工程等重要水利工程控制运行计划编制及批复，为年度工程运行提供决策依据。强化防汛物资保障，对现有的 18 座市水利部门防汛物资仓库进行规范入库管理，并与嘉兴市水利工程建筑有限责任公司签订第三方管护协议。

4 月 15 日入汛后，以月为单位对全局中层以上干部进行防汛值班编排，并在汛期临时聘用 2 名辅助值班员协助值守。建立市级水利工程调度、水利抢险技术专家库，已有在库的 6 名调度专家、

16 名抢险技术专家参与防汛值班、水利工程调度会商和水利防汛抢险。完成嘉兴主城区和五县（市、区）建成区超标准洪水防御预案编制并上报省水利厅防汛减灾平台备案。编制水利防汛演练计划 11 个，在 6 月 15 日主汛期前全部完成演练。市水文部门与气象部门建立信息联动机制，掌握气象和雨量发展动态，组织水雨情研判与洪水预报，并及时向市防指、各县（市、区）水利部门报告，主汛期组织水雨情会商 12 次，提交洪水预报 15 期，完成水雨情动态简报 14 期、月报 9 期。提前调度运行嘉兴南排、各地城防与圩区等预排预降，并结合水环境改善调水，全年印发调令 135 份。嘉兴南排工程累计外排水量 29.52 亿 m³，累计过闸时间 4094.6 小时，其中：长山闸累计排水量 13.02 亿 m³，运行 116 天；南台头闸累计排水量 10.53 亿 m³，运行 122 天。各泵站持续全力运行，对降低河网水位作用明显，其中，长山河泵站启动 3 台机组试运行，南台头泵站启动 4 台机组连续试运行，盐官枢纽泵站在完成大修后第一次启动运行。长山河泵站、南台头泵站、盐官枢纽泵站合计运行 948.4 小时，合计排水达 2.85 亿 m³，占南排总排水量的 9.66%。派出工作指导组对各县（市、区）进行督查指导，组织全市高水位期堤防巡查。梅雨期间，全市累计出动检查人员 9.15 万人次，累计巡查堤防长度 4.53 万 km。

【水利规划计划】　2020 年，嘉兴市组织开展《嘉兴市水安全保障"十四五"规划》招标和思路报告的编制工作，年底前完成初稿。组织开展《嘉兴市长三角一体化高质量发展水利基础保障方案》编制前期工作，完成编制招标。开展《长三角生态绿色一体化发展示范区水利规划》《浙江省水安全保障"十四五"规划思路报告》《长江三角洲区域一体化发展水安全保障规划》等重大规划的意见反馈工作，组织开展《嘉兴市水利现代化发展规划》咨询审查工作，完成市重大水利项目与生态红线评估调整和国土空间规划编制衔接工作。参与开展市区有轨电车项目、嘉兴市域外配水工程（杭州方向）管道段等工程的防洪评价审查，及市区涉水项目规划协调、绿道规划衔接等工作。

加强重大水利建设项目谋划储备，按照《抢抓窗口期争取国家支持重大项目清单》要求，申报预列入国家"十四五"的三大打捆项目，即长三角生态绿色一体化发展示范区防洪保安水系综合治理工程（嘉善片）、浙江省海塘安澜千亿工程（嘉兴）、浙江省平原排涝骨干工程（嘉兴部分）。按照《长江三角洲区域一体化发展水安全保障规划》要求，组织编报嘉兴市拟纳入《长江三角洲区域一体化发展水安全保障规划》重大水利工程，共 8 大类 47 个项目；按照省水安全保障"十四五"规划思路报告，组织编报嘉兴市拟纳入省级水安全保障"十四五"规划相关项目。继续推进重大项目前期工作，重点推进扩大杭嘉湖南排后续东部通道工程（麻泾港整治工程）等项目前期工作。先后组织开展工程可行性研究报告技术咨询会和设计衔接会，完成麻泾港整治工程排涝口位置选择及对钱塘江水域影响专题研究、建设征地搬迁安置规划及社会稳定性评估等专题的招标工作。继续推进长三角区域一体化发展中涉及水利的相关工作，反馈和落实《2020年度支持示范区建设重点任务清单》《嘉兴市推进长三角一体化发展重点任务清单》《嘉兴市长三角一体化发展"三张清单"》和《支持一体化示范区建设举措》等工作。

全市分阶段、多批次编报各类工程建设计划，反映水利建设需求，督促各地计划落实。2020年市级水利管理资金两批共计1375万元，全部分解落实到杭嘉湖南排工程管护、水利建设工程安全文明施工标准化工地创建管理、嘉兴市2020年度实行最严格水资源管理制度和农村饮用水达标提标行动考核等管理任务中。完成2020年浙江省海塘安澜千亿工程计划的编报和意见反馈。联合嘉兴市财政局对嘉兴市区城市防洪工程2020年度一次性维修项目进行审查并批复。

【水利基本建设】　2020年，嘉兴市共完成各类水利投资58.5亿元，完成年度任务的121.4%。列入全国172项重大水利工程、省"百项千亿"防洪排涝工程的平湖塘延伸拓浚工程和扩大杭嘉湖南排工程（嘉兴部分）基本完工，分别累计完成投资35.7亿元和45.1亿元，均被评为嘉兴市重大项目推进工作"红旗项目"。南排大修工程盐官下河站闸已基本完工；长山河排水泵站、南台头排水泵站在主汛期具备应急排涝能力，并在试运行期间全部满负荷投入应急强排，开创强排工程边试运行边应急排涝

新模式。

【水资源管理与节约保护】　2020年，嘉兴市组织编制《嘉兴市节水行动实施方案》，11月底印发。通过城镇公共节水、工业节水、农业节水等措施，实施用水总量和效率"双控"，持续推进节水减排与水资源高效利用体系建设，在2019年度全省最严格水资源管理制度考核中优秀，比2018年度进位7名。全市各县（市、区）全部实现县域节水型社会达标创建，达标创建总成绩在全省排名第二，其中嘉善、平湖正式通过水利部县域节水型社会达标建设年度复核。

2020年，全社会用水总量控制在17.99亿 m^3，万元GDP用水量持续下降至 $32.6m^3$/万元，提前完成"十三五"目标任务。进一步实施农村饮用水达标提标细化工程，加强对薄弱环节管控力度，36万提标人口任务已全部完成，位列全省第一。引进优质水资源，市域外配水工程（杭州方向）完成投资70.39亿元，为总投资的82.2%，盾构隧道于12月底全线贯通，预计2021年6月底正式投入使用，通过优水优用、分质供水，实现嘉兴市人民喝上千岛湖水的目标。

【河湖管理与保护】　2020年3月25日，嘉兴市水利局印发《关于下达2020年嘉兴市河湖建设计划与做好进度统计工作的通知》，明确全年河湖建设目标并对各县（市、区）进行任务分解；5月18日、7月23日、10月30日分别组织召开河湖管理工作会，对"清四乱"、水利部督查暗访、长江经济带生态环境等

问题进行专题部署；11月18日，针对水域调查初步成果进行再复核部署。

中小河流治理超额完成，全市治理计划内的南湖区嘉善塘水系综合治理、海宁市长山河水系综合治理、海盐县古荡河流域综合治理、海盐县里洪塘流域综合治理、桐乡市沙渚塘水系综合治理、桐乡市上塔庙港水系综合治理、嘉善县嘉善塘水系综合治理及其他一般面上农村河道综合整治等项目全部实施完成，年度累计整治长度95.8km，完成率113％，投资2.94亿元。"美丽河湖"建设圆满完成，列入省民生实事的南湖区湘家荡、秀洲区新塍塘、嘉善县长白荡、平湖市嘉善塘（环桥港—西孟家桥）、海盐县梦湖—新城河、海宁市洛溪河和碧云港片区、桐乡市南沙渚塘和康泾塘—北港等9条（个）美丽河湖通过省、市联合考核验收。河湖清淤任务持续完成，至10月底（年度统计截止时间），全市实际完成河湖清淤757.5万m³，完成年度计划126％，完成年度投资1.25亿元。嘉善县作为省河湖塘清淤轮疏长效机制试点县，编制完成并印发实施方案。嘉善县水系连通及农村水系综合整治试点县项目全部开工建设，年度计划投资2.8亿元，至12月底完成投资2.8016亿元，完成总体形象进度40％。国际商务区黄泥墩港延伸工程列入城区品质提升水系连通项目，于2020年上半年开工建设，河道开挖、驳岸砌筑全部完成。幸福河建设前期工作启动，率先成立市级幸福河调查工作专班，局分管领导任组长，处室负责人和各县（市、区）分管局长任副组长，上

下联动；4月底完成幸福河建设基础排摸，并将相关数据录入省级平台；着手编制《嘉兴市幸福河建设实施方案（初稿）》及嘉兴市幸福河评价规范。水域调查基本全面完成，全市水域面积较2005年第一轮水域调查面积略有增加，12月中旬上报省水利厅复核。全市五县（市）两区所有河湖划界全部完成，并通过县级以上人民政府批复及公告。全市河道累计划界长度12564.35km，0.5km²及以上名录内湖泊44个。全市河湖涉及"清四乱"和暗访问题67个，主要涉及住家船乱停、生产厂房等违章乱建问题，已全部整改销号，完成考核任务。河道保洁长效管理持续深化，会同市"五水共治"办（河长办）联合印发《关于进一步强化全市河湖保洁长效管理工作的指导意见》和《嘉兴市开展"清剿水葫芦，美化水环境"专项整治行动方案》，对红旗塘、俞泾塘、枫泾塘、上海塘、六里塘等重点区域累计打捞约4400t。规范涉河审批及事中、事后监管，尽最大可能优化涉河涉堤现场踏勘、技术对接等前置环节和缩短审批时限，强化涉水建设项目技术服务与源头管理，全年累计完成涉河审批项目60件；完成年度遥感图斑复核203个。经公开招标委托第三方进行涉河审批项目事中占补水域面积复核与事后涉河事务监管。

【水利工程运行管理】 2020年，嘉兴市水利局完成《2020年度杭嘉湖南排工程控制运用计划》编制和报批，组织开展并印发《嘉兴市水利局关于公布嘉兴市部分水利工程责任人名单的通知》和

《嘉兴市水利局关于公布嘉兴市本级水利工程责任人名单的通知》。印发《关于开展南排工程河道沿线码头现状调查的通知》，并组织完成南排骨干河道沿河码头调查，形成一张图。

完成年度"三化"改革工作，完成市本级物业化管理考核办法修订，印发《嘉兴市水利局关于组建市级水利工程运行管理专家库的通知》，完善市级专家库名录。开展市本级水管单位物业化管理工作、物业化服务单位考核及全市水利工程管理考核等工作。

组织并完成全市水利工程录入水管理平台，印发《嘉兴市水利局关于开展水利工程安全鉴定超期存量排查和清零计划工作的通知》。全年省水利厅安排计划完成 50 项，完成水利工程安全鉴定 75 项，其中嘉兴市水利局审定 7 项，审查并报省水利厅审定 1 项、市级审定 2 项。组织全市水利系统完成核查《浙江省病险水利工程加固提标年度实施方案（2020—2025）（征求意见稿）》，汇总意见上报省水利厅。

南排工程整体实现全年排涝运行安全度汛，2020 年排水 411 天次，排水 29.42 亿 m^3。其中，盐官上河闸放水 33 天次放水 0.463 亿 m^3，盐官下河闸放水 10 天次放水 0.154 亿 m^3，盐官泵站放水 29 天次放水 1.116 亿 m^3，长山闸放水 114 天次 12.947 亿 m^3，长山河泵站放水 29 天次 0.897 亿 m^3，南台头闸放水 122 天次 10.532 亿 m^3，南台头泵站放水 28 天次 0.819 亿 m^3，独山闸放水 46 天次 2.492 亿 m^3。仅梅雨期间排水 13.267 亿 m^3。

【水利行业监督】　2020 年，嘉兴市水利局持续开展水利工程标准化管理创建工作，水利工程"重建轻管"局面得到扭转。列入全省水利工程标准化创建计划的 196 项水利工程全部完成创建，通过树立一批样板工程和典型工程，以点带面，实现了水利工程管理的制度化、专业化。结合嘉兴市打造智慧城市目标，以嘉兴市列入省水管理平台试点单位为契机，推动水利业务工作数字化转型。5月，《嘉兴市智慧水利建设方案》编制完成，智慧水利（一期）项目进展顺利，嘉兴市本级和五县（市、区）均纳入省级试点。杭嘉湖南排数字化运行管理系统进入省大数据局组织的"观星台"终审；桐乡建成 850 座圩区泵闸站视频监控系统，实现远程运行管理。推进"互联网＋监管"，推动机关内部"最多跑一次"改革，政务服务事项"跑零次"实现率 100％，办理时限平均压缩率 92％，网上办、掌上办实现率 100％，办事材料减少 60％以上，政务服务事项办理各项指标位于全省前列。水土保持方案等审批由法定期限的 20 天缩短至 5 天，取水许可审批由法定期限的 45 天缩短至 5天。加强水利建设市场管理，通过"嘉兴水利无欠薪"长效机制落实、水利施工企业资质规范管理、水利"南湖杯"优质工程奖评选、水利建设工程安全文明标化工地创建、水利建设单位信用评级等一系列措施，建立完善水利建设市场管理体系，提高水利建设能力。

【水利科技】　组织编制省级水管理平台试点方案，2020 年 1 月，嘉兴市水利局和嘉善、平湖、海盐、海宁、桐乡均纳入省级试点。2月，配合省水利厅做好统建模块建设，梳理嘉兴市水利核心业务，建设水利数据仓，以及南排工程运行管理平台自建模块建设等。3月初，组织开展嘉兴市智慧水利建设方案编制；5月底，编制完成《嘉兴市智慧水利（一期）项目建议书暨可行性研究报告》，对先行实施的水旱灾害防御和南排工程管理两个模块进行设计。工程概算总投资2323.68万元，项目主体总投资2164.56万元，其他费用159.12万元。项目主要建设内容包括嘉兴市水管理平台、嘉兴市智慧水利大脑（一期）、嘉兴市水灾害防御决策支持系统和杭嘉湖南排工程数字化运行管理系统等。至2020年年底，完成各处室的核心业务对接、调研、梳理和初步确认，完成云资源申请和域名申请，正在开展水管理平台数据仓的布局、水利一张图，以及数字大屏开发工作。初步完成水利模型的边界确定和河网的概化，完成水旱灾害防御决策支持系统和杭嘉湖南排工程运行管理系统的原型设计和第一轮意见建议征求。

【行业发展】　2020年4月，嘉兴市水利局印发《嘉兴市水利行业"强监管"工作实施方案》，明确2020年嘉兴市水利局督查检查考核工作计划。按照《建筑业企业资质等级标准》《嘉兴市水利建筑业企业资质核准办法》以及省、市相关文件要求，严格执行施工企业市场准入制度，对于新申请资质企业严格审查标准，所有企业业绩均发函当地水行政主管部门核实真伪，人员均通过社保部门核实是否在职；对于重组、分立、

转移等方式迁入的企业，严格审查注册资本金（公司净资产）和相关人员。2020年，共受理水利水电施工总承包和机电安装工程专业承包企业分立或吸收合并至嘉兴24家次，审核通过22家，其中水利水电工程施工总承包二级企业4家，水利水电工程施工总承包三级企业17家，水利水电机电安装工程专业承包三级企业1家。

（包潇玮）

绍　兴　市

【绍兴市水利局简介】　绍兴市水利局是主管全市水利工作的市政府工作部门。主要职责是：负责保障水资源的合理开发利用；负责生活、生产经营和生态环境用水的统筹和保障；按规定制定水利工程建设与管理的有关制度并组织实施；指导水资源保护工作；负责节约用水工作；指导水文工作；指导水利设施、水域及其岸线的管理、保护与综合利用；指导监督水利工程建设与运行管理；负责水土保持工作；指导农村水利工作；指导水政监察和水行政执法，负责重大涉水违法事件的查处，指导协调水事纠纷的处理；开展水利科技、教育和对外交流工作；负责落实综合防灾减灾规划相关要求，组织编制洪水干旱灾害防治规划和防护标准并指导实施；承担市"五水共治"（河湖长制）工作领导小组日常工作。市水利局内设机构5个，分别是办公室、规划计划处（河湖管理处）、建设安监处、水政水资源处（节约

用水办公室、行政审批服务处）、水旱灾
害防御处（运行管理处）。下属事业单位
9个，分别是绍兴市曹娥江大闸运行管
理中心、绍兴舜江源省级自然保护区管
理中心（绍兴市汤浦水库管理中心）、绍
兴市防汛防旱应急保障中心、绍兴市水
政执法支队、绍兴市水利工程管理中
心、绍兴市水文管理中心、绍兴市水土
保持与小水电管理中心、绍兴市引水工
程管理中心、绍兴市水利水电工程质量
安全管理中心。单位编制129名，其中
公务员16名，参公13名，事业100名。
实际在编人员106人，教授级高工1人。

【概况】　2020年，绍兴市完成各类水
利投资41.2亿元，完成率108%。累计
完成乡镇（街道）"污水零直排区"建设
79个，柯桥区、新昌县全域完成"污水
零直排区"建设。全市128个县控及以
上断面Ⅰ～Ⅲ类水比例和功能区达标率
均达到100%，"五水共治"群众满意度
90.68分，比2019年提高0.44分。完
成农村饮用水达标提标人口21.56万。
全市16条"美丽河湖"入选年度省级
"美丽河湖"名单，入选数量居全省前三
位。绍兴市获评省2020年度农业水价综
合改革绩效考核评价优秀市，上虞区、
诸暨市获评水利部第二批县域节水型社
会达标县。绍兴市在2019年度全省实行
最严格水资源管理制度考核中获优秀等
次，位列全省第一，绍兴市水利局获评
实行最严格水资源管理制度工作成绩突
出集体。曹娥江大闸运行管理中心获评
第六届"全国文明单位"荣誉称号。曹
娥江引水工程管理中心获评省级水利工
程管理单位荣誉称号，是浙江省第一个

引调水类省级水管单位。

【水文水资源】

1. 雨情。2020年，绍兴市平均降水
量1687.6mm，比多年平均降水多
14.9%，较2019年降水量少8.5%。
4—9月，全市平均降雨量1122mm，较
多年平均多11.7%。5月29日入梅，7
月18日出梅，梅期50天，比常年30天
偏长。梅雨期遭遇七轮强降水过程，累
计全市平均降雨量586.1mm，较多年平
均多136%，降雨量居历史第二，其中
诸暨次坞站最大降水量848.5mm。受第
4号台风"黑格比"中心直穿绍兴影响，
全市大部分地区出现暴雨到大暴雨，8
月4日8时至5日8时，全市面平均雨
量75.7mm。

2. 水情。2020年梅雨期，受第三轮
强降雨影响，绍兴平原河网面雨量
165.6mm，绍兴站水位在6月21日22
时出现最高水位4.40m，超警戒水位
0.10m。曹娥江嵊州站、上虞东山站及
各支流水文站均未超警戒水位，但短历
时强降雨引起的小流域洪水出现频繁，
特别是6月30日凌晨，受短历时暴雨影
响，新昌江、澄潭江均出现较大洪水，6
月30日6点55分，嵊州站出现最高水
位15.70m（下游橡皮坝未完全塌坝），9
点15分出现最大流量2190m³/s。浦阳
江流域受第四轮强降雨影响，出现较大
洪水。诸暨（二）站6月21日2点25
分出现最高水位11.30m，6月21日2
时出现最大流量895m³/s（多普勒流
量）；太平桥站水位6月21日2点50分
上涨到最高值11.20m，超警戒水位
0.56m；湄池站6月21日22点30分出

现最高水位 9.21m，超警戒水位 1.01m。受梅雨第七轮强降雨影响，钱塘江干流发生大洪水，新安江水库 9 孔大流量泄洪（最大出库流量 7700m³/s）。为避免浦阳江洪峰与钱塘江干流洪峰叠加，浦阳江流域安华水库、石壁水库和陈蔡水库提前预泄，诸暨站 7 月 8 日 1 点 20 分出现最高水位 10.74m，7 月 8 日 2 点 15 分，诸暨太平桥站出现最高水位 10.67m，超警戒水位 0.03m。受第 4 号台风"黑格比"影响，全市小（1）型及以上水库共有 30 个站点超汛限水位，其中大中型水库有长诏水库、辽湾水库、前岩水库、剡源水库、汤浦水库超汛限水位，但均未超保证水位；河道水位较为平稳，无超警站点。

3. 水资源。绍兴市地表水资源量 75.95 亿 m³，地下水资源量 2.48 亿 m³，总水资源量 78.43 亿 m³，比多年平均多 24.5%，较 2019 年少 15.6%。全市总用水量 17.35 亿 m³，较 2019 年减少 1.2%。其中，农田灌溉用水量 6.83 亿 m³；林牧渔畜用水量 1.48 亿 m³；工业用水量 4.30 亿 m³；城镇公共用水量 1.51 亿 m³；居民生活用水量 2.61 亿 m³；生态环境用水量 0.62 亿 m³。

【水旱灾害防御】 2020 年，绍兴市水利局制定《水旱灾害防御应急工作预案》，修订《水旱灾害防御工作规则》，调整水旱灾害防御工作领导小组，对 4931 名各类责任人进行公布。

汛前，开展水旱灾害防御大检查，共派出 9300 人次，检查工程 3081 处，发现问题隐患 177 处。利用"一县一单"和钱塘江流域防洪减灾数字化平台，对问题隐患进行线上线下动态监管。绍兴市水利局"强监管"工作专班每月至少 2 次分组开展"回头看"，共派出 76 组次、360 多人次，累计发现水旱灾害问题隐患 218 个，全部按期完成整改或落实管控措施。充实调整市县两级防汛抢险技术专家 92 名，做好防汛抢险物资的储备管理。编制《绍兴市水工程险情应急处置技术手册》《绍兴市水旱灾害防御手册》《超标准洪水防御方案》。组织开展钱塘江流域防洪减灾数字化平台及水管理平台运用、山洪灾害防御等业务培训和以钦寸水库为重点的曹娥江干流洪水联合调度演练。对全市山丘区开展山洪灾害区域分布全覆盖摸排，共确定重要村落 892 个，完成山洪灾害防御对象"一张单"建立，山洪灾害数据库"一库"搭建和山洪灾害监测预警"一张图"设计。在原先山洪预警平台实时监测预警的基础上叠加了未来 24 小时预报预警和未来 3 小时、6 小时的短临预警功能。市县两级共发布山洪灾害预警 59 期，各地共触发山洪预警 1548 次，累计推送各类预警短信 11.3 万条次。特别是"6·30"新昌南明街道班竹村九间廊自然村（官坑）63 位村民成功转移案例被中纪委网站、新华社、浙江日报、浙江新闻等国家、省级媒体宣传报道。加速实施包括预报双提升、通信双保障、站网优化、示范站建设和应对超标准洪水"四增配"等方面的水文防汛"5＋1"工程建设，完成水文防汛"5＋1"工程项目 400 个，总投资约 3200 万元。

汛期，绍兴市水利局共启动及调整应急响应 5 次，下发 30 个通知，29 份调度指令，召开7次视频会商会议。梅雨强降雨防御期间，派出工作组赴新昌协助开展防御工作。在防御七轮梅雨强降雨和第4号台风"黑格比"期间，开展水库河网预泄预排，直接调度水利工程105次，先后拦蓄水量1.71亿 m^3 和0.44亿 m^3、排水16.9亿 m^3 和1.2亿 m^3。其中在第三轮梅雨强降雨防御期间，通过预排抢排、拦洪错峰，降低浦阳江诸暨站洪峰水位0.8m、嵊州站洪峰水位0.9m、绍兴平原河网水位0.28m，充分发挥水利工程防洪减灾效益。在第七轮梅雨强降雨防御期间，为减轻钱塘江干流洪峰对浦阳江下游行洪顶托影响，安华水库、石壁水库和陈蔡水库提前预泄、腾库迎洪，强降雨期间关闸错峰，减轻浦阳江流域防洪压力。

【水利规划计划】　2020年，绍兴市水利局编制完成《绍兴市水资源保护和利用专题研究报告》《绍兴市水资源保护专项报告》。全面启动海塘安澜工程，完成《绍兴市海塘安澜工程规划方案》编制和"一县一方案"批复。杭州湾南翼平原排涝及配套工程、绍兴市汤浦水库扩容工程、上虞区虞北平原崧北河综合整治工程等3个项目列入省发改委"抢抓窗口期争取国家支持重大项目清单"。开展镜岭水库前期研究工作，完成《镜岭水库前期研究项目建设必要性及规模专题报告》初稿。谋划绍兴"十四五"水利工作，参加全省水利规划工作培训，多次对接各区、县（市），召开"十四五"规划技术讨论会，基本完成绍兴市水安全保障"十四五"规划初稿。

【水利基本建设】　2020年，绍兴市完成各类水利建设投资41.2亿元。全面完成全市农业水价综合改革工作。三年累计完成全市94个乡镇（街道）、1503个"八个一"村级，11.87 km^2 的农业水价综合改革任务，其中2020年完成4.26 km^2，农田灌溉水有效利用系数从0.586提升到0.596。柯桥区、上虞区、诸暨市获评全省农业水价综合改革工作绩效评价优秀县。围绕"五个百分百"要求，全面推进农村饮用水达标提标建设，三年行动累计完成56.94万人，完成三年行动任务，农村饮用水达标人口覆盖率达到99.7%。摸排低收入农户46649人饮水安全情况，制定"一户一策"，完成低收入农户提标达标任务。开展古井水源普查，建立古井水源名录清单，新增古井746处。上虞区、嵊州市获评2020年度全省农村饮用水达标提标行动成绩突出县，新昌县获省级资金奖励。

全面推进长江经济带小水电清理整改，全市完成清理整改291座，占年度计划100%。扎实推进水土流失治理，完成2019年度水土保持目标责任制考核，督促推进2019年遥感监管问题项目整改，加强在建工程跟踪检查，治理水土流失面积42.7 km^2，完成率107%。

【重点水利工程建设】　2020年，绍兴市推进以"百项千亿"防洪排涝工程为重点的重大水利建设，重大水利项目完成投资26.4亿元，争取省级以上补助资金6.4亿元。杭州湾南翼平原排涝及配套工程完成可研行业审查；上虞区虞北平原崧北河综合整治工程、诸暨市陈蔡水库加固改造工程可研、初设获批，并开工建设。诸暨市浦阳江治理二期工程、高湖蓄滞洪区改造工程、五泄水库维修加固工程等工程完工。绍兴市曹娥江综合整治工程完成工程形象进度36％；新三江闸排涝配套河道拓浚工程（越城片）完成工程形象进度81％；绍兴市马山闸强排及配套河道工程越城片完成工程形象进度65％，袍江片开展主体工程建设；绍兴市袍江片东入曹娥江排涝工程一期建设已完成，二期初步设计报告已报送省发改委审批；诸暨市浦阳江排涝站改造工程（二期）完成渔村湖电排站改造工程、宣家湖分站改造工程；嵊州市澄潭江苍岩段防洪能力提升应急工程完成工程形象进度81％。

【水资源管理与节约保护】　2020年，绍兴市强化水资源监管考核，提前完成"十三五"控制目标，2019年度最严格水资源管理制度考核再列全省第一，实现"三连冠"。推进跨行政区流域水量分配，印发《曹娥江流域水量分配方案》《曹娥江流域生态流量保障实施方案（试行）》。建立市级水资源论证专家库，编制公布2019年绍兴市水资源公报。强化统筹协调，有序推进嵊新水资源综合利用和污水协同处理各项工作，项目开工建设，取得阶段性成果。

推进节水型社会创建，印发实施《绍兴市节水行动实施方案》。上虞区、诸暨市获评国家节水型社会建设达标县（区），越城区、嵊州市、新昌县通过县域节水型社会达标建设省级验收。全年共创建水利行业节水机关3个、公共机构节水单位43个、节水型居民小区49个，新建节水宣传教育基地2个，新增省级节水宣传教育基地1个，创建省级节水型灌区2个。新成功申报省级节水型企业53家，其中属于六大高耗水行业的企业累计完成申报204家，全市六大高耗水行业节水型企业覆盖率97.6％。开展节水标杆引领行动，创建节水标杆企业1家、酒店1家、小区10个。

加强取用水监督管理，开展越城区取水工程（设施）核查登记试点整改提升，完成柯桥区县域水资源强监管综合改革试点任务。开展取用水管理专项整治行动，全面摸排取水工程（设施）现状，完成976个从江河、湖泊或地下水取用水资源的取水项目、3885个取水口的核查登记，全市"五大类"467家用水户统计调查名录信息复核上报。加强计划用水管理，对全市756家实现取水计划全覆盖，年取水量5万m³以上的企业全部安装实时监控。完成39个农业灌区、13个公共供水户、393个自备水源工业企业、24个自备水源服务业的用水统计调查对象名录库建立及用水统计调查数据信息填报。完成取水许可电子证照改革工作任务。对全市756家自备水用水户下达用水计划，计划用水覆盖率100％。对年取水量5万m³以上的取水户开展实时监控。严格落实助力市场主体纾困水资源费减免政策，水资源费按规定标准80％征收，全年共征收水资源费1.37亿元。

开展8个县级以上集中式饮用水水源地安全保障达标建设及评估工作，公布1034个农村饮用水水源地名录，划定千吨万人以下、日供水规模200t以上农村饮用水水源地保护范围 38 个，保护范围划定率 100％。组织完成每月江河湖库水质监测、汤浦水库水生态监测、地下水常规水质监测工作。完成全市地下水监测站点检查工作。

【河湖管理与保护】　　2020 年，绍兴市印发《绍兴市"水美乡村""乐水小镇"建设验收管理办法（试行）》，创建"乐水小镇" 15 个、"水美乡村" 81 个，完成市级美丽河湖建设 20 条（个） 233.87km，其中入选省级美丽河湖 16 条（个），居全省第三。扎实推进河湖治理，完成清淤 174.74 万 m^3，中小河流整治 15.41km，干堤加固 28km，完成率分别为 116.5％、103％ 和 100％。全面查清摸准全市河道、湖泊、水库、山塘、人工水道、蓄滞洪区、池塘等水域基础信息和空间数据，划定"三线"空间，完成市、县级水域调查成果报告和空间数据库。市级共开展 4 次高清遥感影像调查，解译扰动图斑 3204 个，对 2129 个扰动面积大于 $1hm^2$ 的扰动图斑进行现场复核，复核检查生产建设项目 1022 个，其中 964 个项目判断为合规，58 个项目判断为未批先建。就复核检查中发现的疑似"未批先建"等违规生产建设项目交由属地开展相应的查处、督查工作。

抓好"河湖长制"管理，印发《全面推进河湖长制提档升级工作实施方案》等文件，以实施"三个一"制度、推进"碧水行动"、推广河湖长制电子地图应用等为载体，加快河湖水质提升。全市 7 个国家"水十条"考核断面、21 个省控及以上断面、7 个交接断面、128 个县控及以上断面Ⅰ～Ⅲ类水比例和功能区达标率均达到 100％。

【水利工程运行管理】　　2020 年，绍兴市水利局落实水利工程安全管理"三个责任人"和"三个重点环节"，强化监督考核。推进水库山塘治理，全市完成水库安全鉴定 108 座、小型水库除险加固 20 座和山塘整治 69 座，完成率分别为 309％、100％ 和 100％。对全市 7 座农村水电站开展安全生产标准化复评工作，现场检查电站厂房与库区情况，评审认定平水江水库电站、八〇电站、南山水库电厂、曹娥江电站、平天荡电站、门溪电站、石门电站 7 座电站为农村水电站安全生产标准化二级单位。以水利"安全生产月""一把手"谈安全生产等活动为抓手，落实安全生产责任制。加强工程质量监管，实现水利行业安全质量监管移动 App 全覆盖，对全市 125 个项目开展质监活动 230 次，出具质监意见 195 份，提出意见 982 条，整改回复率 100％。制定实施《2020 年绍兴市水利行业扫黑除恶专项斗争行动方案》，推进水利行业扫黑除恶专项斗争工作。

【水利行业监管】　　2020 年，绍兴市水利局开展全市河湖"清四乱"常态化、规范化工作，共排查发现"四乱"问题 33 个，完成整改销号 33 个，销号率 100％。加强对县级以上河道、重要水利工程、重点涉水建设项目的日常巡查和联合巡查，累计组织巡查 1770 次、9200 多人次，巡查河道 1.78 万 km；立案查处水事违法案件 59 起，罚没款 113.9 万元，向公安机关移送刑事案件 1 起，涉案 8 人。推进全市水利系统"互联网＋监管"工作，全市水利部门认领执法事项主项 31 项，编制实施清单 207 份，归集监管对象 827 个，标记执法主体 2437 户，入库执法人员 127 名，开展掌上执法检查 1049 户次，实施双随机抽查任务 38 次，检查对象 73 户，信用监管率 95.45％，联合监管率 57.9％。强化监管能力建设，制定实施《绍兴市水利行业"强监管"工作实施方案》。市本级 8 个组分赴各地开展检查 108 次，共发现问题 779 个，落实问题整改 779 个，整改率达 100％。

强化行政执法监管，深化"无违建河道"创建，排查 40 条县级及以下河道涉水违建 50 处 5531m²，拆除 44 处 5315m²，116.7km 县级以上河道完成创建工作，完成率 100％。开展涉河违章汛前集中检查等执法行动，查处整改各类问题 53 个。加强市县联动，联合查办全省首例破坏海塘、偷倒渣土入刑案件。

深化体制机制改革，深化"最多跑一次"改革，推进部门间"最多跑一次"改革，推动"三合一"评价改革制度落实落地，政务服务 2.0 平台 63 个办事事项完成上线配置，部门间 12 项事项完成办事流程优化。扎实推进"互联网＋监管"，开展双随机抽查活动，掌上执法率、主项覆盖率等各项指标达 100％，居全省前列。全面启动全市水利工程"三化"改革三年行动，有序推进示范县和示范工程创建。深化机构改革，完成局属国有企业改革任务。贯彻上级要求，向综合执法部门划转 61 项行政处罚事项，完成市县两级事项划转。

【水利科技】 2020 年，绍兴市推进区域水影响评价"三合一"改革延伸扩面，完成全市省级以下平台"三合一"水影响报告编制，推行省级以上平台承诺备案制。完成政务服务 2.0 平台建设事项 63 个，加强政务服务数据整合，在线服务能力等指标完成率均达到 100％。推进洪水预报、水文数据共享和水文防汛决策支持等系统建设，基本完成曹娥江流域预报调度决策一体化专题应用为主的绍兴市水管理平台（绍兴市河湖长制管理平台）建设，已投入试运行。

【政策法规】 2020 年，绍兴市水利局开展《绍兴市水资源保护条例》实施三年情况总结，向绍兴市人大常委会提交《绍兴市水资源保护条例》立法后评估自查报告。参与《浙江省水资源条例》《绍兴黄酒保护和发展条例》等 10 多部地方性法规立法座谈，反馈意见建议 39 份。修订完善《绍兴市水事纠纷应急预案》及操作手册。完成行政复议 9 件、行政诉讼相关工作 2 件。其中复议案件中，调解撤诉 1 件，已答复 8 件。

【行业发展】 2020 年，绍兴市县两级水利系统共组织水土保持信息化工作培训、农村饮用水管理工作培训等各类培训 28 次，培训人数 1940 人；组织反恐防洪联合应急演练、山洪灾害暨大中型水库水旱灾害防御应急演练等各类演练 12 场，参演人数 1340 人。组织开展全市水政执法、划转高频执法事项等培训活动，以专家授课、案卷评查、案例评选等形式，强化实战演练，累计组织参训 370 人次。全市执法人员水法律法规学习考试参考率、合格率均达100％。

【浙东运河文化园（浙东运河博物馆）开工建设】 2020年3月6日，浙东运河文化园（浙东运河博物馆）项目开工。该项目总投资14.9亿元，2020年年底完成投资2亿元，总建筑面积12.4万m²，主要由文博区（博物馆）、文创区（水族馆及文创楼）、文旅区及运河园提升改造等4部分组成。

【嵊州、新昌协同治水】 2020年，按照绍兴市政府多次专题协调明确方案，加强牵头协调，落实"一月一通报"机制，全面推进嵊新水资源综合利用和污水协同处理，确保新昌长诏水库至嵊州第三水厂输水管道、新昌钦寸水库至嵊州第四水厂输水管道、新昌大明市新区至嵊新污水处理厂污水管道等工程顺利建设。

（祁一鸣）

金 华 市

【金华市水利局简介】 金华市水利局是主管全市水利工作的市政府工作部门。主要职责是：贯彻落实中共中央和省委、市委关于水利工作的法律法规、方针政策和决策部署；研究起草并组织实施水利规范性文件及有关政策；组织制订并监督实施全市水利发展规划、计划；统一管理和保护全市水资源和水利设施；负责全市水资源监测和调查评价、发布全市水资源公报及水质监测报告；组织、指导和监督全市节约用水，水功能区划、城镇供水和向饮水区等水域排污的监测控制工作；组织指导全市河道、水库、河口、滩涂和江堤等水域及岸线的管理和保护；负责全市水利基建项目规划、计划、建设施工、质量监督等工作；负责水利行政许可事项及制度的监督实施；负责水利规费征收、行政执法，协调处理并仲裁地域间、部门间的水事纠纷；组织、协调、监督、指导防汛防旱、水土保持工作；组织、指导水文工作，负责水文行业管理；组织协调农田水利基本建设和乡镇供水、人畜饮水等工作；负责水利科技、教育工作，指导水利队伍建设；制订水利行业经济调节措施、指导水利行业多种经营工作、研究并提出经济调节意见；承办省水利厅、市委、市政府交办的其他事项。市水利局内设机构4个，分别是办公室、法制与水资源水保处（市节约用水办公室、行政审批处）、规划计划与建设处、工程管理与监督处。2020年4月机构改革，下属事业单位15家整合为10家，分别是：金华市河湖长制管理中心、金华市水政监察支队、金华市农村水利和水土保持管理中心、金华市水利规划建设和质量安全管理中心、金华市水文管理中心、金华市水旱灾害防御技术中心、金华市白沙溪流域管理中心、金华市梅溪流域管理中心、金华市金兰水库灌区管理中心、金华市九峰水库管理中心。至2020年年底，金华市水利局在编干部职工281人，其中行政人员14人，事业人员267人（参公编制26人，事业编制241人）。

【概况】 2020年，金华市完成水利建

设投资 59.02 亿元，创历史新高。河（湖）长制工作得到国务院督查激励；白沙溪三十六堰入选世界灌溉工程遗产，安地水库管理中心成功创建国家级水管单位。安全生产获省水利厅、金华市政府考核双优秀。永康、磐安供水协议和金华、衢州新一轮乌引工程供水协议先后签订，都市区一体化供水步伐加快。金华市水利局共启动水旱灾害防御Ⅳ级应急响应 6 次，Ⅲ级应急响应 1 次，发布水旱灾害防御简报 22 期，全市共发送各类预警信息 20 万条次，发布洪水预报 6 期。连续 4 年获全省市级水利综合考核优秀，义乌市、兰溪市、永康市、武义县被评为优秀县。国家节水型社会创新试点改革获评地方水利改革创新优秀实践案例。

【水文水资源】

1. 雨情。2020 年，金华市平均降水量 1699.1mm，较 2019 年降水量偏少13.6%，较多年平均降水量多 11.2%。根据金华、兰溪、义乌等 15 个代表站降水量分析，1 月、2 月、3 月、5 月、6月、7 月、8 月、9 月降水量均比常年同期偏多，其中 1 月降水量是常年同期的 2 倍；6 月降水量为全年最大，占全年降水量 21.1%；10 月降水量为全年最小，仅占全年降水量 1.3%。金华市 5 月 29日入梅，7 月 18 日出梅，梅雨期 50 天，梅雨量 534.8mm，居 1954 年以来第一位。梅雨量比常年梅雨期平均降水量253.5mm 增加 111.0%，比 2019 年梅雨期平均降水量 507.1mm 增加 5.5%。梅雨期间，短历时暴雨频发。

2. 水情。受入梅以来持续强降雨影响，全市江河水位急剧上涨，出现流域性大洪水。兰江、金华江分别在 6 月 30日和 8 月 5 日出现超警戒水位洪水。兰江兰溪水文站 7 月 1 日 1 时 15 分出现洪峰，洪峰水位 30.03m，超警戒水位 2.03m，洪峰流量 10900m³/s，洪水在警戒水位以上滞留 21 小时。金华江金华水文站 8 月 5 日 7 时 15 分出现洪峰，洪峰水位 35.78m，超警戒水位 0.28m，洪峰流量 3710m³/s，洪水在警戒水位以上滞留 7 小时 20 分。汛期受第 4 号台风"黑格比"影响，金华市中东部地区出现强降雨，金华江金华站、永康江永康站、东阳江东阳站、义乌佛堂站、南王埠站出现超警戒水位；武义江武义站、对家地站接近警戒水位。横锦水库、南江水库、东方红水库、太平水库、三渡溪水库、清溪口水库、五丈岩水库 7 座大中型水库超汛限，加上杨溪水库共 8 座水库泄（溢）洪。69 个镇（乡、街道）水利设施损坏 1071 处，其中：堤防 795 处（共计 125.6km）、护岸 62 处、水闸 30座、塘坝 62 座、灌溉设施 10 处、机电泵站 1 座，直接经济损失 35243.1 万元，无因灾人员伤亡。

3. 水资源。2020 年，金华市水资源总量 106.76 亿 m³，产水系数 0.57，产水模数为 97.6 万 m³/km²，人均水资源量 1514.19m³。全市 29 座大中型水库，年末蓄水总量 5.94 亿 m³，较 2019 年末增加 0.16 亿 m³。全市总供水量 15.32亿 m³，较 2019 年减少 0.39 亿 m³。金兰水库向金华市区供水 0.76 亿 m³，安地水库向市区供水 0.45 亿 m³。全市总用水量 15.32 亿 m³，其中：农业用水量

7.37亿 m^3，占总用水量48.1%；工业用水量3.63亿 m^3，占23.7%；生活用水量3.34亿 m^3，占21.8%；其他用水量0.98亿 m^3，占6.4%。全市总耗水量9.20亿 m^3，平均耗水率为60.1%。年退水量3.4亿t。全市平均水资源利用率14.4%。

【水旱灾害防御】　2020年汛前，金华市水利局下发《2020年水旱灾害防御工作要点》，明确全年水旱灾害防御工作任务；编制完成《金华市水利局水旱灾害防御工作规则》《金华市水旱灾害防御工作应急预案》《金华江流域洪水调度方案》和《金华江流域特大洪水（含超标准洪水）防御方案》，完成年度大区和大中型水库水文资料整编审查；调整金华市水利局水旱灾害防御领导小组和专家组；强化防汛演练，组织培训和测试演练40多场次；组织开展汛前水库山塘、堤防、水闸等工程备汛情况检查，投入人力8000多人次，跟踪整改风险隐患291处；审批、备案29座大中型水库控制运用计划和全部在建项目的度汛方案；确定山洪灾害防御重点村落1365个，完成重要村落防御对象清单编制1365个，完成率100%，完成预警阈值核定1365个，完成率100%；新增抢险物资及车辆，配备抢险队伍11支，共计515人；加强值班值守、加强山洪灾害监测预警，落实水库"三个责任人"责任；强化应急物资储备，修整仓库，修筑仓库周边排水沟等防潮设施，建立物资采购管理制度；提升精准测报能力，新建、改建水文测站344处，完成直属站流量测验153次，梅雨期间成功抢测到洪峰流量；完成15个站点超标准洪水应急能力建设和2个行政交接断面流量站建设。梅雨期间，17座大中型水库泄（溢）洪，泄洪总量1.36亿 m^3，拦蓄洪水总量6.51亿 m^3，其中横锦水库单次最大入库流量为783m^3/s，削峰率高达90%，水库拦蓄水量效益明显。第4号台风"黑格比"期间，7座大中型水库先后超汛限，8座水库泄（溢）洪，全市29座大中型水库蓄水总量9.45亿 m^3，平均蓄水率高达95.4%，拦蓄洪水总量8000万 m^3。

【水利规划计划】　2020年，金华市完成《金华市水资源节约保护与开发利用总体规划》《金华市区水网规划（2020—2035年）》（原《"水润婺州城"——水系连通激活规划》）编制并通过评审；完成《金华市水安全保障"十四五"规划》初稿编制并完成意见征求；完成《金华市境外引水方案（乌溪江方向）》课题研究；完成全市水域调查及数据成果汇总，开展《金华市水域保护规划》大纲编制。加快推进都市区一体化供水，永康、磐安签订供水协议，磐安每年向永康供水2000万 m^3，期限50年；签订金华、衢州新一轮乌引工程供水协议，年引水量最大可达1亿 m^3，都市区西部联网供水工程兰溪段9月底通水，每年向兰溪供水1000万 m^3。

【水利基本建设】　2020年，金华市水利局开展"三服务""三百一争"专项服务，推进重点水利建设，全年完成水利投资59.02亿元，计划投资完成率132%，完成率位列全省第二。全市完成干堤加固 17.12km、水库除险加固 24 座、山塘综合整治 90 座、中小河流治理 71.4km，建设省级"美丽河湖"12 条，完成率位居全省前列。农村饮用水达标提标三年行动圆满收官，2020 年改善提升农村饮水安全条件 71.55 万人，三年累计受益人口达 143.6 万人，金东区、永康市、武义县获农村饮用水达标提标行动成绩突出集体，被省政府办公厅通报表扬。全市完成水利管理业投资 9.6957 亿元，同比上升 32.8%。

【重点水利工程建设】　2020 年，金华市计划完成省级重大水利工程建设投资 23.15 亿元，包括金华市本级金华江治理工程、兰溪市钱塘江堤防加固工程、磐安县流岸水库工程、义乌市双江水利枢纽工程、金华市金兰水库加固改造工程、金东区国湖水闸除险加固工程、兰溪市城区防洪标准提升应急工程（西门城墙段）、永康市北部水库联网工程；重大项目前期工作三项，包括婺城区乌溪江引水工程灌区（金华片）节水续建配套项目、浦江双溪水库工程、磐安县虬里水库工程。至 2020 年年底，全市完成省级重大水利工程年度投资 23.6 亿元，年度计划完成率 102%。磐安流岸水库工程、义乌市双江水利枢纽工程两座中型水库实现年内开工。婺城区乌溪江引水工程灌区（金华片）节水续建配套项目完成可研报批前置手续；浦江县双溪水库工程项目获省发展改革委立项赋码；永康市与磐安县就流岸水库引水达成协议，对暂缓建设磐安县虬里水库工程达成共识。

【水资源管理与节约保护】　至 2020 年年底，金华市共有有效取水许可证 708 本，其中取水量 5 万 m³ 以上的用水单位安装实时监控点 280 个。编制印发《金华市武义江流域水量分配方案》，编制审查规划水资源论证报告书 2 个，建设项目水资源论证报告书 10 个，水资源论证报告表 19 个，完成节水评价审查项目 14 个。落实水资源有偿使用制度，全市共征收水资源费 11120 万元。开展取用水管理专项整治工作，核查登记取水项目 894 个，其中保留类项目 491 个，整改类项目 403 个（含第一批核查登记试点兰溪市）。完成 9 个县（市、区）2019 年度实行最严格水资源管理制度情况考核工作。完成 37 个江河湖库水质站、12 个国家地下水重要水质站、3 个水生态监测断面水质采样和水质监测，采集水样 450 多份，开展水质评价 12 次。开展县级以上饮用水源地安全保障达标建设，2020 年度金华市 9 个县级以上饮用水源地安全保障达标评估等级均为优。开展国家节水型社会创新试点建设，以"生活节水与污水再生利用"为创新突破重点，建设义乌城市综合节水集成示范项目和永康市农村综合节水集成示范项目，为南方丰水地区节水型社会建设和水资源循环利用提供金华经验。全面推进县域节水型社会达标建设工作，婺城、金东、武义、磐安通过省级节水型社会达标建设验收工作，东阳、磐安通过国家节水型社会达标建设省级验收。至 2020 年年底，实现省级县域节水型社会建设全覆盖。印发《金华市节水行动实施方案》，推进节水载体创建工作，2020年共创建市级节水型企业56家（其中省级节水型企业38家）、节水型公共机构263家、节水型小区64个、水利行业节水机关4家。开展节水标杆引领行动，共完成节水标杆酒店2个、节水标杆校园1个、节水标杆企业2个、节水标杆小区9个。

【河湖管理与保护】 2020年，金华市调整落实市级河长17名，市县乡村四级河长2711名、湖长410名、塘长1380名，同步更新河长信息平台、公示牌，确保"一河一档"。完成省"美丽河湖"创建12条，市"美丽河湖"创建14条，全面完成县级以下河道划界，累计完成河道划界11731km。加强河湖水域岸线管理保护，开展河湖"清四乱"专项整治，发现和整改"四乱"问题35个，完成全市16条、203.1km县级河道的无违建创建工作，有效控制非法占用水域行为，全面整治非法采砂，落实和巩固河道保洁全覆盖，推进"无违建河道"创建。加大对水事违法行为的查处力度，联合金华市公安局出台水行政执法协作机制，并开展常态会商；会同水库、属地派出所多次开展夜间联合执法行动，收缴80多名钓鱼人员渔具并开展教育；出动人员112人次，完成27家企业、37口地下井的封堵工作；5月，对村民胡某涉嫌毁坏水工程行为予以立案，处罚款1万元并责令其恢复原貌。联合金华市总工会举办全市水行政执法技能竞赛。

【水利工程运行管理】 2020年，金华市落实水利工程标准化管理创建经费约461万元，通过验收工程33处，5年累计创建1501处、累计落实创建资金2.8亿元，完成标准化管理创建任务。开启水利工程"三化"改革三年行动计划，各县（市、区）均出台"三化"改革三年行动方案并成立领导小组，首年实现全市产权化45.3%、物业化45.8%，均超年度计划25%的目标。出台《金华市水利工程名录管理办法（试行）》，落实并公布2117名水利工程安全管理责任人，完成全市水库控制运用计划核准和备案工作，超额完成水库大坝安全鉴定263座、除险加固24座、竣工验收186座。结合病险水库山塘除险销号专项行动，完成山塘安全认定549座，综合整治90座。完成小水电清理整改销号258座，累计创建全国绿色示范水电站38座。规范水库管理工作，市本级安地水库管理中心成为金华首家国家级水管单位；沙畈、九峰水库管理中心获评省级水管单位。

【水利行业监督】 2020年，金华市对9个县（市、区）447处农村饮用水工程开展暗访，累计对418位运管责任人及其管理的850处农村供水工程进行电话核查，从水厂概况、水费收缴、水厂运行、设备操作、水质检测、水源保护等方面抽查询问。对各县（市、区）山塘巡查情况抽查14轮次，共抽查山塘880座，问题已反馈至各相关县（市、区）进行整改落实。

开展生产建设项目水土保持监督检查985个，共3327人次。开展"天地一体化监管"工作，收集全市项目审批资料1129个，完成项目矢量化上图1129

个, 更新解译图斑 1008 个, 新增解译图斑 1329 个, 现场复核图斑 522 个。完成水土流失治理面积 48.38km²。

对 31 条 (个) 美丽河湖创建及河道建设情况、32 个堤防水闸工程开展检查。开展涉河涉堤建设项目监督检查 9 个 (次), 发现的问题均已整改完成。

强化电站安全运行监管, 累计抽查全市 30 座电站。开展农村水电站安全运行管理汛前、汛中抽查, 重大节日、重点时段安全检查。

组织开展水利工程安全度汛专项督查行动, 采取县级交叉检查和市级抽查方式, 覆盖辖区内全部大中型水库、30%小型水库。共开展检查 6 轮, 完成检查大中型水库 29 座、小型水库 242 座。汛期做好水库调度、汛限水位督查和山洪灾害防御明察暗访工作, 累计发出预警短信 2 万余条, 抽查水库 423 座、责任人 456 人次。

对全市 30 个在建水利工程开展合同核查, 对 20 个水利工程进行运行管理督查, 对 9 个县 (市、区) 水行政主管单位、20 个在建水利工程、30 个运行水利工程、市本级 45 个水利工程进行安全巡查。对国家基本水文站、省级报汛站点、全市 12 处地下水监测站进行监督检查。

监管在建水利工程 284 个, 开展质量与安全监督活动 923 次, 出具质量与安全监督意见书 415 份; 完成单位工程验收 125 个, 项目完工验收 122 个, 出具质量与安全监督报告 115 份; 下发违规警告通知单位 12 家, 下发停工整改令 4 次, 约谈施工、监理、检测等企业 27 家 57 人次。对 1 家施工企业进行行政处罚, 通报不良行为记录企业 3 家。推进"互联网＋监管"在水利执法监督检查活动中的运用, 推动部门执法监管向数字监管转变。全市水利系统共有执法人员 395 人, 开展检查 1481 次、双随机抽查 51 次, 主项覆盖率 100%。

【水利科技】 2020 年, 金华市投资 3000 万余元启动建设全国首个数字河湖管理平台。在全市推广浙江省水管理平台应用, 结合河 (湖) 长制正向激励项目进一步开发应用工作, 制定金华市水利数字化转型实施方案。43 项审批事项、11 项"内跑"事项全部实现网上办理, 实现监管事项认领率、双随机事项覆盖率等 4 个 100%。开通掌上执法账户 352 个 (市本级 92 个), 掌上执法激活率 99.71%, 开展掌上执法检查 1400 多次。开展水利技术推广项目 3 项, 分别为: 市本级安地水库灌区"智慧灌区"项目、兰溪市古城墙加固和保护关键技术研究——以兰溪为例项目、永康市舟山镇端头村农村非常规水开发利用技术示范工程。永康市舟山镇端头村农村非常规水开发利用技术示范工程是水利部技术示范项目《浙江金华节水型社会创新试点关键技术应用与示范》(编号: SF—201801) 子课题"农村非常规水开发利用技术示范"的示范工程。

【政策法规】 2020 年, 金华市推进"互联网＋政务服务"2.0 平台建设, 完成涉及市水利局办理权限的 3 批 44 个事项的梳理与确认, 完成事项的动态调整和办事指南的实时更新维护工作。进一步优化审批环节, 审批环节从 5 个精减到 3

个。印发《中共金华市水利局委员会"三重一大"集体决策制度实施细则》《金华市水利局重大行政决策程序规定》。

【行业发展】 2020年，金华市加强水利专业技术人员和技能工人相关业务知识培训。组织开展水利信息宣传、取用水管理专项整治行动、水域调查、水利统计、水利行业监督、水利工程运行管理、安全生产、水旱灾害防御、大中型水库运行管理、水政执法、山塘安全技术鉴定、水文预报、水文资料整编等专业培训，将相关培训计入水利专业科目和水利行业公需科目继续教育学时，并在金华市专业技术人员继续教育平台进行学时登记服务管理。至2020年年底，该平台申报审核学时登记人员545人。2020年，金华市水利系统新增高级工程师19人、工程师91人。市本级在职人员513人，2019年在职人员519人，有8人发生人员变动（减少7人，新增1人）。

（毛米罗）

衢 州 市

【衢州市水利局简介】 衢州市水利局是主管全市水利工作的市政府工作部门。主要职责是：制订水利规划和政策；负责保障水资源的合理开发利用；负责生活、生产经营和生态环境用水的统筹和保障；按规定制定水利工程建设与管理的有关制度并组织实施；指导水资源保护工作；负责节约用水工作；指导水文工作；组织指导水利设施、水域及其岸线的管理、保护与综合利用；指导监督水利工程建设与运行管理；负责水土保持工作；指导农村水利工作；负责、指导水政监察和水行政执法，负责重大涉水违法事件的查处，指导协调水事纠纷的处理；开展水利科技、教育和对外交流工作；负责落实综合防灾减灾规划相关要求，组织编制洪水干旱灾害防治规划和防护标准并指导实施；完成市委、市政府交办的其他任务。市水利局内设机构4个，分别为办公室、规划建设处、水政水资源处（挂行政审批服务处牌子）和河湖运管处。有在编人员117人。直属事业单位9家，分别是衢州市水政行政执法队、衢州市河湖管理中心、衢州市农村水利管理中心、衢州市水资源与水土保持管理中心、衢州市信安湖管理中心、衢州市水文与水旱灾害防御中心、衢州市水利服务保障中心、衢州市乌溪江引水工程管理中心、衢州市铜山源水库管理中心。局下属企业3家：衢州市水电发展有限公司、衢州市柯山水电开发有限公司、衢州市铜山源水电开发有限公司。衢州市下辖6个县（市、区）均独立设置水利（林业水利）局。

【概况】 2020年，衢州市完成水利投资48.7亿元，比2019年增长14.4%，是建市后完成水利投资最多的一年。农村饮用水达标提标行动累计投资33亿元，提前半年超额完成省政府下达的三年行动任务。美丽河湖建设在全省水利工作会议上做典型发言。完成495本存量取水许可证全部电子化，成为全国首个实现取水许可电子证照全市域覆盖的地级市。获省第二十二届水利"大禹杯"

竞赛铜奖，获水利部全面推行河长制湖长制先进集体，在省水利厅对各设区市考核中名列第三，获 2020 年度衢州市级机关部门综合考核结果优秀等次。"党建统领，集成模块化改革"获评"全省地方水利改革创新十大最佳实践案例"。

【水文与水资源】

1. 雨情。2020 年，衢州市平均降水量 2207.2mm，与 2019 年基本持平，较多年平均（1818.9mm）偏多 21.3%，属丰水年份。降水量时空分布不均匀，1 月、2 月、3 月、6 月、7 月、9 月降雨量比多年平均偏多，最大月平均降雨量为 6 月 520.1mm，较多年平均多 59.4%；10 月最小月降水量 35.4mm，较多年平均少 51.5%。衢州 5 月 29 日入梅，7 月 18 日出梅，梅期 50 天，梅期天数列历年第 2 位，仅次于 1954 年的 76 天。梅雨期强降雨区域基本重叠，各地均出现暴雨大暴雨过程，梅雨量 854.6mm，比多年平均多 112%；开化县梅雨量最大，为 1135.0mm。

2. 水情。多轮强降雨导致主要河流水位暴涨，全市共发生超警戒洪水 8 站次，超保证洪水 1 站次。开化站 7 月 7 日 22 时 15 分出现洪峰水位 124.36m，超警戒水位 0.86m，洪峰流量 1700m³/s；常山站 7 月 9 日 7 时 35 分出现洪峰水位 84.80m，超保证水位 0.80m，洪峰流量 4900m³/s；江山站 6 月 30 日 20 时 15 分出现洪峰水位 93.25m，洪峰流量 1140m³/s；衢州站 7 月 9 日 13 时 45 分出现洪峰水位 63.55m，超警戒水位 2.35m，洪峰流量 6650m³/s，为 1998 年以来最大流量洪水；龙游站 7 月 9 日 15 时 40 分出现洪峰水位 43.06m，超警戒水位 0.36m。

3. 水资源。2020 年，衢州市水资源总量 123.97 亿 m³，产水系数 0.64，产水模数 140.16 万 m³/km²。人均拥有水资源量 5446m³。全市 14 座大中型水库，2020 年末总蓄水量 16.9138 亿 m³，比 2019 年末增加 7.5%。全市总供水量 10.72 亿 m³，比 2019 年减少 0.24 亿 m³，其中地表水源供水量 10.70 亿 m³，占 99.9%。平均水资源利用率 8.6%。全市总用水量 10.72 亿 m³，比 2019 年减少 0.24 亿 m³。其中，农田灌溉用水量 5.55 亿 m³，占总用水量的 51.8%；工业用水 2.58 亿 m³，占总用水量的 24.0%。人均年综合用水 471m³，万元 GDP（当年价）用水量 65m³，万元工业增加值（当年价）用水量 49m³。全市总耗水量 5.40 亿 m³，其中农田灌溉耗水量 3.44 亿 m³，占总耗水量 63.2%。全市退水量 1.8123 亿 t。

【水旱灾害防御】　2020 年，由于梅雨期降水偏多，衢州市水利灾情偏重。全市堤防损坏 2232 处，护岸损坏 539 处，水闸损坏 23 座，塘坝冲毁 117 座，灌溉设施损坏 605 处，水文测站损坏 10 个，机电泵站损坏 25 座，水利经济直接损失 2.67 亿元。

针对连续强降雨、台风和持续高温干旱，衢州市水利局成立水旱灾害防御工作领导小组。强化实战能力，组织开展水文应急监测、防汛抢险、山洪灾害防御等实战演练 26 次。强化监测预警，梅雨期间共发布洪水预警 7 期、山洪预报预警 4 期，2020 年 6 月 4 日 0 时柯城区九华乡大侯村接到水利部门预警信息后，紧急转移321位村民，25分钟后发生山体滑坡，14栋房屋坍塌，无人员伤亡；7月9日，衢江遭遇1998年以来最大流量洪水，衢州市水利局提前10个小时发布洪水预报，为下游做好防汛提供科学决策依据。强化科学调度，梅雨期间利用暴雨间隙全市大中型水库预泄9.9亿m³水量，共拦蓄洪量10.24亿m³，出梅日全市14座大中型水库基本蓄满，蓄水总量22.52亿m³，蓄水率达90.1%。各大中型水库削峰率普遍在60%以上，其中湖南镇水库削峰率在94%以上。在新安江水库9孔闸门全开泄洪的情况下，衢州市全力为钱塘江干流错峰，在湖南镇水库自身面临20年一遇洪峰的情况下，于7月8日22时至9日10时发电机组全停，为下游蓄洪错峰12个小时，为金华、杭州等下游地区的防洪减灾发挥重要作用。强化供水保障，协调各方用水需求，通过乌溪江引水工程已向下游供水1.26亿m³，铜山源水库抗旱供水4050万m³，解决衢江、龙游多个乡镇的灌溉用水。强化技术支持，多次派出专家组赴各地险工险段进行技术指导。常山县大坞水库出险时，衢州市水利局派出专家根据现场险情制定抢险方案，采取措施使用强排水车降低库内水位，及时有效处置险情。第六轮强降雨期间，衢州市区出现严重内涝，衢州市水利局派出抢险队伍支援高速公路交警支队排水工作，出动强排水车对积水严重区域进行应急处置，有效处置险情。

【水利规划计划】　2020年，衢州市水利局编制下达2020年度水利建设计划、

加快推进2020年度重大水利建设工作方案。全市2020年计划投资44.4亿元，其中重大水利工程计划投资24.9亿元。编制完成2021年衢州市本级中央预算内水利投资计划、政府投资计划及预算。争取到重大项目前期研究经费645.19万元，开展《乌溪江引水工程灌区（衢州片）续建配套与现代化改造项目（十四五）》《衢州市铜山源灌区续建配套与现代化改造项目（十四五）》前期研究工作，以及《衢州市"十四五"水安全保障规划》《衢州市水资源保护与开发利用规划编制》《衢州市"幸福河"规划及实施方案》《源头丰水地区节水模式研究》等专项规划编制工作。

【水利基本建设】　2020年，衢州市计划完成水利投资44.4亿元，实际完成水利投资48.7亿元，完成率114%。全力减小疫情影响，抓好水利工程复工复产。市、县两级党员干部深入水利项目现场，一线指导帮扶企业。2月19日，14个5000万元以上水利项目实现100%复工，3月底全市面上所有续建水利项目实现100%复工。全市完成病险水库除险加固17座，干堤加固33.59km，中小河流治理73.39km。

【重点水利工程建设】　2020年，衢州市重点水利工程计划投资24.9亿元，实际完成投资25.7亿元，完成率103.2%。全市重点推进重大水利工程4项，其中建设类项目12项，前期类项目2项。加快推进衢州市本级衢江治理二期、柯城区常山港治理工程、龙游县高坪桥水库、龙游县衢江治理二期、江山

市江山港流域综合治理、常山县常山港治理二期、衢江区上下山溪流域综合治理工程等项目主体工程建设。重点推进开化水库、寺桥水库、铜山源水库防洪能力提升工程，乌溪江引水灌区续建配套与节水改造工程等项目前期工作。

【水资源管理与节约保护】　2020年，衢州市完成常山港流域水量分配以及生态流量（水量）保障实施方案，并严格开展生态流量管控。完成全市千吨万人以下、日供水规模200t以上的农村饮用水水源地保护范围划定工作，划定率100%，公布率100%。全面开展县级以上集中式饮用水水源地安全保障达标建设和自评估工作。持续推进水生态文明建设试点工作，于9月邀请国内外相关专家在衢州召开水生态保护政策与实践研讨会，推广水生态文明城市建设经验。印发《衢州市节水行动实施方案》，推进县域节水型社会达标建设，其中柯城区被推荐至水利部创建国家级县域节水型社会达标县。超额完成节水标杆创建任务，创建节水标杆酒店2家、节水标杆企业2家和节水标杆小区16家，实现水利行业节水机关建设全市域覆盖。

　　率先完成存量取水许可证电子化495本，为其他省份取水许可电子证照改革积累经验，提供样板。

【河湖管理与保护】　2020年，衢州市完成境内3053条河道、450座水库、23000多座山塘的水域调查工作，划定临水线和管理范围线。完成全市所有河道划界任务。创新河道管控疏浚"三全"（全链条、全方位、全流程）模式，构建"政府管控、国企主导、循环利用、反哺民生"的河道疏浚新模式，探索河湖库疏浚砂石综合利用管理，对疏浚产物实现100%资源化利用，编制《衢州市河湖疏浚管理行业指导意见》。完成杭衢高铁常山港特大桥、三江中路连通工程、衢江港区大路章作业二区等涉河项目审批15项，开展在建项目批后监管6个，服务常山港航运等重点项目。参加资规、环保、交通、住建等项目审查（咨询）会议，反馈涉河管理和防洪影响意见131个。整改河湖"四乱"问题25个，其中跨省问题1个，承办中央环保督察信访件2件。衢州市水利局和市治水办联合印发《关于印发衢州市2020年美丽河湖建设工作计划的通知》。完成市本级制定的12条美丽河湖建设验收，其中柯城区石梁溪（寺桥—大头段）、衢江区幸福源、开化县马金溪（城华段）等11条美丽河湖通过省级专家复核，获评2020年浙江省"美丽河湖"。至2020年年底，累计创建省、市级美丽河湖34条，其中省级美丽河湖23条，累计创建长度128.41km。

【农村饮用水达标提标行动】　2020年6月底，衢州市提前完成农村饮用水达标提标24.6万人省定计划；8月底，实现全市低收入农户安全供水全覆盖；9月底全面完成市县提升项目。全市三年累计完成投资33亿元，新建改建单村水站624座，乡镇水厂7座，城市水厂1座，完成达标提标人口120.3万人，任务完成率115.2%。全市农村饮用水达标人口覆盖率从48.7%提升到97.8%，农村供水工程供水保证率从64.2%提升到

96.3%，全市农饮水规模化供水率从64%提升到85.5%，饮用水困难发生率小于2.5%，水质自检达标率100%，基本实现农村群众"旱季不断水、汛期喝好水"的目标。

【小水电清理整改】　2020年，衢州市开展全市域小水电清理整改，推进水电站生态流量管理实现数字化、废物管理处置实现标准化，建立"整体评一次、分类改一次、集中验一次"的清理整改机制，实现清理整改率、生态流量核定率、监测（监控）设施安装率三个100%，在全省率先打赢小水电清理整改攻坚战，完成全域248座小水电清理整改任务。

【水利工程运行管理】　2020年，衢州市结合水利信息化建设，深化水利工程管理体制机制改革，坚持政府主导、分级实施、社会参与，全面规划、标准先行、平台推进，落实各项管理措施，完成水利工程标准化管理创建22处。至2020年年底，列入标准化创建水利工程名录837个，完成水利工程标准化创建837个，完成率100%。通过标准化管理创建，搭建起水利工程与群众沟通联系的桥梁，有效把握和解决群众对水利的基本需求与合法权益诉求。

【水利行业监督】　2020年，衢州市通过整合市县两级监督资源的方式，推进"交叉检查""联合质监""专项服务"等工作常态化。制定出台《衢州市水利建设工程质量与安全监督三色管理操作手册（试行）》，采用一季一评和日常管理相结合的方式对参建单位进行考评。强化技术支撑，开展质量监督，全年委托检测机构对市本级受监的高新园区纬四河建设工程、衢州市铜山源水库灌区续建配套与节水改造工程（2016—2020年）、衢江治理二期工程百家塘段（九润公馆至叶家大桥）、衢州城南排涝整治项目—沙溪沟上游段建设工程（二标段）、衢州机场南侧强排泵站工程、衢州市本级衢江治理二期工程落马桥堤、衢州市高铁新城基础设施配套"四网"建设工程（衢州市西片区水系综合治理工程——引水工程）、东港中心区段乌引干渠改线工程8个项目，以及县级受监的衢江区胜塘源2标、柯城区常山港综合治理工程、开化县马金溪2标、常山港二期招贤堤、龙游县灵山港综合治理工程（溪口段）2标、江山港综合治理工程凤林段6个项目抽检共38组，其中合格34组、不合格4组，合格率89.5%，同比上升22%。

【涉水依法行政】　2020年，衢州市结合"无违建河道"创建、"清四乱"、打击河道非法采砂、扫黑除恶等专项工作，市县乡村四级联动，出动执法人员3381人次、检查河道17条，累计巡查排查河道长度11032.4km，拆除整治涉河违章建筑25处，拆除违建面积279.1m²，完成"无违建河道"创建66.15km。通过自查、巡查、督查、举报等途径，共立案查处各类涉河违法案件31件、处理2019年度积留案件7件，收缴罚没款71.20万元，较2019年同类案件发生率下降32.6%。全年处置涉及扫黑除恶案件3起，协助衢州市扫黑办调查涉砂案件 3 起。

2020 年，衢州市水利局组织参与各类业务培训，覆盖人员 900 多人次，基本覆盖全体一线执法人员。印发《中华人民共和国民法典》300 多册，参加《中华人民共和国民法典》有奖问答 300 多人次；运用普及率广的通信平台开展宣传 340 多次，宪法周内向市民发送文字信息 12.5 万条，开展"七五"普法问卷调查，共 700 多人次参加。

全市水利系统"双随机、一公开"抽查事项覆盖率 100%，抽查计划公示率 100%，设置随机抽查任务数 44 个，随机抽查对象户次 205 次，公示检查结果 201 条，抽查结果公示率 98.04%，掌上执法应用率 100%，检查结果公示率 100%。9 月，根据《浙江省人民政府关于公布浙江省综合行政执法事项统一目录的通知》，水行政主管部门 61 项行政处罚事项划转综合执法部门，不再承担相关处罚工作。至 12 月底，认领监管事项 52 项，行政监管事项覆盖 52 项，编制检查实施清单 52 个，执法人员全员入库，监管事项认领率、覆盖率和编制完成率均达到 100%。

【水土保持】　2020 年，衢州市审批水土保持项目 442 个，其中市本级 100 个。人为水土流失防治责任面积 3098.43hm²。开展监督检查 2 次，监督检查项目 54 个，检查人次 110 人次。新增治理水土流失面积 51.77km²。完成省级及以上资金补助水土保持工程包括开化县霞湖等 6 条生态清洁小流域水土流失综合治理项目、开化县杨树湾等 5 条小流域水土流失综合治理项目、龙游县下叶曹等 3 条

小流域水土流失治理项目，总治理任务 17.76km²。

【行业发展】　2020 年，衢州市水利局围绕提升干部"执行力、服务力、凝聚力、争先力"，深入开展"记工分"考核，编制衢州市水利局"记工分"考核工作导图，优化"记工分"考核管理办法，建立"记工分"考核管理机制。依托信安湖国家水利风景区、铜山源水库、乌溪江引水工程，建立三大模块管理体系，实行市水利局党委班子成员挂联工作机制，通过每周联系服务、定期交流会商、严格交办落实、强化督查考核，帮助解决问题，推动党建和业务工作融合发展。在模块化管理推动下，市水利局在信安湖成功打造全省首个水利党建综合体，建成"两点一线"，即四喜亭码头党群活动中心、浮石古渡水利党建文化示范点，以及四喜亭码头至浮石码头红色水利精品线路。至 2020 年年底，已接待参观人数达 5000 多人次。该工作被省水利厅评为"2020 年度地方水利改革创新最佳实践案例"。

（胡文佳）

舟　山　市

【舟山市水利局简介】　舟山市水利局是主管全市水利工作的市政府工作部门。主要职责是：贯彻落实中共中央和省委、市委关于水利工作的方针政策和决策部署，在履行职责过程中坚持和加强党对水利工作的集中统一领导；负责保障水

资源的合理开发利用；负责生活、生产经营和生态环境用水的统筹和保障；按规定制定水利工程建设与管理的有关制度并组织实施；指导水资源保护工作；负责节约用水工作；指导水文工作；指导水利设施、水域及其岸线的管理、保护与综合利用；指导监督水利工程建设与运行管理；负责水土保持工作；指导农村水利工作；负责、指导水政监察和水行政执法，负责重大涉水违法事件的查处，指导协调水事纠纷的处理；开展水利科技、教育和对外交流工作；负责落实综合防灾减灾规划相关要求，组织编制洪水干旱灾害防治规划和防护标准并指导实施等。2020 年，舟山市水利局内设机构 5 个，分别为办公室（政策法规处）、水资源管理处（市节约用水办公室）、规划建设处、运行管理处（水旱灾害防御处）、监督处（行政许可服务处）；下属事业单位 4 家，分别为市水政监察支队、市农村水利管理站、市水利工程建设管理中心、市水利防汛技术和信息中心（市水文站）。至 2020 年年底，舟山市水利局有在编干部职工 60 人，其中行政人员 18 人、事业人员 42 人（参公编制 9 人，事业编制 33 人）。

【概况】 2020 年，舟山市水利局完成水利投资 20.25 亿元，投资完成率 122%。完成除险加固工程 27 处，其中水库除险加固 8 座，海塘加固 22 条 22km，闸站建设 8 座。超额完成农村饮用水达标提标人口 14.5 万人，创建“美丽河湖” 4 条（个）。完成水利工程标准化创建 51 项，完成水利工程安全鉴定 97 个。开展河道巡查 158 次，拆除违建点 11 处 4414.15m²，完成

2 条 7.03km “无违建河道” 创建任务。完成农业水价综合改革任务 806.66hm²，完成年度任务的 100%，累计实现全市 10773.33hm² 的农业水价综合改革全覆盖，获得全省农业水价综合改革考核优秀。

【水文水资源】
1. 雨情。2020 年，舟山市平均降水量 1438.7mm，折合水量为 20.9480 亿 m³，比 2019 年少 23.6%，较多年平均增加 10.9%。全市降水量年内分配不均匀，以 7 个站作为代表进行降水量资料统计，1—3 月降水量 376.2mm，4—6 月降水量 510.1mm，7—9 月降水量 419.8mm，10—12 月降水量 83.2mm，分别占全年降水量的 27.1%、36.7%、30.2% 和 6.0%。降水量最大月份为 6 月，平均降水量 318.1mm；最小月份为 10 月，平均降水量 17.5mm，分别占全年降水量的 22.9% 和 1.3%。年降水量地域分布不均，总体来说由西部向东北部递减，舟山西部岱山站为高值区，年降水量为 1533.5mm，嵊泗站为低值区，年降水量为 1136.2mm，地域差值 397.3mm。

2. 水资源。2020 年，舟山市水资源总量 9.7323 亿 m³，其中，地表水资源量 9.7323 亿 m³，地下水资源量 1.9481 亿 m³，地表水资源量与地下水资源量重复计算量 1.9481 亿 m³，产水系数 0.46，产水模数 66.8 万 m³/km²。人均水资源量 840.6m³。全市 1 座中型水库（虹桥水库）年末蓄水总量 444 万 m³，较 2019 年减少 348 万 m³。全市总供水量 16308 万 m³。全市总用水量 16308 万 m³，其中农田灌溉用水量 1846 万 m³，林木渔畜用

水量586万m³,工业用水量5778万m³,城镇公共用水量2693万m³,居民生活用水量5142万m³,生态与环境用水量263万m³。

【水旱灾害防御】 2020年,舟山市及早组织开展水旱灾害防御汛前检查工作,重点检查水工程安全度汛责任制和各类责任人落实情况、应急预案、度汛方案、抢险避险方案的修订情况、抢险救援物资储备和队伍落实情况、水工程运行情况等。全年全市启动水旱灾害防御应急响应5次,各级水利部门共出动检查人员1100多人次,检查工程1400多处,发现风险隐患135个,全部落实整改或采取相应的安全措施。实施水文防汛"5+1"工程,完成新建改建水文测站30个。完善山洪灾害预警及防范机制,开展"浙江安全码"排查、录入和赋码工作,完成山洪灾害危险区2290人赋码。强降水期间,全市共发布预警短信800多条,涉及12000多人次,动态更新风险对象清单和预警阈值,划定山洪灾害防治重要村落179个,建立防御对象清单3051人。落实新的防汛物资仓库,面积增加到500多m²,储备大流量水泵、麻(编织)袋、钢管钢绳、发电机、应急照明设备等一批防汛抢险物资。做好水利工程抢险技术支持工作,成立30多人的水旱灾害防御抢险专家小组。做好旱情应对工作,严格取用水管控措施,强化水质检测和节水宣传,充分发挥水利工程抗旱作用,全力做好城乡供水保障工作。以防洪排涝能力提升为重点,完成强排泵站、河道整治和调蓄分洪项目45个,全市新增沿海强排能力42m³/s,有效缓解城区内涝突出问题。

【水利规划计划】 2020年,舟山市按照省、市"十四五"水安全保障规划编制要求,梳理舟山市水安全保障十四五规划思路和海塘安澜、水资源优化利用等八大类水利建设项目,向省水利厅专题对接汇报"十四五"及中远期重大水利项目规划情况。按照甬舟一体化年度工作目标,与宁波市水利局、宁波市供水集团、舟山市水务集团多次沟通对接,对甬舟水务一体化方案做深入分析探讨。加强与省水利厅的对接,积极争取将舟山域外引优质水列入省水安全保障"十四五"规划,在全省水资源优化联调工程谋划中统筹考虑。将嵊泗大陆引水工程纳入长三角一体化三年行动计划,并着手开展海域使用论证、海洋环境影响评价、路由勘察及工程可行性研究报告等前期工作,至年底,可行性研究报告以及海底路由和海洋环评专项完成初稿;完成通航影响条件评价、规划用地预审工作。按照省水利厅要求,舟山市委托市水利勘测设计院开展市本级和各县区海塘安澜"一县一方案"编制工作,并于12月中下旬将海塘安澜规划方案(送审方案)提交专家审查。

【水利基本建设】 2020年,舟山市完成重大水利项目投资8.1亿元,年度投资计划完成率105%。其中完工省"百项千亿"防洪排涝项目——定海强排工程项目13个,年度计划投资1.52亿元,实际年度完成投资1.86亿元。舟山大陆引水三期工程有序推进,岛际引水工程岱山段基本完成，大沙调蓄水库完成蓄水验收。定海中心片区排涝提升工程东山段提前开工建设。计划实施的 19 座水库除险加固工程均如期开工，其中 9 项工程提前完成，列入省民生实事项目的 8 座水库全部完成并通过完工检查验收，提前并超额完成年度目标任务。22 条 22km 海塘加固项目如期完成年度目标，所有项目实现全部开工，年度完成海塘加固 5km，完成年度目标的 125％。沿塘闸站工程按计划推进，年度计划实施的 14 座闸站工程均开工建设，8 项工程如期完工，进一步筑牢沿海生态屏障。实施东极、洋山、枸杞、花鸟海水淡化新建和扩容提升工程，全市海水淡化规模达到 32.64 万 t/d，边远海岛用水保障得到进一步加强。提前完成渔农村饮用水达标提标三年任务，至 9 月底，31 处项目全部完工，完成年度达标提标人口 14.5 万人，2018—2020 年累计完成达标提标人口 27.8 万。千人以上和千人以下水费收缴率 100％，居全省首位。至年底，完成山塘综合整治 10 座，完成年度任务的 100％。

【海水淡化工程】

1. 衢山镇海水淡化三期工程。工程位于岱山县衢山镇岛斗村西碗，新建 5000t/d 海水淡化设施，项目总投资 4371.78 万元。项目于 2020 年 10 月完工并投入试运行，年度完成投资 472 万元，累计完成工程建设投资 4372 万元。

2. 洋山镇海水淡化扩容提升工程。工程位于嵊泗县洋山镇外云鹅山塘外，新建设计能力为 328m³/h 水利循环澄清池，设计能力为 320m³/h 无阀滤池，设

计蓄水能力为 585m³ 海水清水池，新建主厂房、门卫、配电间等建筑面积 735m²，新建淡水池、超滤产水池、海水清水池等构筑物建筑面积 487m²。工程总投资为 2198.93 万元。项目于 2020 年 12 月完工并投入试运行，年度完成投资 1199 万元，累计完成工程建设投资 2199 万元。

3. 花鸟乡海水淡化厂一期工程。工程位于嵊泗县花鸟村西子洋区域，分期建设，一期建设 1000t/d 海水淡化设施，主要建设主厂房、附属用房、海水取水口、清水池、产水水池等构筑物，总建筑面积约 1065m²；安装 500t/d 海水淡化设备和 500t/d 水库水处理设备各一套。海水淡化采用预处理＋超滤＋反渗透膜工艺，水库水处理采用预处理＋超滤工艺。工程总投资 2900 万元，于 2020 年 11 月完工并投入试运行，年度完成投资 1900 万元，累计完成工程建设投资 2900 万元。

4. 枸杞乡海水淡化三期工程。工程位于嵊泗县枸杞乡，新建取水泵房一座，建筑面积约 80m²；新建气浮装置两座，构筑面积约 170m²；新建超滤车间一座，建筑面积约 105m²；扩容泵房一座，建筑面积约 111m²；新建 600m² 海水池一座，构筑面积约 114m²；新建取水管网及其他附属设备等，购置安装 2000t/d 海水淡化设备及其相关供电设备。工程总投资 2122.05 万元，于 2020 年 12 月完工并投入试运行，年度完成投资 1122 万元，累计完成工程建设投资 2122 万元。

【水资源管理与节约保护】　2020 年，舟山市取水许可总量为 10160.95 万 m³，

计划下达总量为 9100.7043 万 m³，其中市本级为 5601.2 万 m³。全市年征收水资源费 1620.9 万元，其中市本级 1053.6 万元。全市用水总量 2.1478 亿 m³（含舟山绿色石化海水淡化用水量），万元国内生产总值用水量和万元工业增加值用水量分别为 10.78m³（当年价）和 10.85m³（当年价），处于全省领先水平。开展重点饮用水源水库的综合治理，完成长弄堂和新罗家岙 2 座水库的综合治理工程；完成虹桥、岑港、洞岙、陈岙、应家湾、芦东、沙田岙、小高亭和长弄堂 9 座水库的安全保障达标建设自评估工作；完成 11 个本岛乡镇（街道）原水水质考核资料审核以及原水水量、水质核定；完成舟山本岛饮用水源水库计量、监控设施建设和舟山饮用水水库水资源监控平台建设，于 5 月底完成该项目的竣工验收工作。全市计划新建供水管网 10km、改造供水管网 30km，实际完成新建供水管网 11.7km，完成率 117%；完成改造供水管网 36.4km，完成率 121%。开展"让节约用水，成为舟山时尚"3·22 世界水日和中国水周主题宣传活动，节水意识和水法治观念深入人心。制定《舟山节水行动实施方案》和《舟山市取用水管理专项整治行动方案》，全年通过告知书、宣传册等形式，向社会广泛宣传节水行动、取水整治行动的重要意义和工作要求，引导取水单位和个人依法配合核查登记工作。至年底，舟山市完成 1 个节水标杆酒店、10 个节水标杆小区创建；指导浙江海洋大学完成节水型高校的创建工作；完成屋顶集雨等雨水收集系统

100 处，完成改造节水器具 5000 套，完成 17 家企业的水平衡测试，创建完成 11 家节水型企业、6 个节水型居民小区、6 个市级节水型公共机构，完成 2 个省级节水宣传教育基地建设；全市核查取水工程（设施）273 处，需整改的取水项目共 48 个，其中小型农田灌溉取水项目 37 个、小型农饮水取水项目 6 个、其他项目 5 个。按照开源与节流总体思路，强化节水刚性约束，完成《舟山市新时期治水方针先行示范区》和《舟山市对标新加坡节水工作方案》编制。

【河湖管理与保护】　2020 年，舟山市开展新一轮所有规定范围水域调查，并形成报告，经审查后上报省水利厅；结合全年度的水域调查工作，按照最新河道名录，年度完成所有河道的划界工作，累计完成全市共计 1060km 河道的划界工作；至年底，舟山市开展河道日常巡查 158 次，按照"一事一清单"要求，完成河湖"清四乱"问题 3 个，恢复水域面积 338m²，拆除违建点 11 处 4414.15m²，完成 2 条 7.03km"无违建河道"创建任务；完成河道综合治理 27.81km，其中定海区舟山群岛水系岑港烟墩片河库连通综合治理工程完成 12.93km、定海区舟山群岛水系大沙片河库连通综合治理工程完成 11.06km、普陀区舟山群岛水系六横岛台门（梅峙至小铜盘闸段）综合治理工程完成 3.82km；创建完成岑港河库水系、白泉片河库水系、凤舞河和桂太河库水系 4 条（个）"美丽河湖"；创建完成定海区盐仓街道和金塘镇、普陀区东港街道、岱山县高亭镇 4 个"乐水小镇"；创建完

成定海区盐仓街道新螺头村等 16 个"水美乡村"。

【水利工程运行与管理】 2020 年，舟山市扎实开展水库安全度汛专项行动，在汛期及重要时间节点发文《关于开展舟山市水利行业安全生产集中整治行动的通知》《舟山市水利局关于做好"两会"期间水利安全生产工作的通知》《舟山市水利局关于印发全市水利安全生产专项整治三年行动实施方案的通知》《舟山市水利局关于印发防汛设施和涉河涉堤工程安全隐患检查方案的通知》，分 5 个小组对各个县（市、区）进行 20 组次安全检查。针对检查发现的安全隐患，以书面形式及时反馈给各被检查单位，完成水利部、省水利厅检查发现的问题整改，实现全年零事故；强化水利工程管理，对全市 24 项重点工程组织开展自查自纠，督促整改各类问题 223 个，问责约谈监理企业 2 家，停工整顿项目 3 个，竣工验收 40 多项，清除南洞水库、龙潭水库等工程历史遗留问题。完成工程标化创建 51 处，累计完成工程标化创建 633 处。按照水库、水闸工程管理规范要求，完成 1 座中型水库、6 座小型水库的控制运行方案审查审批；累计完成 97 座（条）水利工程的安全鉴定，实现超期鉴定海塘全部销号，超额完成省水利厅下达的目标任务。

【水利行业监管】 2020 年，舟山市坚持预防监督和治理工作两手抓，加快水土流失治理，至年底，完成水土流失治理面积 4.13km²，同时，对 2019 年 24 个验收项目进行核查；扎实开展水土保持天地一体化工作，利用卫星遥感对 2020 年 136 个图斑进行复核检查，检查项目 131 个，督促整改项目 5 个，督办项目 1 个，查处项目 1 个。全年累计出动 200 多人次组织开展 93 次水利工程质量监督与安全检查，监督受监工程第三方检测工作 20 多次，出具检查意见 76 份，监督检查意见、建议和要求，均已督促整改落实，同时对部分隐患较大的问题进行抽查复核；开展质量监督交底 22 次，工程协调会 5 次，重要隐蔽单元工程联合验收 19 次，外观评定 9 次，参加工程完工验收、阶段验收并提交评价意见 5 次，参加工程竣工验收并提交质量监督报告 7 份。组织开展 2019—2020 年度面上水利工程质量抽检，对 45 个工程进行质量抽检，对检查发现的问题逐一督促整改。按照分级管理原则，舟山市备案市本级水利项目招标招标文件 12 项并监督项目开标，至年底，全市共监督内部招标项目 20 多项。

【水利执法】 舟山市水利局牵头组织开展饮用水水源地"禁泳、禁钓、禁网"专项联合执法行动，参与配合市环保局、综合行政执法局、市治水办以及县（区）水利部门开展联合执法活动 4 次，劝离饮用水源地游泳、钓鱼者 10 人。加强日常巡查，累计出动 334 人次、42 车次，共巡查河道 278.420km，水库 44.783km²，重点巡查对象 11 个，实地巡查了 10 座海塘（22 座/次）、32 座水库（98 座/次）、15 座山塘（24 座次）、34 条河道（158 条次）、8 座闸门（32 座次）；日常巡查中现场劝阻处理 35 次。做好信访查处工作，共受理举报、投诉、信访件 8

起，均妥善处理。

【水利队伍建设】 2020年，舟山市建立健全市、县党风廉政建设工作联动机制，完成事业单位改革和职级改革。深化"清廉水利"建设，完善廉政风险防控机制，强化廉政警示教育，持续纠治"四风"问题，确保党风廉政建设常抓不懈。深化"善水惠民"党建服务品牌创建，开展党建引领业务、助推"三服务"系列活动，组织党员干部积极深入防汛防台、抗疫和创城一线，确保汛期平安和抗疫大局。优化年轻干部培养机制，明确干部培养教育、选拔聘任各项措施，加强水利人才储备。积极落实助力市场主体纾困政策，组建帮扶工作专班，确保水利行业率先复工复产。

【水利改革转型】 2020年，舟山市深化水利行业"最多跑一次"改革，持续减证便民，积极开展"水、电、气、网络"报装一件事办理和取水许可电子证照改革。首次推行涉水审批事项"不见面"网上审查，积极探索涉水项目综合监管，减少企业陪同次数深化综合行政执法改革，完成61项水行政处罚事项划转工作。至10月底，舟山市完成农业水价综合改革任务806.66hm^2，完成年度任务的100%，累计实现全市10773.33hm^2 的农业水价综合改革全覆盖。完成水利工程健康码和市水利数据中心建设，数据仓储存量达2.7亿条。完成市级水管理平台"五统一"建设，水域动态保护项目和城镇及小流域洪涝预警项目分别投入运行。

（曹继党）

台 州 市

【台州市水利局简介】 台州市水利局是主管台州市水利工作的市政府工作部门。主要职责是：保障水资源的合理开发利用，统筹和保障生活、生产经营和生态环境用水；组织实施水利工程建设与管理，提出水利固定资产投资规模、方向、具体安排建议并组织指导实施；指导水资源保护工作；负责节约用水工作；指导水文工作；指导水利设施、水域及其岸线的管理、保护与综合利用；指导监督水利工程建设；指导监督水利工程运行管理；负责水土保持工作；指导农村水利工作；开展水利科技、教育和对外交流工作；负责落实综合防灾减灾规划相关要求，组织编制洪水干旱灾害防治规划和防护标准并指导实施。台州市水利局内设机构6个，分别是办公室（人事教育处）、规划计划科技处、行政审批处（水政水资源水保处、台州市节约用水办公室）、建设与监督处、河湖与水利工程管理处、直属机关党委；下属事业单位8家，分别是台州市防汛防旱事务中心（台州市流域水系事业发展中心）、台州市农村水利与水保中心、台州市河湖水政事务中心、台州市水利工程质量与安全事务中心、台州市水情宣传中心（水电中心）、台州市综合水利设施调控中心、台州市水文站、台州市水利发展规划研究中心。至2020年年底，台州市水利局有在编干部职工125人，其中行政人员14人、事业人员111人（参公编制21人、事业编制90人）。

【概况】　2020 年，台州市水利系统以打好水利建设"五大攻坚战"（海塘安澜千亿工程攻坚战、防洪排涝能力提升攻坚战、农村饮用水达标提标攻坚战、水资源保障和节约攻坚战、"幸福河湖"建设攻坚战）为抓手，对标对表、实干苦干、比学赶超，水利发展呈现良好态势。2020 年，台州市全年完成水利投资 49.7 亿元，占年度计划的 103%；完成水利管理业投资 28.4 亿元，同比增长 16%。启动《台州市"十四五"水安全保障规划》编制，谋划打造防洪御潮排涝网、水务一体保障网、河湖水域生态网、山海水城亲水网与智慧水利数字网；聚焦项目建设，谋划推进椒江河口水利枢纽、椒江"一江两岸"海塘提升等重大项目，率先在浙江省探索"塘长制"海塘建管模式与海塘安澜千亿工程设计创新，9 月 25 日，《台州市先行先试做好"五篇文章"高质量推进"海塘安澜"工程建设》专报信息获浙江省人民政府副省长彭佳学批示；聚焦水旱灾害防御，坚持全市"一盘棋"，统筹调配水资源，延缓旱情发展趋势，确保温岭市、玉环市、三门县等干旱地区群众有水喝、有水用，把旱情影响降到最低限度；聚焦民生水利，全年完成 66.4 万农村人口饮用水达标提标建设任务，占年度计划的 183%，对 2.14 万名低收入农户落实饮水安全保障措施；聚焦节水管水，出台《台州市节水行动实施方案》，8 个县（市、区）实现国家和省级县域节水型社会建设"双达标"，农业水价综合改革三年任务全面完成；聚焦绿色发展，启动《台州"幸福水城"规划》编制，新创建省级美丽河湖 11 条（个）、市级美丽河湖 16 条（个）、乐水小镇 15 个、水美乡村 126 个，完成水土流失综合治理 40.36km²，仙居抽水蓄能电站获评"国家水土保持生态文明工程"。台州市加强水利工程体系建设实践与思考的信息专报获国务院副总理胡春华、浙江省委书记袁家军、浙江省省长郑栅洁批示；台州市水利局先后在台州市级单位工作交流会和台州市"建设清廉机关、创建模范机关"工作推进会上做典型发言；台州市水利局在台州市委、市政府工作目标责任制考核中连续 5 年获得优秀等次。

【水文水资源】
1. 雨情。2020 年，台州市平均降水量为 1377.5mm，较多年平均值偏少 17.2%，梅雨期、台汛期、汛后、全年降水量均比常年同期偏少，且时空分布不均。空间分布上呈现"北多南少、西多东少"态势，平均降水量最小的路桥区为 1071.1mm，较多年平均值偏少 31.4%；平均降水量最大的仙居县为 1561.5mm，较多年平均值偏少 5.8%；平均降水量最大的水文站点为仙居县苗寮站，达 2038.0mm。时间分布上呈现"前多后少、汛后干旱"态势，1 月、2 月、3 月、5 月受弱冷空气和暖湿气流影响，降水量较常年同期偏多，其余月份均较常年同期偏少。

2. 水情。2020 年，台州市洪水发生频次少，在第 4 号台风"黑格比"影响期间，椒江流域发生 2020 年 1 号洪水，其中 8 月 4 日 18 时 35 分，永安溪仙居水文站洪峰水位达 44.47m，超保证水位 1.47m，超保证水位长达 7 小时。9 月下旬至 12 月上旬，台州市降雨量不到常年同期的两成；11 月下半月，台州市气象干旱等级普遍达到中旱到重旱，温岭市、玉环市阶段性达到气象特旱等级；台州市主要江河均处于低水位运行，山区性河流部分河床裸露，水库水位持续降低，仅长潭水库、里石门水库蓄水率为正常蓄水率的 60% 以上，其余水库只有正常蓄水率的 5 成及以下，供水紧张。台州市多次发布旱情预警，三门县、温岭市、玉环市先后发布旱情橙色预警，天台县、仙居县、临海市先后发布旱情蓝色预警。

3. 水资源。2020 年，台州市水资源总量为 60.32 亿 m³，较 2019 年偏少 59.7%，较多年平均值偏少 33.6%；产水系数为 0.47，产水模数为 64.1 万 m³/km²；4 座大型水库、10 座中型水库（有供水功能）2020 年末蓄水总量为 5.33 亿 m³，较 2019 年末减少 0.75 亿 m³；总供水量与总用水量均为 14.14 亿 m³，较 2019 年减少 0.44 亿 m³，平均水资源利用率为 23.4%；耗水量为 7.94 亿 m³，平均耗水率为 56.2%；退水量为 3.0 亿 m³；农田灌溉亩均用水量为 361m³；万元国内生产总值（当年价）用水量为 26.9m³。

【水旱灾害防御】 2020 年汛前，台州市水利系统开展水利工程安全隐患排查整治，出动 3246 人次，检查点位 2373 处，对发现的隐患点、高风险点、薄弱点及隐患问题实行销号管理，逐一落实整改措施。做好科学预警调度，完成椒江流域（永宁江流域）、台州市区及其余各县（市）超标洪水防御预案，以及沿海各县（市、区）超标准风暴潮防御预案等编制；建立健全防汛调度会商机制，编制椒江流域洪水预报预警调度规则、调度方案，全年共下发水利工程调度指令 322 道，梅雨期和第 4 号台风"黑格比"影响期间，水库拦蓄雨洪资源 2.9 亿 m³，温黄平原河网排涝 5.66 亿 m³。组织应急抢险，组建台州市本级防汛专家库，与方远建设集团股份有限公司合作成立台州市本级水利工程应急抢险施工管理团队，开展演练 21 场，参与人员 1518 人次；组建水利工程专业抢险队伍 8 支、360 人，及时足额储备应急抢险物资。

2020 年，台州市出现 50 年一遇的重度干旱。11 月，开展大中型（供水）水库应急供水调度预案、抗旱保供水"一县一方案"与饮水困难地区"一村一策"方案等编制，对供水水源蓄水不足的地区，采取低压供水、隔日供水、分式供水、分区供水等方式缓解供水压力；对部分山沟水源、山塘水库已见底的地区，及时寻找应急水源，采取联库调水、临时市政管线供水、海水淡化工程等方式保障用水；对无条件的山区或半山区，采取消防车送水、泵站提水、打井取水、关停部分特种行业用水等方式缓解饮水紧张问题。

【水利规划计划】 2020 年，台州市完成《台州市"十四五"水安全保障规划（初稿）》编制；完成《台州市海塘安澜千亿工程建设规划》《台州市海塘提标规划》编制，沿海 7 个县（市、区）完成海塘安澜"一县一方案"编制；开展《浙江省椒江流域防洪规划》编制，8 月

21日，台州市政府组织召开《浙江省椒江流域防洪规划》审查会；启动《台州市水资源节约保护和开发利用规划》《台州市水利基础设施空间布局规划》编制。台州市积极推进水利项目前期工作，台州市循环经济产业集聚区海塘提升、三门县海塘加固等工程的主体工程正式开工；玉环漩门湾拓浚扩排、仙居县永安溪综合治理与生态修复（二期）、椒江综合治理（天台始丰溪段）等工程开工建设；温岭市南排工程完成分期批复；7条河拓浚（椒江段）、临海市南洋海塘提升、临海市尤汛分洪隧洞、临海市大田平原排涝二期（分洪截洪）通过可行性研究技术审查；椒江城东堤塘（山东十塘）、椒江治理（临海段）、黄岩北排（一期）、温岭九龙汇、金清港强排等工程加快前期工作。

【水利基本建设】　2020年，台州市加快推进水利建设，组建专班到设计单位、审批单位蹲点，进行精准对接，实现台州市循环经济产业集聚区海塘提升等工程开工建设；加快推动台州市朱溪水库和台州市引水（供水三期）、台州市南部湾区引水等重大引供水工程建设，加快在台州市南片构建骨干供水格局；台州市委、市政府督查室"一月一通报"，推动一批久拖不决的项目实现"破冰"，其中受困于区块功能调整多年的椒江区洪家场浦排涝调蓄东山湖工程实现开挖。全年台州市完成重点水利工程竣工验收38项，为历年之最，特别是完成一批存在历史遗留问题的项目验收，其中黄礁涂、南洋涂、担屿涂、洋市涂等4个围垦工程全部通过竣工验收。

【重点水利工程建设】　2020年，台州市在建重点水利工程18项，完成年度投资35.45亿元，完成率101.4%。其中，续建骨干水利工程10项，台州市朱溪水库工程完成大坝浇筑14.87万m^3、隧洞进尺5.24km，大坝浇至高程117.5m，完成全部10个移民村的搬迁；台州市东官河综合整治工程河道工程基本贯通，完成河道整治17.03km、截污管网埋设21.25km、土方外运178.9万m^3，重建桥梁17座；台州市引水工程（供水三期工程）隧洞全线贯通，完成隧洞衬砌21.77km、原水管线安装39.2km，东部水厂进度完成83%；台州市南部湾区引水工程完成隧洞开挖24.23km，完成净水厂桩基工程及主体结构的80%；椒江区洪家场浦排涝调蓄工程除东山湖施工进场外，其余工程完工验收；台州市栅岭汪排涝调蓄工程开展河道砌石护坡等施工扫尾；临海市方溪水库大坝全断面填筑至117.4m高程；临海市大田平原排涝一期工程完工验收；仙居县盂溪水库工程完工验收；三门县东屏水库工程完成隧洞开挖0.78km。至2020年年底，台州市新开工项目8项，台州市循环经济产业集聚区海塘提升工程完成外海侧抛石1.5万m^3、土方回填1.7万m^3；路桥区青龙浦排涝工程实施分期建设，集聚区段完成河道疏浚3933m，路桥段十塘节制闸及海昌路交通桥开工建设；仙居县永安溪综合治理与生态修复二期工程先行段开工建设；临海市大田平原排涝二期（外排）工程完成隧洞开挖700m；临海市东部平原排涝工程（一期）基本完成东风闸、杜下浦内河节制闸工程施工,完成南洋塘排涝闸钻孔灌注桩施工;温岭市南排工程重新进行分期报批,启动段工程(建设内容为隧洞500m)完工验收,张老桥隧洞全线贯通;三门县海塘加固工程六敖北塘连心广场基本完工,赤头闸正在施工中;台州市椒江综合治理工程(天台始丰溪段)完成干堤加固6.5km。

【水资源管理与节约保护】

1. 节水行动。2020年12月9日,台州市政府办公室印发实施《台州市节水行动实施方案》;12月完成《台州市节约用水"十四五"规划(送审稿)》编制;临海市和仙居县等2个县(市)入选水利部全国第三批节水型社会建设达标县(区),天台县通过省级节水型社会建设达标县(区)验收;全年台州市开展企业水平衡测试38家、企业清洁生产审核88家,创建节水型企业26家(其中省级节水型企业21家)、节水型居民小区21个、公共机构节水型单位37家、节水型灌区1个等;促成台州职业技术学院与杭州文拓智能科技有限公司开展校企节水合作,吸纳投资额758.02万元,双方通过合作将分步实施供水管网及加压泵房、末端节水器具、节水智慧云平台等节水改造工程,预计将为台州市每年节水达20万t以上;台州市节水数字化应用平台入选2020年浙江省水资源管理和节约用水工作先行试点项目。

2. 水资源"强监管"。至2020年年底,台州市实现年取水量1万 m³ 以上自备水取水户实时监控全覆盖,对614家取水户下达计划用水量,全市取水项目登记取水量为12.55亿 m³;落实椒江流域水量分配和椒江流域生态流量管控试点工作,出台《椒江流域水量分配方案》和《椒江流域生态流量(水量)保障实施方案》;开展水资源规范化管理体系建设,编制《台州市水资源管理规范化体系建设项目》。

3. 水源地保护。台州市加强农村饮用水水源地规范化管护,2020年4月23日,印发《台州市农村饮用水水源地规范化管护实施方案》,公布33个"千吨万人"以下、日供水规模200t以上的农村饮用水水源地名录;推进单个水源地保护立法工作,《台州市长潭水库饮用水水源保护条例》于2020年10月1日起施行。

【河湖管理与保护】

1. 河湖建设。至2020年年底,台州市"美丽河湖"建设累计完成年度投资1.57亿元,整体形象进度111%;新创建省级"美丽河湖"11条(个)、市级"美丽河湖"16条(个)、"乐水小镇"15个、"水美乡村"126个。全市完成中小河流治理26.4km,其中省级入统7.7km,计划外实施三才泾、机场西环河、松塘泾等3项农村河道综合治理工程,超额完成年度目标任务。

2. 河湖管理。至2020年年底,台州市完成水域调查与河湖划界工作,累计完成河道划界15248.1km及临海市灵湖划界;在水域调查的基础上,启动《台州市水域保护规划》《椒(灵)江岸线保护与利用规划》等编制。台州市深入推进"河湖'清四乱'"常态化、规范化,与司法、综合行政执法等部门共同建立水事违法问题处置协调机制;累计发现河湖"四乱"问题 81 个，并完成全部新发现问题整改；推进椒江流域及金清港水域岸线整治，11 月 12 日印发《椒（灵）江流域水域岸线专项整治行动方案》。2020 年，台州市全面完成县级以上河道无违建创建，累计创建无违建河道 720.93km，完成率 100％。

【水利工程运行管理】 台州市坚持建管并重、保障长效，深化病险水库除险整治三年行动，2020 年病险水库除险加固开工 24 座，完工 7 座，完成年度目标任务的 140％；完成万方以上山塘整治 51 座；对 45 座水库、17 条海塘开展安全鉴定，均超额完成年度目标任务。台州市逐一落实小型水库防汛"三个责任人、三个重点环节"（"三个责任人"为防汛行政责任人、技术责任人和巡查责任人，"三个重点环节"为水雨情预测报、水库调度运用方案、水库大坝安全管理（防汛）应急预案），向社会公布各水库的相关责任人及联系方式，组织开展全市小型水库责任人网络培训；完成水库、海塘安全鉴定超期情况的摸底调查。

【水利行业监督】

1. 标准化工地创建。2020 年，台州市在台州市朱溪水库、临海市方溪水库、台州市循环经济产业集聚区海塘提升等在建重点工程部署标准化工地建设，台州市朱溪水库工程获评浙江省水利文明标化工地示范工程；10 月，台州市朱溪水库、椒江综合治理（天台始丰溪段）2 个工程代表浙江省水利工程参加水利部 2019—2020 年度水利建设质量工作考核，综合得分排名前列。

2. 质量安全监督。至 2020 年年底，台州市本级累计开展水利工程现场质量监督检查和质量"飞行检查"（指事先不通知被检查部门实施的现场检查）活动共计 36 次，抽查检测工程实体质量、原材料等 106 项，发布季度通报 4 次；委托第三方服务机构开展"台州市重大水利工程质量标准化"和"台州市水利建设项目质量隐患排查"现场监督检查 65 次，检查项目 23 个；针对发现的问题，要求项目法人限时整改并进行反馈，整改情况总体良好，推动参建单位质量意识提升。

3. 安全生产监管。2020 年，台州市水利系统开展汛前、在建重点工程、农村饮用水工程、水文系统等专项安全生产检查督查，委托第三方服务机构对台州市重点水利工程开展多轮安全巡查，下发整改通知书，水利工程危险源排查率和整改率达 100％。10 月 11—13 日，水利部太湖流域管理局在台州市举办 2020 年太湖流域片安全生产检查教学培训班，培训内容涵盖工程建设和运行管理，对台州市朱溪水库工程、黄岩区黄坦水库和秀岭水库进行实地调研，并围绕监督管理工作开展分组讨论，太湖流域管理局及流域片各省、市水利部门安全生产专家、监督管理人员等 110 多人参加培训。

【水利科技】 2020 年，台州市本级开展水利数字化转型试点项目建设，依托台州市政务云，建立台州市水利数据仓，实现水利数据接入台州市公共数据共享平台，共归集数据目录 93 项、字段数

1995 个、数据 245 万余条，实现水利数据跨部门共享交换；完成"浙政钉"2.0 版迁移整合，按期完成"水利 OA""智慧水务"2 项微应用的"浙政钉"部署。台州市本级委托第三方研究机构开展椒（灵）江建闸引水扩排工程"利奇马台风后与新规划工况下椒（灵）江洪水冲淤特征、调度冲淤和洪水影响""闸下极限淤积风险评估和应对措施""椒（灵）江建闸对临海防洪排涝影响分析"3 项专题研究，初稿均已完成。

【水利政策法规】 2020 年，台州市出台行政规范性文件 1 件，未发生因规范性文件引起的行政复议和行政诉讼；对历年规范性文件进行全面清理，确定并公布继续有效的规范性文件 5 件、废止的规范性文件 5 件；落实政府法律顾问制度、公职律师制度，健全合法性审查工作机制，对 148 件合同进行合法性审查，其中 31 件送台州市水利局顾问律师审查，清理 2018—2019 年度各类政府合同 125 件；推行政务公开，依法答复政府信息公开申请 4 件，发布各类涉水信息 1188 条；查处水行政处罚案件 1 起，结案 1 起，罚款金额 6.45 万元。台州市水利系统落实"谁执法谁普法"责任制，专题开展"防控疫情、法治同行"专项行动、《民法典》普法宣传、宪法宣传周、水法宣传进文化礼堂与节水课堂、"中国水周"普法知识竞赛等系列活动，发放水利法律法规资料 3000 多册、普法短信 5 万余条。10 月，台州市水利局代表台州市政府向台州市五届人大常委会第三十四次会议报告水土保持"一法一条例"（《中华人民共和国水土保持法》《浙江省水土保持条例》）贯彻执行情况，并认真落实相关审议意见。

【水利行业发展】 2020 年，台州市水利系统坚持助力城市能级提升，谋划椒江河口水利枢纽、椒江"一江两岸"海塘提升等重大标志性工程，着力提升台州中心城市首位度，加快台州南北融合；结合"十四五"相关规划编制，谋划打造防洪御潮排涝、水务一体保障、河湖水域生态、山海水城亲水与智慧水利数字等"五张水网"，重构水安全、水资源、水生态、水城市、水治理等"五大格局"，布局一批与"水上台州"建设深度融合的重大水利项目；坚持全市区构建水网，加快实施椒江区洪家场浦排涝调蓄东山湖、路桥青龙浦排涝等工程建设，实现市区骨干水网的架构基本建成，为市区十大重点区块开发提供水利支撑和保障；坚持全市域建设水城，以《台州"幸福水城"规划》编制为契机，谋划"幸福水城"十大工程建设，把河网水系治理与城市建设、旅游发展、生态文明、乡村振兴等结合起来，构建市区核心、市域联动的"水城共同体"。

（杜媛）

丽　水　市

【丽水市水利局简介】 丽水市水利局是丽水市主管水利工作的市政府工作部门。主要职责是：保障水资源的合理开发利用和节约用水工作，统筹生活、生产经营和生态环境用水，组织编制并实施水资源保护规划，指导水资源保护工作；组织指导实施水利设施、水域及其岸线的管理、保护、综合利用，按规定制定水利工程建设与管理的有关制度并组织实施，指导监督水利工程建设与运行管理；监督管理水政监察和水行政执法，负责重大涉水违法事件的查处，指导协调水事纠纷的处理；开展水利科技、教育和对外交流工作；负责落实综合防灾减灾规划相关要求，组织编制洪水干旱灾害防治规划和防护标准并指导实施；负责水土保持工作；承担南明湖保护管理工作；指导水文和农村水利工作。内设3个处室：办公室（挂法制处牌子）、规划建设与监督处、水利资源与运行管理处（挂市节约用水办公室、行政审批处牌子），另设直属机关党委（非内设机构）。3家参公单位：水旱灾害防御中心（挂丽水市水利防汛技术中心牌子）、水利监察支队、河湖管理中心。5家事业单位：水利工程规划建设管理中心、农村水利水电管理中心、水资源水土保持管理中心、水文管理中心、南明湖管理所（挂丽水经济技术开发区水利服务站牌子）。至2020年年底，丽水市水利局行政编制13名。参照公务员管理单位编制数18名，在编15名。事业单位编制数54名，在编49名。

【概况】　2020年，面对新冠肺炎疫情的严重冲击，超长梅汛和第4号台风"黑格比"的严峻考验，丽水市水利系统干部以"补短板、强监管、走前列、勇担当"为主基调，高质量完成各项工作任务。至2020年年底，创成绿色水电114座，数量居全国地级市首位；全国首笔20万河权贷顺利发放；率先开展水文化遗产普查、保护和利用工作；全市农村供水工程数达3452个，居全省第一；累计创省级"美丽河湖"41条（个），创建完成率200％，为全省最高；率先成立强监管工作专班统筹抓水利强监管工作。大花园瓯江绿道里程累计达3022km，居全省第一；完成415个水文防汛"5＋1"站点建设，完成投资数和站点数列全省第一；累计完成投资39.5亿元，水利管理业投资增长率达12.4％，圆满完成省市考核目标。拆除龙泉水然居等涉水违章建筑，解决水域占用历史遗留问题；全市完成水土保持补偿费4149万元，其中市本级征收2468万元，是2019年同期的15倍；完成瓯江干流市本级段河道管理范围的全线重新划界工作，新增约20.4hm²可开发用地。

【水文水资源】

1. 雨情。2020年，丽水市平均降水量1629.0mm，较2019年偏少18.1％，较多年平均降水量偏少8.4％，时空分布不均匀。空间分布上看，年降水量分布西北高东南低，最大为遂昌县1944.6mm，最小为青田县1385.2mm。时间分布上，非汛期（1—3月，11—12月）降水量485.2mm，占全年降水量的29.8％，比多年平均同期降水量（434.6mm）偏多11.6％；汛期（4—10月），降水量1143.8mm，占全年降水量的70.2％，比多年平均同期降水量（1304.2mm）偏少12.3％。全年最大月雨量为6月281.4mm，与常年同期相比偏少9.2％；最小月雨量为11月

15.1mm，与常年同期相比偏少78.8%。

2. 水情。2020年，受梅雨、台风等影响，丽水市主要江河水位控制站虽有大幅上涨，但除好溪秋塘站外，其他主要控制站年最高水位均未超过警戒水位。受第4号台风"黑格比"影响，好溪秋塘站最高洪峰水位62.77m，超保证水位0.17m，实测最大流量2300m³/s，接近5年一遇洪水标准。

3. 水资源。丽水市水资源总量161.8742亿m³，比多年平均偏少15.3%。其中地表水资源总量161.8742亿m³，地下水资源总量39.8392亿m³，与地表水资源间重复计算量为39.8392亿m³。全市产水系数0.57，产水模数93.4万m³/km²。人均年拥有水资源量6855.33m³（常住人口）。全市有大中型水库33座，2020年末总蓄水量31.3328亿m³，比年初减少5.4928亿m³。全市总用水量6.6323亿m³，水资源利用率为4.1%。其中农田灌溉用水占60.5%，工业用水占12.9%，城乡居民生活用水占14.2%。城乡居民人均年生活用水量39.80m³，农田灌溉亩均年用水量为321.35m³，万元工业增加值用水量19.59m³，万元GDP用水量43.13m³。全市总耗水量4.0328亿m³，其中农田灌溉耗水量2.8661亿m³，占总耗水量的71.1%。全市城镇居民生活、第二产业、第三产业退水总量为1.1314亿t。

【水旱灾害防御】 2020年，丽水市遭遇超长梅雨期、第4号台风"黑格比"正面袭击、年底干旱等自然灾害侵袭，水利设施直接经济损失2.71亿元。汛前，丽水市、县两级水利部门成立水旱灾害防御领导小组，全面开展防汛检查工作，全市累计派出技术人员4769人，检查防御重点部位1949处，发现隐患175处，已完成整改销号104处，落实管控措施71处；完成水毁工程修复58处，储备价值1000万余元的水旱灾害专用物资。汛期，严格执行24小时值班制度，发送各类预警短信56万条次。丽水市本级调度水库22次，特别是梅雨期间，大型水库累计入库水量19.02亿m³，拦蓄大于1000m³/s洪水4场，拦蓄洪水量2.53亿m³，未发生泄洪。完成莲都区、松阳县的山洪灾害防治项目建设。推进山洪灾害调查评价工作，确定防御重点村落2044个，明确山洪灾害极高危险区和高危险区涉及人口5万余人。汛期结束后，全市降水量偏少近六成，遭遇旱情，作物累计受灾面积1.05万hm²，粮食和经济作物因旱损失1.7亿元，累计因旱饮水困难1.5万人，丽水市投入机电井280眼、泵站98处、机动运水车21辆等，累计投入抗旱资金362万元，挽回粮食和经济作物损失1342.4万元。

【水利规划工作】 2020年，丽水市在编规划（含前期课题研究）共8项，其中续编4项，分别为丽水市城市内河规划修编、丽水市水经济发展规划、瓯江山居图中重要河段生态流量研究和瓯江山水诗之路水文化支撑利用研究；新编4项，分别为丽水市水利发展"十四五"规划、丽水市"十四五"水安全保障规划、丽水市农村饮用水"十四五"规划和丽水市水资源优化配置与水利设施布局专题。

2020 年，共完成丽水市城市内河规划修编、丽水市水经济发展规划、瓯江山居图中重要河段生态流量研究和瓯江山水诗之路水文化支撑利用研究（含前期课题研究）4 项。其中，丽水市城市内河规划修编，规划主要控制内容为河道宽度、河道走向、河道规划控制范围，规划目标是保护城市水域，保障河道规模，确保城区防洪排涝能力，提升城区水系水生态环境，促进内河沿线水景观打造，为城市内河水系综合管理提供有力依据；丽水市水经济发展规划，总结丽水水经济发展的现状和问题，研判水经济发展面临的形势和挑战，分析水资源优势和水经济发展潜力，提炼省内外水经济及产业发展的经验借鉴，提出全市当前及今后一个时期水经济发展的总体思路、目标布局、主要任务和保障措施；瓯江山居图中重要河段生态流量研究，通过调研分析瓯江山居图中重要河段的生态流量控制断面、生态流量标准及存在问题，研究保障重要河段生态流量的水库联合调度措施；瓯江山水诗之路水文化支撑利用研究，对现有水利遗产资源进行梳理与整合，提出水文化保护利用工作的思考及策略，促进全市水文化发展与推广。

【水利基本建设】　2020 年，丽水市完成水利投资 39.5 亿元，完成省水利厅下达投资计划的 110%。水利管理业投资同比增长 12.7%，位列全省第三。全年丽水市共向上争取资金 12 亿元，完成山塘综合整治 28 座，完成农业水价综合改革面积 28907hm²。完成 872 个农村饮用水达标提标项目建设，达标提标人口

49.3 万人，达标人口覆盖率达 97.84%，供水保证率达 95.31%，水质合格率达 95.21%，城乡规模化供水工程人口覆盖率为 58.79%。

【重点水利工程建设】　2020 年，丽水市水利重大建设项目共 24 个，其中青田小溪水利枢纽开工建设，滩坑引水工程、龙泉市梅溪河流综合治理工程、龙泉市八都溪河流综合治理工程、龙泉市瑞垟引水一期工程、青田瓯江治理二期工程、青田县四都港汤垟至仁庄段综合治理工程、青田县四都港山口段片综合治理工程、云和县浮云溪流域综合治理工程、云和县紧水滩引水工程、庆元兰溪桥扩建工程、庆元松源溪流域综合治理工程、缙云县潜明水库引水工程、缙云县好溪流域综合治理工程、遂昌县清水源工程、松阳县松阴溪干流河流综合治理工程、景宁金村水库及供水工程和景宁县小溪流域综合治理工程主体工程建设有序推进，丽水机场沙溪改道、青田水利枢纽和松阳县黄南水库工程基本完工，云和县龙泉溪治理二期和大溪治理提升改造工程总项目结转至 2021 年开工。至 2020 年年底，共完成年度投资 20.8 亿元。

【水资源管理与节约保护】　2020 年，丽水市累计核查登记取水口 4057 个、取水项目 809 个。严格水资源费征收管理，开展 28 家重点取水企业、2 所高校"三服务"工作，落实水资源费减免 479 万元，其中丽水市本级减免 86 万元。完成全市 144 处日供水规模 200t 以上农村饮用水源地水源名录公布和保护范围划

定，10 个县级以上重要饮用水源地安全保障达标建设年度评估，制定出台《丽水市本级备用饮用水水源管理办法（试行）》。全面实施节水行动，制定印发丽水市及县级节水行动实施方案，创建成标杆小区 7 个、省级节水型灌区 2 个、节水型小区 10 个、节水宣传教育基地 1 个，对 17 家企业开展水平衡测试、44 家企业进行清洁生产审核、20 个项目开展节水评价登记工作，完成市本级及 5 县水利局节水型机关建设。云和县 2019 年度县域节水型达标建设通过水利部复核，缙云县、松阳县、遂昌县通过省级验收。省级节水型企业纳爱斯集团的洗涤全生命周期高效节水技术入选全国高效节水产品唯一技术绿色推广名录（2020 年）。

【河湖管理与保护】 2020 年，丽水市完成河道综合整治 97.2km，完成河道管理范围划界 19541km；创建"美丽河湖"23 条（个），创建里程共 266km，莲都区宣平溪（章湾电站至大溪）、景宁县小溪（大均至梧桐）、龙泉市梅溪（查田镇至金村）、遂昌县松阴溪（成屏三级电站引水堰至金岸）、云和县龙泉溪（紧水滩至长汀）、缙云县章溪（舒洪镇仁岸村至好溪）等 18 条（个）河湖被评为省级"美丽河湖"；创建乐水小镇 28 个、水美乡村 164 个。累计完成涉河审批 24 个，开展涉河涉堤项目批后检查 38 次，下发整改通知书 5 份，涉及项目 12 个；完成规模以上水利工程录入省级运管平台；完成瓯江干流划界，新增约 20.4hm^2 可开发用地；完成丽水市城市内河控制性规划修编的专家评审；基本完成全市水域调查成果图和数据库，有效摸清全市河湖的家底；以"河（湖）长制提档升级"工作为抓手强化河长履职，设置四级河（湖）长共 2964 名，各级河（湖）长全年巡河 13.13 万次，巡河率达 97%，发现涉水问题 1378 个，问题处理率 100%。策划"巡河大 PK"品牌活动，全市巡河参与人数超 2 万人，获奖（优胜奖和幸运奖）115 人，获奖人数居全省首位。发动参与省"五水共治"摄影大赛，向省治水办投稿 600 多幅摄影作品，获得优秀奖 1 幅，入围奖 3 幅，参与人数 1000 多人；编写完成《丽水治水采风点位推介》一书，详细介绍水美点位 16 个，并在全省媒体采风启动仪式上，对丽水市治水成效显著的点位进行推介，吸引浙江电台民生资讯广播等媒体单位记者赴丽水古堰画乡、云和石浦等水美乡村进行采风，并在《寻找浙江那片红——见山望水寄乡愁》栏目中播出；撰写跨省治水、引侨治水、阁楼养猪、以鱼洁水、水治理司法协同机制等治水典型特色案例 20 多个。

【水利工程运行管理】 2020 年，丽水市共完成水库除险加固 5 座，山塘综合整治 28 座，水利核查安全鉴定 74 座，水利项目竣工验收 52 项，水库工程运行安全平稳。至 2020 年年底，丽水市共 11 类 1091 处水利工程被纳入省级标准化管理工程名录，其中中型水库 27 座、中型灌区 4 处、中型堤防 28 段、中型泵站 3 座、小型水库 339 座、小型堤防 104 段、山塘 98 座、农村供水工程 3384 座、水电站 314 座、水文测站 92 座、水土保持监测站 1 座。2020 年，丽水市完成 77 处水利工程的标准化管理创建，包括小型水库 46 座，山塘 11 座，堤防 8 段，农村供水工程 8 座，电站 3 座，灌区 1 处；累计完成创建 1084 处，占纳入标准化工程名录数量的 99.6%。

【水利行业监督】　2020 年，丽水市聚焦水利建设、水利工程运行、保障民生安全、水资源管理和水生态环境五大领域，构建"五化"（系统化、制度化、专业化、清单化、信息化）监管体系。至 2020 年年底，丽水市共检查出问题 3523 个。其中丽水市水利局共派出 1026 人次开展专项监督检查，检查出问题 1924 个，如水库巡查人员巡查记录不到位、缺少必要监测设施，已全部完成整改。建立信息化监管体系，全面推广"互联网＋监管"系统应用，开发河道采砂在线监管系统，推进丽水"智慧水利"系统建设。全市开展无违建河道创建、水土保持监督、违法采砂、饮用水水源地保护、河湖"清四乱"、扫黑除恶为重点的执法工作，维护水事秩序，重点解决云和云曼酒店、滩坑水库水上渔村、神幻刘府等占用水域历史遗留问题。全市共立案水政案件 55 件，警告 16 起，罚没款 72 万元，督促指导县（市、区）信访件处理 5 起。11 月，成立丽水市河道采砂工作专班，专班成员赴县（市、区）巡查暗访河道约 5300km，发现问题并下发重要事项交办单 40 份，至 12 月底，已销号 18 份。

【水利行业发展】　2020 年，丽水市持续推进绿色水电创建工作，全年通过认证电站 56 座，占全国 278 座的 20%，全省 97 座的 58%。2017—2020 年，累计通过绿色小水电示范电站认证总数 114 座，通过率占全国 19%，占全省 58%。创建省级生态水电示范区 14 个，示范区创建数量占全省总数的 25%。2020 年 1 月，丽水市小水电地方标准《小水电生态建设技术规范》正式实施；9 月，完成全部 823 座小水电清理整改销号任务。12 月，"智慧水电"系统正式投入使用，系统功能不断完善，465 座小水电生态流量纳入平台监管，并启动小水电生态流量监控全覆盖安装工作。11 月，水利部先后在丽水市举办绿色水电示范电站评定现场会议、国际小水电联合会示范基地/核心会员年度工作会议。会议期间，水利部副部长刘伟平为丽水市授牌，国际小水电中心绿色水电丽水示范区正式成立。

【水土流失治理和水土保持监管】　2020 年，丽水市全面加强水土流失治理，全年完成水土流失治理面积 44.35km²，"十三五"期间累计完成 325.4km²，水土保持率提升至 93.14%，水土流失强度全面下降，下降幅度平均达 80% 以上，现状以轻度水土流失为主，占比为水土流失面积的 87%。水土保持监管全面加强，全年全市共完成水土保持方案审批 521 个，其中水土保持方案报告书 132 个，报告表 124 个，登记表 265 个；水土保持设施验收备案 104 个；在建生产建设项目监督检查 449 个，监督检查 539 次；卫星遥感图斑复核 876 个，发现不合规项目 11 个，查处整改项目 10 个，移交执法部门 1 个；开展违法违规项目约谈 10 个，列入"重点关注名单"信用监管单位 1 家，市级挂牌督办项目 1 个。

【南明湖景区管理】　2020 年，南明湖管理所做好南明湖景区新冠肺炎疫情防控，常态化推进基础设施维修维护、水面保洁、绿化养护、环境卫生、秩序管理等日常工作，完成江滨智慧公园提升改造工作。配合丽水市体育局做好浙江省首届生态运动会、2020 年皮划艇静水锦标赛暨第十四届全国运动会皮划艇静水资格赛后勤保障工作。高标准完成全国文明城市"省测""国测"迎检、国家卫生城市复查及全国无障碍示范区创建任务。持续推进《丽水市南明湖保护管理条例》宣传及配套制度制定工作，先后出台《南明湖保护管理投诉举报受理程序》《南明湖保护管理部门工作人员发现违法行为后相关工作程序要求》《涉南明湖行政许可通知南明湖保护管理部门程序》《涉南明湖行政处罚告知南明湖管理部门程序》《丽水市南明湖综合管理协调制度》《南明湖水环境突发事件应急预案》及《丽水市南明湖保护规划》。开展南明湖禁钓、禁泳区 2.4km² 水域的划设工作，并于 11 月 1 日全面实施管理。2020 年，南明湖景区获评"浙江省优质综合公园"。

（刘晓敏）

厅直属单位

Directly Affiliated Institutions

319～374 页

浙江省水库管理中心

【单位简介】 浙江省水库管理中心为省水利厅所属正处级公益一类事业单位，机构编制人数为 17 名，设主任 1 名，副主任 2 名。至年底，干部职工数 22 名（含退休人员），其中参公编制 17 名，退休人员 5 名。

浙江省水库管理中心（以下简称省水库中心）主要职责是：起草水库管理、保护的政策、规章制度，组织拟订技术标准；承担水库除险加固提标专项规划和实施方案编制技术管理工作，承担水库除险加固项目前期、建设管理和工程验收的辅助工作；承担水库调度规程、控制运用计划编制技术管理工作，组织大型和跨设区市中型水库控制运用计划技术审查，并协助监督实施；承担指导水库大坝安全运行管理、监督检查的辅助工作，组织大型和跨设区市中型水库大坝安全鉴定技术审查；承担水库大坝注册登记、水库降等报废的技术工作，承担大型和跨设区市中型水库大坝注册登记的辅助工作；承担水库工程管理范围和保护范围划定的技术工作，组织大型和跨设区市中型水库管理和保护范围划定方案技术审查；承担水库工程标准化、物业化管理的相关工作；承担水利工程管理体制改革和运行管理市场监管的辅助工作；组织开展全省水库管理技术研究与应用；完成省水利厅交办的其他任务。

【概况】 2020 年，省水库中心共完成 33 座大型及 1 座跨设区市中型水库的控制运用计划技术审查；完成 29 座大型水库、8 座中型水库和 353 座小型水库的运行管理指导服务；完成 2 座大型水库大坝安全鉴定技术审查、100 座小型水库除险加固项目绩效评价，并指导服务中小型水库大坝安全鉴定和病险水库除险加固工作；完成 7 座大中型水库标准化创建考核现场评估，并指导服务小型水库标准化创建工作；完成 6 座大型水库管理和保护范围划定方案技术审查；1 家水库管理单位通过水利部考核验收，3 家水库管理单位通过水利部考核验收复核，3 家水库管理单位通过省水利厅考核验收。

【水库安全检查】 2020 年，省水库中心制定年度检查工作方案，明确检查组织形式、检查内容清单等，按周落实检查计划，克服疫情影响，全年共对 10 个设区市 41 个县（市、区）的 390 座水库进行检查指导，其中大型水库 29 座、中型水库 8 座、小型水库 353 座，并清单式表格化推进问题整改，与水库管理单位逐个研究存在问题和整改措施，落实专人动态跟踪问题整改，做到问题整改完成 1 个、销号 1 个。组织抓好水利部暗访督查问题整改，及时完成水利部对全省 8 个设区市 292 座小型水库运行管理专项督查发现问题整改落实情况的初核、汇总和报送工作；配合开展全省小型水库安全运行管理交叉检查工作，参加水利复工复产安全生产攻坚行动专项督查、水旱灾害汛前督查及安全稽察等工作。

【水库控制运用】 2020年，完成33座大型水库及1座跨设区市中型水库控制运用计划技术审查工作。针对四明湖水库下游河道整治工程已完工并已恢复到设计泄洪流量，调整四明湖水库控制运用计划，提高水库自身安全度和防洪能力；针对横锦水库溢洪道闸门高度不够，组织专题研究，降低水库台汛期起调水位，确保水库防洪安全；对沐尘水库台汛期汛限水位动态管理进行专题研究。严格执行控制运用计划日报制度，落实专人负责每日跟踪控制运用计划及汛限水位执行情况，对超汛限水位运行的水库及时督促提醒。协助省水利厅有关处室对超汛限运行水库进行现场督查。加强小型水库运行情况抽查，梅雨和台风影响期间加强值班值守，督促各地严格落实水库安全度汛责任，对341座小型水库的"三个责任人"落实情况进行电话抽查，重点关注超汛限运行水库的监管。派员赴常山大坳水库、桐庐富春江及嘉兴开展防汛应急处置和指导工作。

【水库安全鉴定和除险加固】 2020年，加快推进解决水库超期未安全鉴定、病险水库未及时除险加固等问题，紧抓水库大坝安全鉴定、除险加固两项清零工作。全面组织梳理超期未安全鉴定、存量病险水库及历年除险加固水库遗留问题、小型水库"三通八有"（道路通、电力通、通信通，有人员、有资金、有制度、有预案、有物资、有监测设施、有放空设施、有管理房）设施情况等信息，协助制订安全鉴定两年清零计划和病险水库存量三年清零行动计划，水库除险

加固攻坚行动实施方案，以及"十四五"期间和2021年度安全鉴定、除险加固计划，小型水库系统治理工作方案等。加强鉴定加固督促指导，对工作进展滞后、项目实施中存在困难的，以"一库一单"的方式开展安全鉴定技术服务6次、除险加固技术服务24次，督促指导各地顺利推进工作。清单式管理，定期跟踪梳理鉴定超期、存量病险水库销号情况，全省共完成水库安全鉴定898座、除险加固119座，超额完成年度任务；完成100座水库除险加固项目的绩效评价，帮助各地提升建设项目管理水平。做好大型水库鉴定技术审查，全年共组织对南山、对河口、长诏、四明湖、南江等5座大型水库大坝安全鉴定成果进行技术审查。其中，南山、对河口2座水库完成技术审查并印发鉴定报告书；长诏、四明湖2座水库召开技术审查会，南江水库在开展初审工作。

【水库标准化管理】 2020年，加快推进标准化管理创建扫尾工作，完成钦寸、里石门、青山殿、溪口、隔溪张、胡陈港、五泄7座水库标准化管理省级创建评估，基本完成全省大中型水库标准化管理创建工作。赴宁海县、象山县就水库标准化管理创建工作开展"三服务"活动，每月对物业化企业开展电话或现场服务。修订制度规章，编制水利类重要经济目标（水库）防护战术技术标准大纲；配合开展《浙江省水利工程安全管理条例》《浙江省水库大坝安全管理办法》等法规规章修订前期工作，完成《浙江省水利工程安全鉴定管理办法（征求意见稿）》。加强管理先进创建，探索

水库管理体制改革新模式，淳安县、余姚市和绍兴市柯桥区通过水利部小型水库管理体制改革样板县创建，并获得一致好评。安地水库管理单位通过水利部考核验收，白溪、四明湖、汤浦3座水库管理单位通过水利部考核验收复核，金华市九峰水库管理中心、金华市白沙溪流域管理中心（金华市沙畈水库管理中心）、绍兴市引水工程管理中心3家水库管理单位通过省水利厅考核验收。

【水库管理保护范围划定】　2020年，省水库中心加快推进管理保护范围划定，逐库梳理划定工作中存在的问题及难点，制订月度推进计划，加强技术指导，全年完成新安江、富春江、钦寸、里石门、沐尘、下岸6座大型水库管理保护范围划定方案技术审查，并经省政府批复；湖南镇水库管理保护范围划定已完成技术审查，正在修改完善；紧水滩、滩坑2座大型电站水库管理保护范围划定方案已提出初步复核意见。

【水库注册登记和降等报废】　2020年，做好大坝注册（变更）登记服务指导，加强与水利部大坝中心工作对接，完成泰顺县大际水库大坝注册，指导仙居县盂溪、磐安县三水潭等5座水库大坝注册，完成宁波市奉化区亭下等107座水库大坝注册登记变更。加强水库降等报废工作把关，梳理之后三年拟降等报废水库信息；赴东阳市开展小型水库降等报废指导服务，指导推进东阳市大山口等水库降等报废工作，编写降等报废实施程序标准解答；跟踪掌握2020年拟降等（报废）的杭州市富阳区姚霄坞等8

座水库实施进度，确保水库总数准确。

【水库管理数字化】　2020年，加强水库管理数字化基础工作，开展大型水库安全管理手册编制工作，逐库核实水库特征水位、防洪库容等关键数据，编制完成30座大型水库的安全管理手册，为大型水库监管提供依据。配合推进"数字水库"工作，与省水利厅有关处室对接省运管平台建设业务需求，参与水库运行管理大摸排、省级专项督导等模块设计，提出小型水库相应模块修改建议；核对平台已有水库名录，督促地方做好数据漏项、重复等整改工作。

【单位管理制度制（修）订】　2020年，省水库中心制（修）订《"三重一大"议事规则》《合同管理办法》《文书档案管理办法》《出差管理办法》《会议与培训管理办法》《部门预算项目管理办法》《财务报销与支付管理办法》《请假休假管理办法》等多项制度，并适时调整修订《内控手册》，进一步完善内控制度。完成2019年度行政事业单位内部控制报告编报工作，通过2019年度事业单位内部控制建设情况专项审计调查。结合省水库中心人员岗位职责变动，修改完善《岗位设置表》和《岗位职责表》。组织开展《水库中心志》编写，梳理省水库中心发展沿革和大事记，完成初稿。

【党建与党风廉政建设】　2020年，省水库中心坚持政治建设为统领，以党支部"三会一课"为基础，做好党支部标准化建设，严格落实全面从严治党主体责任，逐级签订廉政责任书、承诺书，开展廉政提醒谈话、警示教育等活动，推动党风廉政教育入脑入心，严守纪律规矩底线。及时完成支委调整，全年召开支部学习会16次、党员大会9次，完成1名预备党员的培养考察和转正。推行理论＋专业学习模式，支部书记带头讲党课，每位干部结合岗位职责进行1～2次主题发言。组织对标"四个能不能"、建设"重要窗口"话担当大讨论，不断增强"四个意识"、坚定"四个自信"、做到"两个维护"。进一步梳理廉政风险和失职渎职风险，制定防范措施，共排查出岗位廉政风险14个、失职渎职风险25个，分别制定防控措施49条、90条。组织优秀党员推荐，1名党员被评为2018—2019年度优秀共产党员。开展"水库走廊"和党员活动室等阵地建设，组织编写"水库中心志"，进一步提振全体干部精气神。

（彭妍）

浙江省农村水利管理中心

【单位简介】　浙江省农村水利管理中心为省水利厅所属正处级参照公务员法管理的公益一类事业单位，事业编制数为28名，设主任1名，副主任2名，所需经费由省财政全额补助。2020年1月，《中共浙江省委机构编制委员会办公室关于印发浙江省水利厅所属浙江省水库管理中心等10家事业单位机构编制规定的通知》，明确浙江省河湖与农村水利管理中心更名为浙江省农村水利管理中心。12月28日，《中共浙江省委组织部关于同意浙江省水库管理中心、浙江省农村水利管理中心参照公务员法管理的批复》，明确同意浙江省农村水利管理中心（以下简称农水中心）为参照公务员法管理的事业单位。主要负责起草农村水利建设和管理的政策、制度，拟订技术标准，承担大中型灌区、大中型灌排泵站、农村供水工程、圩区、山塘等工程建设和运行管理以及农业灌溉水源、灌排工程设施审批和农村集体经济组织修建水库审批的辅助工作，组织开展全省灌溉试验站网建设、农业灌溉试验及农田灌溉水有效利用系数测算分析、农业用水定额拟订，协助指导基层水利服务体系建设和管理、农业节水等工作。

【概况】　2020年，农水中心组织完成大中型灌区节水配套改造年度投资12984万元，完成山塘综合整治513座、圩区整治项目1.38万 hm^2，推进农村水利数字化转型，协助起草《水利兴农惠民百千万工程"十四五"规划思路》，完成《农业用水定额修编工作大纲》和农村水利工程名录调整206处。全省灌溉水有效利用系数达0.6以上，位列全国第九。

【大中型灌区建设管理】　2020年，全省立项实施牛头山水库灌区节水配套改造项目，推进2019年立项实施的碗窑、铜山源2个大型灌区节水配套改造项目建设，完成年度投资12984万元，其中中央投资计划11896万元，投资完成率约109%。乌溪江引水工程灌区和铜山源水库灌区2个大型灌区纳入国家"十四五"大型灌区续建配套与现代化改造实施计划。遴选台州市路桥区金清灌区、海宁市上塘河灌区、金华市安地灌区、安吉县赋石灌区和松阳县江北灌区5个中型灌区为全省2021—2022年中型灌区续建配套与节水改造灌区,指导完成项目建设方案编制。专项推动大中型灌区竣工验收,完成南山水库灌区等13个(期)灌区项目竣工验收,解决了一批多年来未验收的历史遗留项目。

【山塘建设管理】　2020年,农水中心共完成山塘综合整治513座,完成投资4.6亿元。以山塘防汛安全为管理重点,将山塘防汛预警纳入防洪减灾平台,按照24小时预期降雨量超100mm地区的山塘进行自动预警,强化现场服务指导和巡查抽查。调研形成《屋顶山塘安全整治三年行动方案》,提出以"八有"〔有上坝道路,有管保范围,有管理用房,有监测设施,有标识标牌,有管护组织(人员),有规章制度,有经费保障〕为基本条件的"美丽山塘"工作新路径。

【圩区建设管理】　2020年,农水中心持续推进杭嘉湖圩区整治工程项目建设,累计整治圩区面积1.38万 hm²。加强指导圩区汛期现场检查,开展杭嘉湖圩区风险评估,指导督促有关县(市、区)水利局加强圩区巡查,确保长梅期间太湖高水位情况下圩区安全度汛。编制《浙江省中小型泵站建设导则》,统一中小型泵站建设标准,确保中小型泵站安全、高效、经济、美丽。

【农村水利数字化转型】　2020年,农水中心支撑城乡清洁供水系统建设,完成全省10422处水厂(站)、10072处饮用水水源地数据归集,纳入全省"一库、一图、一网"管理,完成886个水厂水质水量实时数据接入,覆盖人口4248万人,占浙江总人数的85%。达成从源水、制水、供水全过程全链条在线监测、在线监控、在线预警,实现从源头到龙头数字化"管理＋服务"的数字社会高效治理。推进农村水利信息系统建设,完成18089座山塘、53个大型及重点中型灌区基础数据,977个基层水利服务机构和2397名水利员信息汇集。

【农村水利"十四五"规划】　2020年,农水中心紧跟乡村振兴战略实施、保障粮食安全、长三角一体化发展的新形势、新要求,开展灌区、山塘、圩区基础数据及建设需求调查,组织编制大中型灌区现代化改造、美丽山塘、平安圩区、农村供水等"十四五"规划,协助起草《水利兴农惠民百千万工程"十四五"规划思路》。

【农村水利工程标准化】　2020年,农水中心完成《农村供水工程运行管理规程》《泵站运行管理规程》等升地标工作,印发《浙江省小型泵站安全评价导则(试行)》《浙江省山塘安全评定技术导则》。开展农村水利工程标准化名录调整,审核完成农村水利工程名录调整206处,其中调入名录143处,调出名录63处。开展农村水利工程标准化管理创建"回头看",累计服务指导9个设区市19个县(市、区)40个有标准化创建任务的水利工程。

【农业节水灌溉技术工作】 2020年，农水中心完成2019年度全省农田灌溉水有效利用系数分析测算成果工作报告，全面开展2020年度全省农田灌溉水有效利用系数分析测算工作。指导做好"一中心三重点"（浙江省灌溉试验中心站和浙江省永康灌溉试验重点站、浙江省平湖灌溉试验重点站、浙江省金清灌溉试验重点站）灌溉试验网站建设与试验研究，因地制宜推进基层灌溉试验站点设置。组织农业用水定额修编工作，确定全省86个农业县作物播种面积等基础数据，界定定额修编边界条件，依托灌溉试验开展定额试验观测，完成《农业用水定额修编工作大纲》。

【基层水利服务体系建设】 2020年，组织开展全省基层水利服务机构和人员调查，至9月底，全省共有基层水利服务机构977个，基层水利员2397人，其中水利类及相关专业人员1503人，占62.7%，拥有中级及以上专业技术职务人员831人。完成第三届首席水利员评选，共评选首席水利员131名。

【党建与党风廉政建设】 2020年，针对省水利厅党组全面从严治党专项检查反馈的14个问题，农水中心落实43项具体整改措施。开展对党忠诚教育系列活动，赴省档案馆开展"不忘初心、决胜小康"主题党日活动，引导党员干部保持忠诚之心，践行忠诚之志。集中学习《习近平新时代中国特色社会主义思想学习纲要》《习近平谈治国理政》（第三卷）。强化支部战斗堡垒建设，支委委员由3人增加为5人，修订《支部组织生活会制度》《支部"三会一课"制度》和《"三重一大"议事规则》，预备党员转正1人。解读《民法典》，强化依法履职、依法行政意识；制定《农水中心促进党建和业务融合的实施方案》，推动党建和业务融合发展；全面梳理和修订完善农水中心内控制度18项，梳理岗位失职渎职风险点53条，制定防范措施53条，编制《农水中心廉政风险防控手册》，推进"清廉水利"建设。开展违纪违法典型案例警示教育，教育党员干部坚守廉洁底线。

（马国梁）

浙江省水文管理中心

【单位简介】 浙江省水文管理中心为省水利厅所属公益一类事业单位，机构规格为副厅级，内设机构为办公室、水情预报部、站网部、通信管理部、资料应用部、水质部（省水资源监测中心）6个部室及之江水文站（挂浙江省水文机动测验队牌子）、分水江水文站和兰溪水文站3个分支机构，经费由财政全额保障。核定编制数90人，截至2020年年底，实有在编人员81人。

省水文中心的主要职责是：承担全省水文事业发展规划的编制并组织实施；承担指导水文水资源监测的具体工作；承担指导全省水文情报预报工作，提供水文分析和预报成果；承担全省水资源保护与管理相关技术支撑工作；承担全省水利行业水质监测业务指导的具体工作；承担指导全省水文通信、自动测报等信息化工作；组织全省水文水资源监测资料的复审、验收和汇编，承担浙江省国家水文数据库建设和全省水文资料档案管理；拟订全省水文行业的技术规范和标准；承担指导全省水文设施的安全保护工作；承担省级水文信息化系统、分支水文站的建设管理和运行维护。

【概况】　2020年，省水文中心全力服务水旱灾害防御工作，精准测报，动态分析全省江河湖库水情，成功应对长达50天的梅雨期和第4号台风"黑格比"正面登陆。深入谋划浙江省水文事业发展"十四五"规划，扎实推进水文"5＋1"工程和水文现代化示范站建设，基本完成浙江省江河湖库水雨情监测在线分析服务平台，与浙江铁塔公司成立5G创新联合实验室，与海康威视联合开展水文测报新技术研究推广应用，启动水生态健康评价体系研究试点。加强水文宣传工作，在省部级以上媒体报道浙江水文信息200多次，百年水文联盟活动和农村供水安全保障水质监督性监测项目工作成功入选2020年全国水文行业十件大事，省水文中心连续2年获省水利厅系统考核优秀。水质部被评为2018—2019年度国家最严格水资源考核先进集体。

【水情预报预警】　2020年，全省启动各级水文测报应急响应85次，共完成洪水预报3000多站次，完成中长期水文预测和月季形势分析16期，发布洪水预警1400多站次，编写水情专报1800多期，采集雨水情信息5570万余条，发送水情预警短信310万余条，提出水库调度建议293次。尤其在防御新安江流域洪水期间，全省启动水文测报Ⅰ级应急响应，省水文中心连续8天7夜开启水情1小时一分析、预报1小时一更新模式，全程动态预报73期171种开关闸方案，提供新安江和钱塘江干流水雨情分析专报7期，为新安江水库泄洪闸9次启闭调度提供决策支撑。钱塘江流域防洪减灾数字化平台进入实战应用，省水文中心负责的实时水情和水雨情简报模块访问量和用户活跃度最大。

【水资源监测】　2020年，省水文中心组织开展全省248个江河湖库、156个国家地下水重要水质站、20个水生态监测断面水质采样和水质监测，采集水样4000多份，开展水质评价8000多次，报送水利部、太湖局数据10万余个。探索开展河湖生态监测成果应用。全面参与水资源管理各项工作，校核近50万个数据，编制完成《2019年度浙江省水资源公报》，完成年度水资源资产负债表审核上报，连续2年一次性通过水利部审核。全过程参与最严格水资源管理制度考核工作，水质部被评为2018—2019年度国家最严格水资源考核先进集体。承担水质抽检暗访督查11轮，检查工程190处，完成督查报告20份，水质抽检450多份，检测成果近3000个，发现并推动解决问题150多个，问题率从63％降至6％。实施水文"五大工程"和水文补短板建设，建成61个行政交界断面流量自动监测站，为防汛、水资源、水生态分析提供数据支持。印发《浙江省小水电站生态流量监管平台建设技术指导意见》，计划建设大中型水库坝下出库流量自动监测站 166 个。编制完成钱塘江、瓯江、甬江、鳌江、曹娥江、西苕溪、武义江、常山港、椒江、松阴溪 10 条河流的生态流量保障实施方案，初步确定全省 10 条河流生态流量监测站（断面）46 处，其中利用现有水文站点 4 处，改建 9 处，新建 33 处。联合温州市水文站、中科院水生生物研究所等单位，在温州市珊溪水库和泽雅水库启动水生态健康评价体系研究试点。持续开展 4 个季度的水库自然生境状况、水环境质量、水生生物群落现状调查与监测，初步摸清水生生物群落结构现状、关键物种的种群结构特征以及与自然生境、水环境之间的作用关系。

【水文规划】 2020 年，省水文中心组织编制《浙江水文事业发展"十四五"规划》《结合环湖大堤（浙江段）后续等工程建设措施健全出入太湖水量水质监测体系工作方案》《富春江电站以上干流水文监测建设方案》《杭嘉湖平原南排水文监测建设方案》。

【水文站网管理】 2020 年 3 月，省水利厅对国家基本水文站网进行调整，调整后国家基本水文测站 1121 个，其中国家基本水文站 95 个，国家基本水位站 137 个，国家基本雨量站 486 个，地下水站 155 个，水质站 248 个。省水文中心组织编制《国家基本水文测站、专用水文测站设立和调整的技术审核流程及技术要点》《水文测站上下游建设影响

水文监测工程的技术审核流程及技术要点（2020 年版）》，协助办理 2020 年度水文测站行政审批事项 5 次，其中国家基本水文测站设立和调整审批 2 次，水文测站上下游建设影响水文监测工程审批 3 次。修订完善浙江省地方标准《水文通信平台接入技术规范》；在国内率先提出《图像识别水位观测系统的技术规范》，并上报省市场监督管理局。11 月 27 日，《浙江省人民代表大会常务委员会关于修改〈浙江省水文管理条例〉等五件地方性法规的决定》经浙江省第十三届人民代表大会常务委员会第二十五次会议审议通过，并于公布之日起试行。完成水文防汛"5＋1"工程中 421 套超标准人工水尺设置、507 套应急四增配建设并在主汛期投入使用，基本完成直属站示范工程项目建设，全年完成新建改建水文测站 1207 个。截至 2020 年年底，全省各类水文测站 6927 个，其中国家基本水文站 95 个，专用水文站 221 个，水位站 4762 个，雨量站 1677 个，墒情站 16 个，地下水站 156 个。

【水文应急测验】 2020 年主汛期前，全省水文部门编制完成省、市、县三级水文机构和 95 个国家基本水文站应急测报方案。7 月 8 日 9 时，新安江水库建库首次 9 孔全开泄洪，水库水位达到历史最高值 108.45m。7 月 7—10 日，省水文中心联合杭州市水文水资源监测中心 15 名技术骨干，携带先进水文应急监测设备，先后奔赴建德、富阳、桐庐等地开展应急测验。测验队对紫金滩大桥、渡济大桥、柴埠大桥、窄溪大桥、东吴大桥、富春江第一大桥 6 个断面逐一开

展连续的水文应急监测，监测项目有流量、水位、平均流速、中泓流速等，共完成走航式 ADCP 测流 46 次、无人机测流 4 次，精确测得新安江 9 孔泄洪的洪水演进过程，用实时监测数据为富春江水库、新安江水库的调度提供重要依据。

【水文数字化转型】　2020 年，省水文中心推进水文基础监测、站网管理、预警预报、资料在线整编、通信保障一站式管理，开发浙江省江河湖库水雨情监测在线分析服务平台，初步开发完成站网基础信息管理、站网监测管理、水文统计等功能模块，并投入试运行。迭代升级钱塘江流域防洪减灾数字化平台水雨情监测、洪潮预报、预警发布等模块，提升水情在线分析效率和洪水预报预警能力。12 月，省水文中心与中国铁塔股份有限公司浙江省分公司在杭州签署合作协议，成立水文 5G 创新应用联合实验室，共同探索水文 5G 创新应用。与海康威视人工智能实验室联合开展智能图像识别水位、流量技术、视频虚拟水尺研发，完成 39 个流量自动监测站点、72 个智能图像识别水位站点和 2 个智能视频测流试点建设。

【预报预警演练】　2020 年 6 月 9 日，省水文中心联合杭州市水文水资源监测中心在钱塘江闸堰段开展超标准洪水应急测报预案演练。演练设降雨量测报、走航式 ADCP 测流、无人机测流、雷达枪测流、非接触式（雷达）水位测报、超标准洪水水位人工测报 6 个科目，被《浙江新闻联播》播报。11 月 13 日，省

水文中心水情预报部视频连线杭州市水文水资源监测中心和临安区水文站，开展应对超标准洪水的水文预报预警演练。演练参考 2019 年第 9 号超强台风"利奇马"的实际汛情，虚拟假定预报预警业务场景，针对超标准洪水水文测报应急响应启动、台风登陆前影响分析、防汛会商分析材料准备和突发灾情应对等不同场景开展演练，检验超标准洪水下的省级和市县应急报汛、水情分析及预报、洪水预警和联动会商等工作过程中各主要环节的运行情况和业务能力。

【资料整编】　2020 年，全省水文系统完成 2019 年度全省大区 1000 多站年水文资料、杭嘉湖水文巡测资料、全省大中型水库 900 多站年的水文资料复审验收和年鉴汇编，通过流域机构和水利部审查；有序做好 2020 年度大区水文资料即时整编及审查。完成 2018 年度、2019 年度地下水资料整编审查。

【"最多跑一次"改革】　2020 年，省水文中心受理完成浙江政务服务网水文资料查阅服务 69 次，共向社会提供水文数据 462332 个、693 站年、6387 页水文原始档案，服务满意率 100%。

【水文化建设】　2020 年 11 月 29 日，省水文中心、杭州市林业水利局联合运河沿线北京、天津、河北、山东、江苏等 6 省（直辖市），在杭州市拱宸桥水文站共同发起创建"京杭大运河百年水文联盟"活动。活动现场发布了《京杭大运河百年水文联盟杭州宣言》，联盟坚持以共同保护、共同传承、共同利用为宗

旨，建立共识共保机制，弘扬新时代水文精神，努力使百年水文站成为展示大运河文化带建设的重要窗口。新华社、人民网、中国新闻网等国家级媒体和浙江新闻客户端、浙江卫视、《钱江晚报》、水利部官网、《中国水利报》等省部级媒体对该次活动进行报道。

【精神文明建设】　2020 年，省水文中心完成浙江省级文明单位复评，与桐庐县毕浦村开展结对共建工作。开展党员服务社区、服务基层活动，做好与杭州市上城区小营街道、梅花碑社区服务活动对接，组织党员开展点亮"微心愿"、防疫捐款、无偿献血、垃圾分类等活动，组织青年团员结对帮扶兰溪市柏社乡六山小学贫困学生，指导华东师范大学学生开展社会实践。通过张贴海报、温馨提醒，"浙江水文"微信公众号推送文章、食堂志愿者监督引导等方式，开展坚决制止餐饮浪费行为自查自纠。完成水利行业节水机关建设，实施计量设施安装工程、智慧用水管理系统、节水器具（设备）改造工程、非常规水利用工程等四大工程，加强节水综合集成各项节水措施，强化用水过程管理，用水量比 2019 年同期节约近 10%。

【人才队伍建设】　2020 年，省水文中心举办"浙江水文大讲堂"6 期，举办水文情报预报、水质监测、资料整编、水文勘测技能、自动测报技术、应急机动测验等业务培训班 7 个，培训全省水文技术和技能人员 800 多人次。举办浙江省第一届水文情报预报技术竞赛暨全省水情预报能力提升培训班，通过培

训、交流、竞赛多模式加强水文预报员队伍建设，打造一支创新型、研究型和综合型的新型预报员队伍。省水文中心水质部获浙江省 2018—2019 年度国家最严格水资源考核先进集体，分水江水文站站长胡永成入选浙江省"万人计划"高技能领军人才，并获得 30 万省级特殊支持经费，用于人才培养、团队建设、合作交流等。

【援疆援藏】　2020 年 10 月 20—26 日，省水文中心组织专业技术人员赴新疆阿克苏及阿拉尔市（农一师），开展实地技能培训和业务交流。培训内容包括水文测站标准化管理、一站一策水文应急测报方案编制、行政区域（流域）水文应急监测预案编制、多普勒等水文新技术应用及发展方向等，并对学员进行模拟竞赛答题。同时，与新疆水文部门交流和探讨水文信息化建设、水文新技术应用、测报方案编制、架构设计等内容。11 月 25 日，省水文中心采用远程方式对西藏阿里水文分局开展线上业务技术培训，全国水利技能大奖获得者陈金浩讲授"水文中长期预报方法"。

【党建工作】　2020 年，省水文中心党委始终把政治建设摆在首位，党委书记带头抓党建，坚持议事前先学习等制度，印发年度党建要点、党风廉政要点、意识形态责任分工、党委理论学习中心组学习计划等党建纪检工作要点、任务清单，清单式抓好任务落实落地。召开省水文中心第一次党员大会，完成"两委"委员选举工作。始终坚持思想建党、理论强党，强化以中心组扩大学习为示范、

处级干部为主要对象、党支部学习为基础的理论学习格局，组织中心组扩大学习会 11 次，党委专题学习 25 次，主题发言 14 人次。丰富学习载体，组织开展省委十四届八次全会学习研讨、"对党忠诚强担当"系列教育活动、"对标'四个能不能'建设'重要窗口'话担当"大讨论等学习活动，深入推进党支部标准化建设。

（金俏俏）

浙江水利水电学院

【单位简介】　　浙江水利水电学院（以下简称浙江水院）是一所特色鲜明的工科类应用型本科高校。浙江水院前身为 1953 年杭州水力发电学校，历经杭州水力发电学校、浙江电力专科学校、浙江水利水电学校、浙江水利水电专科学校等阶段，2013 年经教育部批准升格为浙江水利水电学院，2014 年成为浙江省人民政府与水利部共建高校，2019 年入选浙江省应用型建设试点示范院校，2020 年，通过普通高等学校本科教学工作合格评估，获批水利部强监管人才培养基地（全国高校仅 3 家）。学校为全国文明单位和全国文明校园。浙江水院下设水利与环境工程学院、建筑工程学院、测绘与市政工程学院、机械与汽车工程学院、电气工程学院、经济与管理学院、信息工程与艺术设计学院、国际教育交流学院、马克思主义学院、继续教育学院、创业学院 11 个二级学院，基础教学部、体育与军事教育部 2 个教学部，浙

江水文化研究所、浙江水利与海洋工程研究所 2 个研究机构。设有本专科专业 34 个，其中本科专业 29 个，覆盖工学、理学、管理学、经济学和文学等 5 大学科门类。

【概况】　　2020 年，浙江水院全日制在校生 10754 人，其中本科生 8869 人，联合培养研究生 31 人。教职工 746 人，专任教师 502 人，其中高级专业技术职务任职资格教师占 43.2%，硕士以上教师占 85.3%，拥有全国模范教师 1 人，享受国务院特殊津贴 1 人，全国教育系统巾帼建功标兵 1 人，省"五一劳动奖章"1 人，省部级人才 2 人，省"151 人才"15 人，省高校领军人才培养计划培养对象 8 人，省师德先进个人 2 人，省教育系统"三育人"先进个人 5 人，省一流学科带头人 6 人，省中青年学科带头人培养对象 8 人，省教学名师 3 人，省优秀教师 3 人。拥有浙江省 B 类一流学科 6 个，浙江省重点实验室 1 个，浙江省"一带一路"联合实验室 1 个，浙江省工程研究中心 1 个，浙江省院士专家工作站 1 个，浙江省新型高校智库 1 个，国家水情教育基地 1 个，浙江省水文化研究教育中心 1 个，浙江省高校高水平创新团队 1 个。拥有省级优势专业 1 个、省级特色专业 7 个、省级一流专业 7 个，国家精品资源共享课 7 门、省级精品在线开放课程 7 门，省级一流课程 30 门，省级教学团队 2 个，省级实验教学示范中心 3 个，中央财政资助实训基地 2 个，省级校外实践基地建设项目 2 个，浙江省非物质文化遗产传承教学基地 1 个。建有 10 个企业学院，教育部与浙江省协

同育人项目 60 项。获有国家级教学成果二等奖 1 项，浙江省教学成果一等奖 5 项、二等奖 9 项。

【人才培养】 2020 年，浙江水院新增智能电网信息工程、机器人工程和环境生态工程 3 个本科专业；水利水电工程、电气工程及其自动化、土木工程、机械设计制造及其自动化、软件工程、人力资源、测绘工程 7 个专业获批浙江省一流专业；水利水电工程和农业水利工程 2 个专业工程教育专业认证被中国工程教育专业认证协会受理。新增 27 门省一流课程，评选"课程思政"示范课程 15 门，认定项目制课程 15 门、"三位一体"考核课程 55 门，认定校企合作课程 21 门、翻转课堂实施课程 9 门。落实 OBE 教育（指成果导向教育）理念，工科专业全面实施 SWH－CDIO－E［SWH 为"水文化"的汉语拼音首字母，CDIO 代表构思（Conceive）、设计（Design）、实现（Implement）和运作（Operate），E 代表"评价"（Evaluation）］工程教育模式；推进全程能力测评认证工作，试点专业获证率均在 50% 以上；开展"1＋X"证书制度试点，累计开展了建筑信息模型（BIM）等 11 个"1＋X"证书试点，居浙江省应用型本科院校前列。与宁夏大学、三峡大学、华北水利水电大学等院校签订研究生联合培养协议，53 位老师具有硕士生指导资格，新入校研究生 31 名。开展"书记星课堂""校长下午茶""弄潮青年说"等特色品牌活动，"河小二——乡土实践育人工程"被省教育厅推荐参加 2021 年度全国高校思政精品项目申报评审。学生在国内外学科竞赛中取得重大突破，获第九届全国大学生机械创新设计大赛一等奖、全国大学生数学建模二等奖、美国大学生数学建模竞赛一等奖各 1 项，国家级大学生创新创业训练计划项目 59 项。2020 年，浙江水院面向 20 个省招生 3942 人，其中本科招生 3340 人；毕业生初次就业率 95.94%，本科升学率 15.21%，毕业生对学校总体满意度、就业求职服务满意度位居全省高校前列。

【学科科研】 2020 年，浙江水院优化学科体系，构建"一体两翼"现代水利学科群，基本形成以工学为主体，理学、经济学、管理学、文学等学科门类协调发展的学科体系。推进 6 个省级一流学科建设，对标学科建设开展自评。建设省级科研平台，"浙江—白俄罗斯水利水电安全监测智能化装备与系统联合实验室"获批省"一带一路"联合实验室。新增国家级科研项目 3 个、省部级以上科研项目 23 个，立项省重点研发计划项目 2 项、省自然科学基金重大项目 1 项；纵向科研经费 1300 万元。

【师资队伍建设】 2020 年，浙江水院持续实施"人才强校"战略，引进省部级人才 1 人、博士 36 人，柔性引进高层次人才 4 人。协同推进内部培养，出台教职工能力提升助推计划，建立校外导师库。认定高层次人才 17 人，获批浙江省高校领军人才培养计划人选 8 人；推荐 9 人参评浙江省长三角一体化水利工程建设与质量管理专家库成员，1 人成功申报国家留学基金委面上项目，5 人获批国内高校访学项目。

【社会服务】 2020 年，浙江水院参与"三百一争"指导服务、农村饮用水达标提标、"美丽河湖"建设、海塘安澜千亿工程等社会服务 350 多次、1200 多人次，承担"水利风景区抽查及技术支撑""泰顺县古井水源调查研究"等科技服务项目，签订横向项目 129 项，合同额 2586 万元。落实省部共建，成功申建为水利部强监管人才培养基地。推进与杭州市钱塘新区管理委员会合作工作；在与瑞安市政府战略合作协议框架下，与瑞安商务局签署校地合作补充协议；立项教育部产教融合协同育人项目 11 个。

【开放办学】 2020 年 5 月 28 日，浙江水院与英国牛津大学圣安学院、帝工先进技术研究院在帝工先进技术研究院国际交流中心签订合作协议，三方将就学术及科研合作、学生访问学习、教师及管理人员访问交流、博士及博士后培养等方面开展合作。7 月 24 日，与英国埃克塞特大学通过远程加密形式，签订《浙江水利水电学院与英国埃克赛特大学合作谅解备忘录》，双方将在本硕联合培养、本科合作办学、科研合作、师生互访交流等方面持续开展深入合作。10 月 28 日，根据教育部公布的 2020 年上半年中外合作办学项目审批结果，浙江水院与白俄罗斯国立技术大学合作举办的机械设计制造及其自动化专业本科教育项目（批准书编号：MOE33BYA02DNR20202090N）正式获批。11 月 22 日，与河海大学在杭州签订合作办学战略协议，双方共同为全国水利人才培养贡献力量。与美国加州大学河滨分校、澳大利亚南昆士兰大学等名校签订合作协议，开拓师生交换、本硕联培、科研合作渠道。

【水文化建设】 2020 年，浙江水院深入开展水文化教育、水文化传播和水文化研究三大工程，构建以水育人、以文化人的特色育人体系。3 月 3 日，主要负责起草的浙江省地方标准《泵站运行管理规程》（DB33/T 2248—2020）正式发布。11 月，参与编纂的浙江省重大文化工程《浙江通志·水利志》正式出版，《运河专志》《海塘专志》在出版社校稿阶段。承担《浙江水利年鉴》等编写工作，参与制作浙江八大水系有声金名片《水韵》。

【南浔校区获批开工建设】 2020 年 6 月 4 日，浙江水院与湖州市南浔区人民政府在南浔区行政会议中心签订共建南浔校区正式协议；11 月 11 日，省政府批复同意建设南浔校区；11 月 24 日，南浔校区开工建设。南浔校区规划占地超 100hm²，其中 66.67hm² 为校园建设用地，13.33hm² 为职工住宅用地，18.07hm² 为绿水用地。总投资 25 亿元，由南浔区投资建设，预计 2022 年 6 月完工，9 月招收新生。

【全面推进课程思政】 2020 年，浙江水院出台《课程思政实施方案》，提出"课程思政十法"，将思政内涵融入专业教育。以建设课堂教学创新校为抓手，系统推进"课程思政"建设工作。评选第二批"课程思政"示范课程 15 门，开展首届课程思政讲课比赛。召开专业思政暨 SWH－CDIO－E 工程教育模式实施十周年总结推进会。成为浙江省本科高校课程思政教学改革联盟常务理事单位。

【获批 3 个本科专业】　2020 年 2 月 21 日，根据《教育部关于公布 2019 年度普通高等学校本科专业备案和审批结果的通知》，浙江水院申报的智能电网信息工程、机器人工程、环境生态工程 3 个本科专业获批设置，新增专业于 2020 年秋季开始招生。

【列为水利部强监管人才培养基地成员单位】　2020 年 5 月 24 日，浙江水院经过申建，成为水利部强监管人才培养基地成员单位，并承担水利部"强监管"主基调培训专家选送、水利建设项目稽察质量安全巡查专家委派，参与部水利工程建设监管案例编写及评审，承担有关项目开发等工作。

【水利协会水文专业委员会年度会议召开】　2020 年 9 月 18—19 日，中国水利教育协会水文与水资源工程专业委员会 2020 年度工作会议暨第七届全国水利类专业（水文组）青年教师讲课竞赛在浙江水院举行。共有来自全国 55 所水利类高校和企事业单位的 120 多位专家学者和青年教师参会。

【中国现代水利科学家学风传承学术研讨会召开】　2020 年 10 月 30 日至 11 月 1 日，由中国科学技术协会调研宣传部主办、浙江省水利学会协办、浙江水院承办的中国现代水利科学家学风传承学术研讨会召开。来自中国科学院传播局、中国水利水电科学研究院、中国水利文协水文化研究会、北京大学、中国科学技术大学、科学普及出版社等单位的专家学者、国内知名水利专家及浙江水院师生参加研讨会。

【获第九届全国大学生机械创新设计大赛一等奖】　2020 年 11 月 20—22 日，浙江水院参赛作品"基于机器视觉的家庭桌面智能整理机器人"在第九届全国大学生机械创新设计大赛中获一等奖。该奖项实现浙江水院本科层次 A 类学科竞赛国家赛一等奖"零"的突破。

【中国水利教育协会高等教育分会第六届理事大会举行】　2020 年 11 月 21 日，由中国水利教育协会高等教育分会、教育部高等学校水利类专业教学指导委员会主办的中国水利教育协会高等教育分会第六届理事大会暨高等学校水利类专业教学指导委员会第四次全体（扩大）会议在浙江水院举行。来自全国各地的 200 多位水利专家学者参会，共商水利高等教育事业发展。

【党建工作】　浙江水院谋划"十四五"基层党建工作方案，印发《关于全面推进"党建＋"工作的实施意见》，确定"1＋3＋X"基层党建工作模式。开展制度建设，全年修订或制定《二级党组织工作细则（试行）》《党支部工作细则（试行）》《党支部标准化建设 2.0 实施意见》《党校工作条例》等 10 多项基层党建工作制度。不断完善"抓院促系"的工作机制，开展以党支部标准化 2.0 验收为重点的基层党组织工作。制订

《学生党员发展三年计划》，严格党员发展工作，全年培训入党积极分子 900 多人、预备党员和发展对象 1000 多人次。浙江水院"一维四度二线三法"（"一维"是能谋划、善统领、抓结合的"党建"思维；"四度"是提升基层党建工作"高度"，拓展基层党建工作"广度"，加热基层党建工作"温度"，增强基层党建工作"力度"；"二线"是教师、学生两条线；"三法"是"严""活""实"的三字工作法）基层党建特色工作经验被省直机关工委宣传推广。

（刘艳晶）

浙江同济科技职业学院

【单位简介】　　浙江同济科技职业学院由省水利厅举办，是一所从事高等职业教育的公办全日制普通高等院校。前身是 1959 年成立的浙江水电技工学校和 1984 年成立的浙江水利职工中等专业学校。2007 年经省人民政府批准正式建立浙江同济科技职业学院（以下简称同济学院）。同济学院由校本部（22.63hm²）、大江东校区（42.39hm²）、城北校区（1.57hm²）组成，总占地面积 66.59hm²。同济学院立足浙江，依托行业，以大土木类专业为主体，以水利水电、建筑艺术类专业为特色，相关专业协调发展，致力于培养生产、建设、管理一线需要的高素质技术技能人才。同济学院具备招收外国留学生资格，设有水利工程系、建筑工程系、机械与电气工程系、工程与经济管理系、艺术设计系、基础教学部（思想政治理论教学部）等 6 个教学单位，开设水利工程、建筑设计、工程造价等 22 个专业，并设有国家职业技能鉴定所、水利行业特有工种技能鉴定站，为行业培训考证服务。

同济学院于 2008 年获"国家技能人才培育突出贡献奖"，2011 年被评为全国水利职业教育先进集体，2014 年高质量通过全国水利职业教育示范院校建设验收，2015 年被评为全国文明单位，2016 年被水利部确定为全国水利行业高技能人才培养基地，2018 年被认定为全国优质水利高等职业院校建设单位、教育部现代学徒制试点单位，2020 年被确定为浙江省"双高计划"〔高水平职业院校和专业（群）建设计划〕建设单位。

【概况】　　2020 年，同济学院统筹推进疫情防控工作和教育教学改革，圆满完成年度各项目标任务，被评为省水利厅考核先进集体。同济学院以成为国内一流、行业领先、水利特色鲜明的全国水利职业高水平办学展示的重要窗口为总目标，制定学校"十四五"总体规划及 9 个子规划，谋划未来五年的发展蓝图。至年底，同济学院共有全日制在校生 9400 多人，教职工 500 多人，专任教师中硕士及以上学位比例为 77.36%，"双师素质"教师（同时具备理论教学和实践教学能力的教师）比例为 83.78%。同济学院有享受国务院特殊津贴专家 2 人，浙江省（水利部）优秀教师、职教名师、专业带头人 16 人，入选浙江省"151 人才工程"、水利"325 拔尖人才工程"等省市级人才 50 多名；拥有教学科研仪器设备值 1.06 亿元，馆藏纸质图书和电子图书共计 103 万册；建有 21 个校内实训基地、356 个联系紧密的校外实习基地。

【新冠肺炎疫情防控】　2020 年，同济学院深入贯彻落实习近平总书记关于疫情防控工作的重要指示精神和省委、省政府决策部署，坚决做好组织领导、信息摸排报送、校园管控等各项防控举措。切实做到"停课不停学"，在线教学总开课率 91.49%。以"数智"防疫体系为抓手，实现校园精密智控。疫情防控与教育教学两手抓、两不误、两促进。《浙江日报》等主流媒体深度报道了同济学院学子在疫情期间大力支持复工复产的事迹。

【教学建设】　2020 年，同济学院积极申报浙江省"双高计划"，水利工程专业群和建筑工程技术（智能建造）专业群获得浙江省高水平专业群建设项目立项。高质量完成全国优质水利高职院校、优质水利专业建设任务以及教育部现代学徒制试点工作并通过验收，其中水利工程专业被评定为优秀。高质量完成"十三五"各类教学质量工程项目建设，完成 6 个省级优势特色专业建设任务。推进校企协同育人，不同模式的现代学徒制在校内外形成示范辐射，人才培养质量得到主流媒体关注认可。水利工程专业入选 2020 中国高职院校专业竞争力排行榜前三。《水利工程概论》《居住区规划设计》两部教材入选"十三五"职业教育国家规划教材。

【招生、就业】　2020 年，同济学院录取新生 3391 人，其中普通高考录取 1612 人、单独考试录取 864 人、高职提前招生录取 352 人、"中高职一体化"五年制合作录取转入 563 人。响应高职扩招政策，面向社会招生 400 人；成人教育招生 579 人。建成网上就业管理系统并投入运行，提供毕业生就业指导"云服务"，共有毕业生 2302 人，就业人数 2266 人，就业率为 98.44%。

【思政工作】　2020 年，同济学院构建大思政工作格局，形成学生思政、教师思政、思政课程、课程思政、校园文化等"五个思政"协同发力的思政工作体系。推出云端思政课堂、云端心理辅导等，提升学生日常思政教育水平。出台《学院"三全育人"综合改革实施方案》，科学规范学风建设和各类评奖评优，推进心理育人、深化资助育人、丰富实践育人，全面提升育人工作水平。

【科研与服务】　2020 年，同济学院选派 2 名中层骨干参加省水利厅"一对一"精准服务、5 名处级干部联系 5 县开展三服务"百千万"行动。完成各类培训、考试（鉴定）17367 人次。同济学院负责集训选拔的选手在全国第八届水利行业职业技能竞赛中分获第 5 名、第 6 名。立项厅级及以上科研项目 66 项，申报专利、软件著作权 100 多项；承接水利技术咨询服务类项目 10 多项，合同金额 200 万余元。牵头申报的《水利工程白蚁防治机构信用评价标准》获中国水利企业协会立项，实现主持全国团体标准的突破。

【人才队伍建设】 2020 年，同济学院修订学校《中层干部选拔任用工作办法》等，推进干部工作制度化规范化。完善干部选任机制，完成 3 名副处级领导公开选任、11 名干部试用期满考核及 5 名干部职务交流工作。加强干部教育培养，选送 2 名干部到省水利厅、水利部锻炼，1 名干部驻村服务，2 名干部参加省高校中青年干部培训班。加大人才引进力度，引进新教师 37 人，其中专业技术人员 31 人（含博士及副高人才 6 人）。聚焦教师"双师四能"目标，构建教师培养培训体系，切实提升教师有效教学能力。以教学团队建设为抓手全面提升教师素养，水利工程专业群教学团队成功立项为首批水利职业教育教师教学创新团队。

【校企合作】 2020 年，同济学院成立南浔产教融合基地建设领导小组和工作专班，编制南浔产教融合基地建设方案，加快推进基地建设。完成 6 个校级产教融合示范基地建设、评估工作，完善技能大师工作室、企业工作室等运行管理机制，新增 4 个技能大师工作室，发展紧密型校企合作单位 10 家。

【校园文化建设】 2020 年，同济学院通过全国水利文明单位复审、全国文明单位复查。凝练"四驱动、三融合、一平台"的"431"伟人精神育人模式，成为省内和全国水利职教行业知名育人品牌。作为中国水利教育协会职教德育工作牵头单位，起草全国水利德育教育工作计划，组织评选第五届全国水利德育优秀工作者。

【综合治理】 2020 年，完成浙江省水利水电干部学校并入同济学院各项工作，节水教育基地及南校区大门项目通过验收，学生公寓 H 楼项目主体工程结顶。加快推进分配激励制度改革，教代会高票通过修订后的学院绩效分配方案。深化智慧校园建设，提升数据治理能力。推进网上办事大厅二期建设，基本实现"全部事项网上掌上办理"的"最多跑一次"改革三年建设目标。推进平安校园建设，通过等级平安校园建设工作考评复核，维持 4A 等级。做好网上办事大厅二期建设、思政工作进公寓、"云就业"服务平台建设、提升生活配套服务质量、分步发放老职工住房货币补贴、学生学历提升服务、增设灯光球场、建设"职工之家"等服务师生 8 件实事。

【高职院校教学能力比赛获奖】 2020 年 8 月 30 日，同济学院参赛团队在 2020 年浙江省高职院校教学能力比赛中获得一等奖 2 项、三等奖 2 项。12 月 12 日，由马知瑶、陈剑、竹宇波、蒋沛伶组成的同济学院参赛团队凭借作品《装配式外墙板施工》获 2020 年全国职业院校技能大赛教学能力比赛一等奖。

【省双高专业群建设项目立项】 2020 年 12 月 11 日，省教育厅、省财政厅印发《关于公布高水平职业院校和专业（群）建设名单的通知》，同济学院水利工程专业群和建筑工程技术（智能建造）专业群被确定为浙江省高水平专业群建设单位。

【获评省级"先进职工之家"】 2020 年 12 月 23 日，浙江省直属机关工会委员会印发《关于表彰省直机关工会 2020 年度"先进职工之家（小家）"的决定》，同济学院工会获评"先进职工之家"。

【第五次团代会、第七次学代会召开】 2020 年 12 月 28—29 日，共青团浙江同济科技职业学院第五次代表大会、浙江同济科技职业学院第七次学生代表大会召开，审议通过共青团工作报告及学生会工作报告，选举产生第五届团委会委员及第七届学生会主席团。

【教育基金会获评 4A 级社会组织】 2020 年 12 月 31 日，省民政厅发布《关于 2020 年度全省性社会组织评估结果的公告》，同济学院教育基金会获评 4A 级社会组织。

【获得多项竞赛荣誉】 2020 年 7 月，获第 14 届"西门子杯"中国智能制造挑战赛一等奖 1 项。8 月，获第十二届浙江省"挑战杯"大学生创业计划竞赛一等奖 1 项。9 月，获第三届"农信杯"浙江省大学生乡村振兴创意大赛一等奖 1 项、二等奖 4 项、三等奖 3 项，获第十七届浙江省大学生机械设计竞赛二等奖 1 项、三等奖 2 项，获全国大学生数学建模竞赛浙江赛区二等奖 1 项、三等奖 2 项。10 月，获 2020 浙江省大学生羽毛球锦标赛二等奖 1 项、三等奖 1 项，第十一届浙江省大学生网球锦标赛二等奖 1 项，第九届浙江省大学生统计调查方案设计竞赛二等奖 1 项、三等奖 2 项，第五届浙江省大学生金融创新大赛二等奖 1 项。11 月，获浙江省大学生游泳锦标赛一等奖 1 项，2020 年浙江省

大学生乒乓球锦标赛二等奖 2 项，第二届浙江省大学生智能机器人创意竞赛一等奖 1 项、二等奖 1 项、三等奖 4 项，第八届全国高校数字艺术设计大赛二等奖 1 项，第六届浙江省国际"互联网＋"大学生创新创业大赛二等奖 2 项、三等奖 3 项。

【党建工作】 2020 年，同济学院开展理论学习中心组学习会 12 次，加强舆情监测、研判和处置，校园舆情总体平稳。实施"抓系促支部、整校建强"铸魂工程和党支部书记"双带头人"培育工程，实现系部 20 个党支部"双带头人"全覆盖。推进党支部标准化建设提标创优，开展首批院级党建工作样板支部遴选，深化"一系一品"党建品牌建设。压紧压实从严治党"两个责任"，深入实施校内巡察，实现系部全覆盖。持续深化"清廉同科"建设，制定实施年度建设任务 36 项，营造风清气正校园政治生态。

（朱彩云）

中国水利博物馆

【单位简介】 中国水利博物馆（以下简称中国水博）是 2004 年 7 月经国务院批准，由中央机构编制委员会办公室批复设立的公益性事业单位，隶属水利部，由水利部和浙江省人民政府双重领导。截至 2020 年年底，核定事业编制 33 名，实有在编人员 25 人。内设办公室、财务处、展览陈列处、研究处、宣传教育处 5 个职能部门。

中国水博的主要职责是：贯彻执行国家水利、文物和博物馆事业的方针、政策和法规，制定并实施中国水博管理制度和办法；负责文物征集、修复及各类藏品的保护和管理，负责展示策划、设计、布展和日常管理工作；负责观众的组织接待工作，开展科普宣传教育、对外交流合作，做好博物馆信息化建设；承担水文化遗产普查的有关具体工作，开展水文化遗产发掘、研究、鉴定和保护工作，建立名录体系和数据库；承担水文化遗产标准制订和分级评价有关具体工作；开展水利文物、水文化遗产和水利文献等相关咨询服务，承担相关科研项目，开展国内外学术活动；组织实施中国水博工程及配套设施建设工作；承办水利部、省政府和省水利厅交办的其他事项。

【概况】 2020年，中国水博围绕"深入贯彻'节水优先、空间均衡、系统治理、两手发力'的治水思路，创新发展水文化传承保护"主题，召开开馆10周年座谈会。创新推出《洪洞之雩——北方的水利与祭祀》《淮水东流应到海——新中国治淮70年专题展》，持续深入推进文献访谈典藏工程，完成水利群英文献访谈典藏专题区建设。开展"十四五"改革发展大研讨，编制中国水博事业发展"十四五"规划。开展华南片区四大门类的水利遗产调查工作，汇总完成遗产点信息800个，更新登录县级以上水利类文保和非遗名录信息30个。完成《三吴水考》《北河纪》两种古籍的校点工作，形成版面字数65万字成果，出版《民初水事考录》等著作。结合重

要节假日、纪念日，探索完善"菜单式"服务，全年开展线上线下相结合的主题活动共计40多次。扩大全国水利博物馆联盟，成员单位发展至63家，召开2020年度联盟年会。通过全球水博物馆联盟平台，加强国际水文化交流与合作。

【展览陈列】 2020年，推进新中国水利群英文献访谈典藏工程，收集、保护和利用反映当代治水历史性成就的实物藏品、口述史料，完成专题展区建设，将文献档案拣选、修复、摄影、入库等工作流程分别进行可视化展示。5月，推出山西洪洞广胜寺水神庙壁画专题展《洪洞之雩——北方的水利与祭祀》，展示黄河流域水文化，举办云游直播打卡活动，让观众足不出户在线观新展。11月，首次与流域机构合作，推出治淮特展《淮水东流应到海——新中国治淮70年专题展》，以70年治淮历程为主线，梳理淮河流域厚重历史文化，回顾治淮事业艰苦奋斗历程，展示新中国治淮取得的成就。水利千秋基本陈列展览持续优化提升，获全国水利博物馆联盟十大陈列展览精品奖。

【藏品管理】 2020年，挖掘梳理水利群英文献访谈典藏工程成果，保护和整理杨振怀、魏廷铮、金诚和等捐赠的手稿笔记、工程资料、照片、纪念物等，共计4382件（套）。依托《水利遗产保护与传承》项目，征集运河石工、石兽、钦工铁锔扣、报讯大铜锣、碑刻、陶器、史料、纪念物等各类藏品，共计92件（套）。对接省水利水电勘测设计院和省防汛抗旱物资储备中心，受赠一批退役

水利机械设备，共计 27 台。对接钱塘江江豚保护民间组织，接收湖南省岳阳市东洞庭湖生态保护协会捐赠的出水陶瓷器一批，包括瓶、罐、洗、炉、碾等器物 20 件和瓷器残片一组。

【发展规划】 2020 年，中国水博遵循"研究立馆、生态建馆、科技强馆、开放办馆"理念，在全馆范围内开展"十四五"改革发展大研讨，分析新形势新要求，谋划新思路新举措，编制《中国水利博物馆事业发展"十四五"规划》，启动浙江省水文化建设"十四五"规划编制。"十四五"期间，中国水博将继续发挥水文化传承体系建设主阵地作用，更好地服务行业、服务社会、服务新时代，力争通过五年努力，打造水利特色鲜明、文史科技兼备、社会效益显著的研究型场馆，持续提升博物馆科研展示、教育普及、传播交流、创新发展水平。

【遗产调查】 2020 年，中国水博开展广东、广西、海南等地不可移动水文化遗产、非物质水文化遗产、水文化线路和遗产机构等四大门类调查工作，汇总完成遗产点信息 800 个，更新登录县级以上水利类文保和非遗名录信息 30 个。在开展田野调查、文化采风等内外业工作的同时，加强遗产调查工作交流，与基层单位、文化机构、遗产传承人建立定期联络机制，积极推广遗产保护理念，编制水利遗产调查报告，做好文化服务支撑。

【古籍整理】 2020 年，中国水博持续做好水利古籍资料整编工作，在水利古籍信息搜集、遴选等工作基础上，实施水利文献集成整理，就《三吴水考》《北河纪》两种古籍择取底本展开校点，完成版面字数 65 万字的成果。实施近现代公文体例研究，对民国水利史事进行专题梳理，考录 1912—1926 年全国各地水利文牍资料，出版《民初水事考录》等专著。

【交流合作】 2020 年 1 月，中国水博组织开展"我们渴望的水：从遗产到未来"青少年艺术创作大赛，这是全球水博物馆联盟主办的首次全球性赛事，旨在呼吁青少年通过绘画、摄影和视频分享他们对水遗产和气候变化的感悟，全球近 7000 名学生参与、20 多家博物馆提交百余件作品，通过线上展出作品和创作者口述，向全球观众分享水与人类的故事。11 月 24 日，全国水利博物馆联盟年会召开，中国水博馆长、全国水利博物馆联盟主席陈永明做主旨发言，9位联盟单位馆长、学者围绕"面向未来的黄河文化遗产保护和利用"主题做学术报告，会议吸纳新成员单位 11 家，成员单位发展至 63 家。参加全省水文化建设工作座谈会，对近年来水文化建设取得成效和经验发言交流。与省钱塘江流域中心达成战略合作，在水文化研究、展示宣传和古海塘保护等方面建立共建共享机制。

【宣传科普】 2020 年，结合重要节假日、纪念日，开展线上线下相结合的主题活动，共计 40 多次。因新冠肺炎疫情防控闭馆期间，策划推出"水起中华博物古今"线上文物展和"水起中华水利之最"线上科普展，每日更新图文推送，普及馆藏文物和水利历史知识。在"世界水日"，推出节水主题线上图文展、幸福河湖佳作线上赏析等活动。为致敬白衣天使，举办医护专场亲子和全年免票活动。国庆中秋期间，组织爱国主题活动，推出"海晏河清"文创月饼。持续开展"新时代　幸福河"水之梦研学系列活动，组织大运河、钱塘江、黄河文化主题青少年水文化研学实践活动等。提升水文化产品服务，自主开发研学课程，形成"水之识""水之能""水之美"主题系列课程，制作发布"龙游姜席堰"VR全景科普视频片、"钱王射潮"VR动画视频片等。作为首批水情教育基地，中国水博通过2020年度教育部复核考评，获专项资金奖励；被列入杭州地区十大亲子文旅推荐线路；获全国科普讲解大赛二等奖和第五届中国青年志愿服务项目大赛铜奖。

【安全管理】　2020年，面临新冠肺炎疫情挑战，中国水博按照统筹推进疫情防控和复工复产的要求，制定印发《恢复开放工作方案（应急预案）》《突发事件应急处置管理办法》等，开展常态化培训学习和不定期防疫演练、突击检查等，切实提高人员安全意识，为观众提供安全放心的参观环境。完成消防系统提升改造，推动安全生产智慧管理，完成电子巡查系统一期建设，实现重点设备设施和关键节点信息采集数据的实时呈现管理。实现用水智能化改造管理，通过水利部节水机关验收。

【党建工作】　2020年，中国水博党委切实履行全面从严治党主体责任，以水利部党建督查整改工作为重要抓手，补短板，强监管，扎实推动党建工作落实见效。接受水利部第五督察组党建督查，深入查找党建工作存在问题，扎实开展问题立行立改工作，构建完善党建工作长效机制。开展领导干部个人有关事项报告专项整治工作，建立健全制度体系，推动从严监督管理干部工作常态化。严格按照党章党规调整党支部设置，完善党支部结构，选举产生3个支委会，推动党支部标准化建设。开展"两优一先"评选表彰和党务骨干培训，激发党员干部干事创业激情，营造担当作为的良好政治生态。

【工会群团】　2020年，中国水博不断加强青年干部思想政治引领，组织撰写体会文章、制作成果展示视频、参加水利部线上线下知识竞赛等活动，深化青年干部对水利改革发展总基调的学习理解。扎实开展"家文化"建设，组织花艺课、包饺子、运河徒步、摄影采风、配音秀等丰富多彩的工会活动，提高干部职工凝聚力、向心力。新冠病毒疫情期间，购置发放疫情防控物品物资，并向困难职工送去慰问。部署开展"增强节约意识，制止餐饮浪费"专项行动，切实培养干部职工节约习惯。

（王玲玲）

浙江省钱塘江流域中心

【单位简介】　浙江省钱塘江流域中心是

隶属于省水利厅的公益一类事业单位。自清光绪三十四年（1908年）成立浙江海塘工程总局以来，历经百余年，是钱塘江海塘工程的专管机构，机构名称虽有所更迭，但钱塘江管理机构一直未中断。2007年，省钱塘江管理局参照公务员法管理。2010年，省钱塘江管理局由监督管理类事业单位对应为承担行政职能的事业单位，下属杭州管理处、嘉兴管理处、宁绍管理处、钱塘江安全应急中心4家事业单位由社会公益类事业单位对应为从事公益服务的事业单位，并定为公益一类。2020年4月，根据省委机构编制委员会《关于印发〈浙江省钱塘江流域中心主要职责、内设机构和人员编制规定〉的通知》，浙江省钱塘江管理中心、浙江省浙东引水管理中心、浙江省钱塘江河务技术中心，以及浙江省钱塘江管理局杭州管理处、嘉兴管理处、宁绍管理处整合组建浙江省钱塘江流域中心（以下简称钱塘江流域中心），机构规格为副厅级，对外可使用"浙江省钱塘江管理局"牌子。内设综合部、规划发展部、水域保护部、河湖工程与治理部、海塘工程部、防灾减灾部、河口治理部、浙东引水部、人事部9个机构，编制235名。

钱塘江流域中心的主要职责是：协助拟订全省河湖和堤防、海塘、水闸、泵站、引调水等水利工程管理与保护的政策法规、技术标准，并督促实施；承担全省水域保护、岸线、采砂等规划和钱塘江相关规划编制的技术管理工作，以及规划实施监管的具体工作；承担全省水域及其岸线管理与保护、重要河湖及河口治理的技术管理工作，组织省本级涉水建设项目审批的技术审查；承担全省河（湖）长制水利工作，指导水利风景区建设管理的具体工作；承担全省河道和堤防、海塘、水闸、泵站、引调水等水利工程建设与运行的技术管理工作，协助指导全省河湖治理工作；组织实施钱塘江省直管江堤、海塘、省直管浙东引水工程及其后续工程的建设、维护和运行管理；组织开展钱塘江流域防洪调度基础工作，指导钱塘江海塘防汛抢险具体工作；组织开展钱塘江河口江道地形测量、河床演变分析等河口治理基础工作，以及涌潮保护与研究、预测预报工作；承担钱塘江流域河道水行政执法监督指导的基础工作；承担钱塘江河口水资源配置监督管理的辅助工作，承担浙东引水工程统一引水调度工作；完成省水利厅交办的其他任务。

【概况】 2020年，钱塘江流域中心对照年度目标，完成省级美丽河湖建设条数140条（个）、中小河流治理长度718.1km、海塘安澜开工建设里程171km、浙东引水水量6.4亿 m^3。钱塘江流域防洪减灾数字化平台通过竣工验收，浙东引水西排工程通过启动机组验收，部门预算年度执行率超93.6%。编制完成《浙江省幸福河湖"十四五"建设规划方案》（初稿），印发《浙江省海塘安澜千亿工程行动计划》和《浙江省海塘安澜千亿工程建设规划》。严格9项新冠肺炎疫情防控措施，系统摸排1960多人，无一确诊病例和疑似病例；赴全省11个设区市58县（市、区）开展"三服务"450人次，有力护航各地水利复工复产、防汛安全等;梳理修订内部管理制度 72 项,印发 32 项;推进水文化建设,《浙江通志·钱塘江专志》《浙江通志·运河专志》通过终审。钱塘江流域中心被确定为首批中央精神文明建设指导委员会重点工作项目基层联系点,通过全国水利文明单位复评,"同一条钱塘江"公益志愿项目获第五届中国青年志愿服务项目大赛全国赛金奖。

【规划工作】 2020 年,钱塘江流域中心组织编制《浙江省水域保护规划编制技术导则》(报审稿)。深化《钱塘江河口治理规划》成果,完成规划报告和规划文本。推进重要河湖岸线保护利用规划编制,《大运河(浙江段)岸线保护与利用规划》完成项目年度验收,钱塘江岸线现状调查成果通过验收,苕溪现状调查完成并开展规划功能分区划定工作,瓯江现状调查取得初步成果。依托钱塘江流域防洪减灾数字化平台,研发完成规划监管模块,实现"数字规划""规划服务""治理进展"功能融合和线上规划监管。加强杭州段海塘安澜项目、杭州扩大杭嘉湖南排后续西部通道项目、嘉兴扩大杭嘉湖南排后续东部通道、杭州湾南北两翼平原排涝、建德三江口治理提升改造、杭州市富阳区南北渠分洪隧洞工程和富春江治理等项目前期工作指导。

【全省河湖治理】 2020 年,钱塘江流域中心制定服务指导手册,落实专家团队,开展美丽河湖建设服务指导 631 人次,帮助解决问题 153 个,组织完成美丽河湖省级复核 173 条(个)。全省建成省级美丽河湖 140 条(个),总长 1540km,完成率 140%,贯通滨水绿道 1590km,串联滨水公园 283 个,建设生态堰坝 150 个,堤岸绿化 400km,新增水域面积 208 万 m^2,87 个县(市、区)、213 个乡镇(街道)、737 个村庄(社区)、365 万人口直接受益。完成中小河流治理 718.1km,完成率 144%。水系连通及农村水系综合整治 3 个试点县完成投资 7.36 亿元,其中中央资金 2.19 亿元。完成 16 个国家水利风景区抽查及指导、36 个国家水利风景区情况调查,编制省水利风景区管理办法实施细则、申报及评审办法初稿,协助召开全国水利风景区经验交流会。全力支撑省水利厅美丽河湖攻坚工作专班,组织编制幸福河湖建设行动计划、"十四五"建设规划方案、指标体系等,推进美丽河湖向幸福河湖迭代升级。

【数字化转型】 2020 年 4 月 15 日,钱塘江流域防洪减灾数字化平台 2.0 版(以下简称平台)上线试运行,10 月通过竣工验收。平台贯通钱塘江流域内 8 市 43 县(市、区),并在全省推广应用,成为省、市、县三级联动、信息共享的主要渠道,支撑省、市、县三级一站式防灾减灾作业,有力推进省水旱灾害领导组织、监测预报、方案预案、应急响应、协同联动体系建设,提升水旱灾害防御能力。平台在 2020 年汛期及新安江防洪调度期间发挥重大作用,发布洪水预报 2000 站次、洪水预警 90 期、山洪灾害气象预报预警 451 县次,发送预警短信 229 万条,水情分析 433 期,动态分析 171 种新安江开关闸方案和 57 种调度方案，通过科学调度新安江水库，削峰率达 67%，建德市、桐庐县、富阳区、西湖区减少受淹面积 123.8km²，减少受灾人口 45 万，得到省政府和水利部的肯定和表扬。平台先后入选水利部智慧水利优秀应用案例、省政府数字化转型平台"观星台"、水利部 2020 年度水利先进实用技术重点推广指导目录、水利部智慧水利先行先试 10 项最佳实践之一，并作为省水利厅唯一项目参选省政府部门改革创新项目。

【工程建设】 海塘安澜千亿工程建设。钱塘江流域中心成立工作组，组织精干力量，全力做好对省水利厅海塘专班的技术支撑保障。2020 年，完成钱塘江河口超标准风暴潮研究和全省海塘基础调查，协助组织编制完成海塘安澜千亿工程行动计划、建设规划，服务指导各地"一县一方案"编制及项目建设，开展建设指导意见、建设标准、管理规程等编制。全年全省新开工建设海塘 171km，完成率 114%，42 个县（市、区）全部完成"一县一方案"编制。省管海塘海宁秧田庙至塔山坝段堤脚加固工程初设获批；西江塘闸堰段加固提升工程项目建议书通过审查，可研报告编制完成。

浙东引水西排工程实施。2020 年 2 月 17 日，浙东引水西排工程复工复产，5 月 24 日通过试运行，12 月 22 日通过省水利厅组织的机组启动验收。第 4 号台风"黑格比"影响期间，西排工程应急排涝近 500 万 m³，有效减轻上虞丰惠平原的防洪压力；9 月后，持续向宁波应急引水 4000 万余 m³，有力缓解宁波用水压力。

【流域管理】 2020 年，钱塘江流域中心协助省水利厅起草完成《关于建立健全钱塘江流域水行政执法协同机制的意见》，明晰省、市、县三级管理事权划分和协作流程。编制完成钱塘江河口治理规划，召开钱塘江河口防汛工作会议，配合完成钱塘江河口防御超标准洪水演练，开展江道监测、防汛形势分析、钱塘江河口洪潮灾害风险评估等流域防洪基础工作和防洪调度技术支撑。积极应对"超长梅"9 轮强降雨，全力应对 7 月新安江泄洪和流域第 2 号洪水，确保钱塘江流域度汛安全。强化省管海塘日常管理及批建项目服务，累计巡查 5627 人次、省级审批项目监督检查 942 人次，钱塘江省管海塘安全度汛。

【河湖管护】 2020 年，钱塘江流域中心配合省河长办、省水利厅河湖处推进"河（湖）长制提档升级"，完成全省水域调查。协助编制及起草河长制水利工作实施方案、河（湖）长制工作规范、河湖水域岸线强监管专项督查行动方案、《浙江省重要水域划定工作规程》。助力全面推动河长工作站、公众护水"绿水币"、流域联保共治等机制创新。编制《2020 年曹娥江河长制"一河一策"工作计划》，服务指导曹娥江河长制工作继续走前列。开展无违建河道创建和管理范围划界指导服务，做好"清四乱"督导具体工作，检查河道 609 条、1964km，全省累计完成无违建河道创建 2865.9km（完成率 100%）、河道管理范围划界 12.7 万 km。

【运行管理】 2020年，钱塘江流域中心配合省水利厅运管处起草、修订《浙江省水利工程安全鉴定管理办法》《浙江省水利工程名录管理办法》，完善水管理平台工程名录中闸、堤、泵站相关表格；做好安全鉴定、工程划界、标化验收等水利工程运行管理技术服务工作，完成42个大中型项目技术指导服务及现场调研服务指导；协助完成浙东引水萧山枢纽工程等9座大型水闸和钱塘江省管海塘等17条重要堤塘的管理范围和保护范围划定审核工作，并报省水利厅厅长办公会议审议通过；完成西苕溪（长兴段）左岸堤防、宁波慈江化子闸泵站、慈江闸站3处大型水利工程标准化管理省级验收。做好省直管工程各项工作，组织做好国家级水管单位自评等相关工作。

【党建工作】 2020年，钱塘江流域中心召开党委会31次、中心组学习17次、专题研讨9次，统筹推进新冠肺炎疫情防控、单位改革发展、流域管理等各项工作。召开中心第一次党代会，调整到位17个下属党支部，提出"'十四五'奋力推进钱塘江流域和全省河湖管理现代化"新目标，锚定5个"新"（努力打造流域管理新高地、努力打造海塘安澜新标杆、努力打造河湖管理新典范、努力打造河口管护新样板、争做水利改革发展新标兵），抓好10大任务（率先推进数字流域建设、率先推进钱塘江流域管理现代化、率先推进海塘安澜工程建设、率先推进高品质幸福河湖建设、建设浙东现代水网先行区、建设河口治理与保护先行区、建设河湖管理现代化先行区、打造钱塘江水文化品牌、打造党建和精神文明建设品牌、打造新时代干部人才队伍）。

（龚真真）

浙江省水利水电勘测设计院

【单位简介】 浙江省水利水电勘测设计院（以下简称设计院）成立于1956年，是一家集水利水电工程咨询、勘测、设计、科研、工程监理、工程总承包建筑设计等业务于一体的国有大型专业勘测设计单位。2019年12月，正式获批整体转制为国有企业。设计院下设二级部门22个，其中职能部门9个，生产部门13个；另外，下属全资或控股子公司4家；分支机构5家。至年底，共有各类专业技术人员1077人，其中高级专业技术职务任职资格318人（含正高级工程师33人），中级专业技术职务任职资格360人，中级及以上专业技术职务任职资格人员占63%。具有本科及以上学历人数占比80%。拥有水利部"5151"人才1人，省有突出贡献中青年专家1人，省勘察设计大师1人，省"151"人才9人。设计院具有各类资质27项，主要从事水利水电、城乡供水、水环境整治、围垦造地、工业民用建筑、道路交通等工程的技术咨询、勘察设计、工程监理和工程总承包工作，以及水资源开发利用规划、工程造价咨询、工程预决算审计验证、土地规划咨询、开发建设项目水土保持方案编制、计算机软件开发、岩土工程及基础处理施工等技术服务。开展工程招标代理、建筑智能化系统集成服务、实业投资、机电金属结构设备成套等工作。承担水利水电工程安全鉴定、施工图设计文件审查、水利工程质量检测等工作。

【概况】 2020 年，设计院积极推进《浙江省水安全保障"十四五"规划》《浙江省海塘安澜千亿工程建设规划》及开化水库工程、台州市集聚区海塘提升工程等重点工程的勘测设计工作；投身深入"三服务"活动及防汛、防台、抗旱抢险等急难任务。共获得省部级及以上优秀勘测设计奖、优秀 QC 小组奖等各类奖项 15 项（其中国家级 4 项），市级优秀勘测设计奖 11 项，厅级及以上科技进步奖 4 项（其中省级 1 项）；共获权专利 24 项，软件著作权登记 14 项；发表 SCI 论文 1 篇，核心期刊论文 17 篇。获"全国文明单位"称号，持续保持全国文明单位、高新技术企业、中国水利水电勘测设计协会信用等级、浙江省勘察设计行业诚信单位、浙江省 AAA 级"重合同守信用"企业、博士后工作站等荣誉称号。

【新冠肺炎疫情防控】 2020 年 2 月初，设计院开展抗击疫情和复工复产工作，持续做好疫情防控、返岗人员管理、重点防控人员全面排查等工作；落实人员出入登记测温、日常疫情信息汇总报送、人员情况跟踪监管和消毒、餐饮、防护物资等疫情防护保障工作。全年全院实现新冠肺炎"零感染"。

【重点规划和设计任务】 2020 年，设计院聚焦水利高质量发展和水利助力重大战略决策实施，推进《浙江省水安全保障"十四五"规划》《浙江省海塘安澜千亿工程建设规划》《浙江省幸福河建设规划》《浙江省农村供水安全保障"十四五"规划》《浙江省节约用水"十四五"规划》《浙江省水土保持"十四五"规划》编制工作，为省水利厅水安全保障顶层设计提供高质量技术支撑。聚焦重点项目，全力助推开化水库工程、台州市集聚区海塘提升工程、清溪水库工程、环湖大堤（浙江段）后续工程、义乌市双江水利枢纽、嘉兴市域外配水工程（杭州方向）、平阳县南湖分洪工程、扩大杭嘉湖南排八堡排水泵站工程、姚江上游"西分"工程等重点项目的勘测设计工程。

【"三服务"活动及防汛、防台、抗旱抢险等任务】 2020 年，按照省水利厅党组水利三服务"百千万"行动统一部署，设计院院领导先后 27 次带队走访全省 8 个设区市和 40 多个县（市、区），在水利相关政策解读、项目审批协调、重大水利项目设计指导及进度推进等方面进行了针对性服务，处理解决实际难题和问题，积极服务地方水利。设计院全力协助省水利厅，开展梅雨洪水和台风洪水防御工作，汛期派出 40 多位专家与技术人员、共 500 多人次参与厅防汛调度决策、现场应急指挥、灾后调查总结，为成功应对超长梅、新安江流域超标准洪水、第 4 号台风"黑格比"等提供重要技术支撑和人力支持。

【数字化转型】 2020年，设计院着力打造数字化新产品，对标先行示范要求，主动研发构建数字流域、工程建设、工程运维三大典型性平台。继续做好省水利厅水管理平台和相关业务处室数字化转型的技术支撑，做好三服务复工复查App、水利云课堂App（处长讲堂）、幸福河标绘等一系列相关业务系统开发应用，参与钱塘江流域防洪减灾数字化平台核心模块研发。受委托研发的三服务"百千万"App应用入选政府数字化转型创新应用案例，水利工程建设管理数字化应用被水利部评为智慧水利先行先试优秀案例，信用评价系统被省信用中心评为优秀案例。推进工程设计数字化技术应用，开展BIM轻量化发布的云渲染技术研究。

【生产经营】 2020年，设计院深耕省内市场，全力做好重点项目和重点地区的经营工作，继续深化与水行政主管部门和业务互补型企业的战略合作关系，与诸暨市人民政府、杭州市千岛湖原水股份有限公司、余杭区林业水利局分别签订战略合作协议。开拓省外市场，加强省外分院的风险管理和技术支持，充分发挥分院经营窗口作用。克服国际疫情形势影响，做好与广东建工对外建设公司等多家重点客户的合作平台维护工作，组织进行坦桑尼亚、孟加拉国、尼泊尔、哈萨克斯坦、吉尔吉斯斯坦等多个国际项目的方案设计和效益评估工作。全院实现营业收入超17亿元。拓展水利信息化业务，推进BIM在项目全生命周期的应用，做好千岛湖配水工程、扩大杭嘉湖南排八堡排水泵站工程等4个项目三维正向设计，以海宁市洛塘河圩区整治工程为载体开展基于BIM技术全过程咨询解决方案的研究。全过程咨询业务实现零的突破，中标海宁市洛塘河圩区整治工程、丽水市城区排水防涝工程和宁波镇海清水浦泵站3个全过程咨询项目。

【质量管理】 2020年，设计院开展以"构建双重预防机制、严控质量安全风险"为主题的"质量月"活动，相继开展全员质量事故警示教育、强制性条文学习交流等系列活动。推进质量、环境和职业健康安全三体系管理，6月，完成设计院职业健康安全管理体系文件的换版工作；9月，通过北京中水源禹国环认证中心质量、环境和职业健康安全管理体系认证。以勘测设计产品的实体质量为重点，加大质量监督检查力度，全年对54项在建项目开展专项检查。全年院审项目370项，合格品率100%，优秀品率71.89%。

【人才培育】 2020年，设计院选拔任用24位优秀年轻干部，中层干部队伍平均年龄由近50岁下降至42岁。加强拔尖人才和优秀青年人才建设，组织开展第二轮创新团队（32个）和第四轮"1123"人才（"1123"人才指设计院选拔聘任首席专家10名、资深专家15名、高级专家20名、青年技术带头人30名）聘期任期考核，9人次通过2019年度正高级工程师专业技术职务任职资格评审。加强高校基地人才建设工作，新增13名河海大学基地研究生来院接受培养，获河海大学首批"优秀研究生联合培养基地"称号。有序开展博士后流动站工作，1名博士后出站工作，新增1名博士后进站。

【转企改制】 2020年，设计院落实"清单式"管理，实行周报制度，推进转企改制各项任务。完成事业编制人员身份选择确认及离院退休人员手续办理，280位事业编制人员中，193位续签合同，7位自谋职业，80位提前退休，其中49位退休返聘。完成社保关系衔接，人员安置费用计提方案报省人力社保厅和省财政厅审核认定，完成续签合同人员养老保险衔接及企业年金建立工作。开展资产处置有关工作，完成除土地房产外的资产清查、传达室和职工食堂两处历史遗留问题房产确权、杭州市房管局房产信息备案，进入土地权籍调查阶段。完成浙江省水利水电勘测设计院有限公司第一届两委选举，11月3日召开改制后第一次党员代表大会。

【获"全国文明单位"称号】 2020年，设计院按照文明单位复审工作计划，持续深化文明创建工作。开展点亮微心愿、走进社区等线上线下党员志愿服务活动。继续做好与辖区街道、社区的文明共建工作，定期开展结对帮扶走访慰问资助，助力精准扶贫，脱贫攻坚。经过复审准备和申报工作，12月，通过水利部和中央精神文明建设指导委员会办公室审核，设计院第五次蝉联"全国文明单位"称号。

【综合保障建设和安全生产】 2020年，设计院加强综合保障能力建设，关注职工工作、生活和健康，做好职工疗休养、体检工作，全年职工（含退休）体检共计1103人，参检率95.33%，无重大疾病报告；共组织疗休养线路9条，疗休养活动29批次，参加疗休养活动的职工人数达1065人。做好设备采购工作，根据业务拓展需要和生产工作实际，全年完成生产和办公设备采购245项。做好设计院基建工作，完成大门环境综合整治、进出道闸改造升级、传达室屋面墙面维修翻新等重点工作及非机动车充电设施改造等零星基建维修工作。加强安全生产管理，全面贯彻落实安全生产目标责任制，召开安全生产专题会议5次、各类安全讲座及演练7场、集中专项安全生产检查18次。承建的扩大杭嘉湖南排八堡排水泵站等4个项目被评为2020年度水利文明标化工地示范工程。全年未发生较大及以上安全事故、维稳事件。

【"育新机、开新局"大讨论活动】 2020年7—10月，设计院开展了"育新机、开新局"大讨论活动。活动聚焦"市场、质量、服务、创新以及企业氛围"，按照"加强党建、拓展市场、强化服务、创新发展"要求，融合业务工作，查找问题、系统剖析、研究对策、制定方案、闭环整改。活动收集整理了设计院工作的问题和改进建议，清单化提出改进措施，明确责任，限期落实，推动了党建统领、业务融合，明显推动各项工作系统提升。

【浙江省水利水电勘测设计协会】 2020年，在新冠肺炎疫情防控期间，开展远程办公的线上服务，协助会员单位做好复工复产工作。组织开展2020年度省内水文、水资源调查评价和水资源论证单位水平初评工作，核实审查29家单位的申报材料。11月，举办水利工程"失误问责办法、强制性条文"宣贯培训班，邀请水利部水利水电规划设计总院专家授课，省内各级水利水电勘测设计单位共220多名学员参加培训。12月10日，以通信形式召开二届三次理事会议，审议并通过《关于变更协会理事长的建议》等5项内容，协会理事长、法人代表由唐巨山变更为黄黎明。

【党建党风廉政建设】 2020年，设计院召开院党委会25次，党委理论中心组学习会和扩大学习会共15次，成功召开新公司第一次党代会，顺利完成党委、纪委换届工作。深入开展"育新机、开新局"大讨论活动，统一思想，凝聚共识。制定院党委主体责任清单，与各部门党政负责人签订《党风廉政建设责任书》，落实全面从严治党主体责任。加强总承包业务廉政风险防控工作，编制完成总承包业务廉政风险防控体系导图、漫画版廉政风险防控手册，建立总承包业务廉政风险防控制度体系。开展全员覆盖的廉政提醒谈话、新任中层干部廉政谈话、分支机构负责人廉政谈话、警示教育及项目部党风廉政建设标准化工作。

（陈赛君）

浙江省水利河口研究院
（浙江省海洋规划设计研究院）

【单位简介】 浙江省水利河口研究院（浙江省海洋规划设计研究院）成立于1957年，是一家拥有60多年历史的省级科研院所，隶属于省水利厅。2020年1月，根据深化事业单位改革要求完成事业单位合并，省水利河口研究院、省河海测绘院整合设置为省水利河口研究院（省海洋规划设计研究院）（以下简称研究院）。省委编办批准研究院设院长1名，专职副书记1名，副院长5名；7月，完成院内设机构设置调整，研究院下设5个职能管理部门：综合办公室（监察室）、人力资源部、科研技术部、市场经营部、财务审计部，12个科研生产部门：战略发展规划研究所、河口研究所（水工所）、海洋研究所、河湖研究所、防灾减灾和工程安全研究所、水资源研究所、农村水利研究所（水土保持研究所）、智慧水利研究所、河海测验中心、测绘地信中心、水环境监测中心、浙江省水利水电工程质量检验站（岩土工程研究所），以及2家下属企业：浙江广川工程咨询有限公司（以下简称广川咨询公司）、杭州定川信息技术有限公司（以下简称定川信息公司）。至年底，在册正式职工总数764人，其中高级专业技术职务任职资格305人（含正高级专业技术职务任职资格61人），中级专业技术职务任职资格301人；具有大专及以上学历752人，其中博士研究生40人，硕士研究生343人。拥有水利部"5151"人才3人，浙江省突出贡献中青年专家2人，浙江省"151"人才25人，享受政府特殊津贴3人。具有各类资质37项。

研究院的主要职责是：开展全省水

利、海洋相关科学、政策法规、技术标准、规程规范、水文化、科普教育等研究；推进研究成果转化应用，开展技术咨询服务；承担水旱灾害防御、防汛抢险等技术支撑工作；承担河口水情与江道防汛形势分析，开展河口水下地形常规测量及应急防汛测量；开展水利工程质量仲裁检测、科技查新等工作；开展智慧水利、测绘与地理信息、水文测验、环境检测、安全鉴定与评估、质量检测与水电测试等研究及咨询服务；完成省水利厅交办的其他任务。

【概况】 2020年，研究院围绕"全领域全方位全链条"一体化支撑总要求，技术支撑决战"长梅"，完成钱塘江3次地形测量、6项常规预报，为水旱灾害防御和防汛抢险提供重要技术支撑；全面支撑水利数字化转型，开发多项应用平台；服务海塘安澜千亿工程，参与美丽河湖建设，保障水资源和节水工作走在前列，技术支撑农业水价改革成为全国典型；参与水利三服务"百千万"行动、全国海岸带保护修复工程顶层设计。通过"全国文明单位""全国水利文明单位"和省直机关"先进职工之家"复评，在2020年度省水利厅系统综合绩效考评中获得优秀。

【研究院党委、纪委换届】 2020年12月24日，研究院召开机构调整后第一次党员代表大会，参会代表121人。会议做题为"把握新机遇 彰显新作为 奋力开启研究院高质量发展新征程"的工作报告；审议研究院党委工作报告、纪委工作报告及党费收缴、使用和管理情况报告；选举产生研究院第一届党委委员和纪委委员。大会闭幕后，第一届研究院党委、纪委分别召开第一次全体会议，选举产生党委书记、副书记和纪委书记。党委换届后完成各基层党组织设置调整和换届工作，切实落实"一岗双责"。

【防汛防台工作】 2020年，研究院应对非常规汛情，做好汛前研判、汛中应急、灾后调查全过程支撑服务工作。汛期，选派技术骨干驻省水利厅值班累计100多小时，专家30多人次赴灾情现场开展技术指导服务，开展实时洪水位预报、淹没风险预报，提供实时山洪灾害预报预警服务；在闻堰弯道段启动洪汛期动力与河床响应监测，为领导决策提供技术支撑；开展全省水旱灾害防御和风险普查，4月，印发《省级防汛防台应急工作指南》。7月，新安江水库首次9孔泄洪期间，开展洪水预报、淹没风险预报和堤塘风险研判，第一时间赴桐庐开展防洪减灾指导服务。

【水利数字化转型】 2020年，研究院成立推进数字化转型支撑领导小组，全年共承担水利部智慧水利试点、省政府数字化转型考核、水管理平台迭代升级、重点应用建设、模块开发等5方面24项支撑任务，投入人员300多人。推进水管理平台开发，实现省、市、县三级100%贯通，全省用户超2.5万人，总访问量列省级部门浙政钉应用前六。2月，历时72小时开发新冠肺炎疫情防控App，助力全省水利行业疫情防控工作。6月，编制《浙江省智慧水利先行先试实施方案》，助力数字流域、工程建设系统化管理、水利工程数字化管理、水电站生态流量监管、一体化水利政务服务5项任务获水利部批准试点，并承担其中3项试点任务的建设支撑，在11月水利部组织的中期考核评估中获得优秀。支撑的"一体化水利政务服务"在省政府部门中第一个通过事项全要素验收；研发的"山洪灾害监测预警应用"上线，在2020年"长梅"防御工作中发挥重要作用；研发的"浙江省城乡供水数字化管理应用"和"湖州市吴兴区智慧水利综合管理应用"上线运行，并入选省"观星台"优秀应用。

【"幸福河湖"建设】　2020年，研究院全面支撑河湖水域保护、河湖监管、美丽河湖（示范河湖）等工作，为全省"幸福河湖"建设提供技术保障。服务全省水域调查监测、河湖划界工作，组建4个部门联合、33人参加的项目组，开展全省统一培训3次，赴地方技术培训与指导50多次。承担全国示范河湖验收技术导则编制工作，制定全省河湖标准化管理试点评估标准，调研、指导全省20个河湖标准化管理试点县创建与评估工作。支撑金华国务院河湖长制正向激励中央资金项目，全过程指导丽水、湖州、嘉兴等地"幸福河湖"建设，全面参与"美丽河湖"省、市、县级验收与复核。参与起草《省"水美乡村""乐水小镇"建设评价指南（试行）》《省"水美乡镇"建设评价指南（试行）》，开展新时期中小河流治理目标与对策研究。

【水资源管理】　2020年，研究院技术支撑浙江省2019年度实行最严格水资源管理制度考核工作。协助制定省对设区市2019年度实行最严格水资源管理制度考核标准，协助开展全省11个设区市22个县（市、区）水资源管理和节水监督检查，协助编制《浙江省节水行动实施方案》，该成果获2020年度全国优秀工程咨询成果三等奖。指导和评估全省32个县（市、区）节水型社会创建、10个节水教育基地创建以及378家节水型企业、22个节水型灌区建设，协助完成164个节水标杆单位遴选。评估指导全省94个县级以上集中式饮用水水源地安全保障达标建设，完成全省农村饮用水水源地保护范围划定与名录公布工作。开展水资源管理数字化改革工作，开展研究院重大科技攻关项目《水资源管理数字化转型核心模型研发与应用研究》，成果全面推广应用于金华市数字河湖管理平台。开展区域水耗标准制定方法及多功能水库行业水权制度建设关键技术研究，在永康市、长兴县等地实践应用。支撑全省水资源强监管综合改革，完成11个试点县（市、区）改革工作的技术指导和试点评估。

【农村饮用水达标提标行动】　2020年，全省农村饮用水达标提标行动全面"清盘验收"。研究院选派技术骨干为浙江省农村饮用水达标提标专项行动领导小组办公室提供技术支撑。为2个设区市，多个县（市、区），开展从台账筹备到实地检查的"清盘验收"全方位支撑工作；开发大中型水库预警线模型、面上旱情预警模型并上线，旱情期间为1万余座水源地累计发布数千则预警。技术保障农村饮用水达标提标行动明察暗访工作，开展"四不两直"暗访督查 7 组次，在 83 个县（市、区）、140 多个农村供水项目村抽检各类水样超 300 个。定川信息公司开发浙江省城乡供水数字化管理系统，为全省城乡同质饮水、数字化赋能提供强有力保障。

【农业水价综合改革】 2020 年，研究院参与省级验收技术标准制定与全省技术培训，编制完成《全省农业水价综合改革进度双月报》4 期，组织对全省 85 个县（市、区）和 6 个市直管灌区验收台账技术性复核，完成全省共计行政村 6300 多个农业水价综合改革电话询问工作，协助省水利厅率先完成农业水价综合改革任务和验收工作，走在全国前列。承担全省近 30 个市县和 10 多个大中型灌区的验收支撑工作，技术支撑湖州市南浔区成为全国首个通过农业水价综合改革整体验收的县（市、区）。

【海塘安澜建设】 2020 年，研究院选派技术骨干参加省水利厅"海塘安澜千亿工程"专班，参与编制《浙江省海塘安澜千亿工程建设的考核办法》《浙江省"安澜海塘"评选和奖励办法》《海塘安澜县级方案编制要点》等，承担海塘安澜千亿工程温州市、乐清市、象山县、玉环市等市县的技术指导和方案编制工作。运用水动力泥沙研究技术，开展安澜海塘堤脚冲刷与防护技术研究、涌潮保护研究，评估现状海塘防御超标准风暴潮能力。依托河口治理规划，为海塘安澜建设解决空间布局、防御标准、潮浪组合、建设空间等关键技术问题。研究院编制的《钱塘江河口防御标准研究》为省水利厅开展海塘安澜千亿工程提供决策支撑。

【三服务"百千万"行动】 2020 年年初，根据省水利厅《关于持续深化"三服务"建立驻点服务员机制的通知》，组织开展一个水利干部驻点服务一个重点水利工程，对口专项帮扶，研究院 2 名同志被选派为省重点水利工程江山市江山港综合治理工程和台州市临海方溪水库工程驻点服务员；5 月开始，研究院 6 位院领导作为联县处长，每月带队赴舟山市定海区、三门县、云和县、乐清市、象山县、温州市瓯海区等地开展"三服务"水利工程安全运行督导、农村饮用水达标提标行动、水电清理整改、"安全生产月"督导工作和水利"三服务"抓投资主题服务。按照国家节水行动"十百千"水利"三服务"行动的部署，选派技术骨干兵分七路，服务范围覆盖全省 11 个设区市，22 个县（市、区），共计服务企业 100 多家、高校 10 家，重点围绕取水计量监控标准化建设、高校合同节水推进、节水型载体创建、水资源费优惠政策等与用水户进行面对面交流，并开展现场指导和解答。研究院 2 位院领导带队赴台州、嘉兴、湖州开展水利数字化转型"三服务"活动，召开座谈会，开展水利数字化转型视频培训，共收集问题需求 8 个，服务 15 个县（市、区）。

【科研创新成果】 2020 年，研究院完成 19 个国家和省级重点科研项目的年度工作，启动国家重点科技计划项目——

南方城乡生活节水和污水再生利用关键技术研发与集成示范。上报水利重大科技项目建议 7 项，组织申报国家基金、省基金、省公益等项目 104 项，其中省部级科研项目 39 项，新立项各类科研计划 36 项，共获财政经费支持 3679.3 万元（含国家重点研发项目经费），自筹经费 1342.9 万元。获省级学会及以上奖项 9 项，其中"水稻灌区节水减排关键技术研究与应用"获省科技进步奖二等奖。出版专著 2 本，参编标准 7 部，其中参编国标 3 部；发表论文 120 多篇，其中科学引文索引（SCI）收录 3 篇，工程索引（EI）收录 42 篇。申请知识产权 169 项，授权 105 项，其中授权发明专利 6 项，实用新型 37 项，软件著作权 62 项。

【科研载体建设】 2020 年，依托研究院成立的"水利创新研究基地"入选之江科技智库首批研究基地。省水利标准化技术委员会成立，秘书处设在研究院。省水利科技创新服务平台结合全省科技"三服务"活动，全年组织基层科技服务和技术培训 500 多人次，推广使用创新券 2.6 万元，邀请国内外专家学者开展讲座 8 场，参加国内外学术交流 22 批 36 人次。博士后工作站出站 1 人，在站 2 人。研究生联合培养基地 7 位研究生完成学习，新增 13 位研究生。

【人才队伍建设】 2020 年，研究院印发《高层次人才（含紧缺）培育引进及激励办法（试行）》，组织开展首轮高层次人才培养和晋升计划（"蝶变计划"）工作，共 9 人入选高层次人才培养和晋升计划行列，4 人获得择优资助，3 人层

次获得提升。开展干部轮岗交流和职工竞争上岗工作，完成 37 名中层干部、422 名职工入岗工作，15 名干部退出中层岗位。优化中层干部队伍结构，促进干部队伍年轻化。分阶段完成 9 名干部选拔任用、6 名干部竞争上岗、18 名干部交流任职工作，3 名"85 后"干部在竞争上岗中脱颖而出。

【业务经营】 2020 年，研究院承担各类技术服务项目（含科技成果转化项目）1350 项，签订合同额 7 亿元，收款 5.95 亿元。其中，广川咨询公司拓展全过程咨询及 EPC 业务，新获工程造价甲级资质，签订合同额 2.7 亿元（不含 EPC 施工费）；定川信息公司以"智、感、慧、控"打造核心技术，签订合同额 1.02 亿元。

【省水利水电工程管理协会】 2020 年 9 月，省水利水电工程管理协会组织召开第一届理事会第五次会议暨第一届常务理事会第八次会议，审议通过《浙江省水利水电工程物业管理服务能力评价指南》（2020）修编稿，并于 10 月发布。全年组织物业管理企业服务能力培训 15 场，培训 2188 人。组织水利工程物业化管理服务能力评价工作 1 次，审核 63 家单位材料，其中 58 家单位获得评价证书。新接收会员单位 33 家。

【省水利工程检测协会】 2020 年，省水利工程检测协会完成检测专家库增选工作，增选 18 位专家入库。起草《2020 年度检测单位评议实施方案》，在 48 家会员单位中随机抽取 14 家开展检测单位评议工作。起草完成《浙江省水利工程

检测优秀单位、优秀检测员评优办法（试行）》。举办检测方面技术培训，参与90多人。新接收会员单位5家。

【内部控制体系建设】　2020年，研究院作为省级单位内部控制指引建设试点单位，根据省水利厅专项审计结果，全面加强内部控制体系建设和完善工作，全面梳理内控制度清单，新制定制度7项，修订制度13项。完成省重点实验室科研用房一期工程建设及综合验收工作。

【党建和党风廉政建设】　2020年，研究院协助组织省水利厅系统分片党风廉政建设分析会3次，开展座谈交流、参观学习等活动。常态化开展正风肃纪检查共16批次，组织开展兼职取酬和收受礼品礼金情况自查。11月，印发《党委会议、院长办公会议讨论决定重大问题清单》，进一步规范重大事项议事规则，推进科学决策。11—12月，研究院党委接受省水利厅第一巡察组巡察，对上一轮巡察后的工作情况进行全面梳理总结，做到即知即改。全年召开党委会议20次，院长办公会议10次。全年组织开展研究院党委理论学习中心组（扩大）学习会议8次，3个基层党组织、15名共产党员、2名党务工作者受到省水利厅系统2018—2019年度"两优一先"表彰。

（孙杭明）

浙江省水利水电技术咨询中心

【单位简介】　浙江省水利水电技术咨询中心（以下简称咨询中心）是隶属于省水利厅的公益二类事业单位，具有工程咨询单位甲级资信、水利工程施工监理甲级资质、工程造价咨询甲级资质等。通过ISO9001：2015质量管理体系认证和"AAA"级信用等级认证。2020年7月27日，《浙江省水利厅关于印发厅属处级事业单位内设机构设置方案的通知》，批复咨询中心内设机构9个，其中职能部门4个：综合办公室、事业发展部、技术质量管理部、财务审计部，生产部门5个：咨询一部、咨询二部、咨询三部（杭嘉湖水利研究中心）、咨询四部、项目管理部。另外，有下属单位5家：浙江省水利水电建筑监理有限公司（完成公司制改制，10%国有股权划转至浙江省财务开发有限责任公司）、浙江水利水电工程建设管理中心、浙江水利水电工程审价中心、浙江金川宾馆、浙江水电职业技能培训中心。至年底，咨询中心共有在职职工276人，其中在编人员44人。咨询中心本级工作人员89人，其中大学本科及以上学历85人，硕士及以上学历44人。咨询中心本级共有中级及以上专业技术职务任职资格人员73人，其中副高及以上专业技术职务任职资格39人，正高级专业技术职务任职资格9人；平均年龄38.1岁。咨询中心本级共有退休人员35人。

咨询中心的主要职责是：开展水利规划、项目建议书、可行性研究报告、初步设计及有关专题报告等的编制、评估咨询及施工图审查等工作；提供水利行业技术标准、定额制订以及项目稽察、安全生产监督的技术支撑；开展水利项目行业审查和涉水项目审批技术审查，承担工程建设管理、安全鉴定和验收的技术支撑工作，以及水利统计分析、绩效评价；开展区域、流域重大水利问题研究。承担水旱灾害防御技术支持；开展水利工程建设全过程工程咨询、投资动态控制、项目管理、风险评估等技术服务工作。

【概况】 2020 年，咨询中心开展区域或流域规划编制、超标洪水防御预案编制、全省重大水利项目咨询评估、全过程工程咨询、施工图审查、建设管理技术服务等 100 多项，全年无顾客不良投诉，成果质量优良品率 100%，顾客满意度 96.3 分。签订合同额 1.1 亿元，净利润增幅超过 11%。咨询中心获 2018—2019 年度省水利厅系统先进基层党组织、2019 年省水利厅系统综合绩效考评优秀、2019 年度安全生产目标责任制考核优秀，"东苕溪中上游滞洪区调整专项规划"获 2020 年度省优秀工程咨询成果三等奖。

【浙江水利技术支撑】 2020 年长梅汛应急响应期间，咨询中心抽调技术骨干16 名，昼夜驻守杭嘉湖地区 18 天，编发杭嘉湖区域洪水风险分析简报 22 期，提出洪水防御和调度建议 30 多条。承担泰顺、嘉善、玉环、青田等 4 个县（市、区）的百名处长联百县、联百项工作，以及双溪口水库工程、嘉兴市域外配水工程（杭州方向）2 个重点水利工程的"一对一"驻点服务工作，全年共参与"三服务"活动 100 多人日。完成全省重大水利项目咨询评估 40 多项，施工图审查 20 多个，"最多跑一次"专题技术审查 30 多个，以及省水利工程项目稽察、水利工程安全巡查与考核、水利工程设计质量专项检查、区域或流域规划编制、超标洪水防御预案编制等 100 多个项目。

【技术质量管理】 2020 年，咨询中心完善分级计划管理机制，编制咨询中心月度生产计划和部门月度实施计划。坚持项目首次对接、咨询中心月度生产例会和部门周例会制度。每月开展工作计划、工作大纲编制质量、执行情况等检查，增强工作计划、工作大纲的编制质量和执行力。2020 年度省水利科技项目立项 6 项，其中杭嘉湖地区防洪排涝体系研究为重大项目。全年成果质量合格率 100%，优良品率 100%，顾客满意度评分为 96.3 分。

【生产经营】 2020 年，咨询中心制定年度经营工作实施方案和实施计划，谋划拓展重要经营领域和区域。实行生产经营月例会，加强项目跟踪和执行。承接义乌市双江水利枢纽工程全过程咨询和海宁市百里钱塘综合整治提升工程一期（盐仓段）全过程咨询服务等项目，主要从事相关项目的项目管理、设计咨询管理、投资动态控制管理等全过程咨询服务工作。至 12 月底，义乌市双江水利枢纽工程开工建设，海宁市百里钱塘综合整治提升工程一期（盐仓段）完成项目前期策划、可行性研究报告咨询和技术审核等工作。2020 年，咨询中心签订合同额 1.1 亿元，净利润增幅超过 11%。

【安全生产管理】　2020年2月，咨询中心成立新冠肺炎疫情防控领导小组，制订疫情防控方案和应急预案，摸排职工情况，管控重点人员动态，持续做好防控物资保障、浙江水工大厦消杀、访客登记等常态化疫情防控工作，全年未发生疑似或确诊病例。6月，开展"安全生产月"活动，强化职工安全观念；逐级签订年度安全生产责任书，全面落实各级责任；全年召开安全生产月例会12次，检查督促相关工作完成情况。2020年未发生各类安全生产事故。

【人才队伍建设】　2020年3月，咨询中心制订《专业建设提质实施方案》，按照"一人一专业、一人一目标"要求开展专业建设，明确每一位技术人员的专业和重点研究方向，提升专业人员技术能力和水平。是月，组建杭嘉湖地区防洪排涝管理决策支持、温黄平原水资源管理研究、浙江省幸福河建设思路研究及应用等11个创新团队，其中咨询中心级创新团队4个，部门级创新团队7个，共55人参与各创新团队的研究。12月底前，所有创新团队均完成结题，并通过验收。通过创新团队建设，在防洪排涝、水资源配置等领域实现重大突破，研究成果在东苕溪流域超标洪水防御预案等技术服务中得到广泛应用。6月，制订《专业领军人员评选办法（试行）》《专业新星评选办法（试行）》《星级职工评定办法（试行）》等人才培养相关制度，全年共开展评选工作2批次，评选专业领军、专业新星和星级职工21名。

【文化建设】　2020年1月，咨询中心举办2020年春节联欢会，共23个节目，包含大合唱、歌舞、朗诵、相声、小品、乐器合奏、三句半等多种形式，均为咨询中心各部门、单位自导自演；9月，举办"月满中秋·相约浙水"中秋联谊会；是月，开展职工疗休养活动；11月，举办第四届"创一流"活动周，活动采用知识性与趣味性相结合、脑力与体力相结合的形式，由登山比赛、乒乓球个人挑战赛、民法典知识竞答、拔河比赛和趣味三项联赛等5个项目组成，共8支队伍400多人次参加。开展节水机关建设，制定《浙江省水利水电技术咨询中心节水管理办法（试行）》，加强供水管网和节水设施的日常管理；做好空调冷凝水等非常规水的利用，在职工食堂、公共洗手间等醒目位置张贴节水宣传画报和温馨提示语，利用大厅电子屏、OA系统等广泛开展节水宣传教育活动；组织亲水志愿者服务队，走进社区积极宣传节水护水。11月，通过省水利行业节水机关建设验收。

【党建工作】　2020年3—4月，咨询中心组织开展如何做"五个特别"（特别讲政治、特别能斗争、特别能担当、特别能奉献、特别能胜利）浙水咨询铁军优秀一员大讨论，召开党委理论学习中心组扩大学习会、支部主题党日、部门例会、团支部会议等多种形式的分组讨论会30多场，所有职工按照"有岗位就有职责"的要求，对标对表，全面查找思想上、工作上存在的薄弱环节，不断增强干部职工忧患意识、责任意识和创优意识。7月，组织各党支部开展"不忘初心、决胜小康"等主题党日活动；12

月，与省水利厅监督处开展"学全会精神、谋水利监督发展"党建联建主题党日活动。全年开展党委理论学习中心组集中学习 9 次；建立岗位廉政风险和失职渎职风险防控措施 530 多条；开展个人廉政承诺和廉政谈话 550 多人次，严格落实"一岗双责"。

（邢俊）

浙江省水利科技推广服务中心

【单位简介】　　浙江省水利科技推广服务中心（以下简称推广服务中心），为正处级公益二类事业单位，内设综合办公室、财务审计科、推广交流科、技术发展科、资产服务科、安全生产科等 6 个科室，下辖浙江钱江科技发展有限公司、浙江钱江物业管理有限公司、浙江省围垦造地开发公司、浙江省灌排开发公司等 4 家企业。有事业编制员工 34 名，事业退休人员 13 名，直属企业员工 170 多名，党员 57 名。主要职责为：开展水利科技成果转化和先进适用技术产品推广应用；开展水利学术交流与合作，提供水利技术服务；承担省水利厅机关后勤服务及国有资产管理等。

资产情况：①房产，钱江科技大厦建筑面积 34038.40m²，其中 3345.95m² 归中国银行杭州市高新区支行等单位及个人永久使用；原浙江省水电职业病医院门诊楼建筑面积 2631.02m²；原浙江省围垦技术培训中心大楼（位于艮山西路汽车东站对面）建筑面积为 4866.49m²，其中 1208.18m² 归闸弄口村永久使用；因杭州市机场轨道快速线建设以及江干区街头绿地工程建设需要，原浙江省水电职业病医院门诊楼及浙江省围垦技术培训中心大楼已被杭州市列入征收范围；②土地，总计 1188.93hm²，其中推广服务中心名下 874.32hm²，浙江省围垦造地开发公司名下 314.61hm²，分布在杭州市区、萧山区，绍兴市上虞区，宁波市慈溪市，舟山市等地。

【概况】　　2020 年，推广服务中心加强水利科技推广交流，组织召开全省重大水利工程建设技术交流会，举办 5 场"水利科技云讲堂"，编制《2020 年度浙江省水利新技术推广指导目录》，遴选新技术（产品）43 项。加强技术支撑与服务，参加全省农村饮用水达标提标行动明察暗访，水利工程标准化管理抽查复核和"三化"改革指导服务，赴温州市平阳县、洞头区开展水利"三服务"。加强房屋土地资产管理，完成钱江科技大厦裙楼 5 年期整体公开招租和名下 4 宗土地新一轮承包协议签订，大厦整体出租率达 85%。落实省委、省政府和省水利厅惠企政策要求，为钱江科技大厦承租企业减免房租 350 万余元。压实安全生产责任，加强安全队伍建设，组织消防安全演练，2020 年未发生安全生产责任事故。推进单位内部改革，组织开展"解放思想聚合力，奋发有为蹚新路"大讨论活动，赴 4 家企事业单位开展企业改革与监管工作调研。加强党建和党风廉政建设，接受省水利厅党组巡察，推进党支部标准化 2.0 版建设，2020 年被评为 2018—2019 年度省直机关先进党组织、2018—2019 年度省水利厅系统先进基层党组织。

【水利科技推广交流】　加大先进技术在水利工程建设领域的推广、应用和交流，2020 年 8 月 26—27 日，推广服务中心联合省水利学会在绍兴市上虞区召开全省重大水利工程建设技术交流会，会议考察浙东引水姚江上游西排、曹娥江上虞城区段一江两岸工程建设情况，邀请浙东引水姚江上游西排、杭州第二水源千岛湖配水、新昌钦寸水库和台州朱溪水库等全省重大水利工程项目法人、设计及施工单位专家，围绕工程建设、设计、科研、管理做新技术应用报告，来自省水利厅相关处室和直属单位、市县水利部门、全省重大水利工程参建单位的 80 多名代表参加会议。开展水利先进适用技术（产品）征集与遴选，编制《2020 年度浙江省水利新技术推广指导目录》，43 项技术（产品）入选。利用钉钉平台搭建"水利科技云讲堂"，举办农村饮用水典型技术、一体化闸泵技术、低坝白蚁监测与治理技术、农村饮用水消毒技术、节水技术与管理等 5 场线上交流会，2000 多人次参与。

【技术支撑与服务】　2020 年，推广服务中心 2 名班子成员分别联系温州市平阳县、洞头区，帮助平阳县水利部门解决显桥水闸恢复河道通水泄洪、鳌江干流治理水头段防洪工程设计变更和概算调整等问题。选派 6 名技术骨干参加水利工程复工复产、东苕溪水旱灾害防御技术指导服务。组织完成 16 个县 224 个农村饮用水达标提标工程明察暗访，累计发现问题 100 多个，助力全省农村饮用水达标提标行动收官。组织完成 37 个县 106 处水利工程标准化管理抽查复核与"三化"改革指导服务。完成全省农村饮用水单村工程消毒公益模式优化研究与示范课题，以及全省节水技术（产品）应用状况调研。

【后勤保障与安全生产】　2020 年，推广服务中心做好省水利厅机关餐饮、物业、安保等日常服务，以及新冠肺炎疫情防控、水旱灾害防御期间的后勤保障；在防御"长梅"Ⅰ级应急响应期间，投入后勤人员 40 多人，累计会议服务 39 场，保障用餐近 2400 人次。压实安全生产责任，加强钱江科技大厦一线设备操作岗位人员和微型消防站等 2 支安全队伍建设，组织消防安全演练、设施设备联动测试和义务消防队日常拉练，开展电气线路系统检测，实施设施设备更新改造，安装用电自动化监测设备，提高安全管理专业化水平。2020 年，安全生产形势保持平稳，未发生安全生产责任事故。

【国有资产经营管理】　2020 年，推广服务中心努力降低新冠肺炎疫情对钱江科技大厦房屋出租的影响，开展房屋出租市场调研，研究提出房屋出租对策措施，实施大厦设备改造，新建停车位（库），新增可出租面积 2690m²，通过产权交易中心和省直拍卖等方式加强线上线下招租，完成大厦裙楼 11250m² 5 年期整体公开招租，大厦整体出租率达 85%。支持钱江科技大厦承租企业复工复产，落实省委、省政府和省水利厅惠企政策要求，为50多家企业减免3个月房租350万余元。完成名下4宗土地新一轮承包协议签订工作，合同收入明显增加。配合做好省水利厅所属舟山朱家尖庙跟村2.8hm²土地实地丈量与历史情况摸排工作。推进原浙江省水电职业病医院门诊楼拆复建工作，达成拆复建协议并获省财政部门审批。推进直属企业改革，成立直属企业改革工作领导小组和工作专班，赴省水利厅系统2家企事业单位、省市国资系统2家国有企业开展企业改革与监管工作调研，研究拟订改革思路路径。

【团队建设和内部改革】　2020年，推广服务中心组织全体干部职工开展"解放思想聚合力，奋发有为蹚新路"大讨论活动，谋划单位发展方向和具体思路举措。加强人才队伍建设，组织召开研究生以上学历人员职业发展座谈会，掌握职工思想动态和职业规划，结合内设机构和岗位设置做好干部调整交流。完善岗位聘用机制，出台《岗位聘任补充规定》，引导专业技术人员积极参与技术咨询、课题研究。建立业务骨干主持"水利科技云讲堂"机制，实施青年人才培养计划和青年理论学习提升工程，选派5名青年职工赴直属企业兼职锻炼，提升干部职工综合素质和专业能力。加强团队文化建设，完成工会、团支部换届选举，加强"职工之家"建设，组织开展无偿献血、党员值岗、公益捐赠等志愿服务活动，通过省级文明单位复评。加强制度体系建设，分类梳理综合管理、人事管理、财务资产管理、党建

纪检以及业务建设等方面历年制度，形成"废改立"清单，完成《中共浙江省水利科技推广服务中心委员会工作规则》《纪委监督执纪工作实施办法（试行）》《会议制度》《国有资产使用管理实施细则》等17项制度修（制）订。完成安吉示范基地清退工作和东篱公司清算注销，梳理历年往来款挂账情况并按政策清理。

【党建和党风廉政建设】　2020年，推广服务中心加强党的政治建设，开展政治生态情况分析，召开党委民主生活会，按要求做好省水利厅党组巡察各项准备工作。落实民主决策制度，全年召开党委会12次，集体讨论和决定重大事项40多项。研究制定《2020年党委理论学习中心组学习计划》，采取原原本本学、交流研讨学、专家辅导学等方式，组织理论学习中心组（扩大）学习会10次、专题党课5次。推进党支部标准化2.0建设，开展民主评议党员、主题党日、专题党课活动，完成6个党支部换届工作。落实党风廉政建设责任，召开党风廉政建设分析会议2次，组织廉政提醒谈话2次，与各科室（单位）签订党风廉政建设工作责任书，开展廉政风险防控承诺，层层传导压力。加强廉政警示教育和廉政文化建设，组织全体干部职工学习《省水利厅系统近期违纪违法案例》通报，法定节假日提前发送廉洁过节提醒短信。加强正风肃纪，围绕水利科技推广、国有资产经营、公款存放招标等重点领域开展监督，组织纪律作风突出问题专项整治活动，以及违规兼职、收受礼品礼金问题专项治理，开展节约

粮食、工作纪律作风等专项监督检查、明察暗访。

（袁闻、吴静）

浙江省水利信息宣传中心

【单位简介】 浙江省水利信息宣传中心（以下简称信息宣传中心）是省水利厅直属公益一类事业单位，在原浙江省水利信息管理中心和浙江省水情宣传中心基础上组建，于2019年11月举行新单位成立揭牌仪式。核定编制数24人，领导职数1正2副。主要工作职责是：协助指导全省水利行业信息化和宣传业务工作，协助制定全省水利信息化中长期规划、省级水利信息化相关技术规范和技术标准，承担省级水利信息化重大项目的技术工作以及省水利厅本级水利信息化项目建设和管理工作，承担政府数字化转型相关信息化工作。组织开展省级水利数据中心建设及数据管理工作，组织实施重大水利新闻报道。承担中国水利报浙江记者站相关工作。组织开展水利舆情监测、收集、分析工作；承办省水利厅政务信息主动公开工作，组织政务新媒体的运行管理工作。开展省水利厅网络中心、信息系统的安全运行维护工作；组织开展水情宣传教育，负责全省水利重要影像资料收集、整理和利用工作；组织开展《浙江通志·水利志》《浙江水利年鉴》编纂及水文化传播工作；完成省水利厅交办的其他任务。

【概况】 2020年，信息宣传中心认真贯彻落实省水利厅党组决策部署，全面发挥支撑保障作用，全力做好水利信息宣传等工作，较好地完成年度目标任务。省水利厅在省政府数字化转型年度考核名列省级单位第5名，智慧水利先行先试中期评估为优秀等次，"浙江水利"微信公众号获2020年全国水利系统政务新媒体矩阵传播力第4名，中国水利报浙江记者站获2020年度"优秀记者站"称号，《浙江通志·水利志》完成编纂出版，首部浙江水利形象宣传片发布，相关经验和做法在全国水利工作会议、全省数字化转型专题会议、水利部网络安全专题会、水利部新媒体融合发展座谈上做典型发言。

【支撑政府数字化转型考核】 2020年，信息宣传中心按照政府数字化转型工作"年初分析、每月推进、年底攻坚"整体思路，深入分析各项指标完成的难点和问题，提出相关举措，梳理形成《进一步提升水利公共数据治理能力的实施方案》和《进一步提升水利应用支撑整合能力的实施方案》。支撑"互联网＋政务"，提前1个月率先完成政务服务事项2.0改造，新增3个智能秒办事项，事项表单字段共享率、材料共享率均居省级单位前列；支撑"互联网＋监管"，组织开展全省监管数据清洗、归集，完成风险监管和投诉监管100%闭环处置，相关指标居省级单位前列；支撑"互联网＋办公"，完成218个组织、1466名用户、3项应用的浙政钉2.0迁移。在省政府数字化转型年度考核中，省水利厅获第5名，较2019年有大幅提升。

【水管理平台迭代升级】 2020 年，信息宣传中心继续推进浙江省水管理平台功能迭代升级，完善统一人员管理和用户权限配置，完成 PC 端和手机端新版上线。水管理平台已完成市、县基础版的开发和全省发布，并在 8 市 19 县开展水管理平台的试点建设和重点市县样板化改造工作。平台新研发了水利疫情防控 App、水利晾晒台、水利观星台等应用模块，推动新上架了城乡供水、工程建设、水利云课堂、三服务"百千万"、数字规划、预算项目管理、一体化政务等多个业务应用，整合接入原信息门户中 OA 办公系统、工程运行管理、权力运行、计划管理、标化监管、农村水利、高工考评等 17 个应用。至年底，省级平台完成 46 个应用大整合，各地平台共计接入 306 个市县应用。平台中已有钱塘江流域防洪减灾数字化平台、浙江省城乡供水数字化管理应用、浙江省江河湖库水雨情监测在线分析服务应用、湖州市吴兴区智慧水利综合管理应用 4 个在建应用入选省观星台，走在省级部门前列。根据省大数据局公布的数据，平台总访问量名列省级部门浙政钉应用前 6，行业活跃度为 51.11%，处于全省第 1。

【公共数据治理】 2020 年，信息宣传中心持续推进水利数据归集共享，顺利完成政务服务 2.0、"互联网＋监管"、证照分离改革、省域空间治理、省重点项目等工作的数据归集任务，以及与省应急厅、省自然资源厅等单位的数据共享协同任务。完成水利工程质量检测单位乙级资质证书电子证照改造，向省大数据发展管理局归集质量检测单位乙级资质证书、取水许可证、采砂许可证等 3 类电子证照数据。开通第 20 号水利数据高铁，实时归集水库水情信息等 5 类数据。至年底，省水利厅公共数据归集量 538 万，归集率 100%，资源目录健康度为优，系统编目率 100%，数据对接率 100%，无问题数据；新增开放 32 个数据集，增长 135 倍，已归集数据 45% 实现了开放，数据下载量和调用量均为省级单位第 3；编制并印发《浙江省水利厅公共数据管理工作规则》《浙江省水利数据高铁运维工作规则（试行）》。

【浙政钉技术支撑】 2020 年，信息宣传中心组织开展省水利厅系统人员从钉钉平台迁移到浙政钉 2.0 各项工作，成功迁移 218 个组织、1466 名用户、3 项应用，信息完整率、用户激活率、用户头像上传率 100%。持续优化上钉应用，确保符合上钉质量要求。继续做好浙政钉统一用户体系维护，按规范维护好组织和用户信息，全年用户日均活跃率 95%。在浙政钉上建立涵盖全省水利系统 1 万多人的条线通讯录，并与水利统一用户中心进行对接，实现人员联动和统一维护。

【网络安全】 2020 年，信息宣传中心按照检查、通报、整改、反馈、复测等网络安全闭环管控要求，部署开展勒索病毒清理、信息系统"百日攻坚"、互联网应用整治、计算机信息保密检查等专项行动，深入排查加固省级水利单位服务器和计算机终端，检测整改网站和信息系统中高危安全漏洞 218 个。按照

"应上尽上"原则,充分利用省政务云平台资源,完成48个信息系统上云任务,应用上云率94.1%,居全省前列。浙江水利网站服务社会公众1321万人次、台风系统服务社会公众1.36亿人次(最高日访问量1049万人次)。以水管理平台为载体,开展无纸化会议系统建设,初步实现省水利厅系统各类会议快速发起、材料集中管理、会中同步展示。

【水利"强宣传"】 2020年,信息宣传中心参与起草浙江水利"强宣传"行动方案,明确15个方面"强宣传"工作,落实38项具体任务。建立水利宣传成果"晾晒"机制,加强水利宣传工作考核,定期通报全省水利宣传工作进行情况,形成互学互比的浓厚氛围。全省水利系统聚力水旱灾害防御、水利复工复产、民生实事、三服务"百千万"行动、浙江节水行动等重点工作,在省级以上主流媒体发布稿件755篇,在水利部网站发布稿件133篇,浙江水利网站采编信息2829条、微信微博采编稿件1311篇。聚焦农村饮用水达标提标工程、美丽河湖建设两项民生实事,全年举办新闻发布会和通气会6场,组织媒体采风活动4场。"浙江水利"微信公众号获全国水利系统政务新媒体矩阵传播力第4名,中国水利报浙江记者站获"优秀记者站"称号。

【水情教育活动】 2020年,受新冠肺炎疫情影响,信息宣传中心将水情教育主战场搬到线上开展。围绕浙江节水行动主题,聘请浙江卫视主持人席文、世锦赛游泳冠军吴鹏等知名人士为2020年度浙江省节水大使,定制节水宣传片和海报,在微信朋友圈、新浪新闻、《经视新闻》栏目等媒体,以及杭州地铁、热门商圈大屏、城区主干道路牌等平台集中推出,扩大宣传覆盖面,营造节水爱水护水的良好氛围。组织编写出版《浙江水情知识绘本(幼儿版)》,推荐长兴县河长制展示馆入选第四批国家级水情教育基地,协助做好浙江水利水电学院水文化研究教育中心的现场复核工作。

【水利重点工作支撑保障】 2020年超长梅雨期,信息宣传中心成立通信网络保障组,响应期24小时在厅在岗值守,24小时在线响应服务,不低于每小时1次人工巡查;成立宣传报道组,坚持做好网络舆情信息监测,在新安江水库9孔泄洪后,第一时间组织相关水利专家召开新闻通气会,起草《九问新安江水库泄洪》,正面回应社会关切,央视《新闻联播》《焦点访谈》《新闻1+1》等栏目以及新华社、浙江卫视、浙江日报等媒体纷纷转发。72小时全省率先上线水利疫情防控App,为水利疫情防控工作提供重要支撑;三服务"百千万"应用App被省大数据局列入政务创新案例。

【党建工作】 2020年,信息宣传中心坚持把党的政治建设摆在首位,把党建工作与水利信息宣传业务工作同谋划、同部署、同落实。7月,信息宣传中心召开党员大会进行换届选举,成立新一届支部委员会。全年召开支部党员大会6次、支委会会议20次、支部学习会(主题党日活动)14次、组织生活会1次、举办党课4次、微党课11次、开展党员民主评议 1 次。组织党员先后赴洪园开展"不忘初心、决胜小康"主题党日活动，联合省水利厅办公室党支部赴抗日战争胜利浙江受降纪念馆开展主题党日活动，赴安吉余村开展探访"两山"理论感悟"水文化"党群活动。结合水利三服务"百千万"等活动，引导党员干部深入基层，加强技术指导，累计服务 580 多人次。开展违规收送礼品礼金自查自纠、节日"四风"问题等监督检查。制（修）订会议、考勤、报销、差旅、政府采购、项目管理、干部选拔任用等一系列规章制度，强化以制度管人、以制度管事的工作局面。梳理修编信息宣传中心岗位职责表、岗位说明书及工作规程，推进工作标准化、规范化、制度化，强化内部控制建设。开展廉政风险和失职渎职风险梳理排查，制定相应防控措施，指定专人在支部钉钉群里定期转发全国各级各类典型的违纪违规案例，做到警钟长鸣。坚持一年两次逐级开展廉政谈话、签字背书，进一步强化党员干部的廉洁自律意识。

（郭友平）

浙江省水利发展规划研究中心

【单位简介】　　浙江省水利发展规划研究中心是省水利厅下属公益一类事业单位，前身为浙江省围垦技术中心。2011 年，根据省编委办文件《关于省围垦技术中心更名的函》，更名为浙江省水利发展规划研究中心（以下简称规划中心）。2020 年，下设综合科、发展研究科、规划研究科、基础研究科、科技研究科 5 个科室。编制人数 22 人，在编在职员工 16 人。

规划中心的主要职责是：组织研究国内外水利政策、法规；承担全省水利改革发展、政策法规重大问题的研究，提出水利改革发展建议；开展全省水利发展战略规划研究，开展全省流域综合规划、水资源综合规划和其他重要专项规划研究，负责水利规划管理的相关技术工作；协助开展省级水利规划的实施评估工作，参与研究提出省级其他涉水规划的技术意见；开展全省水利改革和创新发展技术指导；完成省水利厅交办的其他任务。

【概况】　　2020 年，规划中心参与编写《浙江省水安全保障"十四五"规划思路报告》，组织编写《浙江省水资源节约保护和开发利用总体规划》；开展前瞻性重大课题调研和科技项目研究，完成《主动适应长三角一体化，高水平谋划水利发展调研》等专题报告；开展涉水规划和涉水项目技术指导，对 10 多项水利规划、10 多项涉水行业规划提出水利技术意见；编纂高质量的参阅报告 5 篇；配合省水利厅计划处、政法处做好重大项目前期、涉水发展战略、计划统计、政策法规及水利改革等支撑工作；完成水利重大科技项目 3 项，做好厅科技委办公室日常工作等。

【编制"十四五"规划思路报告】　　2020 年，规划中心参与编制《浙江省水安全保障"十四五"规划思路报告》。对标对表"重要窗口"目标定位，准确把握"十四五"水安全保障面临的形势；践行"节水优先、空间均衡、系统治理、两手发力"的治水思路，明确"十四五"水安全保障的总体要求，明确浙江省水安全保障"十四五"规划的方向、目标、任务和重点。报告提出"加强水利基础设施网络建设，大力推进'浙江水网'建设，构建高标准防洪保安网、高水平水资源配置网、高品质幸福河湖网和高效能智慧水利网"等，被纳入《中共浙江省委关于制定浙江省国民经济和社会发展第十四个五年规划和二○三五年远景目标建议》。

【编制《浙江省水资源节约保护和开发利用总体规划》】   2020年，规划中心组织开展《浙江省水资源节约保护和开发利用总体规划》编制，研究完善中长期水资源节约保护与开发利用的总体部署，更加体现节约保护和"生态需水"保障，重点突出优质水资源省域联网配置。结合规划编制要求，主动参与《钱塘江河口水资源配置规划》编制工作，就钱塘江河口地区用水安全问题以及钱塘江、曹娥江两大河口水资源统筹利用等提出意见和建议，指导编制单位提升规划质量。

【开展前瞻性重大课题调研】   2020年，规划中心贯彻省水利厅党组关于深入调查研究，推动调研成果转化的部署要求，积极开展前瞻性重大课题调研。完成《主动适应长三角一体化，高水平谋划水利发展调研》《"浙江水网"规划建设调研》《勇担乡村振兴使命 打好水利兴农惠民组合拳——浙江省乡村振兴水利工作蹲点调研》《柯城模式的新农田水利助农经验提炼和机制研究》和《永嘉县水利"三服务"工作调研》等专题报告。

【开展行业规划技术指导】   2020年，规划中心开展涉水规划和涉水项目技术指导，对《长江三角洲区域一体化发展水安全保障规划》《曹娥江流域防洪规划修编——嵊州城区防洪专题》《浙江省水利高质量发展示范县（德清）总体规划》等10多项水利规划（规划专题）提出意见和建议；对《嘉兴运河省级旅游度假区总体规划》等10多项涉水行业规划提出水利技术意见；对《浙江省海绵城市建设区域评估办法》《浙江省省级专项规划管理规定》《浙江省国土空间专项规划管理办法》《〈浙江省国土空间生态修复规划〉编制工作方案》《浙江省国土空间总体规划主要控制指标分解思路和方法》等规划行业规范性文件提出水利技术意见。

【编纂参阅报告】   2020年，规划中心围绕省水利厅中心工作，聚焦"十四五"规划和厅科技委专题研究计划，紧跟新冠肺炎疫情影响与应对、水利工程安全运行、洪水防御、流域治理等水利热点与难点，第一时间编制《新冠肺炎病毒防控对我省水利防汛的启示》《近期美国连续溃坝事故对我省水库安全保障的警示》《钱塘江流域"20200707"洪水分析及建议》《谋划杭州湾南翼供水一体化标志性工程 倾力打造杭州湾南翼输水大通道》《关于楠溪江流域系统治理方案的建议》等5篇参阅报告。

【开展水利重大科技项目研究】 2020年，规划中心做好水利部重大科技项目，借鉴国外河流治理建设经验和管护制度，并在我国法制基础上，研究提出推进中小河流治理管护法制建设的对策建议，完成《新时期中小河流治理与管护法制建设研究报告》，相关成果被纳入中国水利水电科学研究院主持的相关总课题报告。完成省水利厅重大科技项目《浙江省"三不"水电站评价标准研究》，并通过成果验收和登记，项目研究成果在丽水等地开展农村水电站"一站一策"清理整改和构建农村水电绿色发展长效机制等方面提供指导。完成《环杭州湾南翼供水一体化》专题科技报告，谋划提出杭州湾南翼供水一体化工程，打造杭州湾南翼输水大通道，同时做好科技成果认定。

【做好支撑服务保障工作】 做好项目前期支撑，协助完成重大项目前期的技术对接、专题汇报、审查意见出具等工作，协助参与省发展改革委、省移民办组织召开的重大水利项目前期报告评估、移民安置规划审查等。做好发展战略支撑，开展推动长江经济带发展、长三角一体化、革命老区建设、全省山海协作等涉水行业技术意见研究。做好计划统计支撑，协助完成省水利厅部门项目支出预算系统建设、完善和申报工作，参与省水利厅系统预算项目初评审核工作。做好政策法规支撑，参与《浙江省水资源管理条例》《浙江省海塘建设管理条例》等水法规修订，协助开展地方调研、意见征求、条例修改完善等工作。做好水利改革支撑，协助开展浙江省水行政执法改革工作，研究提出完善水行政执法体制的建议。配合开展基层水利改革项目申报和经验总结，审核基层改革方案100多项。

【厅科技委工作】 2020年，规划中心组织召开厅科技委2020年度工作会议暨重点任务研商会，重点研究规划咨询评议方案。根据工作需要组建有关水利规划的咨询评议专家组。丰富专家科技活动，着力激发老领导、老专家的积极性，利用厅科技委专家工作微信群等信息交流载体，广泛联系、及时更新水利大政方针与厅科技委工作动态信息，先后组织厅科技委委员、专家赴杭州市第二水源千岛湖配水工程现场和淳安县枫林港、下姜村开展专题科技活动。

【队伍建设】 2020年，规划中心精心细化单位工作目标需求、优化岗位方案、加强分类管理，做到量才使用；坚持以老带新，落实科室负责人和项目负责人带好队伍的双重职责，逐步形成人才队伍培养长效机制。组织精干力量投入汛期值班，2020年新安江水库9孔泄洪期间，规划中心专家全程参与预泄、预排、拦洪、错峰调度等指导工作。优化单位人才队伍结构，公开招聘3名具有中、高级专业技术职务任职资格的青年干部入职。

【制度建设】 2020年，规划中心坚持用制度管人、管事、管财、管物，不断完善单位内控制度。紧盯项目管理、财务管理、人事管理、安全生产、信息报送等重点工作目标，积极落实具体工作要求，确保各项工作依法依规开展、按时保质完成。全年制（修）订《差旅费管理办法》等 7 项制度，暂停执行《项目招投标管理办法》《职工绩效考核和绩效工资发放分配办法》2 项制度。

【党建工作】　2020 年，规划中心全面压实"两个责任"，严格履行"一岗双责"，完善党风廉政建设责任清单，逐级签订党风廉政建设责任书，逐级开展廉政提醒谈话和廉政承诺。开展党支部标准化 2.0 建设，严格落实"三会一课"和组织生活制度，共召开全体党员大会 4 次、支委会 12 次、党支部学习会 12 次。组织开展主题党日活动、志愿服务活动，认领微心愿 20 次（个）。

（王萍萍）

浙江省水利水电工程质量与安全管理中心

【单位简介】　浙江省水利水电工程质量与安全管理中心是隶属于浙江省水利厅的纯公益性一类事业单位。机构成立于 1986 年，初始名称为浙江省水利工程质量监督中心站；1996 年，经省编办批准（浙编〔1996〕88 号）文，浙江省水利工程质量监督中心站与浙江省水利厅招投标办公室、浙江省水利厅经济定额站合并，组建成立浙江省水利水电工程质量监督管理中心；2007 年，经省编委批准，将水利工程建设安全监督职能划入，机构全称更名为浙江省水利水电工程质量与安全监督管理中心；2019 年 11 月，更名为浙江省水利水电工程质量与安全管理中心（以下简称质管中心）。质管中心核定事业编制 27 人（设主任 1 人，副主任 2 人），2020 年在编人员 26 人，设置 5 个科室，财政全额保障。至年底，在编专业技术人员 23 人，包括教高 5 人、高工 8 人、中级及以下 10 人。

质管中心的主要职责是：贯彻执行国家、水利部和省有关水利工程建设质量与安全监督管理的法律法规和技术标准，承担监督实施的技术支撑工作；协助拟订全省水利工程建设质量与安全监督、检测的有关制度、技术标准和规程规范；协助开展全省水利工程质量与安全监督管理，承担省级实施监督的水利工程项目质量与安全监督的辅助工作，参与重大水利工程质量与安全事故的调查处理；承担水利工程质量检测行业技术管理和全省水利工程质量检测单位乙级资质审查的辅助工作，开展全省水利工程质量与安全监督人员培训；组织开展全省面上小型水利工程质量抽检工作，参与水利工程建设质量考核；完成省水利厅交办的其他任务。

【概况】　2020 年，质管中心针对监督项目共开展监督检查 163 次，所监督项目未发生质量安全事故。全年抽查在建小型水利工程 80 项，发现问题 1314 个、整改完成率 100%。开展质量检测单位"双随机"抽查，进一步规范质量检测行业管理，深化水利检测服务平台开发应用。经水利部对浙江省水利建设质量考核，再次被评为 A 级。

【质量监督与质量抽检】　2020 年，质管中心针对 95 个监督项目开展监督检查 163 次，发现问题 1298 条、整改完成率

96.7％，其中"四不两直"检查占比55.9％。开展监督检测36次，参加验收38次，出具质量评价意见及监督报告22份。强化质量安全监督简报制度，加强重大质量安全问题通报力度，全年编发简报10期、通报工程26项、问题60个、整改完成率100％。组织面上水利工程质量抽检，2020年度面上抽检工作覆盖全省有面上任务的县（市、区）64个，共抽检在建小型水利工程80项、参与专家560人次；发现问题1314个、整改完成率100％；抽检338组、合格率89.1％；形成抽检报告3份。

【监管能力建设】 2020年，质管中心探索创新省、市、县三级联动工作机制，率先组织全省市级在建水利工程质量安全交叉大检查，搭建互比互学、赶学比超交流平台。全省共96家质管机构参与，检查工程101项、三级联动465人次，发现问题992条、整改完成率100％。该次活动被纳入省政府和省水利厅"质量月"活动内容，获水利部网站和《中国水利报》报道。

【检测行业管理】 2020年，质管中心加强对在浙江执业75家检测单位的监管和"双随机"检查，对存在问题较多的检测单位增加抽取概率。全年抽查3次、抽检16家，发现问题73个、整改完成率100％。依托检测服务平台，实现检测机构信用评价指标体系数字化，动态评价全省水利检测机构信用情况，编制完成《水利检测市场信用评价体系调研报告》。优化检测市场准入服务，实现检测资质"随时申请、随时受理"，完成

10家检测单位16个类别的申报材料初审。参与检测资质联合审批，完成17家检测单位46个类别的现场联合审查。推进检测资质认定告知承诺制度，完成对12家检测单位20个类别的现场核查。

【质量监督数字化建设】 2020年，质管中心推进移动监督App迭代升级，研发水利部监督检查办法模块和"一键报错"功能；完善质量检测服务平台，深化水利工程建设质量动态评价分析系统，开发信用指标体系和检测数据分析模块。全年移动监督App开展监督检查3415次、检测服务平台出具检测报告22.6万份。

【技术支撑】 2020年，质管中心深入开展三服务"百千万"行动，抓好"百名处长联百县"精准服务，开展"分类联千企"指导帮扶，参加"送科技下乡"服务活动。全年联系企业29家、工程3项，服务246次、联动338人次，解决问题24个；配合做好水利部对浙江省水利建设质量工作考核、复工复产"一对一"驻点服务、防汛检查、安全巡查排查和安全生产考核等工作，参加30次，共计75天；参加水利部质量监督履职巡查、资质审查等各类活动13次，共计59天。

【人员队伍建设】 2020年，质管中心加强专业技术人才培养，推进"专题讲座"常态化开展，编制《浙江省水利工程质量监督工作实务》《水利工程质量及建设管理文件汇编》《水利工程安全生产管理文件汇编》学习资料；组队参加上海市"啄木鸟杯"质量安全监督技能竞赛，获"啄木鸟

杯"团体亚军和个人优胜；全年组织专题讲座11次，共计255人次；特邀2名专家授课，参加培训75人次。

　　加强省、市、县交流培训。全年召开2次市级质监工作会议，总结交流各地先进经验和工作做法；加强质量监督、质量检测人员培训，派员赴湖州、诸暨等地开展业务授课10次、培训1500人次；组织全省业务培训3次、培训530人次；全年共开展省市县联合监督检查121次、共计564人次。

【党建与党风廉政建设】　　强化党支部建设，组织开展主题党日、支部书记上党课、党建进工地等系列活动，配合做好省水利厅巡察工作。全年召开党员大会、支委会和支部学习会36次，组织主题党日活动3次、上党课2次，编印支部学习材料3册，上报征文3篇。推进党风廉政建设，定期研判党风廉政建设和反腐败工作形势，剖析廉政与失职渎职风险，开展纪律作风突出问题专项整治活动，落实各项廉政防控措施。全年召开廉情分析会2次，开展全员三级廉政提醒谈话2次、63人次，重点岗位双重谈话，签订廉政承诺书和廉政提醒谈话表60份。

　　　　　　　　　　　（李欣燕）

浙江省水资源水电
管理中心
（浙江省水土保持监测中心）

【单位简介】　　2020年1月，省编委办（浙编办函〔2020〕57号）文批复成立浙江省水资源水电管理中心（浙江省水土保持监测中心）（以下简称水资源水电中心），为省水利厅直属公益一类县处级事业单位，编制数36人，2020年年底实有在编人员32人，领导职数为1正3副，经费来源为100%财政全额补助。水资源水电中心的主要职责是：承担实施国家节水行动和节水型社会建设的技术指导，协助拟订实施最严格水资源管理制度考核工作方案，组织开展考核技术评估工作；协助指导水量分配、河湖生态流量水量管理等工作，承担全省取用水管理的技术工作；承担省本级水资源论证、取水许可、计划用水、节水评价的技术管理工作；组织开展取用水监测、调查、统计和区域水资源承载能力评价的具体工作，协助拟订水资源管理、节约用水、农村水电、水土保持相关政策和技术标准，组织开展水能资源调查评价、农村水能资源开发规划编制，提出农村水电发展建议；协助开展水土保持相关规划组织编制和实施工作，承担全省农村水电建设与管理的技术工作；协助开展农村水电站安全管理工作；指导农村水电行业安全与技术培训，组织实施全省水土流失及其防治动态的监测和预报；组织开展全省水土保持监测网络的建设和管理，承担全省水土保持监测成果的技术管理工作，承担有关建设项目水土保持方案技术审核；承担全省水土流失综合防治管理的具体工作，承担省本级水资源费和水土保持补偿费征收辅助工作，承担省水利厅交办的其他任务。

【概况】　2020 年，水资源水电中心落实最严格水资源管理，完成核查登记取水项目 9626 个、取水口 36636 个，完成水资源费征收 14.25 亿元；组织修订用水定额标准，完成水资源管理平台改版升级。在全国率先完成 3083 座水电站清理整改任务，建成 12 个生态水电示范区，全年共完成 54 座水电站的绿色小水电创建、申报和省级初验工作。开展年度水土流失动态监测和浙江省遥感监管图斑复核工作，全省现场复核（含新发现）图斑 8478 个。先后获得省政府生态省建设突出贡献集体三等奖，省水利厅和省人力社保厅联合颁布的实行最严格水资源管理制度成绩突出集体。

【取用水管理】　2020 年，水资源水电中心全面推进取用水管理专项整治行动，全省共完成核查登记取水项目 9626 个、取水口 36636 个。开展全省水资源费专项核查，共核查各类问题 108 项，对问题均进行反馈并督促整改落实。省本级完成双溪口电站、舟山大陆引水等项目取水延续评估，为延续换证提供技术支撑。完成 33 家省级取水户（含 8 家太湖流域管理局审批）年度取水计划的核定。严格水资源费征收管理，全省完成水资源费征收 14.25 亿元，其中省直征收 8291 万元；落实水资源费减免政策，全省共计减免水资源费 1.12 亿元，其中省直收减免 650 万元。省级完成杭绍台铁路、五百滩航运 2 家企业的水资源费开征工作，并会同相关市县落实水量核定机制。完成嘉兴石化有限公司等 7 家重点企业复工复产蹲点服务，开展 40 家重点取水企业"三服务"工作。联合水利部水资源管理中心开展水资源费改税调研，完成专题调研报告。

【节约用水管理】　2020 年，水资源水电中心组织完成用水定额标准修订，《浙江省用（取）水定额（2019 年）》经省政府同意后，于 6 月 1 日起正式实施。全面参与《浙江省节水行动实施方案》编制，并于 6 月由省政府办公厅印发实施。配合完成《浙江省水资源条例》修订，先后参与省司法厅、省人大组织的 3 轮集中修改完善，并于 9 月由省人大常委会审议通过。起草节水标杆企业、学校、小区、酒店等技术评分标准，由省水利厅会同相关厅局印发实施。组织开展全省用水总量统计，完成统计名录注册和水量填报审核工作，浙江省纳入国家统计名录取水户共 4759 家，实现国家平台认证率 100%，水量实际填报率 100%。开展重点监控用水单位节水管理，组织完成 53 个国家级、71 个省级、639 个市级重点监控用水单位确定，并完成用水数据统计上报。

【水资源管理平台运行管理】　2020 年，水资源水电中心对水资源管理平台（以下简称平台）进行改版升级，实现"数字大屏＋工作台"模式；7 月，经试运行后投入应用。全省 8036 个取水户纳入平台管理，2664 家重点取水户、3408 个取水点实现在线监测，全年监控水量 72.55 亿 m³。7 月，修订并印发《浙江省取水实时监控系统运维细则（2020 年）》。优化取水监控管理"日预警、周统计、月跟踪、季通报、年考核"工作机制，全年平台累计发送监控数据预警短信 4200 多条，反馈率 92%，处理率 86%；累计通报取用水管理问题 93 个，整改完成率 85%。完成浙江省国家水资源监控能力建设项目后续工作，制定灌区农业计量设施资产移交方案，完成与 45 个市、县（市、区）共 61 家单位的资产移交确认手续。组织各地开展灌区监测设施月度巡检，全年完成日常巡查 1526 多次。率先实现平台入口与浙政钉水管理平台的集成，新开发许可电子证照、平台在线培训等应用功能，全年平台累计访问量 27.2 万人次。

【小水电清理整改】 2020 年，水资源水电中心加强服务指导，严格监督检查，全力推进小水电清理整改工作。根据整改要求，全省共完成综合评估水电站 3234 座，其中，保留类 151 座，整改类 2702 座，退出类 381 座。至 2020 年 9 月 30 日，退出类水电站 381 座，整改类 2702 座，整改后全省小水电站共 2853 座，装机容量 409 万 kW，提前三个月完成小水电清理整改任务。长江经济带小水电清理整改工作管理平台中的 5 项指标（资料填报、综合评估、一站一策、整改进度、退出进度）完成率均 100%，在全国率先全面完成清理整改工作。为了巩固清理整改成效，与省发展改革委、财政厅、生态环境厅、能源局等部门联合出台《关于进一步加强小水电管理工作的通知》，第一个建立小水电管理长效机制。根据水利部"智慧水利"试点任务，建设农村水电站管理数字化应用平台，2020 年生态流量监测数据已基本完成接入省级平台。

【水电安全生产】 2020 年，水资源水电中心按照年初省水利厅下发的《关于开展 2020 年度水旱灾害防御汛前大检查的通知》和《关于印发全省水利行业安全生产集中整治督查方案的通知》，要求各地全面贯彻"安全第一，预防为主，综合治理"的方针，加强领导，明确责任，成立检查小组，制定具体实施方案，明确检查内容要求和检查时间安排。4 月，完成全省农村水电防汛安全隐患排查，开展水库除险加固及山塘整治等工作，形成总结上报水利部农村水利水电司。是月，结合小水电清理整改工作开展安全度汛督查检查，发现问题 1483 个，其中省级检查发现问题 16 个，市级发现问题 339 个，向监督处和防御处反映督查检查情况，并将隐患记录上传水管理平台。

【水电生态改造与修复】 2020 年，全省共建成钟山乡生态水电示范区、富春江镇生态水电示范区、后溪流域生态水电示范区、前溪流域生态水电示范区、壶源江流域生态水电示范区、瑶琳镇流域生态水电示范区、分水江生态水电示范区、氡泉自然保护区小水电生态退出示范区、玉溪生态水电示范区、船寮溪十二都源生态水电示范区、湖山源淤溪段生态水电示范区、十四都源大山段生态水电示范区 12 个生态水电示范区，率先完成农村水电增效扩容改造绩效评价，通过水利部、财政部组织的现场复核，获得中央额外奖励资金 523 万元。引导开展绿色小水电示范电站创建活动，全年共完成 97 座水电站的绿色小水电创建、申报和省级初验工作。至年底，共有116座水电站通过绿色小水电示范电站省级初验并上报。

【水土流失动态监测】　2020年，水资源水电中心组织开展年度水土流失动态监测工作。监测工作按照"统一标准、协同开展"原则，采用卫星遥感解译、野外调查、模型计算和统计分析相结合的技术路线，全面掌握监测区域内的水土流失情况，分析水土流失动态变化原因。监测成果通过太湖流域管理局复核，水土流失率比2019年下降7.06%。推进监测站建设和自动化改造，完成建德市、苍南县、永康市和丽水市水土保持监测站自动化改造。

【水土保持方案审查】　2020年，水资源水电中心严格评审专家筛选，把关技术评审意见，全年省级审批评审项目20个，出具评审意见15份。更新发布《浙江省生产建设项目水土保持方案技术审查要点》。做好全省水土保持方案评审专家库管理，对2019年更新后的省级评审专家进行培训，全年完成培训134人次。

【水土保持数字化应用】　2020年，水资源水电中心组织开发水管理平台水土保持模块，收集整理水土保持数据，初步形成水土保持数据仓。开展水利部下发的浙江省遥感监管图斑复核工作，全省现场复核（含新发现）图斑8478个，认定违法违规项目651个，全年共完成整改30个。各地上报挂牌督办项目18个，省级督办5个。指导11个设区市开展建设项目"天地一体化"监管〔指综

合应用卫星或航空遥感（RS）、GIS、GPS、无人机、移动通信、快速测绘、互联网、智能终端、多媒体等多种技术，开展的生产建设项目水土保持监管及其信息采集、传输、处理、存储、分析、应用的过程〕，推动信息技术手段在水土保持监管中的应用，及时发现并依法查处人为水土流失违法违规行为，督促各地按水利部相关要求及时完成整改。

【省水土保持学会建设】　2020年，为减轻新冠肺炎疫情的影响，减轻会员单位负担，支持复工复产，省水土保持学会免除全体会员单位年度会费。9月，以通信形式召开第二届理事会第三次会议，选举产生副理事长、秘书长、副秘书长和部分理事。新吸纳省内从事生产建设项目水土保持技术服务的15家单位为会员，组织全省64家单位183名学员参加生产建设项目水土保持技术培训班。

【党建工作】　2020年，水资源水电中心落实全面从严治党主体责任，开展支部学习会、主题党日等活动，抓好党员干部常态化教育，增强党员意识、先锋意识。修订完善内控制度24项，进一步健全财务、考勤、公务接待、车辆使用等方面的制度。严格执行民主集中制、领导干部重大事项报告制度和"三重一大"事项集体讨论决策制度等，落实反腐倡廉各项规定，确保重大事项均通过集体讨论决定。加强干部队伍建设，搭建年轻干部实践锻炼、能力提升平台，公开招聘7位高素质青年干部，建立"导师制"，每位中心领导联系指导1~2位青年干部对其进行"传帮带"，形成一

支"讲学习、讲政治、讲奉献，比能力、比效率、比业绩"的青年党员队伍。

（徐硕）

浙江省水利防汛技术中心
（浙江省水利防汛机动抢险总队）

【单位简介】　浙江省水利防汛技术中心前身为浙江省水利厅物资设备仓库。2003年经省编委批复原浙江省水利厅物资设备仓库为社会公益类纯公益性事业单位，2007年更名为浙江省防汛物资管理中心，挂浙江省防汛机动抢险总队牌子，核定编制15名，机构规格相当于县处级。2016年省编委《关于调整省水利厅所属部分事业单位机构编制的函》调整中心编制数为24名。2017年省编委《关于浙江省防汛物资管理中心更名的函》同意更名为浙江省防汛技术中心。2019年6月省委编办《关于收回事业空编的通知》调整中心编制数为23名。2019年11月，更名为浙江省水利防汛技术中心（以下简称防汛中心），为省水利厅所属公益一类事业单位，机构规格为正处级，所需经费由省财政全额补助，挂浙江省水利防汛机动抢险总队牌子。内设综合科、发展计划科、抢险技术科、物资管理科、调度技术科等5个科。至年底，在职人员22名，退休人员6名。

防汛中心的主要职责是：承担防洪抗旱调度及应急水量调度方案编制技术工作，会同提出太湖流域洪水调度建议方案，参与重要水工程调度；承担山洪灾害防御、洪水风险评估、水旱灾害评价的技术管理工作；组织参加重大水利工程抢险，协助开展水旱灾害防御检查和指导工作；组织全省水利系统物资储备管理和抢险队伍建设，承担省级水旱灾害防御物资储备管理和防洪调度、防汛抢险专家管理，组织开展水旱灾害防御业务培训和演练；开展水旱灾害防御抢险处置技术研究和新产品新技术推广应用；承担权限内水库安全管理应急预案技术审查工作。

【概况】　2020年，面对新冠肺炎疫情、超长梅汛和第4号台风"黑格比"等严峻情势，防汛中心第一时间组织省、市、县各级水利应急救援力量奔赴现场抢险，第一时间运送省级应急抢险物资支援地方，全年共组织3次水利防汛物资应急调运，调运物资价值363万余元。制定出台多项制度，组建3支应急抢险队，组织全省山洪灾害防御演练，强化水利抢险技术和队伍基础。完成浙江省防汛物资储备杭州三堡基地迁建一期工程7个分部工程验收和防雷专项验收工作。狠抓安全生产责任落实，全年召开安全生产会议35次，组织消防专项检查12次。

【水旱灾害防御应急保障】　2020年汛期，防汛中心安排12名技术骨干参加省水利厅汛期值班，共126人次。依托专业运输公司建立运输队伍，及时组织队伍应急待命，2020年待命装卸人员60人/天，待命运输车辆14辆/天；组织3次水利防汛物资应急调运，共调运物资价值363万余元。其中，长梅期间，连夜组织20多车次物资，紧急驰援各地抢险救灾，向建德市、桐庐县、杭州富阳区、江干区等5个县（市、区）调运物资333万余元，为单次调运规模历史新高。2020年总队参加实战抢险120多人次、应急待命100多人次。6月5日，调派1辆大流量泵车支援常山县大坞水库抢险，7名抢险队员工作21小时，排水近7万 m^3；7月7日，调派3辆大流量泵车支援建德市抢险，19名抢险队员工作6天5夜，应急排水超50万 m^3。

【水旱灾害防御物资管理】　2020年，防汛中心按照数字化改革的要求，完成线上数据填报，至年底，全省水利系统共有储备仓库301个，储备物资价值2.35亿元。完成增储582万元物资采购任务，新增无人机、水面遥控救援器、救生抛投器等"高、精、尖"装备，防汛中心自储物资价值4000万余元。强化日常物资维护管理，编制《浙江省省级水利防汛物资维护标准》。强化储备物资管护，采取日常维护、汛前维护、专业维护相结合的方式，突出全方位、集中维护保养，共维护物资装备1.31万余台次，投入资金近45万元。

【制度建设】　2020年，防汛中心制定《浙江省水利防汛机动抢险总队抢险队伍管理办法》《省水利防汛技术中心水旱灾害防御应急工作预案》等，研究起草《浙江省水利工程险情应急处置管理办法》，起草《浙江省水利防汛物资储备与管理规定》，编制《浙江省水利防汛抢险能力提升"十四五"规划》《水利工程险情抢护技术指导手册》，组织召开全省水利防汛抢险技术交流会。参与《钱塘江干流超标准洪水防御预案》、《钱塘江流域洪水调度方案》和《杭嘉湖地区、东苕溪流域及浦阳江流域洪水调度方案》的编制（修订）工作。参与编制《浙江省山洪灾害防御应急指南》，组织编制《山洪灾害防御常识漫画册》，并向全省各级水旱灾害防御部门和1.6万余个山洪防御重点村落宣传发放。

【抢险队伍建设和应急演练】　2020年，防汛中心以协议方式组建3支应急抢险队，抢险队由50名核心队员、100名骨干队员和可调动300名队员组成，10月组织3支队伍举行抢险队伍大比武。联合地方水利防汛抢险队伍，组织开展抢险及设备操作训练5次，参与人员560多人次。收集省级防洪调度和防汛抢险专家96名，推荐应急管理专家29名。在松阳组织全省山洪灾害防御演练，参演群众170多名、参与观摩200多人，增强公众防范山洪灾害意识；参加钱塘江流域超标准洪水演练和兰溪市水旱灾害防御实战化拉练。

【钱塘江流域防洪减灾数字化平台抢险支持模块建设】　2020年1月，防汛中心制定《"钱塘江流域防洪减灾数字化平台"项目工作组织实施方案》，实现全省水利防汛仓库、抢险物资、抢险队伍、抢险专家及抢险方案数字化动态管理，完成抢险方案优化补充，录入30种险情122个方案。按出险的工程类别、险情种类及发生地位置，实现一键匹配抢险专家，一键生成处置方案，一键提出抢险所需物资和调运方案、抢险队伍组织最优支援方案。完成防汛中心系统服务器政务云部署，更新完成"浙江省水利防汛物资和抢险队伍信息分布图"，实现物资调运信息实时定位跟踪和抢险现场实情反馈。

【浙江省防汛物资储备杭州三堡基地迁建一期工程】　2020年12月，成立浙江省防汛物资储备杭州三堡基地迁建一期工程验收专班工作组，将12个专项验收逐个落实到专人负责。明确路线图、倒排时间表，制定《后续扫尾及验收流程图》和《专项验收挂图作战表》，梳理验收流程、前置条件、验收（审批）单位、时限要求和重难点问题。每周召开3次验收专班会议，分析研判问题，研究解决方案。实行表格化清单式管理，制定《遗留质量问题汇总清单》，验收1处、销号1处。至年底，完成幕墙、智能化、中央空调、地下室通风等7个分部工程验收和防雷专项验收，其他专项验收按计划有序推进中。

【疫情防控和安全生产】　2020年，防汛中心第一时间传达贯彻落实上级部署的各项防控措施要求，成立防汛中心疫情防控领导小组，明确责任人，落实防汛中心办公区域、储鑫路基地和三堡基地等场所的各项疫情防控措施，加强返岗返工人员管理，严格办公区域、公共区域、宿舍、食堂等重点部位的清洁和消杀工作。疫情期间职工每日上报信息变化情况。按照"两手都要硬、两战都要赢"的总要求，防汛中心协助三堡基地施工单位做好工程复工复产，监督各参建单位落实疫情防控措施，督促各参建单位落实安全生产主体责任。

制订《2020年安全生产工作计划》《中心水利安全生产专项整治三年行动实施方案》《"安全生产月"活动方案》等，与防汛中心各科签订《2020年度安全生产目标管理责任书》，及时召开安全生产专题学习会，组织全体职工参加全国水利安全生产知识网络竞赛。2020年，组织召开综合治理、消防、监理例会等安全生产会议35次，组织消防专项检查12次，开展安全生产检查27次、消防安全生产理论学习培训及演练2次，按月完成水利安全信息填报。全年未发生安全生产事故。

采取职工驻点、领导检查和物业化管理相结合的方式，强化储备基地安全管理，落实储备基地24小时监控，并实行远程联网；重点区域加装红外防侵入报警器系统，各巡检点加装巡查打卡器；定期调试烟感器、喷淋设备、备用发电机；及时更换消防器材。做好三堡基地安全保障。围绕施工吊篮、施工用电、消防灭火、防汛防台等环节的安全监管，制定安全专项方案，确保总分包单位安全生产措施到位。联合市建设工程质量安全监督总站、属地彭埠街道和监理单位开展安全检查，现场共发现各类隐患问题28个，对检查中发现的问题按登记、整改、复查、销案的完整流程形成闭环，消除事故隐患。

【全面从严治党专项检查】　2020年，防汛中心成立专项检查整改领导小组，按照问题不查清不放过、责任不追究不放过、整改不彻底不放过"三不放过"原则，全力抓好专项整改落实工作，将专项检查组反馈的6个方面14个问题，分解成 30 个问题，提出 58 条具体整改措施。制订问题清单、责任清单、措施清单、整改时限、整改跟踪督查表，领导小组每两周一检查一督查，真正做到问题解决 1 个、销号 1 个、巩固 1 个。全部完成 58 项整改措施，制（修）订 29 项制度。

【党建和党风廉政建设】　2020 年，防汛中心制定《党的建设工作要点》，组织集中学习研讨 12 次、专题党课 1 次、生活会 2 次、红色观影 1 次、主题党日活动 2 次、党建联建活动 1 次、"微心愿"活动 2 次，发放书籍 48 份。签订《党风廉政建设责任书》，发放《廉洁家庭倡议书》，参加分片区党风廉政建设分析会，开展个人廉政和失职渎职风险防控承诺和全覆盖廉政谈话。全年防汛中心未发生违法违纪情况。完成党支部换届选举，完成 5 名党员组织转接，发展 1 名预备党员，接收 1 名入党积极分子和 1 名入党申请人。防汛中心张中顺获"全国水利系统先进工作者"称号。7 月 1 日，省水利厅召开 2018—2019 年度厅系统"两优一先"表彰大会，防汛中心党支部获厅系统先进基层党组织。

（黄昌荣）

附　　录

Appendices

375～394 页

2020 年浙江省水资源公报（摘录）

一、综述

2020 年，全省平均降水量为 1701.0mm（折合降水总量 1782.69 亿 m³），较 2019 年降水量偏少 12.6％，较多年平均降水量偏多 4.8％，降水量时空分布不均匀。

全省水资源总量为 1026.60 亿 m³，产水系数 0.58，产水模数为 98.0 万 m³/km²。人均水资源量为 1589.96m³。

全省 192 座大中型水库，年末蓄水总量为 225.10 亿 m³，较 2019 年末减少 10.62 亿 m³。

全省总供水量与总用水量均为 163.94 亿 m³，较 2019 年减少 1.85 亿 m³。其中生产用水量为 127.45 亿 m³，居民生活用水量为 29.51 亿 m³，生态环境用水量为 6.98 亿 m³。全省平均水资源利用率为 16.0％。

全省人均综合用水量为 253.9m³，人均生活用水量为 45.7m³（其中城镇和农村居民分别为 47.8m³ 和 40.2m³）。农田灌溉亩均用水量为 329m³，农田灌溉水有效利用系数 0.602。万元国内生产总值（当年价）用水量为 25.4m³。

二、水资源量

（一）降水量

2020 年，全省平均降水量为 1701.0mm，较 2019 年降水量偏少 12.6％，较多年平均降水量偏多 4.8％。

从流域分区看，鄱阳湖水系和太湖水系流域降水量较 2019 年和多年平均都有不同程度的偏多，钱塘江流域降水量较 2019 年降水量偏少 0.7％，较多年平均降水量偏多 20.9％；其余各流域降水量较 2019 年和多年平均都有不同程度的偏少。其中，浙东诸河流域降水量较 2019 年降水量偏少 29.4％，较多年平均降水量偏少 2.0％；浙南诸河流域降水量较 2019 年降水量偏少 26.3％，较多年平均降水量偏少 16.1％；闽东诸河和闽江流域降水量较 2019 年降水量分别偏少 20.5％、19.2％，较多年平均降水量分别减少 21.4％、10.2％，详见表 1。

表 1　全省流域分区年降水量与上年及多年平均值比较

分　区	鄱阳湖水系	太湖水系	钱塘江	浙东诸河	浙南诸河	闽东诸河	闽江	全省
2020 年降水量/mm	2428.2	1692.9	1947.5	1479.8	1472.9	1580.4	1715.3	1701.0
较上年/％	13.0	9.0	−0.7	−29.4	−26.3	−20.5	−19.2	−12.6
较多年/％	25.0	26.0	20.9	−2.0	−16.1	−21.4	−10.2	4.8

从行政分区看，杭州市、湖州市、嘉兴市、衢州市降水量较 2019 年降水量偏多，偏多幅度为 12.1%、10.2%、8.5%、1.6%，其余各市降水量较 2019 年降水量明显偏少，偏少幅度为 8.5%～39.1%。嘉兴、杭州、湖州、衢州、绍兴、金华、舟山市降水量较多年平均降水量明显增加，偏多幅度为 10.9%～34.3%；其余各市降水量较多年平均降水量明显减少，偏少幅度为 1.2%～22.7%，见表 2。

降水量年内分配不均，根据闸口、姚江大闸、金华、温州西山、圩仁等 45 个代表站降水量分析，各月降水量占全年比值为 1.5%～20.9%，10 月最小为 1.5%，6 月最大为 20.9%。5 月底至 7 月中旬，梅雨期间，发生 9 轮较大范围的集中降雨过程，梅雨量达 546.0mm，为 1954 年以来第二大梅雨量。

表 2　全省行政分区年降水量与上年及多年平均值比较

分区	杭州	宁波	温州	湖州	嘉兴	绍兴	金华	衢州	舟山	台州	丽水	全省
2020 年降水量/mm	2041.9	1507.3	1428.3	1723.2	1640.7	1687.6	1699.1	2207.2	1438.7	1377.5	1629.0	1701.0
较上年/%	12.1	−28.3	−25.1	10.2	8.5	−8.5	−13.7	1.6	−23.6	−39.1	−18.1	−12.6
较多年/%	30.3	−1.2	−22.7	24.1	34.3	14.9	11.2	20.1	10.9	−17.2	−8.4	4.8

汛前 1—3 月降水量占全年 25.0%，汛期 4—10 月降水量占全年的 71.2%，汛后 11—12 月降水量较 2019 年及多年平均偏小不少，多地出现不同程度的旱情。2020 年 11—12 月降水量为 62mm，仅占全年 3.8%，而 2019 年 11—12 月降水量为 103mm，占全年 5.6%，多年平均 11—12 月降水量为 106mm，占全年 6.9%。

降水量地区差异显著，全省年降水量为 900～2900mm，总体上自西向东、自南向北递减，山区大于平原，沿海山地大于内陆盆地，衢州市年降水量是台州市的 1.60 倍。浙江西部钱塘江上游的

新安江、常山港、江山港，瓯江上游的龙泉溪一带为高值区，年降水量在 2000mm 以上，单站（中洲站）最大降水量为 2865.5mm。温黄平原、温瑞平原、洞头岛一带为全省低值区，年降水量为 900～1100mm，单站（鹤浦站）最小降水量为 905.0mm。

（二）地表水资源量

全省地表水资源量为 1008.79 亿 m³，较 2019 年地表水资源量偏少 23.2%，较多年平均地表水资源量偏多 5.1%。地表径流的时空分布与降水量基本一致，见表 3。

从行政分区看，杭州、嘉兴、湖州

2020 年浙江省水资源公报（摘录）

市地表水资源量较 2019 年和多年平均地表水资源量都有不同程度的增多。宁波、温州、台州、丽水市地表水资源量较 2019 年和多年平均地表水资源量都有不同程度的减少。绍兴市地表水资源量较 2019 年偏少 15.9％，较多年平均偏多 24.7％。金华市地表水资源量较 2019 年偏少 24.4％，较多年平均偏多 16.4％。衢州市地表水资源量较 2019 年偏少 9.6％，较多年平均偏多 21.8％。舟山市地表水资源量较 2019 年偏少 36.0％，较多年平均偏多 25.2％，见表 4。

表 3　全省流域分区地表水资源量与上年及多年平均值比较

分　区	鄱阳湖水系	太湖水系	钱塘江	浙东诸河	浙南诸河	闽东诸河	闽江	全省
2020 年地表水资源量/亿 m³	8.53	119.53	507.03	98.20	253.63	9.88	11.99	1008.79
较上年/％	0.2	14.9	−6.3	−45.0	−43.2	−43.1	−31.4	−23.2
较多年/％	20.7	55.4	31.4	−5.6	−28.7	−37.6	−17.4	5.1

表 4　全省行政分区地表水资源量与上年及多年平均值比较

分区	杭州	宁波	温州	湖州	嘉兴	绍兴	金华	衢州	舟山	台州	丽水	全省
2020 年地表水资源量/亿 m³	216.69	75.87	82.26	58.36	37.88	75.95	106.76	123.97	9.73	59.45	161.87	1008.79
较上年/％	16.5	−42.7	−44.2	15.0	19.7	−15.9	−24.4	−9.6	−36.0	−59.7	−30.9	−23.2
较多年/％	52.0	−3.5	−39.3	48.8	81.9	24.7	16.4	21.8	25.2	−33.8	−15.3	5.1

全省入境水量为 276.71 亿 m³；出境水量为 265.80 亿 m³；入海水量为 938.94 亿 m³。

（三）地下水资源量

全省地下水资源量为 224.45 亿 m³，地下水与地表水资源不重复计算量为 17.80 亿 m³。

（四）水资源总量

全省水资源总量为 1026.60 亿 m³，较 2019 年水资源总量偏少 23％，较多年平均水资源总量偏多 5.2％，产水系数为 0.58，产水模数为 98.0 万 m³／km²，见表 5 和表 6。

（五）水库蓄水动态

全省 192 座大中型水库，年末蓄水总量为 225.10 亿 m³，较 2019 年末减少 10.62 亿 m³。其中大型水库 34 座，年末蓄水量为 206.71 亿 m³，较 2019 年末减少 8.15 亿 m³；中型水库 158 座，年末蓄水量为 18.39 亿 m³，较 2019 年末减少 2.47 亿 m³。

表 5　2020 年全省流域分区水资源总量与上年及多年平均值比较

水资源分区		降水量 /亿 m³	地表水资源量 /亿 m³	地下水资源量 /亿 m³	地下水与地表水资源不重复量 /亿 m³	水资源总量 /亿 m³	较上年 /%	较多年平均 /%
一级	二级							
长江	鄱阳湖水系	13.54	8.53	2.69	—	8.53	0.2	20.7
	太湖水系	209.68	119.53	25.74	6.98	126.51	14.6	53.7
东南诸河	钱塘江	826.99	507.03	100.33	2.64	509.67	−6.3	31.3
	浙东诸河	197.13	98.20	26.84	5.65	103.85	−44.1	−5.0
	浙南诸河	496.60	253.63	62.89	2.51	256.14	−43.1	−28.6
	闽东诸河	19.41	9.88	3.86	0.02	9.91	−43.0	−37.5
	闽江	19.34	11.99	2.09	—	11.99	−31.4	−17.4
全省		1782.69	1008.79	224.45	17.80	1026.60	−23.0	5.2

表 6　2020 年全省行政分区水资源总量与上年及多年平均值比较

行政分区	降水量 /亿 m³	地表水资源量 /亿 m³	地下水资源量 /亿 m³	地下水与地表水资源不重复量 /亿 m³	水资源总量 /亿 m³	较上年 /%	较多年平均 /%
杭州	338.87	216.69	38.75	2.20	218.89	16.4	51.7
宁波	147.95	75.87	20.94	4.81	80.68	−41.8	−3.1
温州	172.65	82.26	20.53	1.66	83.93	−43.9	−39.1
湖州	100.29	58.36	11.66	1.48	59.85	15.0	48.1
嘉兴	69.29	37.88	8.87	4.30	42.17	18.5	75.4
绍兴	139.72	75.95	15.65	2.48	78.43	−15.6	24.5
金华	185.91	106.76	19.78	—	106.76	−24.4	16.4
衢州	195.23	123.97	32.93	—	123.97	−9.6	21.8
舟山	20.95	9.73	1.95	—	9.73	−36.0	25.2
台州	129.63	59.45	13.55	0.88	60.32	−59.5	−33.7
丽水	282.21	161.87	39.84	—	161.87	−30.9	−15.3
全省	1782.69	1008.79	224.45	17.80	1026.60	−23.0	5.2

三、水资源开发利用

（一）供水量

全省年总供水量为 163.94 亿 m³，较 2019 年减少 1.85 亿 m³。其中，地表水源供水量为 159.67 亿 m³，占 97.4%；地下水源供水量为 0.32 亿 m³，占 0.2%；其他水源供水量为 3.96 亿 m³，占 2.4%。

在地表水源供水量中，蓄水工程供水量为 67.16 亿 m³，占 42.1%；引水工程供水量为 28.73 亿 m³，占 18.0%；提水工程供水量为 57.60 亿 m³，占 36.1%；调水工程供水量为 6.17 亿 m³，占 3.9%，见表 7 和表 8。

表 7　全省流域分区供水量与用水量　　　　　　　　　　单位：亿 m³

水资源分区		供水量				用水量						
一级	二级	地表水	地下水	其他	总供水量	农田灌溉	林牧渔畜	工业	城镇公共	居民生活	生态环境	总用水量
长江	鄱阳湖水系	0.35	0.003	—	0.35	0.24	0.024	0.06	0.004	0.02	0.0062	0.35
	太湖水系	40.84	0.0012	1.43	42.27	16.67	2.95	8.33	5.93	7.30	1.10	42.27
东南诸河	钱塘江	58.13	0.20	0.95	59.28	24.61	4.74	13.62	5.26	8.55	2.49	59.28
	浙东诸河	25.18	0.02	1.16	26.36	7.86	1.08	7.71	2.98	6.03	0.71	26.36
	浙南诸河	34.41	0.09	0.41	34.91	14.23	0.89	5.97	3.67	7.50	2.66	34.91
	闽东诸河	0.43	0.0005	—	0.43	0.29	0.01	0.02	0.02	0.09	0.0059	0.43
	闽江	0.34	0.0002	—	0.34	0.26	0.01	0.02	0.01	0.03	0.005	0.34
全　省		159.67	0.32	3.96	163.94	64.16	9.69	35.73	17.87	29.51	6.98	163.94

表 8　全省行政分区供水量与用水量　　　　　　　　　　单位：亿 m³

行政分区	供水量				用水量						
	地表水	地下水	其他	总供水量	农田灌溉	林牧渔畜	工业	城镇公共	居民生活	生态环境	总用水量
杭州	28.62	0.03	1.12	29.76	8.94	2.26	5.25	6.08	5.93	1.30	29.76
宁波	20.58	0.01	0.41	21.01	6.10	0.73	6.02	2.51	5.07	0.58	21.01
温州	16.37	0.03	0.03	16.43	5.45	0.24	2.93	2.15	4.22	1.44	16.43
湖州	11.89	0.0007	0.55	12.44	5.93	1.60	2.08	0.94	1.64	0.25	12.44
嘉兴	17.89	—	0.10	17.99	8.77	0.65	4.53	1.35	2.41	0.29	17.99
绍兴	16.85	0.07	0.43	17.35	6.83	1.48	4.30	1.51	2.61	0.62	17.35
金华	14.99	0.10	0.23	15.32	6.18	1.19	3.63	0.73	2.60	0.98	15.32
衢州	10.70	0.01	—	10.72	5.55	0.80	2.58	0.67	0.91	0.22	10.72

续表8

行政分区	供水量				用水量						
	地表水	地下水	其他	总供水量	农田灌溉	林牧渔畜	工业	城镇公共	居民生活	生态环境	总用水量
舟山	1.50	0.0046	0.64	2.15	0.18	0.06	1.09	0.27	0.51	0.03	2.15
台州	13.64	0.06	0.44	14.14	6.21	0.53	2.48	1.10	2.67	1.16	14.14
丽水	6.63	0.0011	—	6.63	4.01	0.16	0.85	0.56	0.94	0.11	6.63
全省	159.67	0.32	3.96	163.94	64.16	9.69	35.73	17.87	29.51	6.98	163.94

（二）用水量

全省年总用水量为 163.94 亿 m³，其中农田灌溉用水量 64.16 亿 m³，占 39.1%；林牧渔畜用水量 9.69 亿 m³，占 5.9%；工业用水量 35.73 亿 m³，占 21.8%；城镇公共用水量 17.87 亿 m³，占 10.9%；居民生活用水量 29.51 亿 m³，占 18.0%；生态环境用水量 6.98 亿 m³，占 4.3%。

从流域分区看，鄱阳湖水系、闽江流域的农业用水量占比高于 70%，工业、生活用水量相对偏少；太湖水系、浙东诸河与浙南诸河的农业用水量占比都低于 50%，太湖水系、钱塘江、浙东诸河工业与生活用水量占比均大于 20%。

从行政分区看，丽水市、湖州市、衢州市、嘉兴市、金华市、绍兴市、台州市的农业用水量占比高于全省平均水平；舟山市、宁波市、嘉兴市、绍兴市、衢州市、金华市的工业用水量占比高于全省平均水平；杭州市、温州市、舟山市、宁波市的生活用水量占比高于全省平均水平。

（三）耗、退水量

1. 耗水量

全省年总耗水量为 92.38 亿 m³，平均耗水率为 56.4%。其中农田灌溉耗水量 45.56 亿 m³，占 49.3%；林牧渔畜耗水量 7.51 亿 m³，占 8.1%；工业耗水量 12.73 亿 m³，占 13.8%；城镇公共耗水量 7.63 亿 m³，占 8.3%；居民生活耗水量 12.68 亿 m³，占 13.7%；生态环境耗水量 6.27 亿 m³，占 6.8%，见表 9 和表 10。

表 9　全省流域分区总耗水量与上年比较　　　单位：亿 m³

年份	鄱阳湖水系	太湖水系	钱塘江	浙东诸河	浙南诸河	闽东诸河	闽江	全省
2020 年	0.20	22.48	34.60	14.37	20.28	0.23	0.22	92.38
2019 年	0.22	22.58	34.86	13.82	19.73	0.21	0.22	91.64

表 10　全省行政分区总耗水量与上年比较　　　单位：亿 m³

年份	杭州	宁波	温州	湖州	嘉兴	绍兴	金华	衢州	舟山	台州	丽水	全省
2020 年	16.21	11.37	9.58	6.75	9.98	10.98	9.20	5.40	0.94	7.95	4.03	92.38
2019 年	16.17	11.03	9.32	6.85	10.02	10.76	9.03	6.02	0.77	7.76	3.91	91.64

2. 退水量

全省日退水量为 1105.86 万 t，其中城镇居民生活、第二产业、第三产业退水量分别为 330.29 万 t、539.49 万 t 和 236.07 万 t，年退水总量为 40.36 亿 t。

（四）用水指标

全省水资源总量为 1026.60 亿 m^3，人均水资源量为 1589.96m^3。全省平均水资源利用率为 16.0%。

农田灌溉亩均用水量为 329m^3，其中水田灌溉亩均用水量为 391m^3，农田灌溉水有效利用系数为 0.602。万元国内生产总值（当年价）用水量为 25.4m^3。

全省人均综合用水量为 253.9m^3，人均生活用水量为 45.7m^3（注：城镇公共用水和农村牲畜用水不计入生活用水量中），其中城镇和农村居民人均生活用水量分别为 47.8m^3 和 40.2m^3。

四、水资源大事记

1 月 9 日，全国水利工作会议在北京召开。会议对全国水利系统先进集体、先进工作者和劳动模范代表进行表彰，浙江省水利厅水资源管理处（浙江省节约用水办公室）等 6 个集体被授予"全国水利系统先进集体"称号。

1 月 14 日，水利部公布 2019 年水利行业节水机关名单，省水利厅作为水利行业首批节水机关创建单位，率先通过全国节水办考评验收。

3 月 22 日，第 28 届"世界水日"、第 33 届"中国水周"宣传活动开启，省水利厅创新活动形式，主要围绕"坚持节水优先建设幸福河湖""防范流域大洪水"等主题，先后推出线上节水宣传、

建言献策以及唱响幸福河《水韵》线上发布等活动。

4 月 13 日，省水利厅和省人力资源和社会保障厅联合发布《关于表扬在实行最严格水资源管理制度工作中成绩突出集体和个人的通报》，对全省实行最严格水资源管理制度工作中取得突出成绩的杭州市桐庐县等 41 个市县（集体）和何灵敏等 150 名个人，予以通报表扬。

4 月 16 日，经省政府同意，《浙江省用（取）水定额（2019 年）》由省水利厅、省经信厅、省建设厅、省市场监督局联合印发。

6 月 4 日，经省政府常务会议和省委全面深化改革委员会会议审议，省政府办公厅印发《浙江省节水行动实施方案》。

6 月 6 日，水利部副部长魏山忠率队赴浙调研水资源管理工作，先后考察杭州城市生态配水总体情况、九溪水厂取水计量监控标准化改造以及德清县水资源强监管综合改革试点进展情况。

6 月 19 日，钦寸水库新昌至宁波通水仪式在新昌县钦寸水库大坝枢纽举行。钦寸水库于 2010 年 9 月正式开工建设，2017 年 3 月下闸蓄水，是浙江省水资源跨区域、跨流域优化配置的重大工程。

6 月 22 日，浙江省水资源管理和水土保持工作委员会办公室印发《浙江省节水行动任务分工方案》。

7 月 8 日 9 时起，新安江水库开启 9 孔泄洪闸泄洪，泄洪闸泄洪流量 6600m^3/s，发电流量 1200m^3/s，总出库流量 7800m^3/s。

7 月 23 日，省水利厅、省经信厅、省教育厅、省建设厅、省文化和旅游厅、

省机关事务局、省节水办联合发文部署开展节水标杆引领行动。

8 月 7 日，水利部印发 2019 年度实行最严格水资源管理制度考核结果，浙江省获得优秀等级。

9 月 3 日，浙江省政府新闻办召开《浙江省节水行动实施方案》解读新闻发布会，省水利厅、省发展改革委、省经信厅、省建设厅、省农业农村厅负责人参加会议并回答记者提问。

9 月 24 日，《浙江省水资源条例》经省十三届人大常委会第二十四次会议审议通过，于 2021 年 1 月 1 日起正式实施。

11 月 25 日，水利部公布第三批节水型社会建设达标县（市、区），淳安县等 15 个县（市、区）达到节水型社会评价标准。

12 月 21 日，省水利厅公布第二批浙江省节水宣传教育基地名单，建德市节水宣传教育基地等 10 个基地、节水展馆入选。

12 月 31 日，省水利厅、省经信厅、省教育厅、省建设厅、本省文化和旅游厅、省机关事务局、省节水办联合公布浙江省 2020 年度 164 个节水标杆单位名单，其中酒店 14 个、学校 23 个、企业 20 个、小区 107 个。

2020 年浙江省水土保持公报（摘录）

一、综述

依据《中华人民共和国水土保持法》和《浙江省水土保持条例》，浙江省水利厅组织编写了《浙江省水土保持公报（2020 年）》（以下简称《公报》）。《公报》包括 2020 年全省水土流失状况、生产建设项目水土保持监督管理、水土流失综合治理、水土保持监测和重要水土保持事件等内容。

根据 2020 年全省水土流失动态监测，全省共有水土流失面积 7373.55km²，占全省陆域面积 10.55 万 km² 的 6.99%，其中新安江国家级重点预防区（浙江省）水土流失面积 539.01km²。

2020 年，全省共审批生产建设项目水土保持方案 4019 个，其中省级审批 18 个，市级审批 382 个，县级审批 3619 个，涉及水土流失防治责任范围 6089.36km²，征收水土保持补偿费 3.49 亿元。全省共有 1554 个生产建设项目完成了水土保持设施自主验收报备，其中省级 20 个，市级 207 个，县级 1327 个。全省对 6648 个生产建设项目开展了水土保持监督检查，查处违法违规项目 851 个，其中立案查处 48 个。共计 16 个市场主体列入生产建设项目水土保持信用监管"两单"（重点关注名单、黑名单，下同），对 21 个项目下发了整改通知，3 个项目进行省级挂牌督办。开展了两轮覆盖全省的生产建设项目"天地一体化"遥感监管。

2020 年，全省新增水土流失治理面积 483.83km²，其中梯田 27.06km²，水土保持林 49.61km²，经济林 21.12km²，种草 2.74km²，封禁治理 353.85km²，其他措施 29.45km²。其中实施省级及以上水土保持工程 23 个，新增水土流失治理面积 208.54km²，总投资 2.39 亿元。

2020 年，全省 14 个水土保持监测站开展了水土保持监测工作，丽水石牛等 3 个水土保持坡面径流场和苍南昌禅溪小流域控制站引进了自动监测设备。纳入省级水土保持管理信息平台监测生产建设项目 821 个，其中当年新增 359 个。上报系统水土保持监测季报 2136 份，省级发布监测信息通报 4 期。

本《公报》中全省水土流失状况数据来源于 2020 年全省水土流失动态监测成果，水土保持监督管理数据和水土流失综合治理数据来源于 2020 年全省水土保持目标责任制考核和年度统计，水土保持监测数据来源于 2020 年全省水土保持监测站网成果和生产建设项目水土保持监测成果，经整编后发布。

二、水土流失状况

（一）全省水土流失

根据 2020 年全省水土流失动态监测，全省共有水土流失面积 7373.55km²，占全省陆域面积 10.55 万 km² 的 6.99%。按水土流失强度分轻度、中度、强烈、极强烈、剧烈，水土流失面积分别为 6542.34km²、500.66km²、225.84km²、79.91km²、24.80km²，分别占水土流失总面积的 88.73%、6.79%、3.06%、1.08%、0.34%，见表1。

与2019年相比，全省水土流失面积减少了 534.55km²，减幅 6.76%，其中极强烈、中度和轻度流失面积明显减少。

表 1 2020 年全省各设区市水土流失情况

设区市		水土流失面积/km²						占土地总面积比例/%
		轻度	中度	强烈	极强烈	剧烈	小计	
杭州市		863.33	65.48	41.93	14.23	10.89	995.86	5.91
宁波市		375.00	13.34	3.73	1.27	0.13	393.47	4.05
温州市		1505.95	77.80	27.40	12.11	3.33	1626.59	13.48
嘉兴市		3.94	0.03	0	0.03	0	4.00	0.09
湖州市		209.03	32.07	11.64	1.98	0.25	254.97	4.38
绍兴市		600.12	71.36	27.89	13.85	2.07	715.29	8.64
金华市		750.72	67.52	35.20	4.01	0.38	857.83	7.84
衢州市		579.64	64.71	25.99	6.27	0.63	677.24	7.66
舟山市		78.28	4.41	4.42	0.34	0.22	87.67	6.03
台州市		534.49	24.26	13.37	2.53	0.05	574.70	5.73
丽水市		1041.84	79.68	34.27	23.29	6.85	1185.93	6.86
全省	合计	6542.34	500.66	225.84	79.91	24.80	7373.55	6.99
	比例/%	88.73	6.79	3.06	1.08	0.34	100.00	—

（二）国家级重点预防区水土流失

2020 年，水利部太湖流域管理局组织开展了新安江国家级重点预防区的水土流失动态监测，涉及浙江省建德市和淳安县，水土流失总面积 539.01km²，占区域总面积的 7.91%，见表2。

表 2 2020 年新安江国家级重点预防区（浙江省）水土流失面积

行政区	水土流失面积/km²	占区域总面积比例/%	各级强度水土流失面积/km²				
			轻度	中度	强烈	极强烈	剧烈
建德市	203.06	8.59	172.06	15.01	12.03	2.11	1.85
淳安县	335.95	7.55	293.64	14.40	11.84	7.47	8.60
合计	539.01	7.91	465.70	29.41	23.87	9.58	10.45

与 2019 年相比，新安江国家级重点预防区（浙江省）水土流失面积减少了 14.59km²，减幅 2.64%。其中轻度流失明显减少，中度及以上流失略有增加。

（三）主要江河流域径流量与输沙量

根据《2020 年浙江省水资源公报（简本）》，2020 年，全省平均降水量为 1701.0mm，较上年降水量偏少 12.6%，较多年平均降水量偏多 4.8%。降水年内分配不均，4—10 月降水量占全年降水总量的 71.2%。降水量地区差异显著，全省年降水量为 900～2900mm，总体上自西向东、自南向北递减，山区大于平原，沿海山地大于内陆盆地。

与 2019 年相比，2020 年有泥沙监测的各典型监测站径流量与输沙量都有不同程度的减少，见表 3。

表 3　2020 年全省主要江河流域典型监测站径流量及输沙量

流域名称	集雨面积 /km²	代表站名	降水量 /mm	径流量 /亿 m³		输沙量 /万 t	输沙模数 /[t/(km²·a)]		备注
				2019 年	2020 年		2019 年	2020 年	
钱塘江	1719	诸暨	603	15.770	13.490	7.980	57.6	46.4	浦阳江
	2280	嵊州	411	28.000	17.950	14.400	110.5	63.2	曹娥江
	4459	上虞东山	475	44.860	32.230	18.000	90.6	41.2	曹娥江
	542	黄泽	405	5.412	3.823	1.880	83.0	34.7	黄泽江
	18233	兰溪	433	239.800	203.600	281.000	159.1	154.0	兰江
	2670	屯溪	472	—	46.270	63.500	—	238.0	新安江，安徽
	1597	渔梁	469	—	23.430	43.200	—	270.0	新安江，安徽
瓯江	1273	永嘉石柱	479	—	11.380	17.600	—	138.0	楠溪江
	1286	秋塘	415	—	13.010	30.500	—	237.0	好溪
椒江	2475	柏枝岙	415	36.420	18.470	33.800	556.4	137.0	永安溪
	1482	沙段	409	20.810	9.218	5.310	305.0	35.8	始丰溪
苕溪	1970	港口	620	20.500	18.480	6.730	88.8	34.2	西苕溪
飞云江	1930	峃口	432	24.770	12.540	2.600	34.6	13.5	飞云江
鳌江	346	埭头	400	4.091	1.868	0.455	65.0	13.2	北港

三、生产建设项目水土保持监督管理

（一）水土保持方案审批

2020 年，全省共审批生产建设项目水土保持方案 4019 个，其中省级审批 18 个，市级审批 382 个，县级审批 3619 个。涉及水土流失防治责任范围 6089.36km²，征收水土保持补偿费 3.49 亿元。

（二）水土保持设施自主验收报备

2020 年，全省共有 1554 个生产建设项目完成了水土保持设施自主验收报备，其中省级 20 个，市级 207 个，县级 1327 个。

（三）水土保持监督执法

2020 年，全省各级水行政主管部门对 6648 个生产建设项目开展了水土保持监督检查，查处违法违规项目 851 个，其中立案查处 48 个。

2020 年，全省共计 16 个存在"未验先投""未批先建""未批先弃"等问题的市场主体列入生产建设项目水土保持信用监管"两单"，其中 5 个上报水利部。

2020 年，浙江省水利厅对水土保持专项行动和遥感监管过程中发现的较大违法违规生产建设项目进行整改督办。对 21 个项目下发了整改通知，全面落实整改措施；对磐安县尖山镇土地综合整治项目、杭绍台高速公路（台州段）和文成珊溪至泰顺横坑公路高山至福全段改建工程 3 个项目进行省级挂牌

督办。

（四）水土保持遥感监管

2020 年，采用卫星遥感、无人机航拍等技术手段，结合现场监督检查，开展了两轮生产建设项目水土保持状况的全覆盖、准实时监管。全面完成水利部下发的 7721 个疑似违法违规扰动图斑的核查和认定，共发现"未批先建""未批先弃""超防治责任范围扰动"等违法违规项目 627 个，限期全部整改完成。浙江省利用 2020 年 7—9 月遥感影像，加密开展一次遥感监管，下发疑似违法违规扰动图斑 2218 个，发现各类违法违规项目 212 个，限期全部整改完成。

四、水土流失综合治理

（一）全省水土流失综合治理

2020 年，全省新增水土流失治理面积为 483.83km²，其中梯田 27.06km²，水土保持林 49.61km²，经济林 21.12km²，种草 2.74km²，封禁治理 353.85km²，其他措施 29.45km²，见表 4。

表 4　2020 年各设区市水土流失治理完成情况

设区市	新增水土流失治理面积/km²	分项治理措施/km²					
		梯田	水土保持林	经济林	种草	封禁治理	其他措施
杭州市	83.76	2.20	8.75	4.56	1.00	66.04	1.21
宁波市	24.83	0.40	0	0.98	0	23.35	0.10
温州市	97.94	0	23.12	9.63	0	64.08	1.11
湖州市	53.49	0	0.20	0.01	0	49.97	3.31
绍兴市	40.83	0	2.00	1.26	0	27.48	10.09
金华市	48.38	4.10	7.87	2.78	1.13	27.12	5.38
衢州市	46.54	6.44	0	0.02	0	33.63	6.45

续表4

设区市	新增水土流失治理面积/km²	分项治理措施/km²					
		梯田	水土保持林	经济林	种草	封禁治理	其他措施
舟山市	4.14	0	2.90	0	0	1.24	0
台州市	39.57	7.49	3.88	0.82	0.61	26.38	0.39
丽水市	44.35	6.43	0.89	1.06	0	34.56	1.41
合计	483.83	27.06	49.61	21.12	2.74	353.85	29.45

（二）水土保持工程建设

2020 年，全省实施补助资金水土保持工程 23 个，其中国家水土保持重点工程 8 个。新增水土流失治理面积 208.54km²，总投资约 2.39 亿元，其中中央财政补助资金 3460 万元，省级财政补助资金 3623.1 万元，见表5。

表5　2020 年省级以上水土保持工程

序号	县（市、区）	项目名称	建设性质	新增水土流失治理面积/km²	总投资/万元	中央财政补助资金/万元	省级财政补助资金/万元	主要建设内容
1	建德市	建德市航头镇乌龙溪生态清洁型小流域水土流失综合治理项目	新建	14.65	937.09	590	0	封育工程、经济林地治理工程、护岸工程、拦沙堰工程等
2	安吉县	安吉县梅溪镇里江等 5 条小流域水土流失综合治理工程	新建	6.8	476.84	300	50	封育工程、经济林地治理工程、护岸工程、拦沙堰工程等
3		安吉县递铺街道里溪小流域水土流失综合治理工程	新建	9.77	489	300	50	封育工程、经济林地治理工程、护岸工程、拦沙堰工程等
4	新昌县	新昌县钦寸水库水源地水土流失综合治理工程	新建	15	2000	590	228	封育工程、护岸工程、挡水堰、湿地绿化、水库管理区生态修复、坝肩山体开挖坡面修复

续表5

序号	县（市、区）	项目名称	建设性质	新增水土流失治理面积/km²	总投资/万元	中央财政补助资金/万元	省级财政补助资金/万元	主要建设内容
5	开化县	开化县杨树湾等 5 条小流域水土流失综合治理项目	新建	7.7	571.85	339	80	封育工程、护岸工程、拦沙堰工程、村庄绿化美化工程
6		开化县霞湖等 6 条生态清洁小流域水土流失综合治理项目	新建	7.07	480.95	311	50	封育工程、经济林地治理工程、护岸工程、拦沙堰工程、村庄绿化美化工程
7	仙居县	仙居县十八都坑小流域水土流失综合治理项目	新建	11.5	787.95	570	20	封育工程、护岸工程、拦沙堰工程、村庄绿化美化工程等
8	缙云县	缙云县浣溪小流域水土流失综合治理项目	新建	7.6	646.93	460	0	封育工程、经济林地治理工程、护岸工程、拦沙堰工程、村庄绿化美化工程等
9	桐庐县	桐庐县大坑溪小流域水土流失综合治理项目	新建	12.34	877.03	0	200	封育工程、经济林地治理工程、护岸工程、拦沙堰工程等
10	建德市	建德市前源溪（一期）生态清洁型小流域水土流失综合治理项目	新建	5.57	370	0	50	封育工程、坡面排蓄工程、坡耕地整治工程、水土保持湿地工程、边坡防护工程、村庄绿化美化工程等
11	瑞安县	珊溪水利枢纽水源地（瑞安）水土流失综合治理项目	续建	4.02	1037.36	0	0	封育工程、经济林地治理工程、护岸工程、村庄绿化美化工程等
12	文成县	珊溪水利枢纽水源地（文成）水土流失综合治理项目	续建	25	5567.62	0	500	封育工程、经济林地治理工程、护岸工程、拦沙堰工程、生态浮床改造工程、村庄绿化美化工程等

续表5

序号	县（市、区）	项目名称	建设性质	新增水土流失治理面积/km²	总投资/万元	中央财政补助资金/万元	省级财政补助资金/万元	主要建设内容
13	泰顺县	珊溪水利枢纽水源地（泰顺）水土流失综合治理项目	续建	22	6082.39	0	875.5	封育工程、水土保持林草、经济林地治理工程、护岸工程、拦沙堰工程、村庄绿化美化工程等
14	德清县	德清县舞阳街道南部片区小流域水土流失综合治理项目	新建	5.8	280	0	105	封育工程、经济林地治理工程、护岸工程等
15	长兴县	长兴县合溪北涧小流域（老煤山片）水土流失综合治理项目	新建	19.51	498.58	0	350	封育工程、经济林地治理工程、植被缓冲带、护岸工程、拦沙堰工程等
16	嵊州市	嵊州市济渡、新岩等4条小流域水土流失综合治理项目	新建	9	480	0	250	封育工程、水土保持林草、经济林地治理工程、护岸工程、拦沙堰工程
17	婺城区	金华市婺城区梅村罗店片小流域水土流失综合治理项目	新建	5.54	290	0	195	封育工程、坡面排蓄工程、护岸工程、村庄绿化美化工程
18	金东区	金华市金东区三坟塘水库小流域水土流失综合治理项目	新建	2.2	180	0	0	封育工程、坡面排蓄工程、护岸工程、拦沙堰工程等
19	龙游县	龙游县下叶曹等3条小流域水土流失综合治理项目	新建	3.95	363.88	0	110	封育工程、经济林地治理工程、护岸工程、村庄绿化美化工程等
20	岱山县	磨心上水库水源地水土流失综合治理项目	新建	1	176.81	0	39.6	隔离护栏、挡土墙、隔栏栅、水库清淤、生态修复、村庄绿化美化工程等

续表5

序号	县（市、区）	项目名称	建设性质	新增水土流失治理面积/km²	总投资/万元	中央财政补助资金/万元	省级财政补助资金/万元	主要建设内容
21	龙泉市	龙泉市大贵溪小流域生态清洁型小流域水土流失综合治理项目	新建	3.31	360.7	0	160	封育工程、经济林地治理工程等
22		龙泉市蛟垟溪小流域生态清洁型小流域水土流失综合治理项目	新建	4.20	403	0	190	封育工程、经济林地治理工程等
23	遂昌县	遂昌县湖山乡千年坞、大畈小流域水土流失综合治理项目	新建	5.01	555	0	120	封育工程、坡面排蓄工程、护岸工程、拦沙堰工程、村庄绿化美化工程等
合 计				208.54	23912.98	3460	3623.1	—

（三）水土流失综合治理典型案例

（1）长兴县合溪北涧小流域（老煤山片）水土流失综合治理项目。

合溪水库是长兴县的"大水缸"，供应全县 63 万人的饮用水。项目位于合溪水库上游煤山镇，总投资 498.58 万元，新增水土流失治理面积 19.5km²。通过项目实施，有效减轻了区域水土流失、减少了入库泥沙，提高了水源涵养，为合溪水库水源安全提供了保障。项目与美丽乡村、美丽河湖建设充分结合，积极助推乡村旅游富民产业发展。项目建成后，区域内的八都岕已经成为乡村旅游治理典范。

（2）珊溪水库（泰顺畲乡）生态清洁小流域水土流失综合治理项目。

境内的竹里溪和里光溪是珊溪水库饮用水水源地上游的两条重要支流。项目涉及竹里畲族乡和司前畲族镇 2 个乡镇，新增治理水土流失面积 3.3km²。通过对库周经济林水土流失治理，既有效减少面源污染物入库，又规范农业生产行为，提高经济作物产量，增加农民收入。通过库周裸露面治理，营造植被缓冲带及绿色环境，有效减少库周裸露地、裸露边坡面积，提升库周景观，营造良好的人居环境，促进当地旅游等相关绿色产业发展。

五、水土保持监测

（一）水土保持监测站网

（1）监测站网概况。

浙江省水土保持监测站网共包括水蚀监测站 14 个，其中综合观测场 1 个、流域控制站 5 个（小流域控制站 2 个，水文观测站 3 个）、坡面径流场 8 个，已全部完成标准化建设。监测站网覆盖杭州、宁波、温州、湖州、绍兴、金华、衢州、台州和丽水 9 个设区市，苕溪、钱塘江、甬江、椒江、瓯江和鳌江 6 大水系。

（2）监测站点提升改造。

2020 年，丽水石牛坡面径流场、永康花街坡面径流场、余姚梁辉坡面径流场等监测站引进径流小区泥沙自动监测设备，自动监测径流小区径流量、泥沙含量的数值及其过程；苍南昌禅溪小流域控制站引进小流域泥沙自动监测系统，实现雨量、水位、流量、泥沙含量及干泥沙流失量的数值及变化过程的自动监测。

（3）典型监测站水土流失观测结果。

2020 年，全省各水土保持监测站运行正常，按照《浙江省水土保持监测站管理手册（试行）》的要求，开展降雨、径流、泥沙和植被等数据的监测。各水土保持监测站年度观测数据，经整编后发布，见表 6～表 9。

表 6 综合观测场观测结果

| 监测点名称 | 所在位置 | 径流小区名称 | 观测环境（条件） | | | | | 观测结果 | | |
			小区面积/m²	措施名称	坡度/(°)	土壤类型	降雨量/mm	径流深/mm	土壤侵蚀模数/[t/(km²·a)]
安吉山湖塘综合观测场	119°34′25.75″ E 30°36′40.80″ N	1 号小区	100	竹＋麦冬＋顺坡	19	红壤		43.7	36.0
		2 号小区	100	纯竹＋顺坡	19	红壤		39.3	43.0
		3 号小区	100	梨树＋麦冬＋顺坡	19	红壤		55.1	83.0
		4 号小区	100	梨树＋顺坡	19	红壤		187.0	664.0
		5 号小区	100	白茶＋梯地	19	红壤	1732.0	53.4	90.0
		6 号小区	100	白茶＋顺坡	19	红壤		58.4	149.0
		7 号小区	100	裸露＋顺坡	21	红壤		387.1	1857.0
		8 号小区	100	玉米＋顺坡	21	红壤		161.9	412.0
		9 号小区	100	玉米＋梯地	21	红壤		89.4	113.0

表 7 小流域控制站观测结果

| 监测点名称 | 所在位置 | 观测环境（条件） | | | 观测结果 | | |
		控制面积/km²	土壤类型	土地利用类型	降雨量/mm	径流深/mm	输沙模数/[t/(km²·a)]
永嘉石柱小流域控制站	120°44′36.46″ E 28°16′13.95″ N	0.41	红壤	耕地、林地、荒草地	1209.5	305.7	2.162

表 8　水文观测站观测结果

监测点名称	所在位置	集雨面积 /km²	观测结果		
			降雨量 /mm	径流深 /mm	输沙模数 /[t/(km²·a)]
建德更楼 水文观测站	119°15′00″E 29°25′12″N	687	1935.0	921.4	124.920
临海白水洋 水文观测站	120°56′10″E 28°52′59″N	2475	1467.1	746.1	136.546
临安桥东村 水文观测站	119°37′36″E 30°15′48″N	233	1900.2	976.1	196.079

表 9　典型坡面径流场观测结果

监测点名称	所在位置	径流小区名称	观测环境（条件）				观测结果		
			小区面积 /m²	措施名称	坡度 /(°)	土壤类型	降雨量 /mm	径流深 /mm	土壤侵蚀模数 /[t/(km²·a)]
丽水石牛 坡面径流场	119°50′3.88″E 28°24′32.64″N	1 号小区	100	裸露＋顺坡	15	红壤		40.4	167.911
		2 号小区	100	茶花＋梯地	15	红壤		29.2	95.942
		3 号小区	100	桃树＋梯地	15	红壤	1214.5	32.1	106.155
		4 号小区	100	杨梅＋麦冬＋顺坡	15	红壤		30.7	85.435
		5 号小区	100	茶树＋梯地	15	红壤		33.9	112.020
常山天马 坡面径流场	118°28′14.58″E 28°54′33.98″N	1 号小区	100	茶树＋梯地	10	红壤		41.6	6.667
		2 号小区	100	胡柚＋顺坡	10	红壤		47.8	12.672
		3 号小区	100	胡柚＋草＋顺坡	10	红壤	1927.5	39.8	6.399
		4 号小区	100	胡柚＋梯地	10	红壤		56.0	19.810
		5 号小区	100	裸露＋顺坡	10	红壤		792.9	686.460
宁海西溪 坡面径流场	121°18′13.90″E 29°18′2.13″N	1 号小区	100	枇杷＋梯地	15	红壤		42.7	489.8
		2 号小区	100	枇杷＋草本＋顺坡	15	红壤		33.3	441.3
		3 号小区	100	枇杷＋顺坡	15	红壤	1462.8	24.7	237.6
		4 号小区	100	茶＋草本＋顺坡	15	红壤		30.2	402.4
		5 号小区	100	裸露＋顺坡	15	红壤		77.6	940.7

续表9

监测点名称	所在位置	径流小区名称	观测环境（条件）					观测结果		
			小区面积/m²	措施名称	坡度/(°)	土壤类型	降雨量/mm	径流深/mm	土壤侵蚀模数/[t/(km²·a)]	
天台天希塘坡面径流场	120°59′15.06″E 29°12′13.55″N	1 号小区	100	裸露＋顺坡	20	红壤	1272.5	66.9	5.356	
		2 号小区	100	桃树＋顺坡	20	红壤		55.7	3.135	
		3 号小区	100	桃树＋草本＋顺坡	20	红壤		41.3	0.978	
		4 号小区	100	桃树＋鱼鳞坑	20	红壤		53.2	1.530	
		5 号小区	100	茶＋割草覆盖＋石坎水平阶	20	红壤		47.4	0.890	

（4）新建水土保持科技示范园。

德清县东苕溪水土保持科技示范园位于德清县北部，东苕溪中下游，以水力侵蚀为主，属低岗丘陵地貌，属"浙皖低山丘陵生态维护水质维护区"，在河湖平原区域具有很好的代表性。项目于 2017 年 9 月开始建设，至 2020 年 11 月基本完工，进入试运行阶段。

示范园集水土保持技术示范、科普教育、国策宣传、生态休闲、区域文化展示于一体，集中展示河湖平原区的水土保持技术与模式、浙江省水土保持成果，配备现代声光电技术"水土保持科普体验馆"，融合当地水文化，对标浙江省乃至全国水土保持科教宣传示范样板。

（二）生产建设项目水土保持监测

2020 年，纳入省级水土保持管理信息平台监测项目 821 个，其中当年新增 359 个。监测项目涉及全省 11 个设区市的铁路、公路、水利等行业领域。

2020 年，生产建设项目水土保持监测工作按相关要求，共上报系统水土保持监测季度报告表 2136 份，发布监测信息通报 4 期。监测项目累计扰动土地面积 9131.35hm²，弃渣 2051.58 万 m³，土壤流失量 78.33 万 t。

索　引

Index

395～406 页

索 引

说 明

1. 本索引采用内容分析法编制，年鉴中有实质检索意义的内容均予以标引，以便检索使用。
2. 本索引基本上按汉语拼音间序排列。具体排列方法为：以数字开头的，排在最前面；汉字款目按首字的汉语拼音字母（同音字按声调）顺序排列，同音同调按第二个字的字母音序排列，依此类推。
3. 本索引款目后的数字表示内容所在正文的页码，数字后的字母 a、b 分别表示左栏和右栏。
4. 为便于读者查阅，出现频率特别高的款目仅索引至条目及条目下的标题，不再进行逐一检索。